社会インフラ メンテナンス学

Infrastructure Maintenance

橋本 鋼太郎・菊川 滋・二羽 淳一郎 [編]

I 総論編

II 工学編

公益社団法人 土木学会

社会インフラ維持管理・更新の重点課題検討特別委員会
「社会インフラメンテナンス学」テキストブック編集小委員会

社会インフラ メンテナンス学の発刊に寄せて

前国土交通大臣　太田　昭宏

　我が国は，災害が頻発する脆弱国土です．この脆弱な国土を守って国民の安全で豊かな生活を実現するのが，私たちに課せられた大きな使命であり，そのために社会インフラは大きな責務を持っています．

　私は，大学に入学して間もない頃，土木工学は「シビルエンジニアリング」であり，公共的，社会的な仕事であると講義で教わりました．世のため人のために黙々と，私がやったとは言わず，誇りを持ちつつも静かに見守るのが「シビルエンジニアリング」だと言われ，震える思いがしました．

　当時は，高速道路，新幹線，ダムなどの建設が進む高度経済成長の時代でしたが，これからは，まさに土木技術者が縁の下の力持ちとなり，これまで作り上げてきた社会インフラを，黙々と守り続けていくメンテナンスの時代へと移りつつあります．

　私は，平成25年を，「メンテナンス元年」と位置付け，老朽化が進む社会インフラを今後どのように維持していくのか，その取組みを本格的にスタートさせました．社会資本整備審議会・交通政策審議会「今後の社会資本の整備の維持管理・更新のあり方について」の答申では，全体像を取りまとめていただき，それに基づいて国としても具体的な取組みを進めているところです．特に，この答申では，「学会等と連携し，維持管理・更新に関する『知の体系化（メンテナンス工学の確立）』などを積極的に推進する」こととされておりました．この度，土木学会の関係者のご尽力により，本テキストブックが編纂され，出版されることとなり，大変嬉しく思っております．

　日本の土木技術は，世界に展開していく最先端のシビルエンジニアリングであり，メンテナンスエンジニアリングであると確信しております．

　本書が，より多くの方々に活用されるとともに，世界をリードする「社会インフラメンテナンス学」を担うエンジニアが育成されていくことを期待致します．

序 －社会インフラにあたたかい思いやりを－

　本書において「メンテナンス学」と称する主旨は，土木工学が土木学であると同様に工学は広い領域を持ち，インフラのメンテナンス学が多くの他の領域に関連する学問であるからである．

　メンテナンス学は，新設，維持・管理，更新という長期にわたるライフサイクルとして，また，計画，調査，設計，施工，管理という一貫したプロセスの中で，各種インフラの異なった専門分野に横断的に共通したものとして，そして利用者の安全・快適性の確保という目標に向けて，社会，行政（法令・制度），自然，科学・技術等との調和を保って取組む必要のある学問である．

　今まさに，インフラ整備の時代から本格的なメンテナンスの時代へさらにストックの有効活用の時代に転換してきたと考えられる．

　インフラのメンテナンスの現状はどうであろうか．

　人々は生活を支えるための社会インフラを永年にわたり整備してきた．我が国においても各種インフラのストックは厖大な量に達している．従ってこのメンテナンスの実務も莫大であるが十分に対応できていない現状である．一方 50 年に満たなく老朽化するインフラもあれば，100 年以上立派に利用されているものもある．アセット（ストック）マネジメントの実施が極めて重要である．

　インフラの建設期間は長くても数年～10 年のものが大多数であり，その間は利用者はない．しかし完成するまで人々の期待は大きいものである．メンテナンスの期間は 50～100 年と長期に亘る．しかも一般の利用者の安全を確保することが第一の使命であり，インフラに起因する事故は絶対に起きてはならない．しかしメンテナンスの仕事は地味である．メンテナンスに光を当てなければならない．

　昔から，人々は物を手入れして大切に使ってきた．インフラは皆の物であるが，同じ気持ちが必要である．管理者は組織の長から担当者に到るまで，そして利用者にもこの気持ちを持ってもらいたい．特に組織の長に責任の所在を認識していただきたい．また，そのインフラを設計した者，施工した者

は，その後の状態も無関心ではいられないはずである．

インフラを構成する土，石，コンクリート，鉄等の土木材料は一般的には耐久性のあるものであるが，苛酷な使用，気象，中性化，塩害，疲労，腐食などにより劣化は進む．点検，診断，補修は不可欠であり，専門的な知見とその体系化が必要とされている．

メンテナンス学を体系化して価値ある総合的な学問に育て，そして優秀な人材の育成とともにメンテナンスビジネスの健全な成長に役立てる必要がある．また，人々にメンテナンスの重要性とメンテナンスに取組んでいる技術者の苦労を理解してもらうことも大切である．インフラは辛くてももの言わない．代わりに母のようなあたたかい思いやりがふさわしい．

これまでも国やインフラ管理者，学会等において社会インフラのメンテナンスに関する様々な取組みが進められてきた．しかし，平成24年12月に中央自動車道笹子トンネル天井板落下事故が発生した．これを契機として，国をはじめとして管理者が組織としての更なる取組みを進めているところであり，我々技術者も，一人一人がメンテナンスの重要性を再認識し，技術研鑽など自らの資質の向上に努力する必要がある．

土木学会では，「社会インフラ維持管理・更新の重点課題に対する取組み戦略」を策定し，重点課題の一つである「知の体系化」へ向けて，「社会インフラメンテナンス学」のテキストブック編纂に取組むこととした．

これまでも社会インフラのメンテナンスに関する書籍は出版されている．土木学会の委員会が中心となり編纂された「社会基盤メインテナンス工学」がその代表例であるが，出版からすでに10年が経過している．

今回，新たに編纂したテキストブックは，従来の部門別のメンテナンスを統合し，体系的メンテナンス学を確立し，向上を目指すものである．社会インフラのメンテナンスは，物理的なメンテナンスという工学的側面だけでなく，メンテナンスの理念・考え方，メンテナンスを支える制度・体制などを学ぶことが重要である．メンテナンスは総合的な学問であり，本書が分野横断的な内容を学ぶ新しいメンテナンス時代に必須の書籍として，メンテナンスに関わる全ての分野の幅広い読者層に活用されることを期待する．

橋本 鋼太郎

はじめに..xxv
社会インフラメンテナンス学の体系と本書の構成..............xxvii
用語の定義..xxiv

「Ⅰ．総論編」　　　目　　　次

第 1 章　まえがき..1
第 2 章　社会インフラとそのマネジメント..........................3
　2.1　社会インフラの役割とその多様性............................3
　　2.1.1　社会インフラの役割と機能................................3
　　2.1.2　インフラのなりたちと分類................................4
　　2.1.3　社会インフラと時代背景..................................7
　　　(1)　インフラの歴史と文化....................................7
　　　(2)　社会経済情勢に影響されるインフラ..................7
　　2.1.4　社会インフラを支える多様な要素......................8
　　2.1.5　社会インフラのライフサイクル（整備から廃止まで）.........9
　　　(コラム)　社会インフラのメンテナンスと風土・景観..............11
　2.2　社会インフラのマネジメント..................................14
　　2.2.1　工学とマネジメントの関係...............................14
　　　(1)　社会インフラの特徴とアセットマネジメント..........14
　　　(2)　ニューパブリックマネジメント.........................17
　　2.2.2　社会インフラのマネジメント手法......................18
　　　(1)　ISO によるアセットマネジメントシステム............18
　　　(2)　ファシリティマネジメントとストックマネジメント......20
　　　(3)　リスクマネジメントと緊急事態管理...................21
第 3 章　社会インフラのメンテナンス..............................24
　3.1　社会インフラの時間的変化...................................25
　　3.1.1　サービスの提供と水準の確保..........................25
　　　(1)　インフラに対する工学的営為.........................25
　　　(2)　インフラの利用管理....................................27
　　　(3)　環境から受ける外的作用の制御......................28

  3.1.2　外的環境とインフラの時間的変化 29
   (1) 自然環境の変化 29
   (2) 社会環境の変化 34
  3.1.3　社会インフラの機能的劣化と構造的劣化 36
   (1) 機能的劣化 36
   (2) 構造的劣化 38
  3.1.4　メンテナンスの歴史 41
 3.2　社会インフラのメンテナンスの基本的な考え方 44
  3.2.1　社会インフラのライフサイクルとメンテナンス 44
  3.2.2　メンテナンス・サイクル 46
   (1) 実行サイクル 47
   (2) 計画サイクル 48
   (3) 工学としてみたメンテナンス 50
 3.3　社会インフラのメンテナンスの現状と課題 54
  3.3.1　社会インフラの現状と見通し 54
  3.3.2　社会インフラのメンテナンスに関する課題と取組み 56
   (1) メンテナンスを取り巻く自然的・社会的環境の変化 56
   (2) 今後メンテナンスを進めていくにあたっての課題 57
   (3) メンテナンスを確実に実施していくにあたっての課題 58
   (コラム) 地域の橋はみんなで守る 60
 3.4　社会インフラのメンテナンスを支える体制・制度 62
  3.4.1　メンテナンスに関わる法制度 62
   (1) 施設管理者の責任に関する法制度（法律，省令等）..........62
   (2) メンテナンス技術に関する法制度（法律，省令，告示，規程，
    標準，マニュアル，要領等）..63
   (3) 現場での運用やルールの暗黙知から形式知化する必要性 67
  3.4.2　メンテナンスの経済・財政 69
   (1) 社会インフラの高齢化・老朽化への対応と財源の確保 69
   (2) メンテナンスに関わる財政制度と資金調達 70
   (3) 社会インフラの会計制度と民間企業会計の比較 71

（4）インフラ資産と減価償却の考え方................................73
　　（5）税法上の耐用年数と実際の物理的な耐用年数の違い.........74
3.4.3　社会インフラのメンテナンスに関わる組織と体制.............76
　　（1）社会インフラのメンテナンスに必要な業務....................76
　　（2）メンテナンスに関わる組織とその役割..........................77
　　（3）施設管理者間の広域連携..78
　　（4）官民連携による事業方式...80
　　（コラム）市民参加型の維持管理の取組み～三島市の事例～......83
3.4.4　メンテナンスに関わる調達制度......................................85
　　（1）メンテナンスに関わる業務内容とアウトソーシング..........85
　　（2）契約形態と責任..86
　　（3）適正な価格と費用..88
　　（4）地域建設業の活用と契約方式（共同受注方式）................90
　　（5）包括的委託契約（性能規定型契約）............................91
　　（6）修繕・更新工事の設計と施工の契約............................93
3.4.5　人材育成と総合的な技術力の向上..................................95
　　（1）技術者の育成..95
　　（コラム）国や教育機関での人材育成の取組み......................97
　　（2）技術者資格..98
　　（3）メンテナンスにおける技術者の役割と心構え.................100
3.4.6　市民へのアカウンタビリティの向上...............................101
　　(1）社会インフラは市民のもの.......................................101
　　(2）国民に分かり易く伝える...102
　　(3）コミュニケーション能力の重要性...............................103
　　(4）諸外国の事例...103
　　(5）土木に携わる人たちの更なる理解...............................105

「Ⅱ. 工学編」　目　次

第 1 章　まえがき 109
第 2 章　インフラのメンテナンス概論 111
　2.1　メンテナンスとは 111
　　2.1.1　メンテナンスの目的と役割 111
　　　(1) メンテナンスの要諦 111
　　　(2) 我が国のメンテナンスの特殊性と全体像 112
　　2.1.2　メンテナンスの創造性と継続性 114
　　　(1) メンテナンスの創造性 114
　　　(2) メンテナンスの継続性 114
　　2.1.3　メンテナンスと人との関わり 115
　　　(1) メンテナンス技術者に必要な能力 115
　　　(2) 科学技術と技術者との関係 115
　　　(3) メンテナンスと技術者との関わり 116
　　　(4) メンテナンスと地域住民との関わり 117
　　2.1.4　技術者としてメンテナンスにどう関わり，どう貢献するか ... 117
　　　(1) 設計者 117
　　　(2) 施工者 119
　　　(3) 維持管理者 120
　2.2　メンテナンスの流れ 124
　　2.2.1　メンテナンスの流れ 124
　　　(1) メンテナンスのシナリオ・水準 125
　　　(2) 診断 127
　　2.2.2　点検・調査 129
　　　(1) 点検・調査 129
　　　(2) 材料に関する非破壊試験 130
　　　(3) 部材と構造に関する非破壊試験 130
　　2.2.3　現有性能評価 131
　　　(1) 性能評価手法の種類と特徴 131
　　　(2) 性能評価の方法 132

- 2.2.4 機構の解明 133
- 2.2.5 劣化予測 134
  - (1) 劣化予測の考え方 134
  - (2) データベースの構築・更新 134
  - (3) 劣化予測とグルーピング 135
  - (4) 統計解析に基づく劣化予測における留意点 135
- 2.2.6 将来性能予測（数値シミュレーションを例に）................. 136
  - (1) 構造物の性能評価とは 136
  - (2) 性能評価の意義 137
  - (3) 性能評価のために必要な情報 138
  - (4) 設計・施工・維持管理への反映 138
- 2.2.7 判断 139
- 2.2.8 対策 139
  - (1) 対策の種類 139
  - (2) 点検強化 139
  - (3) 補修・補強 140
  - (4) 更新 141
  - (5) 供用制限 141
  - (6) 供用停止・撤去 141
- 2.2.9 モニタリング 142
  - (1) モニタリングの概要 142
  - (2) 設計検証のためのモニタリング 142
  - (3) 供用中の構造物の状態評価のためのモニタリング 142
  - (4) 供用中の構造物への作用外力推定のためのモニタリング ... 143
  - (5) 期待される付加価値 143
- 2.3 メンテナンスの運用 144
  - 2.3.1 コストの視点（ライフサイクルコスト，トータルコスト）.. 144
  - 2.3.2 情報の蓄積・統合化（データベース）........................... 146
    - (1) 情報蓄積の重要性 146
    - (2) 情報の蓄積 147

(3) 情報の統合化...148
　2.3.3 マネジメント..148
　　　(1) 維持管理計画，優先順位，予算平準化..................148
　　　(2) アセットマネジメント...................................150
第 3 章　構造物のメンテナンス..154
　3.1　対象とする構造物...154
　　3.1.1　構造物のメンテナンスの特徴................................154
　　3.1.2　附帯設備の維持管理の重要性................................155
　　3.1.3　複合システムとしての構造物................................156
　3.2　舗装...157
　　3.2.1　舗装の特徴..157
　　　(1) 舗装の役割と構造...157
　　　(2) 舗装の破壊と対策...159
　　　(3) メンテナンス上留意すべき舗装の特徴..................161
　　3.2.2　舗装の維持管理における 2 つの段階（ネットワークレベルとプロジェクトレベル）...164
　　3.2.3　ネットワークレベルのメンテナンスサイクル..............164
　　　(1) 概説..164
　　　(2) 点検..165
　　　(3) 診断..166
　　　(4) 措置..166
　　　(5) 記録..167
　　3.2.4　プロジェクトレベルのメンテナンスサイクル..............167
　　　(1) 概説..167
　　　(2) 現地調査..167
　　　(3) 破損の評価...169
　　　(4) 破損に応じた維持修繕.....................................170
　　　(5) 記録..170
　3.3　軌道...172
　　3.3.1　軌道の構造と役割..172

    3.3.2 軌道の劣化の特徴と調査点検技術..................................175
    3.3.3 点検・調査結果の診断・評価..180
    3.3.4 維持修繕の計画および対策..183
  3.4 鋼構造物..189
    3.4.1 鋼構造物の特徴と技術基準の変遷..................................189
      (1) 鋼鉄道橋..189
      (2) 鋼道路橋..191
    3.4.2 代表的変状例...194
      (1) 腐食..194
      (2) 疲労..200
      (3) 地震時..204
      (4) 火災時..206
    3.4.3 鋼橋の点検・調査・モニタリング..................................209
      (1) 橋梁点検・調査..209
      (2) モニタリング..213
      (3) 腐食損傷の点検・調査..213
      (4) 疲労損傷の点検・調査・モニタリング......................215
    3.4.4 現状評価と劣化予測...218
      (1) 腐食損傷..218
      (2) 疲労損傷..222
    3.4.5 補修・補強...225
      (1) 防食機能の劣化，腐食に対する対策..........................227
      (2) 疲労損傷に対する対策..229
    3.4.6 耐久性設計と維持管理システム......................................231
  3.5 コンクリート構造物..236
    3.5.1 コンクリート構造物の特徴とメンテナンスの重要性......236
      (1) コンクリートは何からできているのか......................236
      (2) コンクリートの諸性質とひび割れが入る理由............236
      (3) 鉄筋コンクリート構造とは..237
      (4) 経年と劣化..238

- (5) 劣化の種類 239
- (6) コンクリート構造物からの情報発信 240
- (7) 設計・施工とメンテナンス 240

3.5.2 代表的変状例 241
- (1) 施工不良に起因する代表的な初期欠陥 241
- (2) 初期ひび割れ（温度ひび割れ，乾燥収縮ひび割れ）..........243
- (3) 荷重によるコンクリートのひび割れ 243
- (4) 塩害 245
- (5) 中性化 246
- (6) ASR（アルカリシリカ反応）...............................247
- (7) 凍害 249
- (8) 化学的侵食 250
- (9) 火害 250

3.5.3 点検・調査・モニタリング 251
- (1) 点検および調査の種類，項目および方法 251
- (2) 書類と目視による調査 253
- (3) 非破壊試験を用いる調査 254
- (4) その他の方法を用いる調査 256

3.5.4 現状評価と劣化予測 258
- (1) 現状評価 258
- (2) 劣化予測 261

3.5.5 補修・補強 266
- (1) 補修・補強の定義 266
- (2) 補修・補強工法の選定および設計 267
- (3) 補修・補強の施工と効果の確認 270
- (4) 今後の課題 274

3.5.6 耐久性設計と維持管理システム 274
- (1) 耐久性設計：示方書の耐久性設計の思想 274
- (2) 既設構造物の維持管理システム 277
- (3) 今後の望ましい維持管理のあり方 279

- 3.6 土構造物 282
  - 3.6.1 土構造物のメンテナンス 282
  - 3.6.2 メンテナンスの着眼点 282
    - (1) 土構造物の変状 283
    - (2) 付帯構造物の変状 284
    - (3) 不安定要因 286
  - 3.6.3 点検・調査・モニタリング 288
    - (1) 点検 290
    - (2) モニタリング（監視） 291
  - 3.6.4 評価・診断・予測 294
    - (1) 評価 294
  - 3.6.5 補修・補強 295
  - 3.6.6 設計へのフィードバック 296
- 3.7 トンネル構造物 297
  - 3.7.1 トンネルの概要 297
  - 3.7.2 変状の種類と要因 298
    - (1) トンネルの変状の特徴 298
    - (2) トンネルの実態 298
    - (3) 変状の種類と要因 300
  - 3.7.3 点検・調査 306
    - (1) 概論 306
    - (2) 点検 306
    - (3) 調査 306
  - 3.7.4 診断 309
    - (1) 診断とは 309
    - (2) 診断の手順 310
    - (3) 診断の区分 310
    - (4) トンネルの機能 311
    - (5) 診断の方法 312
  - 3.7.5 措置 314

(1) 措置の概要..314
　　　(2) 対策工の分類..315
　　　(3) 外力対策工..315
　　　(4) 剥落防止対策工..317
　　　(5) 漏水対策工..318
　　　(6) 通行制限および監視......................................318
　　3.7.6　トンネルのメンテナンス事例..........................319
　　　(1) トンネルにおけるメンテナンスサイクル.............319
　　　(2) トンネルにおけるメンテナンスの実態................319
　　　(3) トンネルにおけるメンテナンスのあり方と課題....320
　　　(4) 記録...321

第4章　自然公物の管理...322
　4.1　対象とする自然公物..322
　4.2　地盤・斜面・岩盤...324
　　4.2.1　斜面崩壊...324
　　　(1) 表層崩壊と深層崩壊......................................324
　　　(2) 表層崩壊..324
　　　(3) 深層崩壊..326
　　4.2.2　地すべり...327
　　　(1) 概要..327
　　　(2) 調査と対策...327
　　　(3) 応急調査と応急対策......................................328
　　　(4) 地すべり対策構造物の維持管理.......................329
　　4.2.3　土石流..330
　　　(1) 概要..330
　　　(2) 調査..331
　　　(3) 対策（ハード対策・ソフト対策）.....................331
　　4.2.4　岩盤崩壊，落石..332
　　　(1) 概要..332
　　　(2) 落石の発生形態と素因・誘因..........................333

```
      (3) 点検 .................................................... 335
      (4) 対策工 .................................................. 337
      (5) 課題 .................................................... 338
  4.3 河川・河道 ................................................. 341
    4.3.1 河川管理の必要性 ....................................... 341
    4.3.2 河道の特性の把握 ....................................... 342
    4.3.3 河川の周辺の土質や堤防の構造の複雑さ ..................... 344
    4.3.4 河川の管理の特質 ....................................... 345
  4.4 海岸・海浜 ................................................. 349
    4.4.1 自然海岸とその変状 ..................................... 349
    4.4.2 海浜域の特徴 ........................................... 349
      (1) 海浜断面および平面形状の特徴 ........................... 349
      (2) 基本外力 ............................................... 351
    4.4.3 底質移動と海浜変形 ..................................... 353
      (1) 底質の移動 ............................................. 353
      (2) 海浜地形の変化 ......................................... 355
    4.4.4 構造物周辺での地形変化 ................................. 356
      (1) 構造物の設置に伴う地形変化 ............................. 356
      (2) 構造物周辺で生じる主な地形変化パターン ................. 357
    4.4.5 海浜の機能維持とモニタリング ........................... 359
第 5 章 社会インフラ部門別のメンテナンス ........................ 361
  5.1 ダム ....................................................... 362
    5.1.1 ダムの種類 ............................................. 362
    5.1.2 ダムの維持管理 ......................................... 363
      (1) ダムの現状 ............................................. 363
      (2) ダムの維持管理における点検・検査 ....................... 363
    5.1.3 ダムの長寿命化と有効活用 ............................... 365
      (1) 法制度と技術基準類の整備 ............................... 365
      (2) ダム再生 ............................................... 365
  5.2 砂防 ....................................................... 367
```

    5.2.1　砂防関係施設の構成 367
    5.2.2　砂防関係施設のメンテナンス 367
      (1)　砂防関係施設の現状 367
      (2)　メンテナンスの目的 368
      (3)　点検 368
      (4)　評価 368
      (5)　維持 368
      (6)　修繕 369
      (7)　改築 369
      (8)　更新 369
    5.2.3　砂防関係施設の長寿命化対策 369
      (1)　砂防関係施設の長寿命化計画の策定 369
      (2)　基準類の整備 370
      (3)　体制の構築 370
      (4)　新技術の導入 370
      (5)　予算管理 370
  5.3　河川 371
    5.3.1　河川と維持管理 371
    5.3.2　河川の維持管理 371
      (1)　対象 371
      (2)　現状と課題 371
      (3)　状態把握と分析評価 373
  5.4　海岸保全施設 375
    5.4.1　海岸保全施設とは 375
    5.4.2　海岸保全施設のメンテナンス 376
      (1)　海岸保全施設の現状 376
      (2)　維持または修繕の実施のために留意すべき海岸保全施設の
         　　特徴 376
      (3)　維持 377
      (4)　修繕 377

(5) 今後の海岸保全施設の維持・修繕のあり方について..........377
5.5 農業水利施設..379
　5.5.1 農業水利施設の構成と機能.....................................379
　5.5.2 農業水利施設の機能保全...380
　　　(1) 機能保全の目的と手順......................................380
　　　(2) 機能診断調査と健全度評価...............................381
　　　(3) 機能保全計画の策定..381
　5.5.3 農業水利施設の機能保全のための制度.................382
　　　(1) ストックマネジメントの制度..........................382
　　　(2) 情報の保存・蓄積・活用.................................382
5.6 上水道..384
　5.6.1 水道施設の概要..384
　5.6.2 水道施設の維持管理..385
　5.6.3 水道施設の更新..386
5.7 下水道..388
　5.7.1 下水道施設の概要..388
　　　(1) 下水道とは..388
　　　(2) 下水道の種類と役割・機能..............................389
　5.7.2 下水道施設の現状..389
　　　(1) 現状...389
　　　(2) 事業主体..390
　5.7.3 下水道施設の維持管理..390
　　　(1) 管路施設..390
　　　(2) ポンプ場・処理場施設......................................391
5.8 電力施設..392
　5.8.1 電力施設の構成..392
　　　(1) 発電設備..392
　　　(2) 流通設備..393
　5.8.2 電力施設の現状..394
　5.8.3 電力施設の維持管理..394

(1) 水力発電の取組み..395
　　　(2) 火力発電の取組み..395
　　　(3) 原子力発電の取組み...395
5.9　ガス施設...396
　5.9.1　都市ガス事業とは...396
　　　(1) ガス事業の種類..396
　　　(2) ガス事業法..396
　　　(3) 都市ガスの種類..396
　5.9.2　都市ガス供給方式...396
　　　(1) 供給（輸送）方式の種類.......................................396
　5.9.3　ガス供給システムに関するメンテナンス..............397
　　　(1) 一般ガス事業者概要..397
　　　(2) ガス事業法，ガス工作物の技術上の基準..............398
　　　(3) ガス安全高度化計画..398
　　　(4) 業界としての取組み..398
　5.9.4　メンテナンスにおける具体的取組み......................399
　　　(1) 経年管（ねずみ鋳鉄管）対策...............................399
　　　(2) 他工事事故対策~道路管理センターの活用............399
5.10　通信施設..401
　5.10.1　通信土木設備の概要..401
　　　(1) 通信土木設備の役割..401
　　　(2) 通信土木設備の構成..401
　5.10.2　通信土木設備の維持管理.....................................402
　　　(1) 通信土木設備の現状..402
　　　(2) 通信土木設備の維持管理方法...............................403
　　　(3) 設備事故防止...403
5.11　道路..405
　5.11.1　道路の構成..405
　5.11.2　道路のメンテナンス..406
　　　(1) 道路の現状..406

(2) メンテナンスの目的とその内容..406
5.11.3 道路構造物の長寿命化対策..408
(1) 制度の確立（道路法の改正等）..408
(2) 義務の明確化（メンテナンスサイクル「点検・診断・措置・記録」）..408
(3) メンテナンスサイクルを回す仕組みづくり..........................408
5.12 鉄道..410
5.12.1 鉄道の構成..410
5.12.2 鉄道のメンテナンス..411
(1) 鉄道の現状..411
(2) 維持管理に関する法律..411
(3) JR東日本における検査の区分と周期..................................412
(4) 組織と業務..413
5.12.3 維持管理の効率化の取組み..414
(1) 土木構造物管理システム..414
(2) 3D 電子路線平面図，パノラマムービー..............................414
5.13 港湾..415
5.13.1 港湾とは..415
(1) 港湾の種類と数..415
(2) 港湾を構成する施設..415
(3) 整備・管理主体..415
5.13.2 港湾施設のメンテナンス..416
(1) 港湾施設の老朽化の進展..416
(2) 港湾施設のおかれた環境..417
5.13.3 港湾施設のメンテナンスの仕組み..418
(1) 制度の確立（維持管理に関する法令の整備）..................418
(2) メンテナンスの目的..418
(3) 港湾施設のメンテナンスサイクル......................................418
(4) 施設毎の維持管理計画と港単位のストックマネジメント.....419
5.14 空港..420

- 5.14.1 空港の構成 ... 420
  - (1) 空港の種類と数 ... 420
  - (2) 空港を構成する施設 ... 420
- 5.14.2 空港のメンテナンス ... 421
  - (1) 空港内の施設の現状 ... 421
  - (2) 維持管理における法令等の体系 ... 422
- (コラム) 災害に備えた公園の整備と維持管理
  〜東京都中央区の事例〜 ... 424

第6章 インフラメンテナンスの重要事例 ... 426

- 6.1 道路橋の車両大型化に対する対応 ... 427
  - (1) はじめに ... 427
  - (2) 活荷重とRC床版設計基準の変遷 ... 427
  - (3) RC床版の損傷の実態と研究 ... 429
- 6.2 兵庫県南部地震を受けた耐震設計の見直し ... 430
  - (1) 耐震基準のアップデート ... 430
  - (2) 耐震補強の効果 ... 431
- 6.3 豊浜トンネル崩落事故とトンネルのメンテナンスのための教訓 434
  - (1) 概要 ... 434
  - (2) 崩落原因 ... 434
  - (3) 復旧対応 ... 435
  - (4) 提言 ... 435
- 6.4 山陽新幹線におけるコンクリート剥落と品質確保へ向けた取組み
  ... 437
  - (1) 概要 ... 437
  - (2) 高架橋の事例 ... 437
  - (3) トンネルの事例 ... 439
- 6.5 笹子トンネルにおける天井板落下事故と附帯設備のメンテナンスの重要性 ... 441
- 6.6 鋼橋の落橋事故から学ぶ維持管理の重要性 ... 446
  - (1) 鋼橋の事故事例 ... 446

(2) 維持管理の重要性とその今後 449
6.7　計画・マネジメント技術によるイノベーション 451
　(1) BMS（ブリッジマネジメントシステム） 451
　(2) アセットマネジメント 453
　(3) ISO55001 454
6.8　機械化・自動化技術によるイノベーション 457
　(1) 劣化状況の調査における導入事例 457
　(2) 劣化箇所の補修技術 459
　(3) おわりに 459
6.9　ICT によるイノベーション 461
　(1) インフラメンテナンスへの ICT の活用 461
　(2) AR 技術の活用 461
　(3) 点群データの活用 462
　(4) 携帯端末の利用と住民参加 462
6.10　大規模計算・ビッグデータ処理によるイノベーション 464
　(1) 大規模計算と可視化技術 464
　(2) センシング技術とセンサネットワーク 466
　(3) データ指向型科学 467

索引 470

委員会名簿 478

編集後記

執筆者一覧

【総論編】

1.	菊川　滋	(株) IHI
2.1	家田　仁	東京大学・政策研究大学院大学
	勢田　昌功	国土交通省中部地方整備局
	波津久　毅彦	首都高速道路 (株)
2.2	小林　潔司	京都大学
	田村　敬一	京都大学
3.1－3.3	家田　仁	東京大学・政策研究大学院大学
3.1－3.2	阿部　雅人	(株) BMC
3.3	佐藤　寿延	国土交通省総合政策局
	勢田　昌功	国土交通省中部地方整備局
3.4	小澤　一雅	東京大学
3.4.1	小川　文章	国土交通省水管理・国土保全局
	横田　敏宏	国土交通省国土技術政策総合研究所
3.4.2	松坂　敏博	東日本高速道路 (株)
3.4.3	小澤　一雅	東京大学
3.4.4	森田　康夫	国土交通省国土技術政策総合研究所
3.4.5	内田　裕市	岐阜大学
3.4.6	福士　謙介	東京大学

【工学編】

1.	二羽　淳一郎	東京工業大学
2.1	岩城　一郎	日本大学
	上田　洋	公益財団法人鉄道総合技術研究所
	国枝　稔	岐阜大学
	田中　泰司	東京大学生産技術研究所
	長井　宏平	東京大学生産技術研究所
	細田　暁	横浜国立大学
2.2	石田　哲也	東京大学
	大竹　雄	新潟大学
	加藤　佳孝	東京理科大学
	斉藤　成彦	山梨大学

	田中　泰司	東京大学生産技術研究所
	内藤　英樹	東北大学
	長山　智則	東京大学
	藤山　知加子	法政大学
	水谷　司	東京大学
2.3	中村　秀明	山口大学
	松崎　裕	東北大学
	丸山　明	（株）ＩＳＳ
	山根　立行	（株）建設技術研究所
3.1	岩波　光保	東京工業大学
3.2	久保　和幸	国立研究開発法人土木研究所
	島崎　勝	大成ロテック(株)
	藤原　栄吾	大林道路（株）
	前川　亮太	（株）奥村組
	渡邉　一弘	国立研究開発法人土木研究所
3.3	小野寺　孝行	東日本旅客鉄道（株）
	横山　淳	東日本旅客鉄道（株）
3.4	穴見　健吾	芝浦工業大学
	池田　学	公益財団法人鉄道総合技術研究所
	大山　理	大阪工業大学
	小野　潔	早稲田大学
	金田　崇男	国立研究開発法人土木研究所
	北根　安雄	名古屋大学
	小林　裕介	公益財団法人鉄道総合技術研究所
	下里　哲弘	琉球大学
	白戸　真大	国土交通省国土技術政策総合研究所
	高橋　実	国立研究開発法人土木研究所
	判治　剛	名古屋大学
	松村　政秀	京都大学
	宮下　剛	長岡技術科学大学
3.5	上田　隆雄	徳島大学
	上田　洋	公益財団法人鉄道総合技術研究所
	加藤　絵万	国立研究開発法人港湾空港技術研究所
	鎌田　敏郎	大阪大学

	古賀　裕久	国立研究開発法人土木研究所
	佐伯　竜彦	新潟大学
	下村　匠	長岡技術科学大学
	鶴田　浩章	関西大学
	羽渕　貴士	東亜建設工業（株）
	濱田　秀則	九州大学
	皆川　浩	東北大学
	宮里　心一	金沢工業大学
	山口　明伸	鹿児島大学
	渡邉　健	徳島大学
3.6	太田　直之	公益財団法人鉄道総合技術研究所
	篠田　昌弘	防衛大学校
3.7	砂金　伸治	国立研究開発法人土木研究所
	太田　裕之	応用地質（株）
	日下　敦	国立研究開発法人土木研究所
	高根　努	（株）オリエンタルコンサルタンツ
	寺戸　秀和	（一社）日本建設機械施工協会施工技術総合研究所
	山本　拓治	鹿島建設（株）
4.1	岩波　光保	東京工業大学
4.2	安藤　伸	応用地質（株）
	杉山　友康	京都大学
	田山　聡	（株）高速道路総合術研究所
	深田　隆弘	西日本旅客鉄道（株）
4.3	杉原　直樹	国土交通省国土技術政策総合研究所
4.4	中川　康之	国立研究開発法人港湾空港技術研究所
5.	岩波　光保	東京工業大学
5.1	吉田　等	（一財）ダム技術センター
5.2	星野　和彦	（一財）砂防フロンティア整備推進機構
5.3	安原　達	（公財）河川財団河川総合研究所
5.4	野本　粋浩	国土交通省水管理・国土保全局
5.5	中　達雄	農研機構農村工学研究所　水利工学研究領域
5.6	木村　康則	（公社）日本水道協会
5.7	林　幹雄	（公社）日本下水道協会

5.8	鷲尾	朝昭	電源開発(株)
5.9	木原	晃司	東京ガス(株)
5.10	山田	敏之	ＮＴＴインフラネット(株)
5.11	嶋田	博文	国土交通省道路局
5.12	清水	満	東日本旅客鉄道(株)
5.13	坂井	功	国土交通省港湾局
5.14	猪岡	英夫	国土交通省東京航空局
6.1	石井	博典	(株)横河ブリッジホールディングス
6.2	長尾	毅	神戸大学
	野津	厚	国立研究開発法人港湾空港技術研究所
	星隈	順一	国立研究開発法人土木研究所
6.3	齋藤	貴	東日本旅客鉄道(株)
6.4	小島	芳之	公益財団法人鉄道総合技術研究所
	谷村	幸裕	公益財団法人鉄道総合技術研究所
6.5	二羽	淳一郎	東京工業大学
6.6	山口	隆司	大阪市立大学
6.7	森田	康夫	国土交通省国土技術政策総合研究所
6.8	建山	和由	立命館大学
6.9	福森	浩史	清水建設(株)
	蒔苗	耕司	宮城大学
6.10	中畑	和之	愛媛大学

【コラム】

久保田	善明	京都大学
岩城	一郎	日本大学
萱場	祐一	国立研究開発法人土木研究所
内田	裕市	岐阜大学
溝口	薫	東京都中央区

はじめに

　社会インフラのメンテナンスに関する課題は，これまで個別性が高いものと認識されてきた．これは，社会インフラの建設，管理，利用方法が部門ごとに個別に取り組まれてきたことから，そのメンテナンスについても個別に行われてきたことが背景にある．例えば，道路，河川，港湾などの社会インフラの部門別・管理者別に，また，トンネル，水門，桟橋，付属施設などの構造物・設備別，さらに，鋼，コンクリート，土などの学問的な分野別に設計・施工，メンテナンスの課題が個別化され，これらに対する取組みが専門的に進められているのが現状である．特に，メンテナンスは，様々な関係者や異なる環境条件の下で，土木工学をはじめとする工学系の知識・技術のほかに，法制度や予算，組織体制，人材などに支えられている．これらも個別の課題と認識され，メンテナンスに関する知見・ノウハウが総合的に整理されているとは言えない状況である．

　また，これまで刊行されてきた社会インフラの維持管理に関する教科書や参考書についても，メンテナンスに関する理念や，分野横断的な内容を取り扱っている書籍は限られている．さらにマネジメントやこれを支える制度・体制まで含めて解説することで，体系的かつ組織的にメンテナンスに関する取組みを推進する為の着眼点を伝えた書は少ない．

　このようにメンテナンスの取組みが専門化・高度化してきた中，土木学会では，学会内の産学官の知見を統合することで，メンテナンス学の体系化のためテキストブックの編纂に取り組むこととした．すなわち，メンテナンスは共通性の高い課題を取り扱っているものであり，これまで得られた多様かつ複雑な知識を，共通の原理・本質に基づき体系化し「社会インフラメンテナンス学」を確立するのが本書の試みである．そして，幅広い知見に基づいて，メンテナンスを戦略的に実施可能な技術者を育成することを目的としている．

本書「社会インフラメンテナンス学」は，「Ⅰ.総論編」「Ⅱ.工学編」「Ⅲ.部門別編」の3編で構成される．このうち「Ⅰ.総論編」「Ⅱ.工学編」は合本版の本書籍であり，「Ⅲ.部門別編」は，別冊（概要製本版＋電子媒体）として出版される．

　本書は，メンテナンスに関する体系的な書籍であり，土木分野以外の方も含め，メンテナンスに関わる全ての分野の方を対象としている．特に，土木技術等の専門性に係らず，幅広い方がメンテナンスに関わることを想定し，現場でのメンテナンス業務について未経験，もしくは経験が少ない方でも容易に全体像を把握できるように工夫した．本書は，マネジメントを含めたメンテナンス学の知識を体系的に取得することを目指し，更に，インフラ部門別の維持管理・更新の好事例や実態を示すことで，維持管理・更新の実務の円滑な実施を図るとともに，知識・技術レベルの更なる向上をねらうものである．

　学生に関しては，構造工学，コンクリート工学，鋼構造工学，地盤工学が履修済みである学部3〜4年生と大学院生を対象とし，メンテナンス学の基礎的な知識の取得をめざす．

　そして，経験豊富な技術者にとっては，改めてメンテナンスの理念や分野横断的な内容を確認し，また，自らの専門とする分野・部門以外のメンテナンスを学ぶ書籍として活用して頂きたい．

社会インフラメンテナンス学の体系と本書の構成

　社会インフラのメンテナンスは，机上の検討や基準・要領・マニュアルに従うだけではうまくいかず，施設，構造物，現場ごとに技術者が想像力を働かせて取り組むべきものである．新設構造物の場合，規定の基準やマニュアルに従って設計・施工が進められる．しかし，メンテナンスの場合は，すでに存在するインフラを対象に取り組むことから，まず，対象となるインフラの情報（建設年次，設計に関する情報，施工に関する情報，使用環境，過去の補修履歴等）を把握しなければならない．そして，得られた情報と現場の状況，これまでの知見を踏まえて考察し，損傷要因を特定し，適切な措置へとつなげていく必要がある．

　また，日常管理における予防保全型のメンテナンスや新設構造物の設計時におけるメンテナンスに配慮した構造等の採用も，メンテナンスが取り扱うべき重要なテーマの一つである．

　このように，社会インフラメンテナンス学が包含する内容は多岐・広範であること，そして，高度で総合的な技術力が求められることを認識する必要がある．

　「社会インフラメンテナンス学」の体系は，メンテナンスの対象となる社会インフラの機能とその多様性を理解する「社会インフラ概論」，メンテナンスを実行する上で活用されるマネジメントの基本的考え方を理解する「社会インフラのマネジメント概論」と，社会インフラのメンテナンスの理念・基本的考え方，メンテナンスを支える要素（制度・体制等），メンテナンスの実際面からなる「社会インフラのメンテナンス概論」により構成される．さらに，メンテナンスの実際面では，構造物別，自然公物別に整理がなされるとともに，実務の観点から，インフラ部門毎のメンテナンスが取り纏められる．社会インフラメンテナンス学の体系を，本書の構成に照らしあわせて表現したものを図1に示す．

　本書の構成としては，社会インフラの多様性，メンテナンスに活用されるマネジメント手法，メンテナンスの理念や体系，メンテナンスを支える制

度・体制を「Ⅰ. 総論編」に，メンテナンスの実際面を解説するメンテナンス概論，鋼・コンクリート等の構造物のメンテナンス，斜面，河川等の自然公物の管理，メンテナンスの重要事例を「Ⅱ. 工学編」に記述した．さらに，社会インフラ部門ごとのメンテナンスの概要を「Ⅱ. 工学編」第5章に整理するとともに，部門ごとのメンテナンスの詳細を，別途発刊される「Ⅲ. 部門別編」に取り纏めることとした．

　これまでメンテナンスが論じられてきた書籍の多くは，主に「構造物のメンテナンス」に焦点が当てられていた．本書では，特にメンテナンスの理念・考え方や制度・体制を社会インフラメンテナンス学体系の重要な構成要素としてとらえ，とりまとめている．また，人工（公）物である構造物のメンテナンスのみならず，河川や海岸等の自然公物のメンテナンスについても概説する．そして，これらインフラのメンテナンスは，社会インフラの部門ごとに実施されることから，社会インフラ部門別のメンテナンスについても論じることとしている．

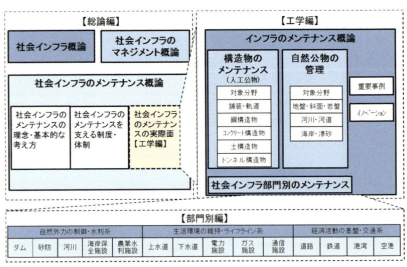

図1　社会インフラメンテナンス学の体系と本書の構成

用語の定義

社会インフラのメンテナンスに関する用語の定義については，道路法，河川法，港湾法などの社会インフラ管理者別の法律に定められているほか，関連する示方書，要領・要綱，ガイドライン等に定められ，さらに，維持管理に関するテキストブック・参考書等にも解説がなされている．しかし，同じ用語であってもインフラ部門別に定義付けや慣習法（予算区分での便宜的な定義など）が異なる場合があることから，本書では，以下の通り定義づける．

表1 用語の定義

用語	本テキストにおける定義
インフラ	市民が持続可能で豊かな社会経済活動を営み，生活の安全・安心を確保し，国土の有効活用を可能にするような，社会的に共有され，複数の構造物・施設等の人工（公）物や自然（公）物により構成される河川，ダム，砂防，上下水道，エネルギー，道路，鉄道，港湾，空港等の総称．ハード面を強調してインフラ施設と称することもある．
社会インフラ	インフラとそれにより提供される仕組みやサービスを含んだもの．社会基盤あるいは社会資本とも呼ばれる．なお，「インフラ」という用語は，構造物や施設などの物理的・工学的側面が強調されるため，「社会インフラ」という用語により，インフラにより提供されるサービスが様々な要素により支えられていることを強調した．
管理	インフラの管理者が行うすべての行為．法的・技術的なものを含み，具体的には適正な運営・運転・運行，施設機能の維持，新設，改築，維持，修繕，更新，災害発生の防止，災害復旧などが含まれる．
メンテナンス	「運用管理」・「維持管理」と「更新」・「撤去」を，関連する制度・体制の支援により，工学的知見に基づき戦略的（合理的・体系的・規則的・継続的）に実施する行為．
運用管理	サービスを提供する行為（運用・運転・運行・オペレーション等）
維持管理	インフラの供用期間において，インフラの性能及びサービス水準を所定以上に保持する為のすべての行為．具体的には，点検，診断，措置（維持，修繕（補修），改良（補強）），災害発生の防止などが含まれる．

点検	インフラに異常がないか調べる行為．「検査」と呼称される場合もある．なお，インフラの状態等に関するより詳細な情報を得るための行為を「調査」という場合もある．
診断	インフラの変状から，状況を判断するための一連の行為．
措置	インフラの機能維持に支障がある場合やインフラに変状がある場合に行われる対策．
維持	インフラの維持管理のうち，計画的に反復して行う手入れ，または緊急に行う軽度な補修のこと．除草，除雪，清掃，道路舗装のパッチングなどが含まれる．
修繕（補修）	インフラの維持管理のうち，維持では不経済もしくは十分な回復効果が期待できない場合に，建設時にインフラが有していた性能程度に回復する，あるいは性能の低下を遅らせる措置．保線，舗装の打ち替え，塗装，コンクリート断面補修，故障・毀損した施設の修理と部分的な更新などが含まれる．
改良（補強）	インフラの維持管理のうち，施設が供用開始時に保有していたよりも高い性能まで，安全性・使用性などの性能を向上させるための措置．既存施設の廃止を伴わないもので，耐荷性，耐久性，耐震性，耐候性，耐火性の向上，防波堤・堤防の嵩上げ，通信システムの高度化，エネルギー効率の向上などが含まれる．
更新	既存のインフラの施設を廃止し，現在要求される性能に合致した施設に置き換える措置．橋梁の架替えによる新設時と同等以上の性能確保による交通容量の増加，下水管の入替えなどによる流下能力の向上なども含まれる．
マネジメント	社会インフラの効率的・効果的な管理のための体系化された実践活動．コンストラクションマネジメント，アセットマネジメント，ストックマネジメント，リスクマネジメントなどがある．
予防保全	インフラの使用中での故障や損傷，劣化を未然に防止し，インフラを使用可能な状態に維持するために計画的に行う取組み．
事後保全	インフラが機能低下，もしくは機能停止した後に本来必要とされる機能まで回復する取組み．
長寿命化	インフラの寿命（健康寿命）を延ばすための取組み．
ライフサイクルコスト	インフラの建設から供用期間中および供用期間終了後の解体までに必要なすべての費用．
機能	目的に応じてインフラが果たす役割であり，インフラの有するべき性質．

性能	インフラの機能の程度で，インフラが発揮する能力.
機能的劣化	外的条件や要求の変化に伴って，インフラの機能が見かけ上低下すること.
構造的劣化	経年的な化学的な劣化（化学的劣化）や，材料内部の不完全性が外力によって進展・破壊する劣化（物理的劣化），摩耗，生物的劣化などの総称.
高齢化（高経年化）	インフラが新設されてから，相当数の年数が経過した状態.
老朽化	高齢化（高経年化）に伴いインフラに変状が顕著に生じた状態.
防災（災害対応）	災害を未然に防止し，災害が発生した場合における被害の拡大を防ぐための措置．災害対策基本法では，災害復旧も防災と位置付けられるが，本書では，災害復旧はメンテナンスの範囲には含まないとした．なお，「防災」は「減災」の一部であり，「減災」は，「災害の発生規模を未然にできるだけ小さくし，災害が発生した場合における被害の拡大をできるだけ減らし，およびすみやかな復旧を可能にすること」である.

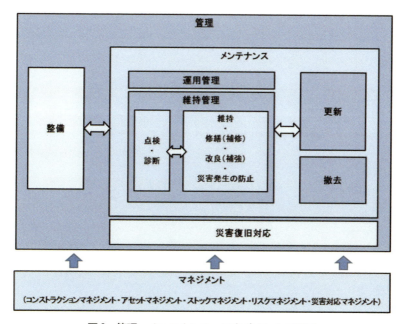

図2　管理，メンテナンス，マネジメントの関係

Ⅰ. 総論編

第1章　まえがき

　インフラは，市民が持続可能で豊かな社会経済活動を営み，生活の安全・安心を確保し，国土の有効活用を可能にするために，社会的に共有され，複数の構造物・施設等の人工（公）物や自然（公）物により構成される河川，ダム，砂防，上下水道，エネルギー，道路，鉄道，港湾，空港等の総称である．

　総論編では，社会インフラとそのマネジメントを概観したうえで，社会インフラのメンテナンスの理念・基本的な考え方やメンテナンスを支える様々な要素について解説する．

　第2章「社会インフラとそのマネジメント」では，社会インフラの役割とその構成について記述し，その多様性について述べるとともに，社会インフラのマネジメントについて概説する．

　2.1では，メンテナンスの対象である社会インフラは，その役割と機能が多岐に渡り，土木構造物などの人工公物と河川などの自然公物からなるなど多様であり，時代の社会経済情勢に影響され，多様な要素から支えられていることを述べる．また，整備段階からメンテナンス段階に繋がる社会インフラのライフサイクルを解説する．

　2.2では，社会インフラのマネジメントについて，アセットマネジメントを中心に様々なマネジメントの概念を整理し，社会インフラのメンテナンスとの関連を述べる．

　第3章「社会インフラのメンテナンス」では，時間軸を考えたメンテナンスについて，基本的な考え方を解説する．すなわち，時間軸の中でのインフラの振舞いを，メンテナンスの視点を取り入れながら概観する．また，我が国の社会インフラの現状と課題を整理するとともに，メンテナンスを支える様々な体制・制度についても述べる．

　3.1では，インフラはそれぞれに目的に応じたサービスを提供するための機能を有しており，その機能を長期に亘って保持することがメンテナンスの本質であること，そして，インフラの機能的劣化と構造的劣化について述べ

る．特に，インフラの性能上は，経年や老朽化は，一面を表しているに過ぎず，「生まれ」「育ち」を踏まえて評価する必要があることを述べる．

3.2 では，社会インフラのライフサイクルとメンテナンスについて述べ，メンテナンスサイクルを解説する．その中で，メンテナンスは，設計・施工の結果の評価，設計・施工の改善のプロセスであることを述べる．

3.3 では，社会インフラとそのメンテナンスの現状と今後の見通しを示し，課題と取組みの方向性について述べる．

3.4 では，社会インフラのメンテナンスを支える要素として，メンテナンスに関わる法制度，メンテナンスの経済・財政，メンテナンスに関わる組織と体制，メンテナンスに関わる調達制度，人材育成と総合的な技術力の向上，市民へのアカウンタビリティの向上について述べる．

このように，総論編では，具体的な構造物や施設等を対象として論じるのではなく，社会インフラのメンテナンスに共通する理念・考え方等を中心に解説がなされている．「社会インフラメンテナンス学」を学ぶ上での基本ととらえて活用されることを期待する．

第2章 社会インフラと
そのマネジメント

2.1 社会インフラの役割とその多様性

　社会インフラには，河川やダムなどの自然の外力を制御するものや，道路，鉄道などの経済活動の基盤となるものなどがある．また，これらの社会インフラは土木構造物などの人工公物のみならず，河川や海岸などの自然公物からなる．本節では，メンテナンスの対象である社会インフラの役割とその多様性について述べる．

2.1.1 社会インフラの役割と機能

　インフラは，市民が持続可能で豊かな社会経済活動を営み，生活の安全・安心を確保し，国土の有効活用を可能にするために，社会的に共有されるものである．また，「行政主体により公の用に供せられる施設」だけではなく，私有物であるエネルギー施設，私鉄，農地などの広く「公共の用に供される施設」も含み，さらには，人工公物のみならず，自然公物をも含む．社会インフラは，インフラとそれにより提供される仕組みやサービスを含んだもので，社会インフラにより快適で豊かな環境が創出され，我々の安全・安心な暮らしと活力ある経済活動を通じて，持続可能な社会が実現される．
　社会インフラは，主に以下のように大別されるが，それぞれの役割や機能によって分類することもできよう．
① 自然外力の制御による国土の保全
② 生活環境の維持
③ 交通・運輸等の経済活動の基盤
　自然外力を制御する社会インフラには，堤防，ダム等があげられ，常時には安定的に河川水量を確保する機能が求められる一方で，台風等による自然

災害が発生する恐れのある非常時には洪水の制御機能など,自然外力の状況に応じた機能が求められる.

一方,下水道等の生活環境を維持する社会インフラと道路等の経済活動の基盤となる施設は,主には常時の経済活動に対応した機能の発揮が求められ,災害時等においても安定性が必要である.社会インフラは,その役割に応じて,対象外力,必要とされる機能の発揮時期も異なるものである.

また,道路や鉄道の「移動や輸送空間の提供」というように,市民が直接的に利用するサービスを提供するものと,電力施設である発電設備や送変電施設などのように,市民が利用する「電力供給」サービスを間接的に支えているものもある.

このような多岐にわたるインフラの機能が失われた場合,私たちの日常に与える影響の大きさは容易に想像できるであろう.社会インフラの機能維持のためには,そのメンテナンスが必須なのである.

2.1.2 インフラのなりたちと分類

社会インフラは,橋梁,堤防などの構造物のみならず,河川,湖沼,海岸,山林,斜面などの国土と一体となって存在し,機能を発揮している.すなわちインフラは,我々が構築する人工公物と,自然形成された自然公物により構成される.

図 2.1.1 人工公物−自然公物の具体例(一部に文献[1]を利用して作成)

例えば道路は人工公物の一つである．主に舗装，土工，橋梁，のり面，トンネル，安全施設で一体的に機能を発揮している．このうち多くが鋼，コンクリート，盛土による人工物である一方で，例えば橋梁の基礎は，人工物の杭とそれを支持している自然物の地盤・岩盤が一体となって機能している．

　また，河川は自然公物の一つである．自然河川そのものを中心に，堤防，水門・樋門，排水機場，ダム（堤体，放流設備），貯水湖，貯水湖を取り囲む山林などから形成される施設であり，多くの自然物が含まれている．

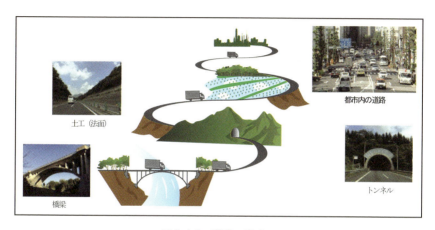

図2.1.2　道路の構成

図2.1.3　河川の構成(文献2),3),4),5)により再構成)

ここで，堤防，ダムなどの社会インフラは，自然環境からもたらされる外力の制御が主な機能となることから，自然環境との境界に設置される人工公物であり，自然公物そのものと一体となった管理が求められる．すなわち，自然災害時等の激しい事象下での管理，日常下での管理等，様々な状況下での異なる管理が求められる．

　一方で，生活環境を維持するインフラや経済活動の基盤となるインフラは，主として車両荷重のような日常的に発生する人工的な外力に対する機能の確保のための管理が求められるとともに，自然外力下での安全性も求められる．

　このように，社会インフラは，様々な求められる役割があるとともに，それに応じた機能の確保が求められることとなり，メンテナンスにおいても十分に考慮していかなければならない．

　社会インフラは，多種多様である．本書では，道路，河川などを社会インフラの「部門」とし，橋梁，トンネルなどの人工物を「施設」「構造物」または「設備」とする．

　本書でとりあつかう社会インフラの部門は，土木学会で主に調査研究が実施されている部門を中心に，以下の通りとする．

・自然外力制御による国土保全等・水利系（ダム，砂防，河川，海岸保全施設，農業水利施設等の水利系）
・生活環境の維持（上水道，下水道，電力施設，ガス施設，通信施設等のライフライン系）
・経済活動の基盤（道路，鉄道，港湾，空港等の交通運輸系）

図2.1.4　社会インフラ部門の代表例（一部に文献[1],[6]を利用して作成）

2.1.3 社会インフラと時代背景

(1) インフラの歴史と文化

我が国の社会インフラは，明治維新の近代化後に整備された施設のみを指すのではない．701-704年頃（大宝年間）に，降雨量が少なく，また，河川からの灌漑用水が困難なことから整備された香川県の満濃池や，江戸時代に，住民の飲み水確保のために整備された熊本県轟泉水道なども社会インフラである．

写真2.1.1 満濃池（香川県）[7]　　写真2.1.2 轟泉水道（熊本県）[8]
（著作権者：公益社団法人香川県観光協会）　　（宇土市ホームページより）

我が国では，厳しい自然環境のなかで，自然地形を巧みに活かしながらインフラが整備されてきた．また，「道普請」に代表されるように，地域の住民がインフラの整備やメンテナンスに関わりを持ってきた．自然の厳しさに対峙し，人々の豊かなくらしの礎となるため，自然環境の中に構築されたこれらの施設は，地域の風土や景観，人々の生活・文化と密接に関連している．

(2) 社会経済情勢に影響されるインフラ

インフラは，それぞれの時代背景の中で，社会の要請に応えるべく，当時の最適と考えられた技術や材料を用いて設計され，施工されてきた．社会のニーズが技術を発展させ，技術がインフラの建設に応用されてきた．その一方で，その時代の社会経済情勢にインフラは影響されてきた．たとえば，高度経済成長期に建設された施設では，工期不足，人手不足などの要因が，構造物の品質確保に影響を与えている可能性があり，厳しい財政制約下で十分なサービス水準を確保できない暫定的な整備を止むなくされる場合もある．

2.1.4 社会インフラを支える多様な要素

　本テキストで展開される「社会インフラメンテナンス学」は，メンテナンスを工学的な見地から解説すると同時に，適切にメンテナンスを進めていくためには，様々な要素が必要であることを述べる．その中でも重要な制度・体制等の整備，構築が必要不可欠であると意識づける．

　例えば，メンテナンスを位置づける法制度，技術基準体系の構築，メンテナンスの予算確保のための税制・料金制度等の資金確保体系とその実施のための予算体系の確立が必要である．

　我が国では，道路法，河川法等，社会インフラ部門ごとの法体系が整備されている．また，技術基準体系も，社会インフラの特性が異なるため，それぞれの部門ごとに整備されている．近年のメンテナンスの必要性の高まりにより，法体系，技術基準体系は，徐々に充実が図られているところである．

　また，メンテナンスを実施する体制には，様々な主体が関わっている．国，地方公共団体等の公共セクターはもちろんのこと，PPP/PFIを代表例とする民間組織，更には，NPO等に代表される住民・市民レベルでの参画も行われている．行政やPPP/PFIの発注により委託を受けたものが，適切な責任分担のもと，メンテナンスを円滑に進められるようにするためには，契約制度等の分野も重要な要素である．

　一方，土木技術者を中心とした人材とその技術力も社会インフラを支える重要な要素である．少子高齢化の影響などにより，これまで社会インフラに係わってきた技術者の技術や経験の継承が困難な状況である．このため，産学官の知見を体系化し，土木技術者のみならず，土木工学を学ぶ学生を含めて幅広い担い手の育成が急務である．

　そして，土木技術者自身が，メンテナンスに求められる高度で総合的な技術力を認識し，広く国民にメンテナンスの重要性を理解していただけるよう，アカウンタビリティの向上に努めていくことも求められる．

2.1.5 社会インフラのライフサイクル（整備から廃止まで）

社会インフラのライフサイクルを，図2.1.5に示す．このサイクルの中で，運用管理・維持管理の段階が，社会インフラの目的とするサービスを提供する期間であり，期間が最も長く重要である．この期間には，社会インフラの機能を維持し必要なサービスを提供するため，サービス水準を満足するための維持管理（維持，修繕（補修），改良（補強）），更新が行われる．

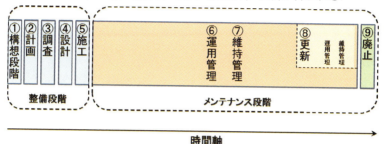

注1) ⑨廃止（集約整理，再編，解体撤去を含む）
注2) 自然公物系のインフラは，本図の対象外である．
図2.1.5 社会インフラの整備から廃止まで

ただし，維持管理の課題は，その段階だけで解決できない．よりよい維持管理には，計画・設計段階における維持管理への配慮から施工段階における品質管理まで，各段階における適切な対応が重要である．この観点から，従来個別に取り扱われていた，計画，調査，設計，施工，維持管理，解体（廃止），更新を統合して扱うライフサイクルマネジメント（LCM）の概念が重要である．この概念は，社会インフラの寿命（ライフサイクル）を通して，そのパフォーマンスが最大限に発揮できるよう，建設，維持管理・更新に至るまでのすべての行為とコストを最適化することが基本的な考え方となっている．

また，社会インフラは，その整備された時期によらず，長きにわたり我々の暮らしを支え，先達から受け継がれてきた貴重な資産である．しかし，社会インフラには廃止の時期がおとずれる可能性がある．これまで社会インフ

ラを廃止した事例はあるものの，その社会・経済的判断や工学的判断の指標となる方法論・技術論に関しては，現時点では確立された方策が無い．また，その場合には，利用者である地域住民の合意形成が必須である．今後，インフラの急速な高齢化に対し，十分な財政的措置が見込めない可能性があることや，少子高齢化・人口減少社会が本格的に到来することを踏まえ，地域のコンパクトシティ化が提唱されている我が国では，メンテナンスに関する技術改革に加えて，社会インフラの更新や廃止に関する方法論・技術論は重要であり，早期の確立が期待される．

参考文献

1) 社会資本整備審議会・交通政策審議会，今後の社会資本の維持管理・更新のあり方について　答申　〜参考資料〜　平成 25 年 12 月，2013
2) 国土交通省水管理・国土保全局ホームページ，基本情報・パンフレット・事例集　河川　河川に関する用語
   http://www.mlit.go.jp/river/pamphlet_jirei/kasen/jiten/yougo/05_06.htm
3) 国土交通省関東地方整備局ホームページ，荒川上流河川事務所荒川の主な施設
   http://www.ktr.mlit.go.jp/arajo/arajo_index015.html
4) 国土交通省東北地方整備局青森河川国道事務所藤崎出張所ホームページ
   http://www.thr.mlit.go.jp/aomori/syutu/fujisaki/image/gyouji/240516himon/240516himon.html
5) 国土交通省東北地方整備局新庄河川事務所ホームページ
   http://www.thr.mlit.go.jp/shinjyou/02_kasen/kanri/himon.html
6) 東京電力ホームページ，http://www.tepco.co.jp/cc/pressroom/yoko-j.html
7) 香川県公式観光サイト
   http://www.my-kagawa.jp/course/?exec=course_detail&course_id=10000060
8) 宇土市ホームページ
   http://www.city.uto.kumamoto.jp/q/aview/85/58.html

(コラム) 社会インフラのメンテナンスと風土・景観

　社会インフラのメンテナンスは，決して現代特有のテーマではない．およそ人類が定住生活をはじめた頃から，人々はその共同体の安寧を願い，日々の生活や生産を支えるために，また外敵や災害から身を守るために，インフラを発明，構築し，そのメンテナンスを行ってきた．その行為の基盤上に築かれた生活・社会環境，そして人間的・社会的営為や文化のありようは，その土地の気候や気象，地形や地質，植生や景観，災害，食物とその収穫方法，入手可能な建設材料，他の文明・文化との交流や外敵の脅威など，あらゆる環境条件の影響を受けながら，そこに住まう人々の知恵や知識と相俟って様々なかたちに発展した．和辻哲郎（哲学者：1889-1960）は，そのように個々の土地に根差しながら長い歴史の過程でひとつの特質として定着してきたもの，つまり，その土地における人間－社会－自然の複雑な関係性の総体を，そこに住まう人々の精神構造に刻み込まれて具現化したものとして「風土」と呼んだ．[1]

　近代より前の時代には，風土と社会インフラは，今よりずっと密接な関係にあった．道，橋，水路，堤防，ため池，その他の農業施設など，人々にとってインフラは欠くべからざる重要な社会的道具であり，知恵や知識，技術の粋を集めたその土地の文明そのものであった．人々は社会インフラの恩恵を明確に理解し，それゆえメンテナンスにも自分事のように関わることも多かったに違いない．むしろ，メンテナンスは造ることよりも日常的で永続的な行為だったであろう．そして人間－社会－自然の様々な次元での調和的相互作用が，結果として，その土地固有の美しい景観を生み出した．このように土地の環境条件のみならず，そこで展開されてきた歴史，とりわけ人間と社会インフラとの永続的な関係が風土の形成に多大なる影響を及ぼしてきたという事実は，そもそも社会インフラとは何か，ということを考える上で見逃してはならない重要な視点を提示する．

　近代を迎え，欧米の技術がわが国に導入されると，その新しい技術は国力の増強と経済の発展に著しく寄与したが，一方で，それまでのわが国の風土にはおよそ不釣り合いな装置が国内の至るところに置かれるようになった．近代以降の土木工学技術がわれわれの社会にもたらした恩恵は計り知れないが，それを日本の風土にうまく組み込むことができてきたかというと疑問もある．技術の面では日本の条件に合うようにアレンジされもしたが，風土に関しては今も多くが無頓着なまま，もはや日本の風土

とは何なのか，乱れた都市景観に阻まれ，きわめて分かりづらい状況となっている．

　重要なことは，社会インフラのあり方を「風土」と切り離してしまって本当によいのだろうかと考える視点である．それは社会インフラをその土地の風土的文脈と切り離された単なる物理的装置としてではなく，人間－社会－自然の複雑な関係性の総体の中に，必然かつ繊細に埋め込まれたシステムとして意識的に生み出す努力が必要ではないかという視点である．実はその必要性は，われわれが近代工学技術を手にした瞬間から始まっているのだが，そのインパクトが大き過ぎたゆえに，風土の次元で消化できてこなかったのである．しかしこれからは社会インフラやその永続的メンテナンスと日本の風土のあり方について，より深く真面目に考えていく必要があるだろう．

　社会が便利で安全，快適になると，社会インフラの重要性は人々の関心から遠ざかり忘れられていく．実際には重要性はむしろ増しているにも関わらず，意識からは遠ざかる．しかし「風土」が人々の精神構造の内に刻まれ具現化した人間－社会－自然の複雑な関係性の総体であるならば，社会インフラの重要性が人々の意識から遠ざかることは，すなわち風土の弱体化や荒廃を意味することになるだろう．つまり，現代において，社会インフラのあり方を風土の面から考え直すためには，社会インフラと人々の関係性を意識的に生み出して，そこに一定の精神的な近さを保つ以外にないのである．そのような関係性があって初めて，社会インフラを大切にしようという思いやそのメンテナンスに従事することへの誇り，そしてその価値を後世に引き継ごうとする意志が生まれる．それは文化財や絵画の修復士が自らの仕事に誇りをもち日々粛々と仕事をするのに似ている．

　幸い近年は，地域の魅力を高めるようなより優れたデザインや景観づくりへの関心が高まっている．地域資源や歴史をまちづくりに活かす取り組みも各地でなされている．一般市民がインフラの整備プロセスや維持管理に積極的に関わるような事例も増えてきている．震災や津波の被災地では，いかにして人々の「故郷」を取り戻すかという議論が真剣になされている．さらに，土木構造物の観光資源としてのポテンシャルも注目を浴びつつある．これらの社会的な動きをひとつの契機として，社会インフラと人々の精神的な結びつきをより強く，そしてそれを意識的に生み出していくことは，社会インフラを風土の面から捉え直し，健全なる持続的社会を構築するうえで本質的に重要である．三島市の事例（83頁：コラム）はその好例である．当面のメン

テナンスももちろん大切だが，風土的視点からもそれを理解し，あるべき社会インフラについて考える視点もまた必要である．

(京都大学　久保田善明)

参考文献

1) 和辻哲郎：『風土　人間学的考察』，岩波書店，1979（1935 初版）
2) 藤井聡：『実践的風土論にむけた和辻風土論の超克』，土木学会論文集 D，2006．

人々が僧侶（行基）のもとに集まって橋を架けている様子（8 世紀頃）
『元興寺極楽坊絵縁起絵巻』元興寺所蔵
奈良地域関連資料画像データベース・元興寺電子画像集
（「元興寺極楽坊縁起絵巻上巻」から転載）
http://mahoroba.lib.nara-wu.ac.jp/y03/gokuraku/gokurakubou_A.html

2.2 社会インフラのマネジメント

社会インフラのマネジメントにおいては種々のマネジメント手法が適用されている．それらのマネジメント手法の中には，直接的には，社会インフラのメンテナンスを目的としないものもあるが，多くのマネジメント手法は相互に関係し，また，補完し合い，それにより，社会インフラは機能を適切に果たすことが可能になる．このような観点から，本節では，種々のマネジメント手法を含めて，社会インフラのマネジメントについて述べる．

2.2.1 工学とマネジメントの関係

(1) 社会インフラの特徴とアセットマネジメント

社会インフラは，多くの階層からなる複雑なシステムであるとともに，同種の構造物であっても設置位置に応じて環境条件や荷重条件が異なり，その管理主体も国から都道府県，また，市町村のように様々であるといった多様性を有する．例えば，道路の場合，図2.2.1に示すように，橋やトンネルといった構造物は多くの部材から構成され，一方，1つの路線は種々の構造物からなり，さらには，路線が道路網を形成し，道路網は社会インフラ全体の一部となっている．次に，設置位置に応じて環境条件や荷重条件が異なることは，設計や施工段階に加えて，維持管理段階においても大きな影響を及ぼ

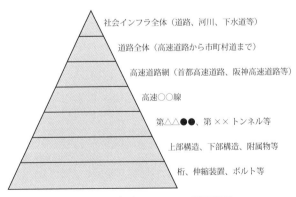

図2.2.1　社会インフラの階層構造

すことになる.例えば,鉄筋コンクリート構造物に及ぼす塩害の影響は,構造物の設置される地域により大きく異なり,マネジメントにおいてはその影響を適切に考慮することが必要である.管理主体が様々で,階層化されていることも社会インフラのマネジメントに大きな影響を及ぼしている.すなわち,組織の体制に呼応して,マネジメントの体制も階層的なものとする必要がある.また,特に,市町村の場合は管理する社会インフラの数は多いものの,マネジメントを担当する技術系職員や予算の不足といった問題を抱えている自治体も多く,マネジメントの導入に当たっては実情に即した段階的な導入が求められる.

工学分野では,従来,点検,診断,補修・補強といった維持管理手法が発展してきたが,近年,社会インフラを資産,すなわち,アセットとみなし,効率的かつ効果的な社会インフラの運用及び維持管理を行うためのアセットマネジメントの考え方が導入されてきた.アセットマネジメントは,元々は,リスクや収益性等を考慮して金融資産を適切に運用し,その価値を最大化するための活動である.この考え方を社会インフラのマネジメントに当てはめ,社会インフラを対象としたアセットマネジメントの概念が定義されている.わが国より早く社会インフラに対するアセットマネジメントが提唱された米国では,1999年に連邦道路庁によりアセットマネジメントが次のように定義されている[1].なお,ここで,和訳は参考文献[2]によるものである.

Asset management is a systematic process of maintaining, upgrading, and operating physical assets cost-effectively. It combines engineering principles with sound business practices and economic theory, and it provides tools to facilitate a more organized, logical approach to decision-making. Thus, asset management provides a framework for handling both short- and long-range planning.

(和訳)アセットマネジメントは,コスト効率よく,物理的資産を維持し,機能を向上し,運用する,体系化したプロセスである.それは,工学的な考え方を,しっかりした実務のやり方や経済的な理論と組み合わせ,そして,意思決定に向けた組織的,論理的なアプローチを容易にするツールを提供する.このようにして,アセットマネジメントは,短期

計画，長期計画の両方を取り扱うフレームワークを提供する．

2003 年には，国土交通省が設けた道路構造物の今後の管理・更新等のあり方に関する検討委員会より提言が出された[3]．同提言では，道路構造物のアセットマネジメントを「道路を資産としてとらえ，道路構造物の状態を客観的に把握・評価し，中長期的な資産の状態を予測するとともに，予算的制約の中でどのような対策をどこに行うのが最適であるかを考慮して，道路構造物を計画的に管理すること」と定義している．さらに，2005 年に土木学会の建設マネジメント委員会アセットマネジメント研究小委員会では，アセットマネジメントを「国民の共有財産である社会資本を，国民の利益向上のために，長期的視点に立って，効率的，効果的に管理・運営する体系化された実践活動．工学，経済学，経営学などの分野における知見を総合的に用いながら，継続して（ねばりづよく）行うものである．」と定義付けている[2]．

以上のように，社会インフラを対象としたアセットマネジメントは，管理運営経費等の効率化と社会インフラが提供するサービスの効果向上を図るとともに，顧客に相当する国民・住民への説明責任を果たすところに特徴を有する．

アセットマネジメントに必要とされる要素には，工学的アプローチに留まらず，経済学的なアプローチ及び経営学的なアプローチも含まれる．社会インフラのデータを管理し，点検を行い，点検結果から劣化予測等の診断を行い，さらに，その結果に基づき補修や補強を行うためには，当然のことながら，工学的アプローチが必要とされる．また，資本を投入し，資産である社会インフラを効率的に運営するためには，費用便益分析を始めとする経済学的なアプローチが必要となる．さらに，一般に，社会インフラのマネジメントに投入可能な予算には制約があるため，その制約条件の下で，いつ，どこに，どれだけの投資を行っていくべきかという意思決定や予算の平準化を図るためには経営学的なアプローチが必要とされる．同様に，本書ではマネジメントが「社会インフラの効率的・効果的な管理のための体系化された実践活動」と定義付けられていることからも分かるように，アセットマネジメント以外の各種マネジメントも，工学に加え，他の分野における知見を必要とするものである．

(2) ニューパブリックマネジメント

ニューパブリックマネジメント (New Public Management : NPM) とは，公的部門に民間企業の経営管理手法を幅広く導入することで効率化や質的向上を図ろうとするもので，1980年代の半ば以降，英国，ニュージーランドを中心に行政実務の現場を通じて形成された行政経営手法である[2]．アセットマネジメントは，NPM の一環ともみなすことができる．NPM は，次の特徴を有する[2]．

① 経営資源の使用に関する裁量を拡げる代償として，業績／成果による統制を行う．
② 市場メカニズムを可能な限り活用する：民営化手法，エージェンシー，内部市場等の契約型システムの導入
③ 統制の基準を顧客主義へ転換する（住民をサービスの顧客とみる）
④ 統制しやすい組織に変革する（階層構成の簡素化）

米国では，1982年の財務管理イニシアティブ (Financial Management Initiative) 以降，NPM が取り入れられた．わが国では2002年に行政機関が行う政策の評価に関する法律が施行されて，政策評価が導入された．それにより，従来のいくら投入したか（インプット），何ができたか（アウトプット）ではなく，国民生活の何がどのように改善されるか（アウトカム）に注目するようになった．

国土交通省では，2003年度より，国民にとっての成果を重視する成果指向の考え方を組織全体の基本と位置付け，アウトカム指標を用いた業績評価の手法を中心に，政策の評価システムを核とした道路行政運営の仕組みとして道路行政マネジメントが導入された．道路行政マネジメントは，図 2.2.2 に示すように，業績計画書に定めた目標を基に，施策・事業を実施し，その達成状況を分析するとともに，見直しを行うという PDCA サイクルにより運営されている．

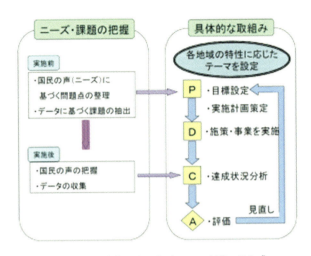

図 2.2.2　道路行政マネジメント実践の流れ[4]

2.2.2 社会インフラのマネジメント手法

(1) ISO によるアセットマネジメントシステム

2014 年 1 月にアセットマネジメントシステムに関する国際規格であるISO55000 シリーズが発行された．ISO55000 シリーズは，品質マネジメントシステム規格（ISO9000 シリーズ）や環境マネジメントシステム規格（ISO14000 シリーズ）と同様に，ISO が発行しているマネジメントシステム規格の１つであり，資格認証の対象となるものである．ISO55000 シリーズの発行以来，１年余りが経過した 2015 年 3 月末時点において，既に国内でも道路や下水道分野において認証取得の事例が出てきている．ISO55000 シリーズは，概要，原則及び用語（ISO55000）[5]，要求事項（ISO55001）[6]並びに ISO55001 の適用のためのガイドライン（ISO55002）[7]の３編から構成されている．また，ISO ではマネジメントシステム規格を作成する際に共通的に使用する目次構成や用語が統合版 ISO 補足指針[8]として準備されており，ISO55000 シリーズもそれに従っている．

ISO55000 シリーズが対象とするアセットはあらゆるタイプのアセットであり，アセットとは「組織にとって潜在的に又は実際に価値を有するもの」

と定義されている．すなわち，アセットには有形・無形のもの，また，金銭的・非金銭的なものが含まれることになるが，同規格では「この国際規格は，特に物的アセットを管理することに適用されることを意図しているが，他のアセットタイプに適用することも可能である」という注記が添えられており，実際の規格としては物的アセットを主たる対象としたものになっている．

次に，アセットマネジメントは「アセットからの価値を実現化する組織の調整された活動」と定義されている．2.2.1（1）に前述した主として社会インフラを対象としたアセットマネジメントの定義に比較して，抽象的・概念的なものになっているが，価値の実現化は，一般に，コストやリスクとアセットのパフォーマンスのバランスを取ることを含むとされ，それにより，組織の運営を確実にすることを意図したものである．社会インフラの管理を担当する組織にとっては，そのメンテナンスは組織運営の重要な要素であり，メンテナンスへのISO55000シリーズの積極的な活用が期待されているところである．

さらに，アセットマネジメントシステムとして「アセットマネジメントの方針及びアセットマネジメントの目標を確立する機能をもつアセットマネジメントのためのマネジメントシステム」という定義が与えられている．ここで，マネジメントシステムとは「方針，目的及びその目的を達成するためのプロセスを確立するための，相互に関連する又は相互に作用する，組織の一連の要素」であり，ISOによるマネジメントシステム規格の共通の定義となっている[8]．すなわち，アセットマネジメントシステムとは，アセットマネジメントを実践するために必要となる，組織内の役割，責任，資源，情報といった一連の要素であり，これらの要素が適切に関連・作用しあうことが求められている．

表2.2.1はISO55001の主要な目次構成を示したものであり，対象とする社会インフラ（アセット）のデータを管理し，点検・診断を行い，さらに，その結果に基づき補修や補強を行うといった工学的なアプローチとは異なるものとなっている．この理由として，ISO55000シリーズでは組織に大きな関心が払われ，アセットの効果的かつ効率的なマネジメントを通じて，組織はその目標を達成することができるとしていることがある．さらに，アセ

表 2.2.1 ISO55001 の主要目次構成

1　適用範囲
2　引用規格
3　用語及び定義
4　組織の状況
5　リーダーシップ
6　計画
7　支援
8　運用
9　パフォーマンス評価
10　改善

ットマネジメントを実施することの便益は次の事項を含み得るとされている.

a) 財務パフォーマンスの改善
b) 情報に基づいたアセットの投資決定
c) リスクの管理
d) サービス及びアウトプットの改善
e) 社会的責任の実証
f) コンプライアンスの実証
g) 評判の向上
h) 組織の持続可能性の改善
i) 効率性及び有効性の改善

(2) ファシリティマネジメントとストックマネジメント

　資産管理のためのマネジメント手法としては，アセットマネジメントのほかにファシリティマネジメントやストックマネジメントがある．いずれも，適切な投資により最大の便益が得られるよう施設等を効果的かつ効率的に管理・運営するための体系化された活動という共通点を有している．

FM推進連絡協議会（わが国でファシリティマネジメントに関係する社団法人から構成される協議会）によれば，ファシリティマネジメントとは「企業，団体等が組織活動のために施設とその環境を総合的に企画，管理，活用する経営活動」と定義されている[9]．ここでいう「施設とその環境」がファシリティであり，ファシリティマネジメントを端的に表現するならば「ファシリティを通じた経営活動」とされている．また，ファシリティとは施設とその環境であるが，土地・建物という施設そのものだけではなく，人が働き，利用する内部環境，施設を取り巻く外部環境，さらに，コンピューターネットワークを利用する情報環境を含むものである．すなわち，定義上のファシリティマネジメントの対象は極めて広い範囲に及ぶが，主たる対象は土地，建物，設備等であり，一般に，社会インフラを対象とするものではない．

ストックマネジメントもアセットマネジメントに類似した概念ではあるが，ストックマネジメントとは，一般に，既存の施設等をストックと位置付け，ストックを有効に活用し，長寿命化させることによりライフサイクルコストを低減するといった合理化・効率化を図るための活動である．すなわち，昨今，多様化する需要に対して，既存施設等の計画的な保全，保全実施結果の評価，保全関連技術の体系化などが求められており，ただ単純に古くなったという理由から施設等を解体して新設するという，いわゆるスクラップ・アンド・ビルドとは異なる概念である．ストックマネジメントを活用することで，施設等の社会的需要や老朽化程度の判定，改修時の費用対効果等を総合的に勘案した上で，解体，用途変更，改修，改築など，当該施設等にとっていずれが合理的であるかを判断することが可能となる．

(3) リスクマネジメントと緊急事態管理

リスクマネジメントに関する国際規格であるISO31000[10]によれば，リスクマネジメントとは「リスクについて，組織を指揮統制するための調整された活動」と定義され，また，リスクとは「目的に対する不確かさの影響」と定義されている．さらに，影響とは，期待されていることから，好ましい方向及び／又は好ましくない方向にかい（乖）離することをいうと注記されている．一般には，リスクとは好ましくない事象に関して用いられる概念であ

るが，ISOによるリスクの定義では，好ましくない事象に加えて好ましい事象を含めたものになっている．また，リスクマネジメントの特徴として不確かさに対処する活動であることが挙げられる．すなわち，リスクマネジメントとは，リスクが発生または顕在化する前の活動に相当する．

一方，社会セキュリティに関するISO22300[11]によれば，緊急事態管理（エマージェンシーマネジメント）とは「発生する可能性のある緊急事態を予防し，管理する総合的アプローチ」と定義されている．前述したように，リスクマネジメントがリスクが発生または顕在化する前に取られる活動であるのに対して，緊急事態管理とは，一般に，災害や事故が発生した後の活動を指す場合が多い．ただし，リスクマネジメントと緊急事態管理は独立して実施されるのではなく，連携して実施されるのが望ましい．すなわち，まず，リスクマネジメントにより，好ましくない影響をもたらすリスクを明らかにした上で，リスクの低減，保有，共有または回避といったリスクへの対応を図り，保有しているリスクに対してそれが顕在化した場合に備えることが緊急事態管理の準備であり，リスクが顕在化した場合にその影響を限定的に留めるための活動が緊急事態管理である．緊急事態管理の準備までは，リスクマネジメントの手法の適用が可能であり，リスクマネジメントの一環であると考えてよい．2011年の東日本大震災の直後には，内陸部を南北に貫く東北自動車道と国道4号から「くしの歯」のように沿岸部に伸びる何本もの国道を，救命・救援ルートの確保に向けて，短期間のうちに啓開する「くしの歯作戦」[12]が実施されたが，同作戦は緊急事態管理の好例である．

参考文献

1) Federal Highway Administration, U.S. Department of Transportation : Asset Management Primer, 1999
2) 土木学会編：アセットマネジメント導入への挑戦，技報堂出版，2005
3) 道路構造物の今後の管理・更新等のあり方に関する検討委員会：道路構造物の今後の管理・更新等のあり方 提言，2003
4) 国土交通省道路局：平成18年度道路行政の達成度報告書・平成19年度道路行政の業績計画書，2007

5) 日本規格協会：ISO 55000: 2014　アセットマネジメント－概要，原則及び用語，英和対訳版，2014
6) 日本規格協会：ISO 55001: 2014　アセットマネジメント－マネジメントシステム－要求事項，英和対訳版，2014
7) 日本規格協会：ISO 55002: 2014　アセットマネジメント－マネジメントシステム－ISO 55001の適用のためのガイドライン，英和対訳版，2014
8) 日本規格協会：統合版 ISO 補足指針，第5版，2014
9) FM推進連絡協議会編:総解説　ファシリティマネジメント，日本経済新聞出版社，2003
10) 日本規格協会：ISO 31000: 2009　リスクマネジメント－原則及び指針，英和対訳版，2009
11) 日本規格協会：ISO 22300: 2012　社会セキュリティー用語，英和対訳版，2012
12) 国土交通省東北地方整備局ホームページ：
　　http://infra-archive311.jp/s-kushinoha.html

第 3 章　社会インフラのメンテナンス

　従来の社会インフラ整備の主たる関心は，経済成長を背景とした需要の増大に応えるための量的ならびに質的な機能拡大にあった．高度成長の永続を前提とすれば，現在存在するインフラも早晩陳腐化し，機能不足に陥ると予測されるから，長期的・耐久的な利用よりは，新設の繰返しによる機能向上を暗黙に前提に置いた消費財のような使われ方をしてきた面もあると言えよう．そのため，土木工学も，良質なインフラの供給・建設を主眼に置いた学問として発展してきた．成長には限界があり，それが顕在化した現代において，従来のアプローチの限界もまた明らかになりつつある．供用中のインフラの事故も頻発しており，将に危機的な状況に直面している．それに対して，これまで形成されてきた社会インフラを保持し，サービスを持続的に供給していくための知の体系化や研究開発は途上であり，土木工学体系の「コペルニクス的転回」が求められている．

　メンテナンスでは，「時間軸」の取扱いが鍵となる．新設時は，供用期間中にあり得る劣化や外的環境の変化を想定して，それを織り込んだ設計を行うことによって時間の影響を考慮している．一方，メンテナンスでは，実際に時間が経過し，現実に変化が発生する中で，適時適切な対応によってインフラの機能を保ち，あるいは強化・向上していくことが求められる．設計では，「想定」であった時間軸が「現実」のものとして現れる．供用中の事故や災害が発生しないように万全を期して設計・整備するのが当然であるが，完璧な事前想定というものがあり得ないのもまた真実である．メンテナンスは事故・災害防止の最前線であり，また，最後のチャンスでもある．

3.1 社会インフラの時間的変化

3.1.1 サービスの提供と水準の確保

　インフラは目的に応じたサービスを提供するための機能（function）を有しており，その機能を長期にわたって良好に保持することがメンテナンスの本質である．サービスの提供の管理を運用管理（operation）と呼び，その基礎となるインフラ・ハードウェアの管理を維持管理（maintenance）と呼ぶこともある．道路橋を例に挙げれば，橋自体の保全は維持管理であるのに対して，交通整理など交通を円滑に確保する行為は運用管理となる．橋の健全性は円滑な交通に大きな影響があることからもわかるように，この両者は密接に関連している．また，舗装のメンテナンスは，交通に対する影響が大きく，運用管理と維持管理の中間的な性質を持つ行為である．

　本書では，インフラに関わる維持管理を中心としながらも，関連した運用管理の視点も含んだ包括的な概念として「メンテナンス学」を提示している．また，インフラの有するべき性質を機能，その程度を性能（performance）として記述している．例えば，耐震性という機能の性能は，地震時の応答や損傷の大きさによって規定される．機能は定性的，性能は定量的にサービスを表現するものである．

　メンテナンスには，どのような手段や措置があり得るであろうか．働きかける対象から見ると，(1) インフラに対する工学的営為，(2) インフラの利用管理，(3) 環境から受ける外的作用の制御が考えられる．現実には，これらを組み合わせて最大の効果を上げるような措置を立案し，実施することになる．

(1) インフラに対する工学的営為
　インフラのハードウェアが保有する性能・機能に直接働きかける行為である．対策の性質からは，a）維持，b）修繕（補修），c）改良（補強），d）更新に分類されることが多い．

a）維持（maintenance）

日常的な巡視における不具合の発見や局所的な対策，例えば，清掃や除草，軽微な損傷に対する舗装のパッチングや塗装のタッチアップなどが行われている．これらの小規模・局所的な対策を迅速かつ頻繁に行うことで，損傷の拡大を抑止する効果もある．

b）修繕（補修）（rehabilitation/repair）

性能が低下したインフラを，初期の性能程度に回復させたり，性能の低下を遅らせたりする措置であり，現状以上の劣化や事故の防止が主目的である．舗装や軌道ではサービス水準と関連した定量的な評価による計画的修繕が行われている．具体的な方法としては，劣化要因を遮断し耐久性を高める（表層打ち替え，塗装など），損傷の進展を防ぎ耐久性・安全性を高める（舗装の打ち替え，疲労き裂対策，ひび割れ注入，剥落したコンクリートの断面修復，故障した付帯設備の更新など）がある．

c）改良（補強）（upgrading, strengthening）

初期の性能より性能を高める措置である．例えば，洪水や津波・高潮の想定が変更された場合の堤防の嵩上げや，車両の大型化に伴うトンネル・橋の拡幅などがある．過去の耐震基準や交通荷重で設計されたインフラが，現行基準で要求されている水準の荷重に対応できない場合にも，改良・補強が行われる．現有水準が著しく低いインフラでは，改良は，困難かつ高価になることもあり，更新につながる場合も多い．

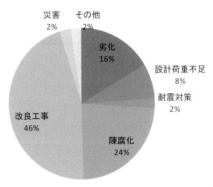

図3.1.1　道路橋の取替要因（橋梁の架替に関する調査結果 I-IV[29]～[32]より作成）

d）更新（replacement）

既設のインフラを廃止し，現在要求される機能・性能に合致したものに置き換える措置である．劣化・損傷による性能の低下（構造的劣化：structural deterioration）や，要求される機能・性能との乖離（機能的劣化：functional obsolescence）が著しい場合に採用される．図 3.1.1 に示した道路橋の統計では，劣化や損傷での架け替えは2割以下で，道路拡幅や河川改修などの機能的な改良としての架け替えが大半である．

社会インフラが使命を終えた後，別の目的に転用される例も多い．明治期に整備された幹線の鋼鉄道橋が，大正期の機関車の大型化に伴って機能不足となり，交通量が少なく荷重の低い路線に移転・転用されたのが初期の例である．パリのオルセー駅舎の美術館転用や，旧横浜船渠第二号ドックのイベントスペース転用など，原位置において別用途の空間利用がなされている例もある．

東京・隅田川に架かる永代橋や清洲橋のように，供用状態のまま重要文化財として指定されるインフラも増えている．東京駅舎では，上部構造は建設当時に近い姿で復原する一方，下部構造は免震を導入して大改造を行い，当初の構造では不足している耐震性を向上させることで，文化財としての価値と安全性・耐久性向上との両立を図っている．

(2) インフラの利用管理

インフラの機能を確保し，リスクを低減するために利用に働きかけることである．道路や上下水道などのように生活や経済活動で直接利用するインフラに加えて，堤防や砂防施設，海岸保全施設などのように，防災や自然環境を保持する機能を有し，土地利用を確保することによって生活・経済活動に寄与するインフラもある．したがって，利用管理は，インフラ自体の利用制限に加えて，土地利用の制限として表れることもある．

インフラは，公共的な利用によって社会的効用を期待するものである．例えば，道路に商品陳列や看板を置くなどの「フリーライダー」（ただ乗り：free rider）のような不法占用が生じると機能が著しく低下することから，利用空間の保持が必要となる．また，耐荷力が不十分な橋で安全性（safety）

を確保するために車両重量を規制したり，空間（建築限界 clearance）が狭小で使用性（serviceability）が確保できないトンネルで，車高を制限したりするなど，機能を確保するために，利用制限を行う場合もある．

堤防や砂防施設等の想定を超えた自然災害に対して，安全性を確保するために，土砂災害が懸念される地域や，河川氾濫が予想される地域の利用制限が行われている．これらは，土地利用を通した管理手段であると言えよう．また，ハザードマップや混雑情報などの情報提供や，ロードプライシング等によって，安全性や利便性の高い利用を促す方法もある．

利用管理は，既存のインフラの有効活用という面も大きいが，利便性を低下させるような規制が頻発したり，長期化したりするのであれば，機能・性能を拡大するハードウェア的な更新も視野に入れるべきであろう．一方，改良が技術的あるいは経済的に困難である場合に，暫定措置として利用管理が実施されることもある．このように，前述の工学的営為と利用管理は，一体的な措置として用いられることも多い．

(3) 環境から受ける外的作用の制御

自然環境がインフラ利用の阻害要因となる場合には，サービスを保持するためにその制御が行われる．森林や水田の保水機能や遊水機能の維持保全，土砂流出防止等により，雨水の急激な流出が防止され，下流での洪水や周辺での浸水の防止・軽減が期待されている．防風林やなだれ防止林などの防災林は，自然の持つ防災効果を人為的に高めたものである．

河川や港湾の浚渫は，洪水時の流量や水上交通の機能確保に必須のメンテナンスである．また，清掃や伐採は，インフラの区域を良好に保つために必要であるのみならず，劣化要因を抑制することにもつながる．一方，除雪は，利用の確保に必須であるが，融雪剤がインフラの劣化に悪影響を及ぼすことに注意が必要である．

前述の利用管理と外的作用の制御は，経常的な体制の下での管理業務として行われており，工学的営為の中で取り上げた，メンテナンス上の「維持」活動の一部を構成する．

3.1.2 外的環境とインフラの時間的変化

インフラの設計は，供用期間を見通した外的環境についての何らかの想定に基づいている．将来予測には科学的限界があるから，建設当時の自然・社会環境を前提としている場合も多い．外的要因によるメンテナンス上の問題が発生するのは，外的環境が想定以上に変化する場合である．

(1) 自然環境の変化

「万物は流転する」の言葉通り，地球はダイナミックに変化し続けている．自然環境に変化をもたらすエネルギーは，究極的には太陽と地球内部の熱エネルギーに帰着される．太陽熱エネルギーは，気象現象の原因である大気循環を生じ，さらに水循環を生じさせる．地球内部の熱エネルギーは，プレート運動の原因であるマントル対流を起こし，地殻変動や火山現象を発生させる．現象の規模と時間のスケールには図 3.1.2 に示したような関係があり，大規模な現象ほど時間スケールが大きい．橋などの通常のインフラは，10^1〜10^2 年程度の供用を前提として，10^2〜10^3 年程度に予測される自然現象への対処を想定して設計されることが多い．それを超えた現象については，メンテナンス段階での対処となる．

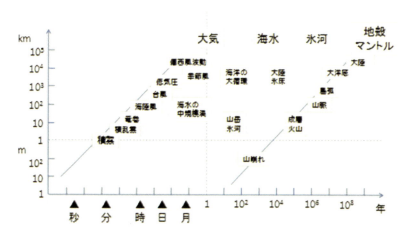

図3.1.2　自然環境変化の時間・空間スケール（文献[3]より作成）

現象や変化の程度が著しく，安全性に直接影響を及ぼす場合には「自然災害（natural disaster）」として認識される．自然災害は，「天災は忘れたころにやってくる」の言葉にもあるように，発生頻度・規模ともに，場所や時間によって大きくばらつく．図3.1.3には，地震発生の時間的な偏りを示した．地震が少ない時期には，被害減少が技術の進歩によるものか，あるいは，単に地震が少ないためか識別が難しく，技術が停滞する傾向がある．耐震技術は，被害地震の経験を受けて進歩を遂げてきた．メンテナンスの本質が，失敗と改善にあることがうかがえよう．図3.1.4に示した火山災害は，平均的には少ないが，数百年単位で考えるとかなりの死者数が出ている．図3.1.5

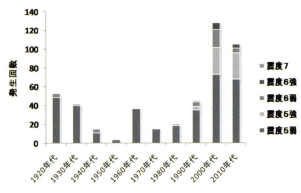

図3.1.3　震度別地震発生数（気象庁統計より作成）

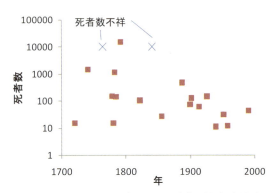

図3.1.4　火山災害による死者数（気象庁統計より作成）

に見るように，戦後，全般的には，自然災害による死者の減少傾向がみられていたが，特に，最近の大地震では大きな被害が出ており，その経験をフィードバックした改善が求められている．

インフラは地盤の上や内部に構築されるから，地盤の変位は，微小であっても，傾斜や凹凸を生じさせ，使用性や安全性に大きな影響を及ぼす．図3.1.6 に，地盤沈下の推移を示した．地下水利用の減少に伴って，漸減の傾向がみられるが，地震などに伴う地殻変動によって大きな値が現れることもある．写真3.1.1 は，1999年台湾集集地震で，断層運動に伴う約7mもの地盤変位を受けた石岡ダムの被害である．写真3.1.2の明石海峡大橋は，主ケ

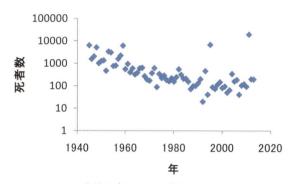

図3.1.5 自然災害による死者数 （防災白書より作成）

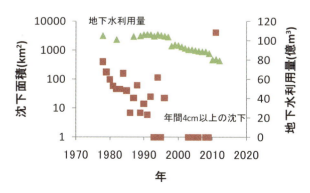

図3.1.6 地下水利用と地盤沈下 （環境省統計より作成）

写真3.1.1　1999年台湾集集地震における石岡ダムの決壊
（京都大学　高橋良和准教授提供）

写真3.1.2　1995年兵庫県南部地震直後の明石海峡大橋
（本州四国連絡高速道路株式会社HPより）

ーブル架設が完了した段階で，兵庫県南部地震による1m近い断層変位を受けたが，軽微な影響にとどまった．一般に，剛性が高い構造物ほど，地盤変位の影響を受けやすい．類似の現象であっても，構造物の特性によって影響の表れ方は異なる．

　緩やかに進行する環境変化は，耐久性（durability）に影響を及ぼすことが多い．図3.1.7に，明治以来の東京の気温と湿度の変化を示した．明瞭な気温上昇と湿度低下の傾向が見て取れる．気温や湿度は，化学的な劣化現象

社会インフラ メンテナンス学

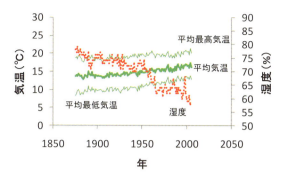

図 3.1.7　東京の気温と湿度の変化（気象庁統計より作成）

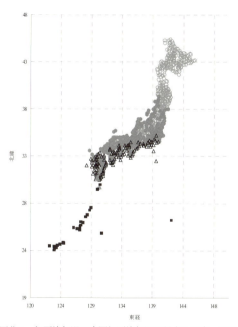

○地域区分 1；年平均気温の全国年平均気温に対する比率　0.74 未満
●地域区分 2；年平均気温の全国年平均気温に対する比率　0.74 以上 1.00 未満
△地域区分 3；年平均気温の全国年平均気温に対する比率　1.00 以上 1.16 未満
▲地域区分 4；年平均気温の全国年平均気温に対する比率　1.16 以上 1.25 未満
■地域区分 5；年平均気温の全国年平均気温に対する比率　1.25 以上

図 3.1.8　腐朽菌の生育条件に関する地域区分

を促進あるいは遅延させる効果がある．図3.1.8に，木材について，気温条件から推定される腐敗の相対的リスクを図示した．温暖化は腐朽菌の生育を促進するが，乾燥化は阻害する効果がある．また，近年の酸性雨や紫外線の増加なども，材料によっては耐久性に影響を及ぼす．加えて，温暖化に伴うと考えられる気象災害の激甚化も指摘されており，防災施設の容量・性能不足も懸念されている．これらの現象は，人間活動が原因となっていると考えられ，最近100年程度の間に急速に進行している．

(2) 社会環境の変化

社会環境の変化によってインフラへのニーズも変化する．土地利用の国内統計によると，1963年からの40年間で，農地が約75％（6万5千km²→4万8千km²），原野が約40％（6千6百km²→2千6百km²）まで減少した一方，宅地や工業用地が約230％（7千8百km²→1万8千2百km²），社会インフラである道路の面積が約160％（7千9百km²→1万3千km²）に増加している．土地利用変化によって社会インフラへの要請が高まり，一方，社会インフラ整備によって土地利用が可能となる相互作用が推察される．

図3.1.9に，道路延長と，道路損傷への影響が大きいとされる貨物輸送量の推移を示した．延長に比べて急速に貨物輸送量が増大しており，交通量の増大と，それによる損傷の増大が懸念される．また，交通量の増大に伴い，

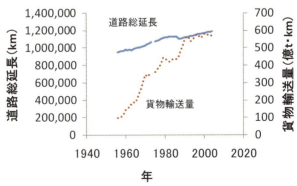

図3.1.9　道路延長と貨物輸送量

（道路統計年報ならびに自動車輸送統計年報より作成）

交通を阻害するような事故が生じた場合の影響も増大しており，サービスを中断することなく維持するためのメンテナンスの重要性が増している．

図 3.1.10 の各都道府県別の道路延長と貨物量の散布図を見ると，利用には地域差があることがわかる．利用密度が高い場合には，損傷の度合いが大きく，また，サービス中断の影響が大きい．したがって，メンテナンスの際も，利用を阻害しない措置が望まれるため，対策費用は高くなる傾向がある．反面，利用密度が高ければ，資源や資金の調達は比較的容易であることが多い．このように，メンテナンスには利用状況が大きな影響を与える．

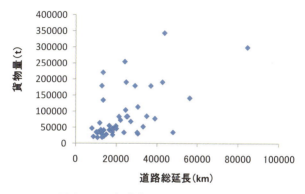

図 3.1.10　都道府県別の道路延長と貨物量

(道路統計年報・自動車輸送統計年報より作成：貨物量は地方運輸局別輸送量を運輸支局等別登録自動車数の比率で推計したもの)

利用の変化がインフラに直接的に影響する場合もある．図 3.1.11 に，ニューヨークの長大橋群の通路構成の変遷を示した．列車や歩道が主であったものが，次第に自動車に置き換わっている．路面電車軌道が設置された橋は，設計活荷重が相対的に大きいことから，耐荷力に「余裕 (reserve/margin)」がある．加えて，軌道を車線化することで自動車交通容量を拡大でき，社会の変化に対応可能な意図せざる余裕も有していることから，長寿命化が比較的容易である場合がある．一方，利用が低下した鉄道で，観光振興のため蒸気機関車を導入する例があるが，蒸気機関車荷重は，現行の列車荷重より大きい．そこで，構造物の耐荷力が再評価され，必要に応じて補強がなされる．

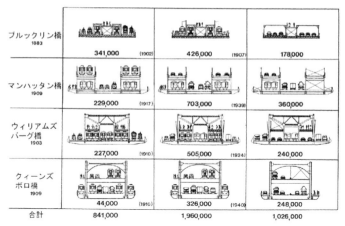

図 3.1.11　ニューヨーク・イースト川長大橋群の通路構成
(「橋梁マネジメント」ヤネフ（藤野陽三ら訳）2009[24] より引用）

　自然・社会環境の変化は複雑で不確実性が高いが，最善の予測とそれを取り入れた計画・メンテナンスが求められる．変化には，大きく分けて長期的傾向（trend）と短期変動（volatility）がある．短期変動に対しては，統計的な評価に基づくマネジメントが行われている．長期的傾向は，精度の良い予測が可能であれば計画的に対処することが望ましいが，困難である場合は，現況を基本として，確率論的な不確実性の一部として取り扱うことが多い．

3.1.3　社会インフラの機能的劣化と構造的劣化

(1) 機能的劣化（functional obsolescence）

　外的条件や要求の変化に伴って，インフラの機能が見掛け上低下することを機能的劣化と呼ぶ．機能不足や陳腐化と言うこともある．鉄道車両の例であるが，国鉄民営化後にJR東日本では，「重量半分，価格半分，寿命半分」の目標の下に，軽量化や低コスト化が図られた．ユーザーにとって機能が陳腐化すれば，物理的には使用可能なものであっても更新せざるをえなくなる，という実態を踏まえて寿命を想定した耐久性設計の一大転換であった．

　道路橋の設計に用いられる自動車重量は，1926年には12t であったが，

輸送需要の拡大を背景として，1939年に13t，1956年に20t，1993年に25tと倍以上に増大した．設計荷重が増大すると，旧式の構造物は，基準を満たさなくなり，機能が低下する．なお，自動車荷重については，図3.1.12に示した通り過積載車両も多いことから，実態を把握し，重量を規制するなど利用側の管理も併用して荷重の実効性を確保する必要がある．

1995年兵庫県南部地震を受けて，耐震基準が大幅に強化された際も，旧基準で設計された構造物の耐震性が不適合（substandard）となったことから，全国的に耐震補強が行われている．災害や事故，荷重増大に伴う安全・整備基準の高度化による機能的劣化は，既存インフラ全体に波及する．対象数量が膨大となるため，マネジメントの問題として捉え，暫定的に利用する条件を明確にした上で，計画的に不適合ストックを解消していくことになる．

道路の幅員不足や水路の容量不足のように，需要の変化に伴う機能の低下も機能的劣化として理解され，個別に投資判断を行って対応することになる．

米国ミネソタ州ミネアポリスのミシシッピ川橋崩落（2007年）の主要因は，ガセットプレートと呼ばれる部材の設計ミスであった．しかし，設計上想定されていない「余裕」が存在していたものと思われ，建設後40年間は問題なく利用されてきた．その間，床版の補強や交通量増大に伴う車線の増設が行われて荷重が徐々に増大し，事故当日は工事資材が偏載されていたことでその「余裕」も消尽し崩落した．利用の変化による荷重増大が招いた機能的劣化が副次的要因として寄与したケースといえよう．

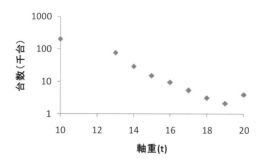

図3.1.12　首都高速道路における過積載（橋の床版の設計軸重は10 tであるが，それを大きく超過する過積載車両も少なくない．）

(2) 構造的劣化（structural deterioration）

「形あるものはすべて滅びる」と言うように，インフラは，使用環境の下で必然的に劣化する．経年的な変化（aging）は，自然物では「風化（weathering）」と呼ばれ，特に利用に悪影響を及ぼす場合に劣化とされる．

インフラの主要材料は，鋼材，コンクリート，岩石・石材・レンガ，土，木材などであり，地球上に安定的に存在し，利用が容易な元素からなる．例えば，鋼材の腐食（corrosion）はメンテナンスの主要課題の一つであるが，鋼材は，酸化鉄の還元によって得られるため，酸化によって酸化鉄化し，錆びる．このように，構成元素や化合物の性質に応じて，化学的に生じる経年変化を化学的劣化（chemical deterioration/degradation）という．

材料は外力によっても破壊（fracture/failure）する．金属の強度は，原子間力から算定される理論的強度の数分の1から数千分の1であることが知られているが，それは，材料内部に微細なき裂（crack）や転位（dislocation）などの不完全性（imperfection）が存在しているためである．これらの不完全性が外力によって進展し，破壊に至ることを物理的劣化（physical deterioration）と呼ぶ．金属材料の疲労（fatigue）がその典型である．

舗装や軌道の主要な劣化要因である摩耗(wear)は，摩擦によって表面が減耗することであり，接触面の物理的・化学的状態に依存した複合的な劣化現象である．また，木材の腐敗や，植生の繁茂による斜面の緩みなどは生物的劣化（biological deterioration）と呼ばれ，同じく複合的な劣化現象である．

インフラは，一般に，材料を組み合わせた構造物として機能を発揮するため，上述の材料的劣化（material degradation）に加えて，構造物のシステムとしての劣化も考えられる．構造物の性能は，変形や座屈，振動などの現象として現れ，その程度の増大に伴い機能性・安全性が低下していく．構造物の機能は，最終的には重力作用による落下や崩落によって完全に喪失する．

図3.1.13の高場山トンネルは，斜面が徐々に変形して崩壊に至ったものであるが，経時的に変形を計測することで崩壊時期を予測し，事前に安全に列車運行を止めることができた．一方，1996年の豊浜トンネルの事故は，凍結融解に伴って岩盤内部の亀裂が進展した結果として，外的には突如崩壊したものである．一見似たように見える現象であっても，前兆や進行速度に

図3.1.13　旧国鉄飯山線高場山トンネル崩壊事故（1970年）[21]

は差があり，メンテナンス上の対応も大きく異なる．

構造的劣化は，このように，多様で複雑な様相を呈しているため，原因を究明して，対策を実施する必要がある．一例として，レンガ・石積み構造物について劣化現象と原因の対応関係を整理したのが表3.1.1である．

このほかにインフラの性能の変化に大きな影響を与える要因として，初期不良やメンテナンスなど，人為と関係が深い事象がある．

初期不良(initial defect)は，設計や施工の不備に起因する．瑕疵など責任問題を伴う事例の他に，建設当時の知識や技術の不備や限界によることもある．いずれの場合も，工学的な措置は，メンテナンスと同様である．ただし，瑕疵の場合は同一の体制で建設されたもの全てに，技術の限界の場合には類似技術で建設されたストック全体に，それぞれリスクが波及する．

メンテナンスによる修繕（補修）・改良（補強）も劣化に大きな影響を及ぼす．被覆や防水は，原因物質の侵入を防いで劣化要因を阻止し，劣化を遅延させている．また，部材や材料の追加・交換のように性能の向上を通して，劣化に対処する場合もある．鋼構造の塗装や，線路などの消耗部位の取替，

表3.1.1 変状の種類と主原因との関係[10]

主原因 変状の種類	経年劣化	地震の影響衝突による外力	荷重の繰返し載荷による劣化	基礎の沈下	施工不良	凍結融解
(1)	○	○		○	○	
(2)	○	○	○		○	○
(3)	○		○	○	○	
(4)	○				○	
(5)	○	○			○	○

(1) レンガ・石積みの水平目地切れ(以下、水平目地切れという)およびずれ、無筋コンクリートの打維ぎ部(以下、打維ぎ部という)の縁切れ。
(2) 床石の目地切れやずれ。
(3) レンガ・石積みの鉛直方向の目地切れ(以下、鉛直目地切れという)、無筋コンクリートの鉛直方向のひびわれ(以下、鉛直ひびわれという)。
(4) 橋台前面のレンガや石のはらみ、ゆるみ。
(5) レンガや石の欠損およびコンクリートのはく落。

浚渫・阻害物除去による空間確保などのように,機能を保持するにあたって,当初より,経常的なメンテナンスが前提とされてきたものもある.

とりわけ,計画や設計のまずさ,施工の粗雑さや手抜きなどによる「生まれの悪さ」,過積載車両の排除の不備や適切なメンテナンス作業を怠ったつけなど「育ちの悪さ」は,インフラの耐久性や寿命を大幅に減じる.反面,「生まれ」も「育ち」も一定水準に達しているインフラは100年を超えても健全に利用されている場合も多い.このように,インフラの性能上は,「経年」やいわゆる「老朽化」は,一面を表しているに過ぎず,「生まれ」「育ち」を踏まえた実態に基づいて評価する必要がある.

機能的劣化ならびに構造的劣化には,相当の不確実性(uncertainty)があり,メンテナンスにおける不確実性に伴うリスクの一因となっている.具体的には,材料や特性のばらつきなどのランダム現象のほか,インフラの機能・性能の変化などの予測が困難であることによる不確実性がある.それに対して,設計上は,安全率(safety factor)や冗長性(redundancy)の形で余裕を持たせることで信頼性を確保している.冗長性とは,多重系を構成することで,破壊時の影響を小さくすることである.例えば,新幹線の地震時脱線対策は,

インフラの耐震性向上に加えて，早期地震警報によって地震波到達前に列車を停止させ，さらに，脱線防止ガードや車両ガードを設置して脱線した場合も転倒や衝突・転落などの重大被害につながらないようにするなど，冗長な多重系となっている．交通ネットワークの多重化や迂回路の整備も冗長性の例である．

不確実性には，情報に基づくリスクマネジメントが有効である．点検や監視・モニタリングを通して情報を収集し，現況を正確に把握することが必要であり，また，それらを通して想定外事象を含めた異常が検知される．

3.1.4 メンテナンスの歴史

社会インフラは文明社会の登場とともに出現し，メンテナンスもそれとともにある．農業水利施設であるため池は，江戸時代以前に整備されたものも数多く現存しているが，地域社会における生産活動の一環として，水抜き・泥上げなどのメンテナンスが継続的に行われてきたことで現在でも機能を保持している．一方，江戸時代には，1698年架設の永代橋が，1807年，深川富岡八幡宮の12年ぶりの祭礼時の群衆の重みに耐え切れず崩落した事例がある．死者は440名〜1300名以上と言われ，史上最悪の落橋事故とされる．幕府の財政悪化に伴うメンテナンス水準の低下が主要因であった．

明治の近代化では，外国人技術者による技術指導が行われており，先進国におけるメンテナンスや事故の経験も暗黙裡に導入されたと考えられる．小樽築港工事では，廣井勇によるコンクリートの供試体約6万個による長期耐久性試験が実施されて，100年以上にわたる貴重なデータを提供している．外国技術の導入期においても，長期データ収集の重要性が認識されており，独自の耐久性への取組みがなされていたことは注目に値する．

鋼材の腐食は，インフラの耐久性・持続性において大きな問題を占めており，我国全体の腐食による損失はGDPの1.8%にものぼるとの推計がある．腐食に対する最も一般的なメンテナンスは塗装（painting）であり，1888年の東海道本線由比川橋梁塗替が国内初とされる．塗替作業は，足場（scaffolding）を設置し，「ケレン（scraping）」と呼ばれる錆落としを行っ

た上で，塗装を行う手順である．腐食が進展すると，ケレンの手間・費用が大きくなるばかりか，部材取替を招くなど，まさに悪循環の構図になる．したがって，予防的・定期的な塗装が理想であるが，特に，橋梁のようにアクセスが困難な構造物では高い費用を要するため，塗替が繰り延べされて損傷が拡大する事例も少なくない．世界遺産のフォース鉄道橋（1890年開通，写真3.1.3）でも，全面塗替は，建設後100年以上経った2002年-2012年の大改修が初めてである．それまでは，特に劣化が著しい部位の部分塗替がなされていたに過ぎず，それすらも，1974年の高所作業の労働安全規制強化によって高費用となったという．

塗替の業態も進化してきている．明治当初は，土木請負人がケレン業者に下請させ，さらに，ケレン業者が足場鳶や塗方に下請させていたものが，現在のように一体で請負う業態に徐々に変化し，また戦時体制による産業集約化の影響もあって，マネジメントの一元化や多能工化を通した効率化が進んだ．近年では，塗装足場を，詳細点検をはじめ清掃や予防保全の軽工事なども含めた多目的のプラットフォームとして活用することで，メンテナンス全体の効率化を目指している例もある．

戦後の復興と高度成長を経て，インフラ整備は急速に進められたが，1984年のNHK特集「コンクリートクライシス」で，塩害やアルカリ骨材反応が

写真3.1.3　フォース鉄道橋（大改修時）　　（横浜国立大学藤野陽三教授提供）

指摘され，インフラの耐久性の問題が社会的に認知されるようになった．米国では，1981年に，「荒廃するアメリカ（America in Ruins）」が出版され，インフラの劣化・荒廃が米国経済の成長の妨げとなっているとされた．米国では，1967年シルバー橋落橋事故，1983年マイアナス橋落橋事故，1987年スカハリー川橋洗掘事故，2007年ミシシッピ川橋落橋事故などの多くの死傷者を伴う重大事故が発生し，その教訓から技術やマネジメントが整備されてきた．我が国でも，1996年豊浜トンネル岩盤崩落事故，1999年山陽新幹線コンクリート剥落事故，そして，2012年笹子トンネル天井板落下事故等を経て，メンテナンスの重要性の認識が深まり，基準や技術が進歩してきている．

　メンテナンスにおける組織や経営の重要性も高まっている．イギリス国鉄は1994年に上下分離方式で民営化され，線路利用料を収入とするインフラ保有企業であるレールトラック社がメンテナンスを担う組織形態となった．営利企業として株式公開を行うに至ったが，インフラ関係の事故が頻発し，2002年には経営破綻した．過度の利益追求によりメンテナンスが疎かになったことが主要因とされ，レールトラック社を継承したネットワークレールは配当を目的としないなど公的性格の強い組織形態となっている．我国でも，2013年の北海道旅客鉄道函館線貨物列車脱線事故の調査では，軌道変位が整備基準値を超過していることが放置されていたのみならず，記録が改ざんされていたことが明らかとなっており，組織・マネジメント上の問題が指摘されている．組織・体制や技術体系が異なる諸外国の事例も決して「対岸の火事」ではない．「他山の石」として改善に生かす姿勢が求められる．

3.2 社会インフラのメンテナンスの基本的な考え方

3.2.1 社会インフラのライフサイクルとメンテナンス

　図3.2.1,図3.2.2に,インフラのライフサイクルの概念を示した.機能や性能は荷重や耐荷力・容量などとして定量化される場合もあるが,使用性や美観など客観的な定量化が容易でない場合も多い.したがって,図は,実際の値というよりは概念的な機能・性能の推移を表現したものである.

　供用開始時(O)には,必要水準に対して,長期的な利用における劣化や,不確実性を考慮した,ある余裕を持った水準を有している.通常は,徐々に現有水準が低下すると考えられるが,自然災害などの突発事象で損壊するなどして急激に低下する場合もある(A).また,実際に損壊していない場合でも,それまで知られていなかった欠陥や設計上の不備が発見されれば,水準が想定より大幅に低いことが明らかになることもある.Bはそれを受けた改良を表す.再発防止の観点からは,原因を究明した上で,より高い水準での対策が望まれることも多い.材料や工法の不確実性によっては,Bの後のように急速に劣化する場合もある.その後,必要水準の上昇(a)に伴い,現有水準が不足し,C点で改めて改良がなされている.必要水準の上昇によって,a-C間に見られるように一時的に不適合状態が発生することがある.応急対策の実施,点検周期短縮や常時モニタリング,利用の一部制限など,状況に応じた適切な条件のもとで暫定的に利用を継続した上で,水準不足状態を解消するなどの措置がとられる.最新の技術で性能を再評価し,設計上考慮されていなかった余裕を定量化できれば,現有水準を向上させることができる.Dでは,現有水準は変化がないものの劣化速度を遅らせる対策を取っている.そのままではE'において要求を満たせなくなるが,利用制限などによって必要水準を低下させることで,Eまでの延命化をしている.

　概念としては,このように必要水準と現有水準から理解するのがよい.ただし,実際の判断では,将来を完全に予測することは不可能であり,また,必要水準は短期的には変化しないと考えられるから,不確実性を考慮した上

で，各時点で「余裕度 (reserve)」を考えるのが現実的である．図 3.2.1 に対応する余裕度（＝現有水準―必要水準）の推移を図 3.2.2 に示した．

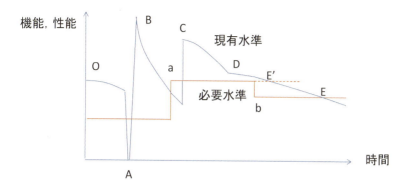

図 3.2.1　インフラのライフサイクルにおける機能・性能

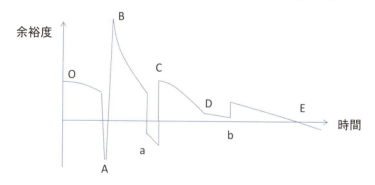

図 3.2.2　インフラのライフサイクルにおける余裕度

どの程度の余裕度をメンテナンスで見込むべきであろうか．余裕度は大きければ大きいほど不確実性への対処が容易になる．しかし，過剰な余裕は費用の増大をもたらし，無駄を招く．設計では，供用期間全体にわたる不確実性を考慮した安全率として余裕度が指定されているが，図 3.2.1，図 3.2.2 に示した通り，仮に，竣工直後から劣化が始まっているとすれば，竣工時と全く同程度の余裕度を供用期間全体で保持するのは，原理的に不可能である．したがって，メンテナンスでは，その状況に応じて適切な余裕度を考えて対応する必要がある．米国の道路橋基準では，構造安全性の余裕度の指標であ

る安全指数（safety index）β を設計時は 3.5（破壊確率 0.00023 相当）としているのに対して，メンテナンスでは，2.5（破壊確率 0.0062 相当）と規定してこの問題に対処している．明快なアプローチではあるが，設計想定外の変状への対応や，外的条件をはじめ利用状況，現有・必要水準が多様なインフラに対して一律に規定することの妥当性に課題がある．そのほか，個別に評価基準を設定したり，特性毎に分類したりするなど様々な手法があり得る．いずれにせよ，設計と同様に，その時点での最善の将来予測に基づき，不確実性を適切に評価して余裕度とその変化を推定することが基本となる．なお，余裕度の線が時間軸と交差するまでの時間が措置までの「猶予」（respite/grace）であり，余裕の時間表現であると理解できよう．

性能項目が，建築限界・空頭，堤防高や舗装・線路の凹凸など，計測が容易である場合は，図 3.2.1，図 3.2.2 のような考え方を直接適用可能である．一方，構造物の耐荷力等は，内的状況に依存するが，点検は外観目視が主であるから，現有水準推定の不確実性が大きい．個別かつ各時点での評価の精度・信頼性を高めることがメンテナンスの合理化に向けた技術的な重要課題である．

3.2.2 メンテナンス・サイクル

メンテナンスには相当の不確実性が伴う以上，最善の将来予測と計画の最適化を前提として，「改善（improvement）」「フィードバック（feedback）」プロセスを含んだ計画・実行サイクルを機能させることが本質的に重要である．このことを明示したメンテナンス・サイクルの全体像を図 3.2.3 に示す．中央にメンテナンス上の措置を，その上に措置を具体化する実行サイクル，下に措置を実現する計画サイクルが配置されている．メンテナンスを効果的かつ継続的に実行するためには，幅広い理解を得て，法制度，経済・財政，体制の整備および人材育成を行う必要があり，これら関連領域を含めた俯瞰像を念頭において，課題を解決していく必要がある．

社会インフラ メンテナンス学

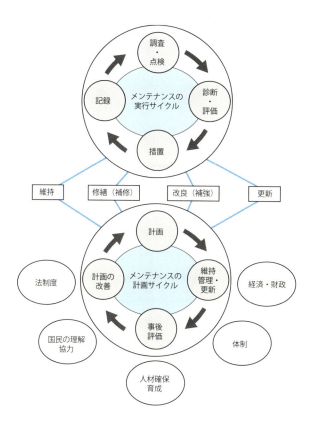

図3.2.3　社会インフラのメンテナンス・サイクル

(1) 実行サイクル

　点検・調査による情報収集，診断・評価，措置，記録のサイクルとして実行を表した．点検によって現場の状況を把握し，過去の履歴や設計図書などの調査によって現有水準を評価するための情報を収集する．点検の重要性は言うまでもないが，耐荷力や耐震性など，計測が困難な性能や機能については，関連資料の重要性も高い．点検においても，単に損傷や変状のみならず，対象全体の性能を洞察して脆弱性・弱点箇所を見つけ出し，特に，潜在的危険性についても可能な限り抽出することが望まれる．

点検では，作業上・利用上の安全性確保や占用状況によって点検が困難な箇所が存在すること，また，資料調査では，補修履歴や設計図書が残存していないこと，などの実務的制約によって，質の高い情報が得られない場合も少なくない．足場などの作業環境・アクセスの整備や，設計図書の再設計・現場採寸による復元など，質の高い点検・調査を支える業務も重要である．

次に，点検・調査で得られた情報をもとに，構造物の状態を診断する．情報にも診断プロセスにも不確実性が含まれるから，リスクを考慮しながら，余裕度を見て，工学的な評価を行うことになる．その評価に基づいて，措置が検討され，実施される．これら一連の情報と判断は，次サイクル以降の基礎情報として，記録される．なお，点検・調査や診断・評価は，過去の措置や点検履歴を評価することでもあるから，改善の機会にもなっている．

点検・調査情報のデータベース化・共有化を行うことで，メンテナンスの効率を高め，より広い範囲での改善に寄与することができる．特に，事故やインシデントなど公益性・緊急性の高い情報は迅速な共有が求められる．一方，技術革新の源泉となる情報が含まれる場合も少なくないことから，その種類や性質によっては，知的財産権保護の観点から契約によって情報共有を管理することも多い．情報化の進展を背景として，オープン・イノベーションを期待して公開するなどの戦略も含め，公共性の高いインフラのメンテナンスに適した，また，技術革新を促進する情報共有や知財管理の方法を編み出していくことが求められる．

(2) 計画サイクル

計画は，計画，維持管理・更新の実施，評価，改善のサイクルとして表現されている．状況の変化や不確実性が，措置と評価を通して，継続的に計画にフィードバックされ，改善される枠組みとなっている．

実際のメンテナンスでは，変状や損傷が発生し，性能や機能を阻害したり，それが懸念されたりする場合に，対策を行うことが多い．これを事後保全（corrective maintenance）という．それに対して，予防的に対策を行うのが予防保全（preventive maintenance）である．ライフサイクル全体の費用は，ライフサイクル費用（LCC：life cycle cost）と呼ばれる．インフラのサ

ービスは構造物の寿命を超えて長期にわたり提供されることが求められる場合も多い．そのため，更新費用を含めて，複数のライフサイクルを想定した，供用期間費用（service life cost）を算定する場合もある．

予防保全が，LCC低減に有利であるとの指摘が多い．ただし，予防とは，損傷発生前に対処することであり，基本的に全ストックが対象となるが，実際の損傷発生確率は，現象や構造物にもよるが，通常はかなり低い．そのため，損傷の兆候が現れたインフラに対象を絞り，事後保全的に対処する方が効率的な場合もある．あるいは，損傷発生可能性や損傷が発生した場合の影響度を考慮して対象を絞り込む「スクリーニング（篩い分け，screening）」との併用によって予防保全の効果を高める方法も試みられている．

インフラのメンテナンスには，多様なニーズが存在しており，その評価は多元的に行う必要がある．例えば，図3.2.4に示したように，リスク：安全／脆弱性，ストック：環境／持続性，アセット：利用・存在価値の3つの側

図3.2.4 多元的な評価の例

面と，それぞれの重みから対象物をとらえるとわかりやすい．最優先されるのがリスク面であり，喫緊の危険性を除去し，事故・災害の発生を予防するのみならず，万が一事故・災害が発生した場合でも被害を最小化するようにメンテナンスを行う．一方，メンテナンス負担や環境負荷を最小化するというストック面の要請に対しては，一定の猶予が存在する前提で計画的に対応するのが一般的である．また，アセット面からは，利用や存在に期待されている社会的・経済的効果が損なわれないよう，あるいは増進するようにメンテナンスする必要がある．さらに，個別対象に対して，この三者に利用密度など状況に応じた重みを与えることで，ニーズに応じた評価や措置が容易と

なる.

　多元的な指標を貨幣換算して，LCC として一元的に評価する研究も進められているが，質的に異なるものの換算は困難な問題を含んでいるため，実務上，上記のストック面に限定して LCC を適用することが多い．なお，LCC 最小として導かれた対策が常に採用されるとは限らない．例えば，取替費用が相対的に大きく当面の資金調達が困難である場合や，将来需要の不確実性が大きく重大な選択をできるだけ後に回したい場合（選択を行わないことによる「オプション価値」が高い場合）などに，LCC が高くとも長寿命化や延命化が採用される場合がそれにあたる．また，長期供用に伴う不確実性が大きいことから，初期建設時に想定された LCC 最小のメンテナンスと，供用途中で実際に選択される措置が異なるとしても何ら不思議ではない．ただし，LCC は重要な基礎情報であることに変わりはなく，その限界に留意して計画・実行サイクルに取り入れながら，活用することが望ましい．

　インフラには，道路や水道のように日常的に使用されるものと，防災施設のように機能が発揮される機会が少ないものがある．利用が高頻度であれば，不具合が顕在化しやすく，また，性能・機能の検証機会が多くなることから，評価指標の設定・改善を通して，実態に即したメンテナンスにつながりやすい．一方，低頻度の場合は，性能検証や必要水準の設定のための情報取得の機会が限られるため，何らかの想定を取り入れたメンテナンスとなる．したがって，その評価には，想定の根拠の明確化が求められる．

　インフラの現況や評価に関する情報は，専門性が高いため，わかりやすい形で「見える化」して公開していくことが，幅広い理解とフィードバックを得ながら計画サイクルを実施していくための前提となる．

(3) 工学としてみたメンテナンス

　工学的には，構造物のライフサイクルは，設計・施工・メンテナンスのプロセスからなる．設計・施工では，経験や理論・実験研究の成果を最大限活用して，供用期間に起こり得るリスクを事前に想定し，必要な品質を確保して，万全の対応を取る．本質は，理想化された条件の下での意思決定である．それに対して，メンテナンスでは，そこに物があるところからスタートし，

発生している劣化や損傷の状態をつぶさに調べ，原因を明らかにすることが技術の基本となる．また，その知見を設計にフィードバックすることで，以後新設される構造物は問題が解決された形で供給される．このように，メンテナンスは，設計・施工の結果の評価にもなっており，設計・施工の「改善」プロセスでもある．

対象インフラや材料の原理や知識が，設計とメンテナンスで異なるわけではない．メンテナンスの特徴は，その考え方が設計のいわば逆になっているところにあり，設計を演繹的プロセスとすれば，帰納的プロセスとなっているところにある．失敗に基づいた改善を目指した「失敗学」や，英米で発達している事故原因の究明を主眼とする「Forensic Engineering」などは，部分的ではあるが，メンテナンス学と類似性を有した領域であると言える．

図3.2.5は，下水道管路の経年と道路の陥没の関係を示したもので，明瞭

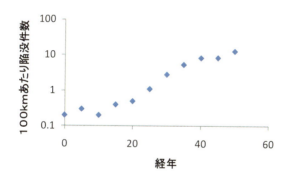

図3.2.5　下水道管路の経年と道路陥没（松宮2010[20]をもとに作成）

な経年依存の傾向が表れている．経年劣化の進展も一因ではあるが，昭和以前からの技術である陶管で100kmあたりの陥没件数が1.23件，昭和初期から導入された鉄筋コンクリート管で0.64件，1974年から使用されている硬質塩化ビニル管で0.19件となっており，技術の進歩の影響も大きい．このように，経年によってリスクが上昇する傾向がみられる場合，すなわち，新しいもののリスクが低下している場合，その原因は，劣化現象のみならず，世代を越えた着実な技術の改善の積み重ねの表れでもある．

参考文献

1) 阿部允：実践土木のアセットマネジメント，日経BP，2006．
2) 運輸安全委員会：日本貨物鉄道株式会社函館線大沼駅構内列車脱線事故，鉄道事故調査報告書RA2015-1，2015
3) 貝塚爽平：発達史地形学，東京大学出版会，1998
4) 梶川康男：鋼橋の大移動地図―既存ストックの有効活用の実例―，日本鋼構造協会誌，pp.1-11，Vol.57，2005
5) 後藤克彦：東海道新幹線土木構造物の新しく魅力ある検査体制のスタート，鉄道施設協会誌，pp.486-488，No.7，1994
6) 社会資本整備審議会・交通政策審議会：今後の社会資本の維持管理・更新のあり方について，2013
7) 島村誠, 鈴木博人：鉄道林：成立経緯と施業の変遷, 土木史研究, Vol.16, pp.565-572, 1996
8) 鈴木隆介：建設技術者のための地形図読図入門，古今書院，1997
9) 総務省，社会資本分野におけるデータガバナンスガイド，2012
10) 鉄道総合技術研究所：レンガ・石積み，無筋コンクリート構造物の補修，補強の手引き，1987
11) 東京都建設局：橋梁の管理に関する中長期計画，2009
12) 土木学会木材工学特別委員会：木橋の耐用年数，2013
13) 土木学会メインテナンス工学連合小委員会：社会基盤メインテナンス工学，東京大学出版会，2004
14) 長瀧重義監修：コンクリートの長期耐久性～小樽港百年耐久性試験に学ぶ～，技報堂出版，1995
15) 西村俊夫：国鉄トラス橋総覧，鉄道技術研究資料，Vol.14，No.12，1957
16) 日本国有鉄道：鉄道技術発達史，1958
17) 畑村洋太郎：失敗学のすすめ，講談社，2005
18) 腐食損失調査委員会：わが国における腐食損失調査報告, 防食技術，Vol.25，No.7，1977
19) 腐食コスト調査委員会：わが国の腐食コスト，腐食防食協会，日本防錆技術協会，

2001
20)松宮洋介：下水道管路に起因する道路陥没，管路更生 No.13, pp.26-35, 2010
21)山田剛二，小橋澄治，草野国重：高場山トンネルの地すべりによる崩壊，地すべり Vol.8, No.1, pp.11-24, 1971-1972
22)C.ウルマー（坂本憲一訳）：折れたレール—イギリス国鉄民営化の失敗，ウェッジ，2002
23)D.H.メドウズほか（大来佐武郎訳）：成長の限界，ダイヤモンド社，1972
24)B.ヤネフ（藤野陽三ほか訳）：橋梁マネジメント，技報堂出版，2009
25)A.H-S.Ang, W.H.Tang（伊藤学，亀田弘行監訳，能島暢呂，阿部雅人訳）：改訂 土木・建築のための確率統計の基礎，丸善，2007
26)P.Choate and S.Walter: America in Ruins, Duke University Press, 1981
27)Forth Bridge: Restoring an Icon, Lily Publications, 2012
28)F.Moses: Calibration of load factors for LRFR bridge evaluation, NCHRP Report 454, Transportation Research Board, 2001
29)V. Patidar, S.Labi, K.C.Shinha and P.Thompson: Multi-objective optimization for bridge management systems, NCHRP Report 590, Transportation Research Board, 2007
30)藤原和廣，岩崎泰彦：橋梁の架替に関する調査結果(I)，土木研究所資料，No.2723, 1989
31)藤原稔：橋梁の架替に関する調査結果 (II), 土木研究所資料，No.2864, 1990
32)西川和廣，村越潤，上仙靖，福地友博，中島浩之：橋梁の架替に関する調査結果 (III), 土木研究所資料，No.3512, 1997
33)玉越隆史，大久保雅憲，市川明広，武田達也：橋梁の架替に関する調査結果 (IV)，国土技術政策総合研究所資料，No.444, 2008
34)日本道路協会：道路橋防食便覧，2014

3.3 社会インフラのメンテナンスの現状と課題

3.3.1 社会インフラの現状と見通し

　戦後，高度経済成長時代にかけて，道路，河川，下水道，港湾等の各分野で，橋梁，河川堤防，下水管きょ，岸壁等の社会インフラが，国や地方公共団体において重点的に整備されてきた．また，鉄道，電力施設等の多くは，民間企業により，整備されてきた．その後，下水道等の生活環境基盤の整備が進んだため，ストックピラミッドの平均年齢は，道路や河川等に比べ，下水道は比較的低くなっている．

　今後，これらの社会インフラについては，おおよそ20年後には，多くの施設分野で，半数以上の施設が建設後50年以上を経過することとなる．

　これらの施設を管理者ごとで分類すると，地方公共団体が多くの施設を管理しており，社会インフラのメンテナンスは地方公共団体も含めて取り組むべき課題である．

　一方，例えば，鉄道では，戦前に整備された施設も多く，橋梁，トンネルについて見れば全施設のうち1割強が100年超，100年近く経過しており，これら歴史的ともいえる施設も含め，適切に維持管理・更新を行うことが重要である．

① 施設管理者別ごとの建設年度別施設数

図3.3.1　建設年度別施設数＜橋梁＞

図3.3.2　建設年度別施設数＜河川管理施設＞

図3.3.3　建設年度別施設数＜下水道（管渠）＞

図3.3.4　建設年度別施設数＜港湾＞

②今後急速に進行する社会資本の高齢化

	2013年3月	2023年3月	2033年3月
道路橋 [約40万橋注1(橋長2m以上の橋約70万のうち)]	約18%	約43%	約67%
トンネル [約1万本注2]	約20%	約34%	約50%
河川管理施設(水門等) [約1万施設注3]	約25%	約43%	約64%
下水道管きょ [総延長:約45万km注4]	約2%	約9%	約24%
港湾岸壁 [約5千施設注5(水深ー4.5m以深)]	約8%	約32%	約58%

注1:建設年度不明橋梁の約30万橋については、割合の算出にあたり除いている。
注2:建設年度不明トンネルの約250本については、割合の算出にあたり除いている。
注3:国管理施設のみ。建設年度が不明な約1,000施設を含む。(50年以内に整備された施設についてはおおむね記録が存在していることから、建設年度が不明な施設は約50年以上経過した施設として整理している。)
注4:建設年度が不明な約1万5千kmを含む。(30年以内に布設された管きょについては概ね記録が存在していることから、建設年度が不明な施設は約30年以上経過した施設として整理し、記録が確認できる経過年数毎の整備延長割合により不明な施設の整備延長を按分し、計上している。)
注5:建設年度不明岸壁の約100施設については、割合の算出にあたり除いている。

図3.3.5 建設後50年以上経過する社会資本の割合

3.3.2 社会インフラのメンテナンスに関する課題と取組み

社会インフラの維持管理体制は，社会インフラ部門ごとに異なる．道路，河川，港湾等，主に公共事業として整備される施設については，国，あるいは地方公共団体が施設管理者として整備し，その後管理を行う仕組みとなっている．本項においては，主に，その分野を中心に，課題と取り組むべき方向を示す．

(1) メンテナンスを取り巻く自然的・社会的環境の変化

社会インフラのメンテナンスは，下記に示すような，今後想定される自然的・社会的環境の変化を踏まえながら，安全・安心な国民生活，国際競争力を備えた経済活動を支えていくために，効率的，効果的に実施していかなければならない．

・巨大地震，気候変動による自然災害のリスクの高まり
・地球温暖化等による自然環境の変化
・人口減少・少子高齢化等の社会的変化

・国際競争力の確保
・社会保障費用の増大等による財政上の制約

(2) 今後メンテナンスを進めていくにあたっての課題

　メンテナンスの重要性は古くより指摘されてきたが，今までは老朽化した施設が少なく，大きな問題が発生していなかったことから，多くの分野で十分にはメンテナンスの考え方が整理されている状況ではない．今後の自然的・社会的環境の変化を踏まえた上で，以下に示す課題について取り組む必要がある．

① 社会インフラのサービス水準，維持管理水準の考え方

　今後老朽化施設が急増する一方，財政上の制約は厳しくなると考えられる中，社会インフラの個々の役割（災害時にも十分に機能確保を図るべきものか等），人口減少等による都市構造の変化を踏まえた上で，社会インフラのサービス水準，維持管理水準を設定していかなければならない．効果的なメンテナンスを実現するため，全ての施設に一律でなく，施設の優先度，重要度を設定するメンテナンスの考え方を確立すべきである．

② 社会インフラ及びそのメンテナンスの重要性への国民の理解と共有

　国民には，社会インフラに対し，税金あるいは利用料等として負担を行う立場や社会インフラを適切に利用する立場などがある．今後，社会インフラのメンテナンスを進めるにあたっては，これらの様々な国民の立場からの理解，協力を得ることが重要である．施設管理者等は，社会インフラに関する情報の見える化など，様々な方策を用い，社会インフラの現状・課題について国民の理解が得られるよう，取組みが求められる．

③ 社会インフラの集約・統合・廃止等への仕組みづくり

　社会的必要性が小さくなった施設あるいは代替施設でその役割を果たせるものなどについては，積極的に集約・統合，廃止等を図る取組みを促進する必要がある．このため，廃止等に関する考え方を確立するとともに，利用者である地域住民等の理解を得る合意形成の仕組みの検討を進めるべきである．また，今日の諸制度が廃止等の制約とならないよう，必要に応じて改正も検討すべきである．

(3) メンテナンスを確実に実施していくにあたっての課題

インフラについては，これまで，維持管理よりはむしろ，新規整備を重視した基準類の整備，技術開発，実施体制等の構築が図られてきたといえ，今後，メンテナンスを確実に実施していくため以下の課題について取り組む必要がある．

① メンテナンスを円滑に実施するための建設システムへの移行

今日までの社会インフラに関する制度，基準類等は，新たな施設整備を行うことに着目した建設システムであった側面が強く，必ずしもメンテナンスを円滑に行うためのシステムとなっていない．

今後は，老朽化施設の急激な増大を踏まえ，メンテナンスに着目した建設システムに移行することが重要である．

このため，原則として，従来の事後保全から予防保全を前提としたメンテナンス，調査，設計から維持管理，更新まで一体で管理するシステムの構築が求められる．

今日までは，施設管理者による点検・診断等が十分に行われていなかっただけでなく，社会インフラの基本的な諸元や維持管理記録などが，十分に活用できる形でデータ管理がされていなかった面がある．今後，ICTの活用も含め，調査，設計からメンテナンスに関するデータまで，一貫して管理できるシステムの整備，データ管理を行うことが必要である．

また，予防保全を実現するために，施設の点検結果等から施設の劣化予測等を行い補修・更新時期等を判断する技術体系の確立も必要となる．現在，社会インフラの耐用年数や更新時期等は，財務省令（施設ごとで異なる例えば，鉄骨鉄筋コンクリート造又は鉄筋コンクリート造の橋：60年等）において定められたものはある．これらの年数は，企業会計等において会計処理で使われているが，実施の耐用年数は，建設時の品質管理，施工方法，施設の置かれている状況，利用状況，等様々な要因により変わるものであり，一律に決められるものではない．適切なメンテナンスによる長寿命化を図るとともに，実際の社会インフラの耐用年数，更新時期を日常での点検・診断によって判断していくべきである．よって，点検結果等に基づく補修・更新時期の判断の基準化をどこまで具体化できるかが重要である．

更には，修繕等の費用を適切に算出する積算体系の整備等，あらゆる観点から，新しいシステムの構築を図ることが課題である．

② メンテナンスに関する体制の充実

平成25年の国土交通省調査によると，市町村においては，技術職員が一人もいない自治体も多数ある状況である．一方，建設業を営む民間企業においても，担い手確保方策が検討されるなど，今後の技術者確保が課題とされている．老朽化する社会インフラが急増する中で，メンテナンスを確実に実施するためには，体制の充実が課題である．

これらの課題を解決するにあたっては，多くの社会インフラの管理者である行政における体制の充実が必要である．ただ，国から市町村まで，一律に同じ体制を求めるのは現実的でないため，それぞれの施設管理者の責任を明確化した上で，連携して補完しあう効率的な仕組みの検討を進めることが必要である．また，行政だけにとどまらず，メンテナンスに関する産学官の役割を明確にし，民間活力の一層の活用を進めることも重要である．

体制の充実とともに，人材育成，技術継承も重要なテーマである．行政の技術職員の減少とともに，建設業の就業者の年齢構成は高齢化の一途であり，今後，人材育成，技術継承への一層の取組みが必要である．各地域において，大学と行政が連携して地域の技術者への研修等の取組みを進めている事例が増えつつあるが，このような産学官一体となっての研修制度の充実や資格制度による技術者確保など，総合的な対策が求められる．

一方，産学官に加えて，住民が社会インフラの状況を把握し，施設管理者へ伝える形で，住民のメンテナンスへの参画も各地で試行されている．それぞれの役割を明確にした上で，さまざまな取組みにより，社会インフラの新たなメンテナンスの仕組みづくりが求められる．

③ メンテナンスに関する予算の確保

予防保全には，日常の点検とその結果に応じた適切な補修等の対応のための予算確保が必要である．施設管理者は，社会インフラの長寿命化を図り，今後発生する施設更新の費用のピークの平準化を図るためにも，メンテナンスに必要な予算の見通しを示し，その確保を図らなければならない．

一方，実際の社会インフラの更新時期はそれぞれの施設状況で判断される

ものであり，100年を超えても機能している施設も多く存在する．今後施設の長寿命化も進められることから，設定された耐用年数に基づいた施設管理と実際に必要となる予算とは必ずしも一致しない側面があり，予算の見通しを行う上での課題である．

④ メンテナンスに関する技術開発の促進，新技術の導入

メンテナンスにおいては，様々な分野での技術開発，及びその技術の積極的な導入が求められる．素材，材質系の技術開発により，社会インフラの一層の長寿命化や安全性の向上が期待されたり，センサー技術の開発により施設のモニタリングの充実，効率化も可能となる．また，ロボット技術の導入等の施工技術の開発は，効率的かつ安全なメンテナンスを実現できる．社会インフラの技術開発に関わる産業分野は，建設産業分野だけでなく，材料系，機械系，電気電子系などの分野にも拡がるため，あらゆる分野が積極的に技術開発に参画しうる仕組みを作り上げることが重要になっている．

将来，老朽化施設が増大するに伴いメンテナンスに関する市場が増大するため，民間の技術開発の意識は高く，施設管理者の技術開発のニーズと，民間側のシーズとをしっかり合致させて，メンテナンスの現場で有効に活用できる技術開発が求められている．

（コラム）地域の橋はみんなで守る

今，地方の市町村で管理する社会インフラのメンテナンスが大きな社会問題となっている．こうした自治体ではメンテナンスに携わる技術者の質・量ともに不足しており，メンテナンスにかける予算も限られている．また，このような地域では過疎化・高齢化が進行し，限界集落，災害時の孤立化といった問題が現実味を帯びている．例えば集落に通じる一本道にかかる橋が老朽化や災害により使えなくなれば，その住民は住み慣れた土地を追われることになる．

このような背景の下，筆者らは大学キャンパスのある福島県内の市町村橋梁を対象に，住民自らが簡易なメンテナンスを行う「橋の歯磨きプロジェクト」を進めている．歯磨きは最も簡易に，お金をかけずに虫歯予防を実践できる方法であり，その効果は誰もが知っている．橋の劣化の多くは水回り，水掛かりで生じるため，橋に水を溜めない工夫として，排水枡の清掃，堆積土砂の撤去，欄干の塗装といった簡易なメンテ

ナンスを行えば，橋の虫歯予防に有効である．また，橋の歯磨きは特別な技術を必要としないため，地域住民でも十分可能である．写真は，福島県南会津町において地域住民と筆者の研究室の学生が協働で，橋の欄干塗装を行っている様子である．役場や地元の建設業者が交通誘導等を行い作業の安全性を確保した上で，

住民と学生が楽しく会話をしながら作業を行う．およそ3時間で長さ150mの橋の両側の欄干が見違えるほどきれいになる．地域には古来より住民の手で自らの生活基盤を整備してきた歴史がある．この普請と呼ばれる制度を現代風にアレンジし，地域のインフラはみんなで守るという意識が芽生えれば，古くて新しい社会インフラメンテナンスの形になると思われる．

こうした取組みを支援するため，本学に学ぶ1年生が「橋の名付け親プロジェクト」を企画した．福島県平田村の小学生に，村内の名無し橋に名前を付けてもらおうというものである．こ

れからの地域を担う子どもたちが身近な橋に名前を付ければ，その親や祖父母までその橋に愛着を持ってくれるだろう．付いた名前は「きずな橋」と「あゆみ橋」．名付け親の小学生の一人が「自分のおもちゃに名前を付けるとすごく愛着がわく．橋に名前を付けるのも同じかな．」と話してくれた．まさにわが意を得たりである．

国の掲げる「地方創生」にとって，地域の社会インフラの老朽化対策は喫緊の課題である．地域のインフラが廃れれば地方創生が成り立たなくなることは自明である．今こそ，この問題を国民の関心事とし，官学産民が力を合せ，知恵を寄せ合う時である．地域には都会にはない強み，「地域力」がある．役場職員と住民，あるいは住民同士が結束し，地域のインフラに対し関心と愛着を持ってメンテナンスを行えば，まだまだ地域が廃れることはない．そればかりか，地域のインフラをみんなで守り，その上に成り立つ地域社会が活性化する実例を示すことができれば，新しい地域づくりのモデルになり得るものと期待される．

日本大学工学部　岩城一郎

3.4 社会インフラのメンテナンスを支える体制・制度

社会インフラのメンテナンスは，社会インフラの運営を通して，利用者に提供されるサービスの水準が維持されるよう，インフラ施設の「維持」，「修繕」，「防災（災害対応含む）」等の業務が適切に実践されるように行われる．これらの業務を継続して適切に行うためには，その実施体制やこれらを動かすための制度が必要である．本節では，社会インフラのメンテナンスに関わる法制度，メンテナンスの経済・財政，メンテナンスに関わる組織と体制，民間に委託する際の調達制度，人材育成，さらに，市民へのアカウンタビリティについて，現状とその課題，さらに将来の方向性を示すこととする．必要に応じて，具体例を示すことにより理解を深めて頂けるよう留意している．

3.4.1 メンテナンスに関わる法制度

(1) 施設管理者の責任に関する法制度（法律，省令等）

社会インフラの管理者は，提供されるサービス水準を維持する責任を負っており，第三者に対して被害が発生した場合，管理責任を問われることになる．また，その水準を維持するためのメンテナンス業務をどのような技術に基づき実施するかについても，法制度等によって規定されている場合が多い．本項においては，これらのメンテナンスに関わる法制度について概説する．

社会インフラには大きく分けて公共施設と民間施設がある．道路や河川などの公共施設は一般に国や地方公共団体などの公的機関により，鉄道，電気・ガス，通信などの民間施設は一定の要件を満たした企業等により管理されている．また，一般に公共施設は税金や補助金を財源として運営されており，民間施設は利用料収入や借入金等を財源として運営されている．

施設の管理者はその設置や管理に対して責任を負っており，その設置・管理上の瑕疵に起因する事故・災害等によって損害が発生した場合には，民法の規定に基づく対応が基本であるが，公の営造物の設置又は管理の瑕疵を原因として損害が生じた場合などは，国家賠償法により，その損害を国家が補填することとされている[1]．

国家賠償法第2条では,「道路,河川その他の公の営造物の設置又は管理に瑕疵があったために他人に損害を生じたときは,国又は公共団体は,これを賠償する責に任ずる.」と記されている.また,平成15年に指定管理者制度が導入され,地方公共団体の施設の管理についても民間事業者の参入が促進されることとなったが,国家賠償法第1条に規定する「公務員」とは,組織法上の公務員に限定されず,法令により公権力の行使の権限を与えられていれば,身分上は全くの私人であってもこれに該当するとされている.このため,指定管理者が私企業であっても,公共施設の管理業務の執行にあたり,指定管理者の行為が原因で利用者に違法に損害が生じた場合には,設置者たる地方公共団体が賠償責任を負うこととなるとされている[2].

表3.4.1に示すとおり,社会インフラに関する各法令では,管理者や管理責任等についての規定があり,国,都道府県,市町村,許可を受けた者などが管理することとされている.

(2) メンテナンス技術に関する法制度(法律,省令,告示,規程,標準,マニュアル,要領等)

平成24年12月2日に発生した中央自動車道笹子トンネルでの天井板落下事故を契機に,国・地方公共団体,高速道路会社などの社会インフラ管理者を中心に,戦略的なメンテナンスの取組みが推進されている.

例えば,道路部門では平成25年6月に道路法が改正され,道路の点検基準等を定める省令が平成26年3月に公布された.河川部門でも平成25年6月に河川法を改正し河川管理施設等の維持修繕の基準が規定され,港湾部門

表3.4.1 法令における施設管理者に関する規定の例

部門	法律名	関連条項	最終改正日
道路	道路法	第13条(国道の維持,修繕その他の管理)	平成26年6月18日改正
		第15条(都道府県道の管理)	
		第16条(市町村道の管理)	
	高速自動車国道法	第6条(高速自動車国道の管理)	平成26年6月13日改正
河川	河川法	第9条(一級河川の管理)	平成26年6月13日改正
		第10条(二級河川の管理)	

		第100条(準用河川の管理)	
砂防	砂防法	第5条(都道府県知事)	平成25年11月22日改正
		第6条(国土交通大臣)	
	地すべり等防止法	第7条(地すべり防止区域の管理)	平成26年6月13日改正
	急傾斜地の崩壊による災害の防止に関する法律	第9条(土地の保全等)	平成17年7月6日改正
港湾	港湾法	第2条(港湾管理者)	平成26年6月27日改正
下水道	下水道法	第3条(公共下水道管理者)	平成27年5月20日改正(一部未施工)
		第25条の2(流域下水道管理者)	
		第26条(都市下水路管理者)	
空港	空港法	第4条(国際航空輸送網又は国内航空輸送網の拠点となる空港の設置及び管理	平成25年11月22日改正
		第5条(国際航空輸送網又は国内航空輸送網を形成する上で重要な役割を果たす空港の設置及び管理)	
鉄道	鉄道事業法	第18条の3(安全管理規程等)	平成26年6月13日改正
上水道	水道法	第19条(水道技術管理者)	平成26年6月13日改正
		第24条の3(業務の委託)	

では平成25年6月に港湾法が改正され,技術基準対象施設の維持に関する必要な事項を定める告示が平成26年3月に公布されたことにより,施設の定期的な点検の実施とその方法の明確化が図られた.また,空港部門では,これまでの土木施設管理規定を見直し「空港土木施設維持管理指針」として改訂し,より効果的な点検頻度を定めている.さらに,下水道部門においても法令が改正され,定期的な点検頻度などが規定された[3].

上記のように,社会インフラのメンテナンスを適正に実施するためには,その根拠や参考となる法令,基準,マニュアル,要領などが必要であり,我が国においては,道路法や河川法等のように部門ごとに整備されている.また,施設の点検・健全度診断基準等についても,部門ごとに点検項目や点検頻度が策定されている.しかしながら,維持管理・更新を行うための基準・マニュアルの法令等における位置づけが明確でないものもあり地方公共団体には十分浸透しておらず,また,予防保全の取組みが多くの管理者の取組みとなっていない.このため地方公共団体の自主性や施設特性に配慮しつつ,

制度的な対応により，一定の強制力を持たせることが必要と考えられている[4]．

なお，社会インフラの耐用年数については，財務省令で定められたものがあるが，主として企業会計の処理のために用いられるものであり，必ずしも工学的見地に基づき決定されているものではないことに留意する必要がある．

参考として，道路，河川，砂防，港湾，下水道，空港，鉄道，上水道の施設管理に関する法令，基準・マニュアル類を表 3.4.2 に，土木学会の維持管理関連の示方書等の出版物を表 3.4.3 に示す．

表 3.4.2 施設管理に関する各種法令，基準等の例

部門	法律名	関連条項	発出元	改正・施行・制定・発行日 等
道路	道路法	第 42 条第 2 項（道路の維持又は修繕）	—	平成 25 年 6 月 5 日 改正
	道路法施行令	第 35 条の 2 第 1 項（道路の維持又は修繕に関する技術的基準等）	—	平成 25 年 8 月 26 日 改正
	道路法施行規則	第 4 条の 5 の 2（道路の維持又は修繕に関する技術的基準等）	—	平成 26 年 3 月 31 日 改正
	告示	平成 26 年国土交通省告示第 426 号	—	平成 26 年 7 月 1 日施行
	基準・マニュアル類	（橋梁）橋梁定期点検要領	国土交通省	平成 26 年 6 月制定
		（トンネル）道路トンネル定期点検要領	国土交通省	平成 26 年 6 月制定
河川	河川法	第 15 条の 2 第 2 項（河川管理施設等の維持又は修繕）	—	平成 26 年 6 月 13 日改正
	河川法施行令	第 9 条の 3（河川管理施設等の維持又は修繕に関する技術的基準等）	—	平成 25 年 12 月 6 日 改正
	河川法施行規則	第 7 条の 2（河川管理施設等の維持又は修繕に関する技術的基準等）	—	平成 25 年 12 月 11 日改正
	基準・マニュアル類	（堤防）堤防等河川管理施設及び河道の点検要領	国土交通省	平成 24 年 5 月制定
		（堤防）樋門等構造物周辺堤防詳細点検要領	国土交通省	平成 24 年 5 月制定
		（堤防）河川砂防技術基準維持管理編（河川編）	国土交通省	平成 27 年 3 月改定
		（堤防）中小河川の堤防等河川管理施設及び河道の点検要領	国土交通省	平成 26 年 3 月制定

		(ダム)ダム構造物管理基準 改訂	日本大ダム会議	昭和61年5月改正
		(ダム)ダム定期検査の手引き	国土交通省	平成14年2月制定
		(ダム)ダム総合点検実施要領	国土交通省	平成25年10月制定
		(ダム)河川砂防技術基準維持管理編(ダム編)	国土交通省	平成26年4月制定
		(揚排水機場)揚排水機場設備点検・整備指針	国土交通省	平成20年6月制定
		(揚排水機場)河川ポンプ設備点検・整備・更新検討マニュアル案	国土交通省	平成20年3月制定
		(揚排水機場)揚排水ポンプ設備技術基準	国土交通省	平成26年3月改定
砂防	基準・マニュアル類	砂防関係施設点検要領(案)	国土交通省	平成26年9月24日制定
港湾	港湾法	第56条の2の2(港湾の施設の関する技術上の基準等)	ー	平成26年6月27日改正
	省令	港湾の施設の技術上の基準を定める省令第4条(技術基準対象施設の維持)	ー	平成25年9月18日改正
	告示	技術基準対象施設の維持に関する必要な事項を定める告示	ー	平成26年3月28日改正
	基準・マニュアル類	港湾の施設の点検診断ガイドライン	国土交通省	平成26年7月策定
		港湾の施設の維持管理計画策定ガイドライン	国土交通省	平成27年4月策定
		港湾の施設の維持管理技術マニュアル	(財)沿岸技術研究センター	平成19年10月発行
		港湾の施設の維持管理計画書作成の手引き	(財)港湾空港建設技術サービスセンター	平成20年12月改定
下水道	下水道法	第23条(公共下水道台帳)	ー	平成26年6月13日改正
	下水道法施行令	第13条(終末処理場の維持管理)	ー	平成24年5月23日改正
		第18条(都市下水路の維持管理の基準)	ー	
	基準・マニュアル類	下水道維持管理指針	日本下水道協会	平成26年9月改定
		下水道管路施設の点検・調査マニュアル	日本下水道協会	平成25年6月策定
空港	航空法	第47条(空港等又は航空保安施設の管理)	ー	平成26年6月13日改正
	航空法施行規則	第92条(保安上の基準)	ー	平成26年10月16日改正
	基準・マニュアル類	(基本施設)空港土木施設管理規程	国土交通省	平成15年12月1日 通知
		(基本施設)空港内の施設の維持管理指針	国土交通省	平成26年4月1日 適用
鉄道	鉄道営業法	第1条	ー	平成18年3月31日改正
	省令	鉄道に関する技術上の基準を定める省令	ー	平成24年7月2日改正

	告示	施設及び車両の定期検査に関する告示	—	平成24年7月2日施行
	基準・マニュアル類	鉄道構造物等維持管理標準	国土交通省	平成19年1月16日施行
上水道	省令	水道施設の技術的基準を定める省令	—	平成26年2月改正

表3.4.3 土木学会の維持管理関連の出版物

標準示方書	2013年制定 コンクリート標準示方書「維持管理編」
	2013年制定 鋼・合成構造物標準示方書 維持管理編
コンクリートライブラリー	コンクリートライブラリー95号 コンクリート構造物の補強指針（案）
	コンクリートライブラリー101号 連続繊維シートを用いたコンクリート構造物の補修補強指針
	コンクリートライブラリー107号 電気化学的防食工法 設計施工指針（案）
	コンクリートライブラリー112号 エポキシ樹脂塗装鉄筋を用いる鉄筋コンクリートの設計施工指針[改訂版]
	コンクリートライブラリー116号 土木学会コンクリート標準示方書に基づく設計計算例［桟橋上部工編］／2001年制定コンクリート標準示方書［維持管理編］に基づくコンクリート構造物の維持管理事例集（案）
	コンクリートライブラリー119号 表面保護工法 設計施工指針（案）
	コンクリートライブラリー123号 吹付けコンクリート指針（案）補修・補強編
	コンクリートライブラリー141号 コンクリートのあと施工アンカー工法の設計・施工指針（案）
トンネルライブラリー	トンネルライブラリー第14号 トンネルの維持管理
	トンネルライブラリー第25号 山岳トンネルのインバート 設計・施工から維持管理まで
地下空間ライブラリー	地下空間ライブラリー第1号 地下構造物のアセットマネジメント—導入に向けて—
構造工学シリーズ	構造工学シリーズ23 土木構造物のライフサイクルマネジメント
複合構造レポート	複合構造レポート04 事例に基づく複合構造物の維持管理技術の現状評価
	複合構造レポート05 FRP接着による鋼構造物の補修・補強技術の現状評価
	複合構造レポート12 FRPによるコンクリート構造の補強設計の現状と課題
鋼構造シリーズ	鋼構造シリーズ14 歴史的鋼橋の補修・補強マニュアル
	鋼構造シリーズ15 高力ボルト摩擦接合継手の設計・施工・維持管理指針（案）
	鋼構造シリーズ18 腐食した鋼構造物の耐久性照査マニュアル
	鋼構造シリーズ21 鋼橋の品質確保の手引き［2011年版］
	鋼構造シリーズ23 腐食した鋼構造物の性能回復事例と性能回復設計法
その他	岩盤構造物の建設と維持管理におけるマネジメント ジオリスクマネジメントへの取り組み
	ライフライン地下構造物の維持管理 情報化・自動化・ロボット化への展開
	トンネルの変状メカニズム

(3) 現場での運用やルールの暗黙知から形式知化する必要性

社会インフラの維持管理は国，自治体，事業会社等の職員や管理委託業者により行われているが，今後，我が国の労働人口が減少していくと予想されている一方，老朽インフラが増大していくことは確実である．このような中で，社会インフラの維持管理を適正かつ持続的に実施していくためには，点検・診断から修繕・更新に至るメンテナンスサイクルを効率的に運用していくシステムが必要である．

平成26年に国が定めたインフラ長寿命化基本計画では，社会インフラの全部門において，国及び自治体が長寿命化計画を策定することとされており，計画達成のために必要な施策として，基準類の整備や情報基盤の整備と活用などが挙げられている．さらに，総務省より地方公共団体に対し，公共施設等の総合的かつ計画的な管理を推進するため「公共施設等総合管理計画」の策定に取り組むよう要請がなされている[5]．

これらの施策は，これまで現場の担当者個人が経験者から聞き取ったり，自己の長年の経験に基づき体得していた知識・技術（暗黙知）を，法令やデータベースの形で明文化し共有することにより，他者に容易に伝達可能な知識・技術（形式知）に変換するためのシステムを構築しようとするものである．形式知化システムにより，多くの者が必要な情報を効率的に取得することが可能となるため，社会インフラメンテナンスの一層の推進に資すると考えられる．

さらに言えば，形式知化システムにより効率的に知識・技術を取得した者は，現場で実践を重ねることにより，形式知が暗黙知として内面化されるとともに，新たな暗黙知を発見・獲得することとなる．新たな暗黙知はシステムにより再び形式知化され，広く伝達されていくことにより，社会インフラメンテナンス技術の持続性の確保と一層の発展が期待できる[6]．

3.4.2 メンテナンスの経済・財政

(1) 社会インフラの高齢化・老朽化への対応と財源の確保

　我が国の社会資本ストックは，戦後の荒廃からの復興を目指して，高度経済成長期に集中的に整備され，現在に至っている．このため，今後，これら社会インフラの高齢化・老朽化が急激に進展することが懸念されている．これらの高齢化・老朽化の進展に対応するためには，適切なストック情報に基づき，コストに見合う適切な資金が投入される必要があるが，例えば，直轄国道の維持修繕予算は，施設の老朽化に対応するため，本来ならば増やすべきところ，国の公共事業予算の減少に合わせて，最近10年間で約2割減少してきた[7]．また，昨今の高速道路におけるトンネル天井板落下事故，鉄道における線路施設トラブルの発生など，社会インフラの維持管理・更新に係る問題が各方面で顕在化し，国民の社会インフラに対する安全・安心への信頼が揺らぐ事態が生じている中で，国土交通省をはじめとした政府全体が社会インフラの高齢化・老朽化に対処すべく「点検・診断」「予算」「体制」「技術」「国民の理解・協働」「措置」「記録」など総合的かつ網羅的に取り組み出している．

　社会インフラの高齢化・老朽化を前に，従前，経年的に劣化した構造物であっても，部分的に補修などを繰り返すことで，物理的耐用年数が延命化されるとの考えに基づき，損傷した箇所を補修する事後保全の考え方が主体となっていた．しかし，部分的な補修を繰り返しても，いずれは一定の過酷な環境に晒された構造物は物理的な寿命を迎え，機能を果たせなくなるとの考え方に基づき，適切な時期に構造物そのものを丸ごと取替又は再構築する，いわゆる更新を行う必要があるとの考え方に基づき，大規模更新事業等が具体化している．また，社会インフラの高齢化・老朽化時代を迎えて，前述の更新のような構造物そのものを再構築するハード対策に加え，国民や利用者など第三者への被害防止の観点を踏まえ，予防保全の観点も含めた，点検から診断，補修までの維持管理・更新・マネジメント技術のサイクルを確実に回すための人材育成やデータベース整備などの各種のソフト対策も充実させる必要がある．さらに，これら更新に係る財源を確保するためには，社会

的コンセンサスを得ることが重要であり，そのためにインフラ管理者は積極的に説明責任を果たすことが必要となる．

(2) メンテナンスに関わる財政制度と資金調達

社会インフラのメンテナンスに必要な予算は，「維持」，「修繕」などに要した支出については経常的経費として処置され，橋梁やトンネル，附属物などの構造物の「改良」，「更新」，「防災（災害対応含む）」などに関する支出については投資的経費として処置されるものと考えるのが合理的である．一般的に社会インフラは，国や地方公共団体などの公的機関が整備し，その後も，維持管理・更新する場合が大半である．これらの行為は，固定資産台帳に整理され，公会計制度の枠組みのなかで，取得，減価償却，除却が認識される．ただし，地方公共団体における固定資産台帳の整備は，所得価格や財源が不明な事例が多い等の理由から，整備済みは17.9%（307団体/1,711団体）とあまり進んでいない現状が報告されている[8]．また，公的機関が行う維持管理・更新に係る資金は，原則として議会の審議を経て，国税や地方税などの「公租」及び国債や地方債などの「公債」で賄われることとなる．例えば，公債のうち「財政投融資」は，租税負担に拠ることなく国債の一種である財投債の発行などにより調達した資金を財源として，政策的な必要性があるものや民間では対応が困難な長期・低利の資金供給や大規模・超長期プロジェクトの実施を可能とするための投融資活動とされている[9]．さらに地方公共団体への財政的な支援として，「防災・安全交付金」を活用した社会インフラの長寿命化計画の推進，戦略的な維持管理・更新等が総合的に実施されている．また近年，公民が連携して公共サービスの提供を行うPPPの代表的手法として，民間の資金，経営ノウハウ等を活用したPFI方式の導入も進んでいる．

一方，民間企業会計においては，経常的経費は損益計算書（以下，「P/L（Profit and Loss Statement）」と言う．）の中で費用（コスト）として認識され，投資的経費はストック情報として資産形成状況を表す貸借対照表（「B/S（Balance Sheet）」と言う．）の資産の部に計上し，また，資産形成に要した資金を借入金で調達した場合にはB/Sの負債の部に見合の借入金

額を計上する．更に，P/Lで資産の減価償却費や借入金の支払利息が費用として処理されることによりフローの中でもコストとして認識される．これにより民間企業は保有する資産の現在の状況を明示し，株主や投資家等へ情報を開示するとともに，設備投資に際しての財務面から意思決定を行う事となる．また，鉄道事業者や高速道路事業者など，民間企業におけるメンテナンスに必要な予算は，原則としてその施設（インフラ）を利用する者（お客様）からの利用料金により賄われる事から，収入（収益）と支出（費用・コスト）の直接的な対称性が強く，受益者負担が実現している事例と言える．

(3) 社会インフラの会計制度と民間企業会計の比較

公会計制度は予算・決算を中心とし，議会における財政活動の民主的統制や納税者への開示に主眼が置かれることから単年度の現金収支が厳密に管理される．一方で，フローの財務情報とストックに関する財務情報の連動や，予算・決算という現金収支と資産・負債状況との関係の把握が困難であるなどの指摘がなされてきた．このため，国及び地方公共団体等において発生主義等の民間企業会計の考え方を活用し，解り易く開示する取り組みが進められてきたところである[10]．表3.4.4に，これら公会計制度と民間企業会計制度の特徴を比較して示す．

表3.4.4 公会計制度と民間企業会計制度の主な特徴の比較

項目	公会計制度	民間企業会計制度
会計の目的	予算執行の手続きに関するアカウンタビリティー	経営状況と財務状況に関するアカウンタビリティー
主な利害関係者	納税者（国民，県民，議会等）	株主，投資家，債務者，お客様，社員，等
記帳の記載方式	単式簿記	複式簿記
認識の基準	現金主義	発生主義

次に，地方公営企業法の規定に基づき現金主義と発生主義の二本立て予算として公営企業会計に基づき処理がなされている「水道事業」の事例を参考として，現金収支，P/L，資本的支出，B/Sの関係を図3.4.1に示すと共に，

P/L 及び B/S の記載事例を表 3.4.5 に示す[11].

なお,公会計制度と民間企業会計を比較する上で,国や地方公共団体が社会インフラを維持管理する上で定義している「修繕」には,一般的に部分的な機能強化等の概念も含まれるが,企業会計における「資本的支出」と「修繕費」においては,「資本的支出」は固定資産の機能を増強するような支出(改造,改装,機能強化等)と定義され,現状まで回復のための支出であれば「修繕費」として取り扱われ,損金として参入される[12].この為,公会計

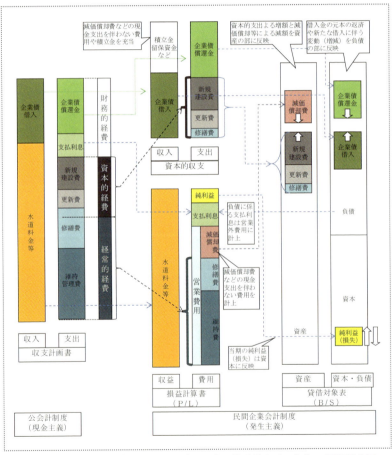

図 3.4.1 水道事業の事例とした場合の P/L・資本的収支・B/S の相関概念図

表3.4.5 水道事業における (P/L) と (B/S) の記載事例

損益計算書(P/L)

項目名	金額	備考
収益		
営業収益		
給水収益		
受託事業収益		
その他の営業収益		手数料，雑収入等
営業外収益		
受取利息		預金利息，配当金等
不動産賃貸料		
水道加入金		
他会計補助金		
雑収入		
特別利益		固定資産売却益等
費用		
営業費用		
人件費		
物品費		
経費		
受水費		浄水購入費用等
減価償却		
資産減耗費		
営業外費用		
支払利息		企業債利息等
繰延勘定償却		
特別損失		固定資産売却損等
当該年度純損益		

貸借対照表(B/S)

(資産の部)	金額	(負債の部)	金額
固定資産		**固定負債**	
有形固定資産		引当金	
土地		退職給与引当金	
建物・附属設備		修繕引当金	
構築物		企業債 (※)	
機械・装置		**流動資産**	
車両運搬具		未払金	
器具備品		未払費用	
建設仮勘定		前受金	
無形固定資産		預り金	
水利権			
ダム使用権		(※)建設や改良に要	
施設利用権		する経費	
リース資産		(資産の部)	金額
投資・その他資産			
投資有価証券		**株主資本**	
出資金		自己資本金	
流動資産		借入資本金	
現金及び預金			
未収金		**剰余金**	
貯蔵品		資本剰余金	
前払金		利益剰余金	
繰延勘定			
開発費			
資産合計		**負債・資産合計**	

制度の「修繕」には民間企業会計における「資本的支出」と「修繕費」の双方が含まれることとなるが，資産計上か損金算入かは課税所得に大きな違い生じることとなるため，民間企業においては税務調査等で重要事項として扱われている．また，民間企業会計上のP/Lで記載される収益，費用と，法人税法上の益金，損金とはその範囲が異なる点にも留意が必要である．

(4) インフラ資産と減価償却の考え方

民間企業会計における資産の減価償却は，前述のとおり，資産の摩耗の目安となると共に，資本的支出に要した費用の使用期間にわたる配分額の性質がある．このため，資産の物理的な耐用年数のみが着目されているのではなく，「費用配分」としての性質，「資産評価」としての性質，「投資資金回収」としての性質等が含まれている．また，ストックとしての資産価値の機能に着目しても，例えば民間企業は，取得価格から累積減価償却額を控除した残

存価格は売却価格としての意味もある．一方で，基本的に資産そのものを売却することを想定していない多くの社会インフラの場合は，物理的な劣化状況及び耐用年数を認識することの方が，財政上は重要なこととなってくる．なお，社会インフラは，時間の経過又は使用によって減価するものの，急激な価値の低下や機能の陳腐化は少ないため，減価償却方法は定額法が合理的と考えることが妥当である．

(5) 税法上の耐用年数と実際の物理的な耐用年数の違い

我が国では，耐用年数を税法上の観点から規定したものとして，「減価償却資産の耐用年数等に関する省令(昭和40年3月31日大蔵省令第15号)」が存在する．本省令では，社会インフラである，「鉄道事業用又は軌道用のもの」としては，軌道設備（道床等），土工設備，橋りょう，トンネルなどが，「舗装道路及び舗装路面」として，コンクリート敷，アスファルト敷などが，「鉄筋コンクリート造のもの」として，水道用ダム，トンネル，橋等の耐用年数が具体的に記載されている（表3.4.6）．これらは，民間企業に対する課税対象の基準額を算定するに際して準拠すべきものとして，課税の公平性等の観点から恣意性を排除するために規定されている面も強く，例えば，個々の資産の置かれた使用環境，自然環境，メンテナンス状況等までは考慮されていない．また，税法上の耐用年数は，資産の取得価格を耐用年数で除した値を毎年度の減価償却費として損益計算書に費用計上する時に使用する性質であることから，そもそもの民間企業会計における減価償却の持つ前述の「費用配分」「資産評価」「投資資金回収」などの機能にも留意が必要であり，換言すれば，法定耐用年数は，構造物の寿命を示したものとは言えない側面がある．

一方，本来，社会インフラの広義の耐用年数を支配する要因としては，物理的寿命，機能的陳腐化などが指摘されている．具体的には，これらに対応して「物理的耐用年数」「機能的耐用年数」などが存在する．例えば，橋梁の場合，これまでは，道路線形改良等の改良工事や機能上の問題を理由とした架替事例が多いとされているが[13]，ここで述べる社会インフラの健全性確保の観点からは，工学的な見地に基づく「物理的耐用年数」が重要となる．

表3.4.6 機械及び装置以外の有形減価償却資産の耐用年数表（抜粋）

種類	構造又は用途	細目	耐用年数（年）
建物	鉄骨鉄筋コンクリート造又は鉄筋コンクリート造のもの	事務所用又は美術館用のもの及び左記以外のもの	50
		住宅用、寄宿舎用、宿泊所用、学校用又は体育館用のもの	47
構築物		線路設（道床）	60
		土工設備	57
	鉄道業用又は軌道業用のもの	橋りょう（鉄筋コンクリート造のもの）	50
		橋りょう（鉄骨造のもの）	40
		トンネル（鉄筋コンクリート造のもの）	60
	舗装道路及び舗装路面	コンクリート敷、ブロック敷、れんが敷又は石敷のもの	15
		アスファルト敷又は木れんが敷のもの	10
	鉄骨鉄筋コンクリート造又は鉄筋コンクリート造のもの（前掲のものを除く。）	水道用ダム	80
		トンネル	75
		橋	60
		岸壁、さん橋、防壁（爆発物用のものを除く。）、堤防、防波堤、塔、やぐら、上水道、水そう及び用水用ダム	50
	土造のもの（前掲のものを除く。）	下水道、煙突及び焼却炉	35
		防壁（爆発物用のものを除く。）、堤防、防波堤及び自動車道	40
		上水道及び用水池	30
		下水道	15
	金属造のもの（前掲のものを除く。）	橋（はね上げ橋を除く。）	45

一般的に物理的な耐用年数は，資産が通常の補修や修繕がなされた状態で経年劣化等により使用できなくなるまでの期間（年数）を示すと考えられるが，影響を及ぼす要件は，「設計（構造・材料）」「施工」「維持管理の程度」「構造物の使用環境」「構造物に作用する荷重の変動」など極めて多岐にわたる[14]とともに，その耐用する年数も数十年にわたるものであり，個別性・地域性が強い固定資産と言える．また，例えば橋梁の場合でも，橋梁全体が同時に劣化や損傷が進行するのではなく，現実的には各部材単位（主桁，横桁，床版，橋脚，橋台，支承部など）で進行することから，償却単位の設定方法についても十分な検証が必要と思われる．なお，法人税法上の減価償却単位の考え方としては，「用途」に応じた機能というものを資産単位として理解する「効用単位」という考え方が存在する．このため，理想的には，これら社会インフラに係る特徴を考慮し，建設時の情報，完成後の保守，点検，修繕履歴等の情報を総合的に分析した上で，劣化曲線等を作成し，物理的耐用年数を算定することが望ましい．なお，参考事例としては，高速道路に架かる橋梁上部工を床版と桁に分類した上で，鉄筋コンクリート床版等を対象として健全度の推移を劣化要因（塩害，疲労，アルカリシリカ反応）の有無により整理し，その結果を踏まえて，大規模更新や大規模修繕が必要な対象構造物を選定した検討などが存在する[15]．

3.4.3 社会インフラのメンテナンスに関わる組織と体制

(1) 社会インフラのメンテナンスに必要な業務

社会インフラのメンテナンスは，インフラの建設完了後，持続的に安全・安心なサービスが利用者に提供されるよう実施される．インフラのメンテナンスには，維持管理および更新の行為が含まれる．維持管理に関する行為には，「維持」，「修繕(補修)」，「改良(補強)」，「防災（災害対応含む）」の行為が含まれる（図3.4.2）．メンテナンスサイクルは，インフラ施設の定期点検及び診断から始まる．予めインフラ施設の部材ごとに決められた維持管理計画に従い，点検及び診断によって得られた健全度評価に基づき，維持，修繕，改良，更新等の対処の方法が選択される（図3.4.3）．社会インフラのメンテナンスを適切に行うためには，対象とするインフラ施設の健全度の状態を目標とする水準に保つため，その状態を定期的に点検及び診断し，必要な処置を適時実施し，一連のメンテナンスサイクルを回すための行為を確実に実施できる体制を構築することが肝要である．

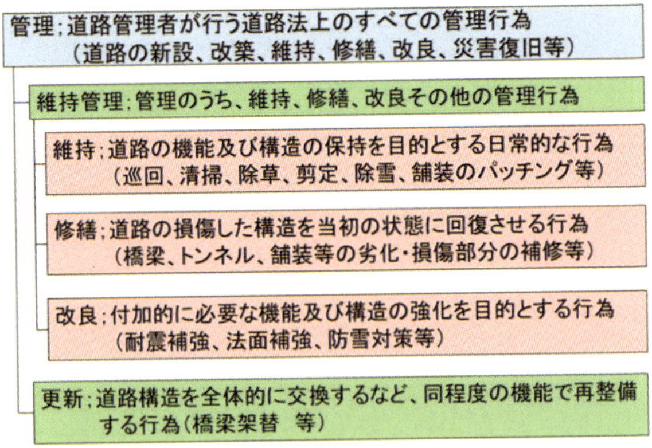

図3.4.2 道路施設のメンテナンスに関する行為

（文献[16]に加筆修正）

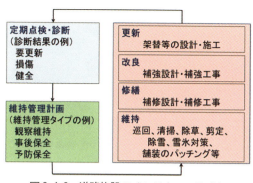

図3.4.3　道路施設のメンテナンスサイクル

(2) メンテナンスに関わる組織とその役割

　社会インフラのメンテナンスに関係する主体は，多様である．インフラ施設の所有者，インフラ事業の運営者，事業への資金提供者が同一の組織でない場合，インフラ事業運営者は，それぞれの関係者間の契約に基づいて運営することとなる．また，公共の利用者にサービスを提供するインフラ事業は，民間の運営者であっても，一般に監督官庁の規制の下でサービスを提供することとなる．

　インフラ事業運営者は，求められる水準のサービスを提供するため，適切にインフラ施設の維持管理を行う必要があり，その業務には，維持（日常管理），修繕，改良，更新等が含まれる．これらの業務を実施するため，必要に応じて民間企業からのサービスを調達したり，大学やNPO法人，場合によっては地域住民の支援を受けたりする体制を構築している（図3.4.4）．

　インフラ事業の運営者が，維持管理の業務の一部或いは全部を外部の民間組織に委ねたとしても，その管理責任を免れることはできない．利用者に対する安全なサービスを提供する責任を負っているからである．また，インフラ施設の点検・診断や，修繕，改良や更新のための設計・施工に関する専門的知見を必要とする業務を実施する場合には，資格等により裏付けされた一定の知識と経験を有する技術者が担当することが求められる．さらに，インフラ施設の所有者或いは事業運営者は，利用者或いは納税者に対して，インフラ施設が健全な状態で維持されていることを説明する責任を負っている．

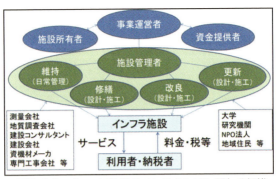

図3.4.4 インフラ施設のメンテナンスに関わる組織

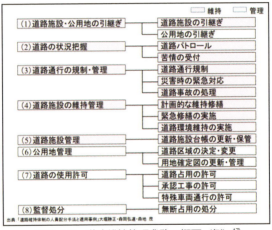

図3.4.5 道路維持管理業務の概要（例）[17]

　一方，インフラ施設の管理者は，日常的な管理業務を含めてインフラ施設の維持業務を効率的に実施できる体制を構築することが求められる（図3.4.5）．管理者の内部組織の人材で実施する場合は，対象とするインフラ施設の量とサービス内容に応じて，適切な規模の人員を配置する必要がある．

(3) 施設管理者間の広域連携

　社会インフラの運営およびメンテナンスは，施設管理者が責任を持って行うのが一般的であるが，新しい取組みとして，社会インフラの運営およびメ

ンテナンスを効率的に行うために，その体制を構築するにあたって，施設管理者間で広域的に連携する方策が考えられる．特に，財政的に厳しい市町村においては，提供するサービスの範囲や管理するインフラ施設の規模等を考慮し，各種の連携を図ることが考えられる．平成26年4月からは，各都道府県において高速道路，国道，都道府県道，市町村道の道路管理者からなる「道路メンテナンス会議」が設置され，道路インフラの予防保全，老朽化対策の取り組みに対する体制強化が図られてきている．また，港湾や空港についても，「港湾等メンテナンス会議」「空港施設メンテナンスブロック会議」が設置されている．

(a) 地方公共団体間の水平連携

　地方自治法の事務の代替執行制度，連携協約の制度，公の施設の区域外設置等の制度を活用し，共同でインフラ事業の事務処理を行う体制を構築することが可能である．これらの仕組みには，法人の設立を要する仕組み（一部事務組合，広域連合）と法人の設立を要しない簡便な仕組み（連携協約，協議会，機関等の共同設置，事務の委託，事務の代替執行）がある（図3.4.6）．

　広域化を考えるにあたっては，完全に事業統合する強い連携から，同一の経営主体が複数の事業を経営する経営の一体化，さらに緩い連携である事務の共同化を視野にいれ，それぞれの事情に応じた連携の形態を選択することが肝要である（図3.4.7）．

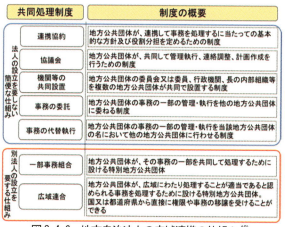

図3.4.6　地方自治法上の広域連携の仕組み[19]

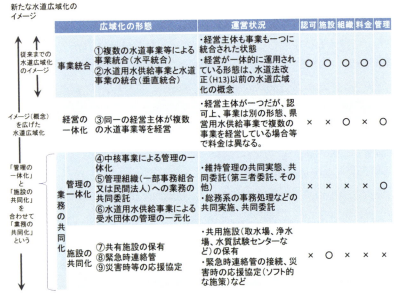

図3.4.7 上水道事業における広域化の形態（文献[20]に加筆修正）

(b) 限界団体と垂直連携

限界集落などを抱える小規模な地方公共団体においては，都道府県や国等による技術者の派遣や事務の代替執行[1]等の垂直連携を考えることも一方策である．

(4) 官民連携による事業方式

社会インフラのメンテナンスを効率的に行うためには，民間が有する技術力やノウハウ等を積極的に活用できる仕組みを構築し，官民連携による事業方式を考えることも有効な方策である．これらの事業方式においては，民間の能力を活かせるよう対象施設やメンテナンス業務の範囲を包括化し，必要なサービスが確実に維持されるよう，インフラ所有者，出資者，マネジメント業務担当者，実質的業務担当者等の官民役割分担を適切に制度設計することが重要である．

(a) 包括的民間委託方式

　施設管理者がメンテナンスに関する業務の一部又は全部を民間企業に委託する場合，個別の業務の仕様を決め，単年度毎に発注する従来の方式に比べて，複数の業務を纏めて，複数年度で契約するほうが効率的である．さらに，仕様発注に比較して，施設の管理水準を定義し，維持管理業務を性能で規定して発注するほうが民間企業の技術力やノウハウを積極的に活用できると言われている（図3.4.8）．ただし，委託された企業によるエージェンシ

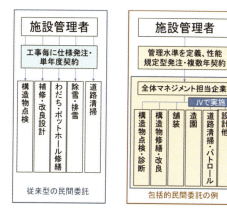

図3.4.8　道路事業における包括民間委託（例）（文献[23]に加筆修正）

区分			備考	
1）管理保全業務	①計画的業務	巡視・点検業務 調査業務（目視、TVカメラ、その他） 清掃 修繕 維持管理情報の管理 次年度以降の維持管理業務の提案 下水道管路維持管理計画の見通し	定期清掃 計画的修繕	基本パッケージ
	②問題解決業務	不明水対策、悪臭対策等		必要に応じて追加
	③住民対応等業務	事故対応 （道路陥没、管路閉塞等） 住民対応（苦情を含む） 他工事等立会	緊急清掃、緊急修繕等を含む 緊急清掃を含む	
2）災害対応業務		被災状況把握等 二次災害防止等研究措置・対応		

図3.4.9　下水道管路施設の包括的民間委託における標準的なパッケージ対象業務[24]

ー・スラック※1を発生させないよう，契約において定められた責任分担に基づき，委託された企業の成果を適切に監視することが重要である．また，業務を包括化する範囲は，施設管理者だけでなく民間企業の能力や規模に応じて適切に設定する必要がある（図 3.4.9）．

> ※1：エージェンシー・スラックとは，エージェント（代理人）が，プリンシパル（依頼人）の利益のために委任されているにもかかわらず，プリンシパルの利益に反してエージェント自身の利益を優先した行動をとってしまうこと．エージェントとプリンシパルの関係に情報の非対称性が存在することが原因である．

(b) PPP/PFI 方式（コンセッション方式）

民間企業にインフラ施設のメンテナンスだけでなく，施設の所有や事業の運営を任せる場合，これは PPP/PFI と呼ばれる方式となる．民間企業は，事業運営の責任をもつことにより，施設の更新等の投資判断も自ら行うことになる．料金収入がないインフラ施設の場合，公的機関は税金等により民間事業者に対してサービス提供の対価を延べ払いで行うことになる．公共施設等運営権制度（コンセッション方式）を活用した料金収入のあるインフラ施設や収益施設の併設，公的不動産の有効活用等の民間投資を拡大できる事業を考えることにより，公的負担を小さくできる可能性が広がるものと期待されている（図 3.4.10）．

(c)「新たな公」によるインフラメンテナンス

住民，地域団体，NPO 等の多様な主体が地域の社会インフラのメンテナンス業務の一部を支援し，コミュニティによる地域づくりの体制を構築するなかで，インフラのメンテナンスを行うことも効率的なメンテナンスの実施に有効な方策である．（コラム参照）

社会インフラ メンテナンス学

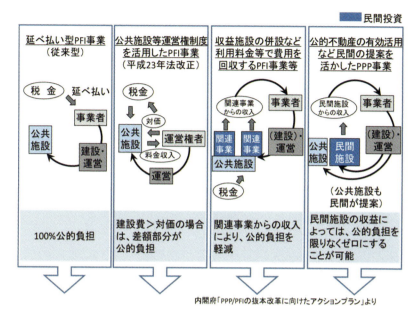

図 3.4.10　PPP/PFI の抜本改革（事業類型イメージ）[26]

（コラム）市民参加型の維持管理の取組み～三島市の事例～

　地域住民が，実際に維持管理の担い手として取り組んでいる事例がある．その取り組みは，土木学会創立100周年を記念して行われた「市民普請大賞」での発表事例に見ることができる．「市民普請」とは市民が主導的な役割を担いながら行う公共のための取り組みを意味する．このような取り組みは，かつて道路や橋，用水路，堤防などを造る際に地元の民衆によって行われていた．しかし，明治期になると公共施設の整備・管理は民衆の労役提供による普請から税金による公共事業となり，民衆が直接これに関わることが少なくなった．このような中でも，かつての普請を彷彿とさせるような公共施設の維持管理等に関する市民活動が全国各地で報告，報道されようになってきている．土木学会では，これからの社会インフラの担い手となる市民とその取り組みである「市民普請」を後押しすること目的として，全国のまちづくり，みちづくり，川や湿地・里山・海山の再生，地域の防災計画の立案等の市民普請に関わる

優れた取り組みを募り，優れた活動の顕彰を行っている．

「市民普請大賞２０１３」においてグランプリを受賞した，特定非営利活動法人・グラウンドワーク三島（静岡県三島市）は，三島市を舞台に，環境再生活動等に取り組み，どぶ川と化していた源兵衛川をホタルが乱舞し子供たちが水遊びに興ずる水辺空間に作り上げることにも成功している．市民が現場で汗を流し，企業・行政が協力・支援し，グラウンドワーク三島が調整する市民普請システムが確立し，住民参加による遊水地や手作り公園の整備など，60 か所の普請に延べ 30 万人が参加している．このような取組みの背景には，地域住民と行政との間に信頼関係が構築されていること，その前提として行政がアカウンタビリティを果たしていること（限られた予算・人員で，行政としてできることの明確化）があるものと推察される．地域住民と行政が，地域の様々な資源を社会インフラと捉え，双方向のコミュニケーションを充実させることによって社会インフラの維持管理・更新が可能となった好事例と考えることができよう．

グラウンドワーク三島の概要（市民普請大賞資料より）

（土木研究所　萱場　祐一）

3.4.4 メンテナンスに関わる調達制度

(1) メンテナンスに関わる業務内容とアウトソーシング

　従来，社会インフラのメンテナンス業務は施設管理者による直営，もしくは，その一部を外部委託することにより実施されてきたが，昨今の厳しい財政状況や，技術職員の削減，社会的要請の変化に伴う管理者が担う業務の多様化等により，従来の制度，体制のままでは，社会インフラのメンテナンスを適切にマネジメントし，安全で快適なサービスを利用者に提供し続けることは困難な状況となっている．

　地方公共団体が自ら実施している維持管理に関する業務の中には，表3.4.7 に示すように，管理者としての判断や許認可，公権力の行使等，他者に代替させることができないものがある一方，それらを除く業務は外部委託を行うことで管理者の人員・技術不足を補うことが可能であると考えられる．

　このような中，社会インフラのメンテナンス分野においても，民間の技術やノウハウを活用し効率的な維持管理を実施する仕組みの構築が望まれている．

　既に一部の管理者においては，個別の業務毎に単年度で委託していた複数の業務（別構造物，別種業務）を一括して複数年度契約することで，民間の技術や創意工夫を引き出し，効率的にメンテナンス業務を行う仕組みを導入するなど，段階的に改善に取り組んでいる例もある．しかしながら，地域維持の担い手となる地域の建設企業側から見た場合，技術者の高齢化や若手入職者の減少等，企業体力も低下しており，現状のメンテナンス市場及びその入札契約制度は，魅力のある成熟したものになっているとは言い難い．

　将来にわたる地域社会の維持を図るためには，管理者（発注者）側の様々な制約条件を認識しつつも，その担い手の確保と管理者側の業務の効率化が不可欠となっており，入札契約制度において地域の建設業の経営リスクを抑え，経営の安定化と人員・機械の効率的運用が可能となるような工夫を行い，サービス水準の向上を図りつつ，メンテナンス業務の効率化を図る仕組みが必要とされている．

表3.4.7 民間委託に適さない業務の性質とその視点[27]

業務の性質	視点
法令により,公務員が実施すべきとされている業務	当該業務が公益に与える影響やその公平性などに鑑み,公務員の全体の奉仕者としての位置づけや守秘義務等の服務規律,贈収賄罪・公務執行妨害罪の適用などから,公民としての身分を持つ物がこれを行うべきとされるもの.
相当程度の裁量を行使することが必要な業務	「裁量的・判断的」要素を相当程度含む業務については,法令上民間委託が可能であっても必ずしも民間委託に適さない物と考えられる.なお,その場合でも,委託先が行う「裁量」や「判断」の範囲・基準を事前に明確かつ客観的な内容として契約で定めるなどの工夫をして,民間委託の対象とすることは考えられる.
地方公共団体の行う統治作用に深く関わる業務	・公の意思の形成に深く関わる業務 住民の権利義務について定めたり,又は地方公共団体の重要な施策に関する決定を行うなど,住民の生活に直接間接に重大な関わりを有するような公の意思の形成に深く関わる業務. ・住民の権利義務に深く関わる業務 住民の権利を具体的に制限したり,住民に義務を課したり,住民の身体や財産への直接的な実力行使を行ったりするなどといった住民の権利義務に深く関わる業務.ただし,業務全体で見れば住民の権利義務に深く関わる業務であっても,その中心となる「権限行為」の前後に位置する「準備行為」や「事実行為」のように住民の権利義務への関与が相対的に低い業務については民間委託が行われている事例もある. ・利害対立が激しく,公平な審査・判断が必要とされる業務 法令に基づいて,国や地方公共団体が政策として労使関係を安定させる目的で行う事としている労働関係の調整や,土地収用などに関わる審理や裁決などのように,利害対立が激しく公平な審査・判断が必要とされる行為.

(2) 契約形態と責任

(a) メンテナンスに関する業務の契約形態

我が国の建設事業に用いられる契約形態は,主に工事に適用される「請負契約」とコンサルタント業務等に用いられる「委託契約」があり,各々について標準契約約款が策定されている.なお,民法上では「委託契約」は定義されておらず,業務の性質によって民法における「請負」もしくは「委任(準委任)」が準用されることとなる.

メンテナンスに関する業務は,その内容や性質が多様であるが,構造物の大規模修繕(設計・施工)や広範囲に及ぶ舗装等の修繕,各種診断結果の報

告書作成等の業務は「仕事を完成することを約し，発注者がその仕事の結果に対してその報酬を支払うことを約する（民法第632条）」ことが妥当と考えられる．また，巡回，植栽管理，清掃，舗装のポットホールの補修，除雪，災害時の点検等においては，仕事の完成の定義は明確にならない場合もあるものの，実施した行為に瑕疵があった場合はやり直し（瑕疵修補）を求めるべきであるため，これらの業務を民間に委託する際には「請負」の性質を持たせた契約とする場合が多く見られる．ただし，メンテナンス業務は多種多様であり，その中には「完成責任」や「瑕疵担保責任」を受注者が負うことが適当で無く，「準委任」の契約形態とすることが適切と考えられる業務も存在する．

以上より，異なる複数の業務を組み合わせて一括で発注する場合には，上記二つの契約形態を基本としつつ，契約する業務の性質を考慮し，権利義務関係に齟齬のない契約とするよう留意することが重要である．

(b) 発注者及び受注者の責任

前述のとおり，「請負」の契約形態をとるメンテナンス業務（工事）の場合は，受注者は「完成責任」や「瑕疵担保責任」を負うこととなる．一方，「準委任」の契約形態をとる場合には，受注者は，完成品としての明確な指標は無いが，契約書で交わした業務内容を，善良な管理者としての注意義務をもって履行しなければならず，これを怠ったことで債務不履行（履行遅延・不完全履行・履行不能）に至る場合は民法上の過失があると見なされる．

これらのことから，受発注者間で契約を交わす際には，業務が持つ性質を十分に把握し，受発注者間におけるリスクの分担と，損害発生時の負担の判断基準を契約において明確にしておくことが重要である．

(c) 保険

メンテナンス業務は，気象条件や特殊な施工条件などに支配されることが多く，危険を回避する措置が取られていても，種々の損害が発生する可能性がある．

発注者と受注者のいずれの責めにも帰すことができない事由による損害が生じた場合に備えるとともに，損害が生じた際には両者がそれぞれの立場で責務を果たさなければならないのは言うまでもない．これらのリスクを受

発注者で享受し，分散・補填するシステムとして「保険」がある．

　工事及び業務等に用いられる契約約款において，発注者は設計図書に保険対象，被保険者，保険金額，保険期間等具体的な保険の内容を定めることになっており，受注者はそれに定められるところにより保険に付すことが義務づけられている[28]．

(3) 適正な価格と費用
(a) 原価と経費

　請負契約の場合であっても，準委任契約の場合であっても，実態に合った適切な積算を実施し，予定価格を設定することは発注者の責務であり，メンテナンス分野が建設業の魅力的な市場の一つとして発展させていく上で重要である．

　特にメンテナンス業務（工事）では，個別の業務に必要な労務や資機材の数量が小口であることが多いため，受注者が提供しうる数量の最小単位を満たさないことがあり，工事原価を算定する上で受注者側に不利に働き，受発注者間の積算に乖離が発生する場合がある．また，維持業務における災害時対応等では，緊急のための配備に要した費用等，受注者側で実際に必要となる経費についても積算に見込み，受注者の利益を圧迫することとならないよう，適切な対応が求められる．

　民間企業の知恵と工夫を引き出し，業務の平準化や資機材の効率的な利用によってメンテナンス業務の効率化を図るためには，採算性が確保できる計画的な発注ロットの設定（包括化）やきめ細やかな積算上の対応が必要となる．また，業務執行中において発生が懸念される潜在リスクについて，現状の制度では予定価格に見込むことは困難であるものの，不要な紛争を避けるためにもあらかじめその分担を明確にしておくことは業務の円滑な執行のためにも必要である．

(b) 設計変更・支払方式

　通常の工事では，受注者は，施工段階で確認された設計図書や設計積算に明示された条件との相違を発見した場合には発注者に対して疑義を示したうえ設計変更を依頼し，発注者の「承認」を得て設計変更を行い「協議」に

より工期及び契約金額の変更を行うこととなっており[29]，これはメンテナンスに関する業務においても同様である．

とりわけ，メンテナンス業務（工事）では，当初契約時点で想定していなかった新たな条件が施工段階で顕在化したり，災害時の緊急対応（程度・回数）が追加で必要となったりするなど，新設工事と比較し，設計変更（仕様や数量の変更）が多くなることが想定される．一方で，当初の設計図書において工種の数量を示す際に「一式」で計上していた場合，その後の数量変更が困難になる．

以上のことから，発注者は数量を計上する際には，可能な限り単位等を具体的に示すとともに，業務の種類や性質，また，その組合せに応じて「総価契約方式」「総価契約単価合意方式」「単価・数量精算契約方式」等から，適切な支払い方法を選定することで，設計変更に柔軟に対応できるよう対策を講じておく必要があり，また，設計変更が生じた場合には，原則として契約書に即した手続きによって受注者に不利益とならないよう，適切な対応が求められる．

(c) 費用対効果

メンテナンスに関する業務の評価は，アセットマネジメント等，管理者が所有するインフラにおいて，その量や老朽化の程度，さらに更新のコストを把握し，メンテナンスに関する費用対効果が最適化されているか否か，また，発注業務ごとに，利用者に対し一定の水準以上のサービス提供や暮らしの安全を確保するための実務がそれに見合った費用で実施されているか，の両者の視点から適切に行わなければならない．

前者は，管理する資産状況だけでなく，人口減少・高齢化社会における今後の需要を把握し，社会資本に対する時代的要請，地域のニーズを踏まえた社会資本ストックの価値の最大化を図る必要がある[30]．

後者については，メンテナンス分野においては地域の企業が中心になることが望まれる．また，入札契約にあたっては価格による競争だけで無く，価格と技術（体制・提案）の総合評価によって受注者を確定し，投入した費用によって最大の効果（サービス）を得ることができるようにすることが望ましい．

(4) 地域建設業の活用と契約方式（共同受注方式）

　地域建設業は，地域インフラのメンテナンス，除雪，災害対応といった，地域社会を維持し，地域住民の安全・安心の確保に不可欠な役割を担っている．しかし，長引く不況の影響を受け，建設投資が縮減され，企業数の減少や小規模化，企業体力の低下が生じ，財務状況が比較的健全な企業においても，技術者の高齢化や技術者及び経営者の後継者不足が進んでおり，特に地方圏や中山間地域において地域維持事業の担い手が減少している．

　地域維持事業に係る入札契約においては，建設機械の固定経費や除雪における待機費用等，実際に要している経費が積算に十分に反映されていない事例が多く，企業の受注意欲が低下している．また，短期間・小規模の工事では人員や機械の確保が困難であり，経営リスクを取りづらくなっていることも課題であり，入札参加者の確保に向けた対策が求められている．

(a) 共同受注方式の概要

　共同受注方式は，契約の相手方を事業協同組合とする契約方式である．共同受注方式では，地域の事情に詳しく，迅速な対応が期待される他，組合のスケールメリットが活用できるため，一つの契約内で業務量や種類，地域の範囲を大幅に拡大することが可能となる．また，継続的な地域維持を目的とし，契約期間を通年もしくは複数年としている場合が多い．

　なお，類似の契約方式として「地域維持型（JV）契約」がある．この契約方式は，同種業務実績を有する共同企業体の結成が可能であり，事業協同組合が存在しない，もしくは，組合加入率が低い場合に適用できる．

(b) 共同受注方式の入札・契約等

　共同受注方式を採用する場合には，「発注計画」「積算」「入札・契約」の各段階において新設工事や分割・分離発注とは異なる工夫が求められる．具体的には，「発注計画」の作成にあたっては，地域の実情に応じて広域化や複数年度契約を検討し，スケールメリットを活かせる計画とする必要がある．「積算」にあたっては，最新の単価を使用するとともに，維持事業特有である小口数量や工種歩掛の適用等，現場の実態に即した費用計上が望まれる．

　「入札・契約」の段階では，発注ロットを大型化した場合，価格のみを評価基準とする価格競争の適用を避け，施工能力や体制を評価できる入札方法

を用いることが適していると考えられる．

(c) 共同受注方式の課題

共同受注方式は既に複数の地方公共団体で運用されており，維持業務が抱える課題について改善されているものもあるが，「透明性・競争性の確保」，「事業協同組合の幹事企業の負担増加」等の新たな課題も懸念されている．今後，これらの方式に取り組む際には，地域の実情とともに，これらの課題に十分に留意した上で導入することが望ましい．

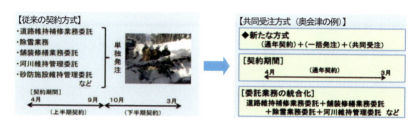

図 3.4.11　共同受注方式[31]

(5) 包括的委託契約（性能規定型契約）

包括的委託（性能規定型契約）とは，適切に維持管理を行い一定の要求水準を満足できれば，その手法，工法等の詳細については民間事業者の裁量に任せる性能発注の考え方に基づく委託方式である．維持管理事業において民間の創意工夫や一括発注によって発注者の負担軽減やコスト縮減効果が期待できる．運用にあたっては，導入時におけるリスク分担，サービス水準等の契約内容の設定，受注者の選定，維持管理内容の評価等を高い技術的知見を持って行うことが重要となる．

(a) メンテナンス業務の包括化

業務効率の確保，情報伝達の確実さ，維持と修繕の切れ目ない実施が可能となる等の視点から業務を包括する．具体例としては「対象施設の種類」「対象範囲（数量）」「対象業務（プロセス）」等の包括化があげられ，また，より効果的な運用を行うため「契約期間の複数年化」を行うことも考えられる．

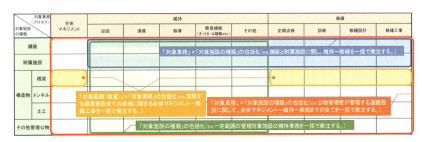

図 3.4.12　メンテナンス業務の包括化の例

(b) 性能規定・品質保証の活用

性能規定は，委託先に対する契約において供用中の状態を機能や性能で定義でき，作業の実施時期，設計方法，新技術あるいは新材料の採用，施工，管理に関する事項などを原則として受注者の責任で決定し，実施されることで改善が期待できる業務に適用できる．

管理水準の性能規定化にあたっては，それぞれの管理者が適用する管理基準を満たすことを前提とした上で，これまで投下した予算と実現できる管理水準との関係も参考にし，管理水準を設定することが適当である．

なお，全ての維持業務において性能規定化する必要はなく，仕様規定型業務と性能規定型業務が混在した形で事業を開始し，性能規定化が可能なデータが蓄積された際には，次契約段階から随時，性能規定型に切り替えることで，より効率的な事業運用が可能となる．

(c) 受注者選定方式

受注者の選定にあたっては，経済性に配慮しつつ価格以外の多様な要素を考慮し，価格及び品質が総合的に優れた内容の競争参加者と契約する総合評価方式やプロポーザル方式の利用が適当であると考えられる．

発注者は要求水準書や落札者決定基準，予定価格などの内容を調和・整合のとれたものとすることで，発注者の調達の意図を伝えることができ，品質と価格のバランスに優れ，発注者の意図に応えた企業を選定することが可能となる．

(6) 修繕・更新工事の設計と施工の契約

橋梁などの構造物の修繕・更新工事においては,定期点検や診断の結果に基づき補修優先度を設定し,対象となる構造物を決定する.また,設計段階における対策工法の検討や設計計算・図面作成・数量計算等は,点検・診断の段階で把握された損傷状況を与条件として行われるが,工事着手前に足場を活用した近接目視やコンクリートはつり調査等による詳細調査を行うことが困難な場合も多く,設計時点で想定していない新たな条件が施工段階で発覚し,設計及び施工の手戻りが生じることもある.

構造物の修繕・更新工事を円滑に実施するためには,設計と施工のプロセス間の連携を密にして,損傷状況の詳細調査の結果や現場の制約条件を考慮した施工計画(工事図面)を設計に反映する仕組みが必要となる.

(a)「設計」と「施工」の連携を図るための事業方式

設計成果品の引き渡し後に施工者の調達を開始する現状の方式に対し,事業プロセスの中で設計者と施工者が相互に協力する仕組みとして以下の3つの事業方式があげられる(図3.4.13).

・設計の受注者が工事実施段階で関与する方式

工事実施段階において,施工者からの技術協力(足場の設置,コンクリートはつり作業,施工計画に関する助言など)を受けて,設計の受注者が詳細調査や補修設計の見直し(施工計画,工事図面作成を含む)を随意契約により行う方式であり,施工段階での手戻りや施工不良の発生を防止する.また,

図3.4.13 設計と施工の連携を図るための仕組み[23]

見直した設計図書に基づき工事契約の変更を行うことで工事費の適切な支払を徹底する．

・**工事の受注者が設計段階から関与する方式**

「工事の受注者が設計段階から関与する方式」は，設計段階で選定した施工予定者の技術協力を受け，設計の受注者が対策工法の選定を含む設計を行う方式であり，施工場所・工期・コスト等の特別な制約を満足した補修や重度の損傷に対する補修への活用が期待される．

なお，この場合，設計段階における施工予定者の選定にあたっては，技術提案・交渉方式（技術提案を公募の上，その審査の結果を踏まえて選定した者と工法，価格等の交渉を行うことにより仕様を確定した上で契約する方式）を活用することが考えられる．

・**設計と工事を一括して発注する方式**

特殊な技術を活用せざるを得ない場合等では，設計・施工一括発注方式や詳細設計付工事発注方式を活用し，設計と施工の一体性を確保することも考えられる．設計・施工一括発注方式及び詳細設計付工事発注方式については，「設計・施工一括及び詳細設計付工事発注方式実施マニュアル（案）（平成21年3月：国土交通省）」等の既存のマニュアル類にその手順が解説されている．

3.4.5 人材育成と総合的な技術力の向上

(1) 技術者の育成

社会インフラの維持管理の必要性が叫ばれる中，それを担当する技術者の不足が大きな問題となっている．特に，小規模ながら膨大な数の施設を管理している地方公共団体での人材不足は深刻な状況にある（**図 3.4.14**）．本項では技術者育成に対するいくつかの取組みを紹介する．

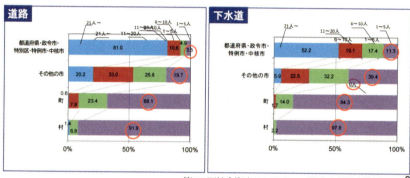

第10回社会資本メンテナンス戦略小委員会資料より

図3.4.14 維持管理・更新業務を担当する職員[32]

(a) 学校教育

現在，多くの土木系の高専・大学・大学院のカリキュラムには「維持管理工学」もしくはそれに相当する科目が配置されている．しかしながら，維持管理はまさに総合応用科目であり対象とする範囲も非常に広いため，限られた時間内での体系的な授業は難しくオムニバス的になることが多い．さらに，実際の設計・施工の現場や構造物を知らない学生にとって，維持管理の内容をテキストのみで習得することはかなり困難と思われる．そのため，現役学生に対しては点検・診断といった維持管理の要素技術の具体的な内容を習得させるより，維持管理・更新の全体像を理解させ，維持管理へのモチベーションを高めることに主眼を置くべきである．すなわち，維持管理が単に点検，補修といったごく狭い範囲の受動的な活動ではなく，設計・施工から供用，廃棄までの構造物のライフサイクル全体をデザインする創造的な活動

であること認識させることが重要である．個々の要素技術に関しては，現役学生より設計・施工の経験のある若手技術者が学んだ方がより効果的である．ただ，一方で学校では少子化の進むなかでまずは土木工学を志望する学生を確保しなければならないという根本的な課題があり，これは学校だけの問題にとどまらず社会全体の問題として取り組む必要がある．

(b) **技術者教育**

社会インフラの管理者であり多くの技術者を組織的に抱えている道路，鉄道，エネルギー関連の事業体では，それぞれの組織内に独自の研修システムや人材育成制度を構築し，OJT (on-the-job training)により技術者の育成が行われている．また，国や都道府県でも内部での研修に加え，学協会の講習会等を活用することで技術者の育成が図られている．ただ，都道府県レベルにおいては技術者の育成より人事の停滞による弊害を恐れ，定期的な人事異動が行われるため専門家が育たないという問題も指摘されている．

一方，小規模の市町村の場合，既に技術者の絶対数が不足しており，内部での技術者育成はほぼ困難な状況にある．そのため，職員の技術力向上には外部の講習会等を活用することになるが，日常業務を停止して講習会等に参加するためには首長，あるいは管理職員の理解がなければ実際には不可能である．

また，同様にこれまで市町村の土木事業を請け負ってきた地元企業も厳しい経営環境あって，若手社員の不足もあり技術の向上，技術者の育成は極めて困難な状況にある．

このような状況を受け，人材育成に対する新しい取組みがなされている．

(c) **トップエンジニアの育成**

点検・診断を担当する技術者を確保，育成することは喫緊の課題であり，様々な取組みがなされている．しかし，彼らは例えば「町医者」であって，彼らの手に負えない重症患者や特異な症状の患者に対しては「総合病院」が必要となる．すなわち，重大事故を防ぐには，彼らよりさらに高度な技術力に加え，権限と責任を持ったいわゆるトップエンジニアが必要である．トップエンジニアは，設計・施工に精通し，かつ構造物の様々な変状を経験していることが必要で，短期間で育成することは困難であり，組織内の人材育成

計画にもとづいて長期的に育成する必要がある．

　なお，地方公共団体のように組織が小さく内部でトップエンジニアを育成することが困難な場合には，外部の専門家を活用することも有効である．その一例として，宮崎県では，現場からの派遣要請に応じて専門家を派遣する「橋梁ドクター」制度[33]を設けている．また関西では大学の教員がNPO法人「関西橋梁維持管理－大学コンソーシアム」[34]を設立し，地方公共団体や事業体のスーパーバイザーとして活動している．

（コラム）国や教育機関での人材育成の取組み
1) 国土交通省の取組み
　国土交通省は地方公共団体の維持管理を支援するために，同省職員に加えて地方公共団体職員も対象とした研修を2014年度から実施している．各地方整備局の技術事務所を地方公共団体職員にも開放し，3～5日程度の研修とし，カリキュラムは，維持管理の実務に重点を置き，現場での実習も含まれている．テキストとしては科目別に国土技術政策総合研究所，土木研究所等，各分野を代表する研究機関が監修した全国統一のものが用いられている．

2) 教育機関での取組み
　岐阜大学社会資本アセットマネジメント技術研究センター[1]では2008年に「社会基盤メンテナンスエキスパート」と呼ぶ技術者養成講座を開設した．この講座では，県内の地方公共団体職員および地元民間企業の社員を対象としており，官民双方の技術力向上を目指している．

　講座は4週間の集中教育プログラム（1コマ90分×80コマ）であり，対象分野は橋梁，トンネル，地盤・斜面・土構造，舗装，水道，河川構造，マネジメントと広くカバーしている．講師には大学教員だけではなく全国の著名な専門家も加わり，設計演習やフィールド実習も行われる．

　長崎大学インフラ長寿命化センター[2]も同様に2008年より「道守」と名付けた技術者養成ユニットを開設した．この養成講座の特徴は，技術レベル応じて「道守」（技術士レベルに相当し道路全体の維持管理ができるレベル），「特定道守」（健全度診断ができるレベル），「道守補」（点検作業ができるレベル），「道守補助員」（日常観察で異常に気づける程度のレベル）の4コースに分けられている点である．講座は「道守」の場合で約120時間，「特定道守」の場合は約80時間の講義，演習が行われる．

さらに2014年からは長岡技術科学大学，山口大学，愛媛大学が加わり各地域の人材育成の取組みが展開し始めている．また東北大学では維持管理に関する研究開発および人材育成の広域拠点として「インフラマネジメント研究センター」[3]を立ち上げ，舞鶴工業高等専門学校では「社会基盤メンテナンス教育センター」[4]を立ち上げるなど，大学あるいは高専を中心とした地域での技術者育成の取組みが全国に広まりつつある．

(岐阜大学　内田裕市)

参考文献
1) 岐阜大学工学部附属インフラマネジメント技術研究センター，
http://www1.gifu-u.ac.jp/~ciam/
2) 長崎大学道守養成ユニット，https://michimori.net/
3) 東北大学東北大学大学院工学研究科インフラマネジメント研究センター，
http://infra-manage.org/
4) 舞鶴工業高等専門学校「社会基盤メンテナンス教育センター」，
http://www.maizuru-ct.ac.jp/imec/index.html

(2) 技術者資格

道路の維持・修繕に関する具体的な基準等を定めた「道路法施行規則の一部を改正する省令」及び「トンネル等の健全性の診断結果の分類に関する告示」が2014年7月から施行された．これにより，国および地方公共団体が管理する橋梁（約70万橋）・トンネル（約1万本）が国の定める統一的な基準により，5年に1回の頻度で，近接目視により点検されることになった．また，表3.4.2に示されるように，道路以外のインフラ部門においても法律が改正され，維持管理に関する技術基準等が改正されてきている．このため，点検・診断業務を担当する技術者の確保，育成，また業務の質を保証するための技術者の資格制度の確立が喫緊の課題となった．

点検・診断に関する資格としては今のところ国家資格は存在しないが，すでにいくつかの民間資格が普及しつつある．その代表的な資格としては，コンクリート診断士（日本コンクリート工学会），コンクリート構造診断士（プレストレスコンクリート工学会），土木鋼構造診断士（日本鋼構造協会），構造物診断士（日本構造物診断技術協会），道路橋点検士（橋梁調査会），海洋・港湾構造物維持管理士（沿岸技術研究センター）がある．これらの資格は，

対象とする施設が限定され，技術レベルも必ずしも統一されている訳ではない．一方，土木学会技術者資格では資格分野として「メンテナンス」が設定されており，点検，調査，補修といった現場の技術から健全度評価，ライフサイクルコスト評価といった維持管理全体に関わる評価技術までを対象としたものとなっている．これまで，国や自治体が業務を発注する際に，それぞれの判断により品質確保の観点から，業務内容に応じて適切な資格が選定され，配置技術者の資格要件とされてきた．

国土交通省では2014年度から点検・診断業務のさらなる質の確保と技術者の育成を図ることを目的として，既存の民間資格を申請に基づいて評価・登録する民間資格の登録制度を開始した．すなわち，点検・診断等の業務内容ごとに必要とする知識・技術水準を明示し，それに基づき国が民間資格を評価して水準を満たすものを登録することにより，社会インフラに携わる技術者の技術力の底上げ，登録資格保有者の社会的な地位の向上及び活躍の機会拡大を図ろうとするものである．表3.4.8は2015年10月時点での同資格登録制度において対象とされた施設，業務，技術水準の区分である．

表3.4.8 資格登録規程が対象とする施設分野等の区分*

施設区分	業務	知識・技術を求める者	施設区分	業務	知識・技術を求める者
土木機械設備	診断	管理技術者	海岸堤防等	点検・診断	管理技術者
公園施設（遊具）	点検	管理技術者	橋梁（鋼橋）	点検	担当技術者
		担当技術者		診断	担当技術者
	診断	管理技術者	橋梁（コンクリート橋）	点検	担当技術者
		担当技術者		診断	担当技術者
堤防・河道	点検・診断	管理技術者	トンネル	点検	担当技術者
		担当技術者		診断	担当技術者
下水道管路施設	点検・診断	管理技術者	港湾施設	計画策定	管理技術者
	点検	担当技術者		点検・診断	管理技術者
砂防設備	点検・診断	管理技術者		設計	管理技術者

地すべり防止施設	点検・診断	管理技術者	空港施設	点検・診断	管理技術者
急傾斜地崩壊防止施設	点検・診断	管理技術者		設計	管理技術者

＊2015年10月現在

(3) メンテナンスにおける技術者の役割と心構え

　一つの構造物の維持管理で得られた知見は，技術者にとっては「経験」となり，システムとしてはデータベースに蓄積され他の同種構造物の維持管理の合理化，高度化に繋がる．また，供用期間中に生じた不具合の原因が設計・施工にあることが判明した場合や，設計・施工時に考慮しておいた方がよいと思われる気付きがあれば，これを新設構造物の設計・施工にフィードバックすることが重要である．補修，補強を含め構造物の設計，施工は過去の経験に基づいて定められているところが多分にあり，その妥当性は構造物の実際の挙動によって検証されることになる．すなわち，維持管理における点検・診断は設計・施工の検証行為といってもよく，検証の結果は常に設計・施工に反映されるべきである．そのために，設計・施工に携わる技術者はその時点で維持管理を考慮しておく必要があり，また維持管理に携わる技術者は設計・施工の条件を理解し，診断の結果から得られた知見をフィードバックする必要がある．通常，計画，設計，施工，維持管理は分業体制が取られることが一般的であるが，それらは単に業務の分担であり，構造物を中心に考えればそれらは独立したものではないことを認識すべきであり，その意味で土木技術者には総合力が求められているのである．

　維持管理に携わる技術者には，広範囲な知識とともに多くの経験によって裏付けられた総合力が要求される．メンテナンス技術の習得には，土木工学の基礎知識を十分に理解したうえで，机上で学ぶことと現場において実際の変状を見て学ぶことが必要であり，特に後者が重要である．

　メンテナンス技術は日進月歩であり，メンテナンスに携わる技術者は常に最新の技術や知識を学べるように自己の能力の維持・向上を目指すとともに，社会インフラの社会的意義とその管理にあたる責任を自覚した高い職業倫理の涵養に努める必要がある．

3.4.6 市民へのアカウンタビリティの向上

(1) 社会インフラは市民のもの

　市民の日常生活や社会経済活動は，社会インフラによって支えられている．例えば，水道・下水道，電気・ガス，道路，鉄道，通信などの社会インフラが，ある日突然サービスを停止してしまったらどうなるか．その瞬間から，市民の日常生活や社会経済活動に大きな支障をきたすことは容易に想像できる．その社会インフラの整備，維持管理・更新の費用は，市民の税金，利用者からの料金等で賄われる．つまり，社会インフラは市民の共有の財産である．インフラ管理者は，市民の税金や利用料金を使用し社会インフラのサービス水準維持に努め，市民は，社会インフラから提供されるサービスを享受しているのである．

　「社会インフラは市民のもの」であるにもかかわらず，社会インフラが現在どのような状態なのか，寿命はいつまでなのか，いつ頃新しく作り変える必要があるのか，というような情報は，本来の所有者である市民に対して十分に提供されてこなかった．インフラの新規整備時には，周辺環境や住環境へ与える影響の大きさや整備効果への注目度などから，事業者は積極的に説明の機会を設けるとともに，市民も事業者に対して説明を求めるが，ひとたび社会インフラが整備され運用段階に入ると，社会インフラによるサービスが毎日同じように提供されている限り，市民は管理者へ説明を求める必要性を感じることはないだろうし，管理者側も積極的にインフラの状態を説明していないであろう．とくに，土木系の社会インフラは寿命が長いため，日常的な情報の提供がおろそかになる傾向がある．

　しかしながら，今後このような状況が続くと，財源不足，技術者不足等のため社会インフラの適切な維持管理が立ち行かなくなるという大きな課題に直面する可能性がある．特に，今後，インフラの老朽化に伴う施設更新の優先順位や，あるいは，インフラの集約・撤去など，非常に難しい課題にも取り組まなければならない．これらの課題解決には，市民の理解・協力が不可欠である．市民が求めるサービス水準と管理者が維持管理に充てる費用は1対1の関係であると言える．すなわち，サービスの提供には，国民，ある

いは受益者の税金，利用料金による財源の裏付けが必要であり，サービス水準と利用者による負担に対する同意（合意形成）は，本来は一対のものとして考えなければならない[35]．にもかかわらず，旧態依然のままインフラの現状を説明せず，ある日突然，インフラのサービスが停止してしまっては，市民の理解を得ることは難しく，その結果，社会インフラの維持管理・更新の課題解決は更に困難を極めることとなる．

　社会インフラは本来住民や利用者のためのものという原点に立ち返り，その管理者には積極的に情報発信に努めることが求められる．アカウンタビリティとは，「力の付与または力の行使に関して課せられた責任を果たしたかどうかを説明する責任」である．企業，政府，個人であれ，権限の行使，資金や税金の運用，あるいは知識・技術の行使を委ねられた者が，それらをどのように運用し，どれだけの成果を上げたか，あるいは，どんな結果をもたらしたかについて説明する義務を負うことといえる．アカウンタビリティの必要性のひとつは，相互信頼による，より質の高い社会を実現することにある[36]．つまり，アカウンタビリティの向上に努めることにより，市民の理解と信頼を獲得することになる．

(2) 国民に分かり易く伝える

　私たち人間は生活している中で，風邪をひいたり，怪我をしたり，病気にかかったりと，様々な体調の変化，不調を経験する．また，生活習慣病に代表されるように，不適切な生活環境によって罹病する確率が高くなる病気もある．そして，年齢とともに，身体の機能が低下してくるのが一般的である．社会インフラも人間と同様，周辺環境や使用環境による影響や，高齢化に伴って様々な損傷や劣化を生じるものであり，私たちが日常的に健康管理をしたり，病院で診察を受けたり，定期的に健康診断を受診するのと同様，社会インフラも点検・診断・措置が必要である．

　また，私たち自身の体調変化は，自分や家族が気付くものである．社会インフラは，インフラ自身が体調変化を申告できないので，家族たるインフラ管理者がその体調変化に気づくことが必要である．そして，病気症状によって，町医者，総合病院，大学病院と受診する医療機関が異なるように，社会

インフラに現れた劣化症状・損傷状況によっては，専門的な知識を有する技術者が診断し，措置を行うことが必要となる場合もある．

一例だが，このように社会インフラを私たち自身の健康と結び付けて，医療とのアナロジーとして説明することにより，一般市民からの理解を得やすくなる．土木技術者は専門家であるがゆえに，専門的，技術的な説明に偏りすぎるきらいがあるが，一般市民からの理解を得るためには，どのような伝え方がよいのか，十分検討する必要がある．

(3) コミュニケーション能力の重要性

土木学会・コミュニケーション委員会がとりまとめた「土木広報アクションプラン」[37]の副題には『『伝える』から『伝わる』へ」とある．「広報」という言葉は，英語のパブリックリレーションズ (Public Relations) を訳したものであるが，日本語では，「広く一般に知らせること」に重点が置かれている．一方，アメリカでは，「パブリックリレーションズとは，組織体とその存続を左右するパブリックとの間に，相互に利益をもたらす関係性を構築し，維持するマネジメント機能である．」と定義されている．

日本語の「広報」が「伝える・知らせる」という一方向のコミュニケーションであるのに対し，「パブリックリレーションズ」は，「相互に利益をもたらす」ための双方向のコミュニケーションを意味している．これまでは，「伝える」ことに主眼が置かれてきたかもしれないが，国民に「伝わる」広報を考えるとともに，「双方向のコミュニケーション」により，国民との継続的な信頼関係を作り上げることが重要であることを強く認識するべきである．

土木構造物の維持管理は，一般の方に注目される機会がほとんどないものであるからこそ，人々の日々の暮らしを支え続ける大切なものであることが伝わるように，取り組むことが求められる．ただ，この取組みは地味で長い継続期間を要するので，実行するには多大な努力を伴う．

(4) 諸外国の事例

海外では，社会インフラ管理者による情報開示のみならず，土木学会等の第3者機関が，社会インフラの現状を評価・解説し，国民に分かり易く伝え

ている事例がある．

アメリカ土木学会（American Society of Civil Engineers；以下 ASCE）は，1998年から4年に一度，"Report Card for America's Infrastructure"（インフラレポートカード）を作成している[37]．レポートカードの目的は，国民にインフラの現状を知らせることと簡潔で利用しやすい方法で情報を伝えることとされる．国民に理解されやすい学校の通信簿形式により，空港，橋梁，ダムなどの全16部門のインフラそれぞれが，A〜Fの5段階で評価される．

2013年版のレポートカードが3月19日に公表された後，1000を超えるメディア・マスコミに取り上げられた．また，一週間後にはオバマ大統領が演説でレポートカードについて述べるとともに，それに続く国内遊説ではインフラ投資を主な論点とし，「インフラ投資は経済の発展，生活の質の向上に直接関係している」と言及する等の成果を得ている．

図3.4.15　アメリカ土木学会・インフラレポートカードのホームページ[38]

イギリス土木学会（Institution of Civil Engineers；以下 ICE）は，"The State of the Nation"という報告書を毎年発刊し，4年に一度，6つのインフラ部門をまとめた報告書を作成している[38]．この報告書の目的は，議論の活性化とインフラネットワークとその関連サービス向上に必要な行動内容を強調することとされている．また，この報告書は，土木学会員に加え，エネルギー，交通，洪水，水および廃棄物に関連する外部関係者の専門的な見解に基づき編纂される．そして，報告書は，政治家，公務員，地方公共団体，

産業界,規制・消費団体,メディアなどの幅広い関係者に向けて発行されている.

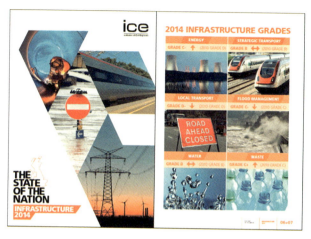

図3.4.16　イギリス土木学会　"The State of the Nation"[39]

(5) 土木に携わる人たちの更なる理解

　現在の我が国では,社会インフラの維持管理を担う技術者が不足していることが課題であり,特に,地方公共団体の中には,技術職員が不在という団体もあり,維持管理の体制は十分ではない状況にある.このような背景には,土木技術者を目指す人材が十分ではないことや,土木界の中においても,維持管理・更新分野よりも新規建設分野に重点が置かれてきたことがあると考えられる.このため,市民のみならず,土木に携わる人たち,特に若手の土木技術者や土木を学ぶ学生が,維持管理・更新の重要性と求められる高度な技術力,そして将来性を理解することが重要である.

　社会インフラの利用者である市民には,社会インフラの維持管理・更新の困難さは,必ずしも理解されていない.例えば,鉄道の保線作業は,利用者へのサービスに影響しないように,営業終了後に行われるため,利用者がその作業を目にする機会はほとんど無い.橋梁の点検作業や詳細調査は,橋梁に設置された足場や橋桁の中で行われる場合がほとんどで,一般の利用者の

目に触れることはなく，また，どのような調査が行われているかも知られることはない．

そして，技術者自身も，維持管理・更新の難しさや求められる高度な技術力を十分理解していないのが現状である．構造物の維持管理には，その構造物の「生まれ」（建設年次と適用された設計基準，使用材料，施工方法など）と「育ち」（荷重等の使用環境，自然環境，補修履歴など）を熟知することが必要である．適切な維持管理を遂行するには，最新の設計基準や材料規格，施工方法に関する知識のみならず，過去の設計基準，使用材料，施工方法とその当時の技術的課題等を知識として有することが求められる．つまり，維持管理・更新には，高度で総合的な知識・技術力が求められる．

このようなことから，技術者自らが，維持管理・更新の難しさや，維持管理・更新には高度で総合的な技術力が求められることを理解することが必要であり，更にそれが市民にも伝わるような取組みが求められているのである．

参考文献

1) 国土交通省国土交通政策研究所：公物の設置・管理に係る賠償責任のあり方に関する研究，2001
2) 下田一郎：公の施設の管理責任 -指定管理者制度の実態と問題点-，予防時報 232, 2008
3) 社会資本整備審議会・交通政策審議会：今後の社会資本整備の維持管理更新のあり方について（中間答申），参考資料，2013
4) 公益社団法人土木学会：「道路の老朽化対策の本格実施に関する提言」に対する社会インフラ維持管理・更新の重点課題検討特別委員会からの声明，2014
5) 総務省：公共施設等総合管理計画の策定要請，平成26年4月22日，2014
6) 野中郁次郎，竹内弘高：知識創造企業，東洋経済新報社，1996
7) 社会資本整備審議会道路分科会建議（平成26年4月）国土交通省，2014
8) 総務省：地方公共団体における固定資産台帳の整備等に関する作業部会報告書，2014
9) 財務省財政制度等審議会財政投融資分科会：「財政投融資を巡る課題と今後の在り方について」報告書，平成26年6月，2014

10) 財政制度等審議会：「公会計に関する基本的考え方」報告書，（平成15年6月）財務省財政制度分科会法制・公会計部会，2003
11) 地方公営企業法施行規則第二章（勘定科目の区分）及び別表第一号（第三条関係）勘定科目表（水道事業又は工業用水道事業）・仙台市水道事会計決算資料（平成25年度）
12) 法令解釈通達「資本的支出と修繕費」国税庁
13) 内閣府：日本の社会資本2012（平成24年11月），2012
14) 国土交通省：道路資産評価・会計基準検討会（検討報告書）（平成18年3月），2006
15) 高速道路資産の長期保全及び更新のあり方に関する技術検討委員会，（平成26年1月）NEXCO東日本・中日本・西日本，2014
16) 国道（国管理）の維持管理等に関する検討会：とりまとめ（参考資料），2013
17) 大堀，森岡，森地：道路維持体制の人員配分手法と適用事例，土木学会論文集，Vol.64, No.4.381-393, 2008
18) 総務省ホームページ，所管法令等，通知・通達
http://www.soumu.go.jp/main_content/000293726.pdf （総務大臣通知）
19) 総務省ホームページ，広域連携の仕組みと運用について
http://www.soumu.go.jp/main_content/000196080.pdf
20) 「水道広域化検討の手引き－水道ビジョンの推進のために－」，公益社団法人日本水道協会（平成20年8月），2008
21) 国土交通省総合政策局：公共施設管理における包括的民間委託の導入事例集（平成26年7月），2014
22) 国土交通省総合政策局：PPP/PFI事業推進方策事例集（平成26年7月），2014
23) 土木学会建設マネジメント委員会：維持管理等の入札契約方式ガイドライン（案）～包括的な契約の考え方～（平成27年3月），2015
24) 下水道管路施設の管理業務における民間活用手法導入に関する検討会：下水道管路施設の管理業務における包括的民間委託導入ガイドライン（平成26年3月），2014
25) 維持管理に関する包括的委託契約の考え方(仮)，土木学会建設マネジメント委員会，平成26年12月
26) 内閣府　PPP/PFIの抜本改革に向けたアクションプラン（平成25年6月），2013

27) 地方公共団体における民間委託の推進などに関する研究会報告書（平成19年3月），2007
28) 建設業法研究会：公共工事標準請負契約約款の解説（改訂4版），大成出版社，2012
29) 国土交通省関東地方整備局：工事請負契約における設計変更ガイドライン（総合版・平成26年3月），2014
30) 平成23年度　国土交通白書
31) 土木学会建設マネジメント委員会：2013年度公共調達シンポジウム，中山間地域道路等維持補修業務委託モデル事業（奥会津モデル），2013
32) 国土交通省，社会資本整備審議会・交通政策審議会技術分科会技術部会社会資本メンテナンス戦略小委員会，第10回委員会資料
http://www.mlit.go.jp/policy/shingikai/s201_menntenannsu01.html
33) 藤本亮：本当に汗をかくアセットマネジメント―宮崎県での取組みから見えてきた現状と課題―，土木学会誌，Vol.99，No.7，2014
34) NPO法人「関西橋梁維持管理―大学コンソーシアム」，http://npo-kiss.xsrv.jp/
35) 田崎　忠行：社会資本整備の長期計画は国民との契約である，土木学会誌第80回論説，2014
36) 土木学会土木教育委員会：土木技術者の倫理，2003
37) 土木学会社会コミュニケーション委員会：土木広報アクションプラン，2013
38) アメリカ土木学会（ASCE）"Report Card for America's Infrastructure"，
http://www.infrastructurereportcard.org/
39) イギリス土木学会（ICE）"The State of the Nation"，
http://www.ice.org.uk/State-of-the-Nation

II．工学編

第1章 まえがき

　工学編では，実際に社会インフラ施設をメンテナンスしていくことを念頭に置き，社会インフラメンテナンス学の実例を示すこととした．すなわち，社会インフラの長寿命化が，今後一層強く求められるようになることを前提として，インフラのメンテナンス概論では，点検→診断→措置→記録→点検→・・・というメンテナンスサイクルを回していくことの重要性を概説している．メンテナンスの対象となる社会インフラは，本書ではこれを人工公物と自然公物に区分しているが，さらに人工公物は鋼構造物，コンクリート構造物，土構造物，トンネル構造物等の本体構造物と，更新を前提とした構造部材である舗装，軌道に区分している．これら本体構造物と，更新を前提とした構造部材では，維持管理上の取扱いが異なっており，この点について理解しやすいように，それぞれを記述している．

　本体構造物では，構造物ごとに，変状の発生・進展機構，点検・調査・モニタリング，診断・評価・予測，補修・補強，設計へのフィードバックという一連の流れを概説している．これによって，専門外の読者にも，構造物ごとのメンテナンスの実際が理解できるように配慮している．特に鋼構造物やコンクリート構造物に対しては，点検によって発見された変状から，その発生原因を推定し，損傷した構造物の劣化を診断し，補修・補強の要否の判断が求められることになるが，そのための考え方を説明している．一方，更新を前提とした構造部材である舗装や軌道に対しては，将来的な更新に向けて，いかに効率的に当該部材をメンテナンスしていくべきかという点が説明されている．

　自然公物に対しては，地盤・斜面・岩盤，河川・河道，海岸・海浜を取り上げて，それらをいかに管理していくべきかを概説している．自然公物に対しても，大きな災害を防止するという観点から，その管理は重要である．

　さらに工学編では，社会インフラ部門別のメンテナンスの概要と，インフラメンテナンスの重要事例を紹介している．本書は専門性を保つものの，専

門家以外の読者にとっても有用な知見を提供することを目指しており，社会インフラメンテナンスの第一線で活躍する多くの方にとって，役立つものとなることを願っている．

第2章 インフラの
　　　　メンテナンス概論

　本章では，はじめにメンテナンスの目的と役割，しくみと基本原則について述べた上で，メンテナンスに携わる人，なかでも技術者に焦点を当て，その役割を論じる．次いでメンテナンスの流れを整理し，点検・調査・モニタリング，診断（機構の解明を含む），性能評価，劣化予測，対策といった要素技術に関する最新の知見を示し，最後にコストの視点やデータベースの重要性と合わせ，メンテナンスを運用する上で必要なマネジメントの概念について論じる．

2.1　メンテナンスとは

2.1.1　メンテナンスの目的と役割

(1) メンテナンスの要諦

　メンテナンスとは既存の構造物を合理的かつ効率的に長持ちさせるための種々の行為，あるいはその体系とみなせる．インフラは，橋，トンネルといった個別構造物から，道路・鉄道，さらには，交通ネットワークなどとして成り立っているため，例えばある道路橋のメンテナンスを行おうとする場合，「木を見て森を見ず」ということにならないよう，道路，あるいは交通ネットワークの中でのその橋の位置づけを明確にした上で適切なメンテナンスを施す必要がある．

　土木構造物の寿命を人の寿命と比較して考える．人の寿命は長くて100年だが，土木構造物の寿命は適切に設計・施工・維持管理（メンテナンス）することで100年以上長持ちさせることが可能である．一方，環境作用（塩害・凍害など）が厳しい場合や，構造物の品質が極めて低い場合（初期欠陥など），数10年で寿命を終えてしまうものもある．したがって，土木構造物

の設計・施工・メンテナンスにあたっては，構造物の置かれる環境に応じた作用（荷重等）を十分に検討した上で，これに抵抗しうる構造物を設計し，施工により所定の品質を確保すると共に，供用後は要求性能を満足するようメンテナンスを行うことが重要となる．このように設計・施工・メンテナンスはそれぞれが独立したものではなく，メンテナンスに配慮した設計・施工や，メンテナンスから設計・施工へのフィードバックを常に意識し，実践することが必要である．

　我が国の土木構造物のメンテナンスは，これまでコンクリート，鋼，土といった材料や構造ごとに細分化され，かつ，耐久性，耐震性といった要求性能ごとに検討されてきた．しかしながら構造物の性能は，材料や構造によらず，その目的や重要度に応じて付与されるべきであり，想定されるあらゆる作用を考慮し評価されるべきである．そのためには，メンテナンスを通し土木構造物の生涯（ライフサイクル）にわたり，構造物に要求される性能を確保した上で，ライフサイクルコストの最適化と予算の平準化を図ることが重要となる．その際，コストに偏重しすぎると構造物の性能（特に安全性）が無意識のうちに失われ，結果大事故につながり経済的な損失を招くことになるため，メンテナンスに携わる技術者は特に留意する必要がある．

(2) 我が国のメンテナンスの特殊性と全体像

　我が国のインフラの実状を，道路を例に考える．高速道路や国道といった社会的役割や重要度の高い構造物では大型車交通量や凍結防止剤散布量といった環境作用が劣化の支配的要因となる一方で，市町村道では環境作用は厳しくないものの，技術力，財政力の不足が深刻化するなど管理者ごとに異なる問題を抱えている．さらに，我が国は南北に長い島国であり，沖縄と北海道，海沿いと内陸では全く環境作用が異なり，それぞれの地域に固有の劣化問題が存在する．地震，津波，台風，豪雨などの自然災害も多い．このように考えると我が国のメンテナンスは単に欧米の後追いでは立ち行かず，独自の要素技術の開発と，これらを体系化したシステムの構築が必要であり，これこそが社会インフラメンテナンス学の神髄と言える．

　以下にメンテナンスの全体像を示す．図2.1.1より，メンテナンスに関わ

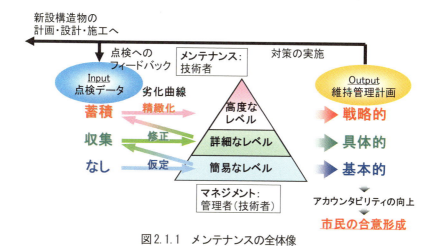

図2.1.1 メンテナンスの全体像

る一連の行為は点検データに基づき行われるものであり，その受け皿となるデータベースの整備が不可欠となる．ここで，仮に点検データがなくても示方書などで示されている劣化予測式を用いることで劣化予測が可能となり，その結果，簡易なマネジメントを行い，基本的な維持管理計画を策定することは可能である．そして，点検データを収集すれば，詳細なマネジメントが可能となり，より具体的な維持管理計画の策定につながる．さらに点検データの蓄積により，その質・量が向上すれば，精緻な劣化予測と高度なマネジメントが可能となり，戦略的な維持管理計画の策定が実現する．したがって，構造物管理者は，まず，自分たちにどのような点検データ（Input）があるかを考え，それに応じたマネジメントおよび維持管理計画（Output）のレベルを設定する必要がある．一方，将来どのレベルのマネジメントを目指すかによって，これに必要な点検データの質・量を定める必要がある．つまり，Inputに応じたOutputが期待されるのであって，一朝一夕に高度なメンテナンスを実現させることはできないのである．逆に現在は基本的な維持管理計画しか立てられなくても，将来にわたり，点検データを蓄積し，劣化予測の精度向上とマネジメントシステムの高度化を実現することにより，戦略的な維持管理計画の策定が可能になる．

2.1.2 メンテナンスの創造性と継続性

(1) メンテナンスの創造性

土木構造物のメンテナンスは，個々の構造物の状態や置かれている環境，実施にあたっての制約条件などを踏まえ，その時々で最善の対応を見出し，決断し，実行する，極めて創造的な行為であるといえる．

土木構造物には，100年以上前に造られた構造物，設計や施工条件が明らかではない構造物，劣化の著しい構造物，前例のない現象を生じている構造物等々，さまざまな構造物がある．したがって，そのメンテナンスも画一的に行うことが最善の対応とは言えず，広い視野を持った上でしっかりと考えながら，一つ一つの構造物と上手く付き合っていくことが肝要である．

(2) メンテナンスの継続性

一般に，技術の発展には計画（Plan）・実行（Do）・評価（Check）・改善（Action）を繰り返す，いわゆるPDCAが有効とされる．しかしながら，土木構造物のメンテナンスでは，例えば対策の効果がわかるまでに10年以上かかることもあり，PDCAが1周するのに時間を要することが多い．種々の調査あるいは捉え方により，そのサイクルを短くできる場合もあるが，1サイクルに時間を要する場合，担当者が異動したりすると当初の思想や情報が繋がらなくなり，PDPD···を繰り返すことになりかねない．これを防ぐには，最初に先を見据えた思想と戦略とを確実に持ち，それが消え失せないようにPDCAを力強く進めて行く（PVS-PDCA）ことが必要である（図2.1.2参照）．はじめに，肝となる部分を制御すれば長期間供用できる，いずれ取り替える，10年後に再度対策をしてもよいなどといった基本的な思想

図2.1.2 PVS-PDCAの流れ[1]

を定める（Philosophy）．

　次いで，土木構造物の状態やメンテナンス業務を行う上での組織・制度，費用等を踏まえて，全てを良い状態にする，とにかく壊さない，壊れたとしても人命に被害を及ぼさない等といったメンテナンスの目標や，対策を一斉に行うか，あるいは，少しずつ行いながら改良を重ねて行くか等々の方針を考える（Vision）．そして，そのために具体的にどのような計画を立てるのが良いかを考える（Strategy）ことが重要である．また，これらの過程を思想も含めて記録に残すことによって，PDCAがより有効なものになり，継続性のあるメンテナンスができる．そのためには，このようなメンテナンスを実践可能な技術者の人材育成やデータの蓄積・活用が重要である．

2.1.3　メンテナンスと人との関わり

(1) メンテナンス技術者に必要な能力

　土木構造物のメンテナンスを行う技術者には，膨大な土木構造物から詳細な調査や対策が必要な構造物を抽出する能力，詳細な調査により性能低下の程度やその原因および進行性を推定する能力，予算や施工条件等の制約を踏まえながら対策法を決定し実行する能力などが必要とされる．

　その際，判断材料となる情報の多くは現場にあり，構造物が発している情報や周辺環境などを適切に読み取ることが重要である．これらの能力は，意欲を持って臨む現場経験やマネジメント経験，研究開発などによって磨きあげられ，こうした能力を持つ集団により，土木構造物は安全に供用される．能力を高めるには，これまでに積み上げられてきた数多くの知見を活かした上で，技術者が自分の頭でしっかりと考えることが必要である．

(2) 科学技術と技術者との関係

　土木構造物のメンテナンスは，黎明期には技術者の勘と経験とで成り立ってきたが，近年では情報通信技術や劣化予測技術などが進んできている．今後，これらの技術の更なる発展が期待されるが，その一方で，現代においても技術者の勘と経験とが活きている場面は数多くあり，これらの双方の特長

を活かしていくことが求められる．科学技術に人の勘と経験とを融合させた，広い意味での技術の創造が，天然資源も使いながら現地施工もされ，長期間にわたって使われるという複雑でかつ世の中で果たす役割の大きい土木構造物では特に重要である．

(3) メンテナンスと技術者との関わり

　メンテナンスには機械やコンピュータといった先端技術も導入されるが，主役はあくまで人（技術者）である．近年，橋梁長寿命化修繕計画などにおいて，その長寿命化に資する様々なコンピュータソフトが開発され，多くの自治体やコンサルタントで利用されているが，これらは本来，メンテナンスのための支援ツールとして扱われるべきであり，結果を鵜呑みにすることは許されない．すなわち，対策の要否や優先順位といった判断はコンピュータの出力結果を踏まえ，最終的には技術者が責任を持って行うべきであり，またそうなるようにメンテナンス技術者は研鑽を積む必要がある．

　土木技術と技術者との間には様々な関わりがある．新幹線や高速道路といった重要構造物を建設するために，最先端の技術を駆使する高度な技術者もいれば，地域の名もない橋やライフラインを長持ちさせるために従事する人もいる．医療の分野でもiPS細胞に代表される再生医療のような最先端の研究領域もあれば，病気にかからないための予防医療を究明する研究領域もまた存在する．このように，技術にはハイテク（高度な技術）とローテク（簡易な技術）の両方があって，どちらも重要であり，適材適所に使い分けることで世の中全体を俯瞰し，バランスを保つことができる．現在，全国には約70万の道路橋が存在し，今後これらが一斉に高経年化すると言われている．その対策として，全ての橋梁を平等に扱い，メンテナンスしようとするのではなく，高度な技術によって何としても延命化を果たす必要のある重要構造物もあれば，ローテクを駆使して予算をかけずになんとか長持ちさせる地域の名もないインフラがあって然るべきである．つまり，インフラのメンテナンスは，構造物の目的，役割，重要度，置かれている環境とそれに応じた作用，構造物の状態（健全度），構造物管理者の実状（技術力，財政力）などに応じ，決して画一的ではない，メリハリの効いたメンテナンス，身の丈に

合ったメンテナンスを展開する必要がある．そのためには，ローテクとハイテク，先端医療と予防医療の使い分け，やるべきもの（安全性）とやる必要のないもの（経済性）の見極め，コスト偏重から性能重視へ，ソフト偏重から技術者の判断重視へといった意識改革が求められる．2.1.4 では，技術者がメンテナンスにどう関わり，どう貢献するかについて，設計者，施工者，維持管理者の立場から論じる．

(4) メンテナンスと地域住民との関わり

今後過疎化が進み，財政力・技術力の乏しい地方公共団体においては技術者のみならず，住民の力も借りたメンテナンスを行う必要もあると思われる．虫歯予防を例にとれば，医療行為に相当する高度なメンテナンスは技術者が担うとして，歯磨きに相当する簡易なメンテナンスは技術力に乏しい住民でも十分に可能である．例えば，橋は水の作用により，直接的かつ間接的に劣化するため，排水枡の清掃や堆積土砂の撤去，欄干の塗装などを行えば，橋が長持ちすることは明らかである．何よりこうした行為を住民自らが行うことにより，インフラに対しこれまで無関心だった意識が，関心や愛着へと変わることこそ最も大きな効果と言える．近年，全国各地でそのような取組みが芽生えつつあり，今後こうした地域の好例を他地域へ水平展開する仕組みも必要になると思われる．

2.1.4　技術者としてメンテナンスにどう関わり，どう貢献するか

(1) 設計者

土木構造物における設計とは，所要の性能を満足させるための構造形式，形状，寸法および用いる材料を選定することである．土木構造物，とりわけコンクリート構造物がメンテナンスフリーと言われていた時代もあったが，耐久性設計という概念が導入されてからは，環境作用によって劣化していくプロセスを設計でどのように考慮するかが重要となっている．

設計者は，その構造物を取り巻く背景，重要性および設計の詳細について，最も精通している立場にある技術者の一人である．したがって，構造物が完

成した時点で役割が終了するのではなく，設計者としてメンテナンスにも積極的に関与していく責任がある．ここでは，具体的にどのようにメンテナンスに関わるべきかを例示する．

(a) 合理的な維持管理計画を策定する．

合理的な維持管理計画の策定は，土木構造物にとって極めて重要な行為である．一般に，竣工時には維持管理計画が策定されていなければならないが，構造物を知り尽くしている設計者が貢献すべき場である．設計者は，点検の頻度だけでなく，弱点となる箇所の選定や，将来起こりうる劣化や変状の種類，その部位などを明確にし，劣化予測を合理的に行うための情報を提案することができる．

(b) 壊れない構造物でなく，構造物の弱点を理解し，うまく壊す．

構造物の長寿命化は重要であるが，壊れない構造物を構築することだけでなく，構造物の弱点を十分に理解し，壊れるとしたらどこが壊れるのかといった視点も重要である．Fracture Critical Member（FCM）と呼ばれる破壊に対して最も重要な部材を設定する考え方もある．設計者として，構造物のヒューズを適切に配置し（交換の容易さ，経済性などを考慮），想定した部位，部材を壊す必要がある．

(c) 設計思想を明確にし，うまく伝える．

設計基準（ルール）に従って設計することは当然であるが，構造物の維持管理まで考慮した設計思想を明確にし，さらにこれを施工や維持管理の段階までうまく伝達することが必要である．

(d) 既往の事例（成功事例および失敗事例）に学ぶ．

先人たちが経験した成功事例および失敗事例を教訓に，経験を知識化し，共有することが重要である．また，すみやかに次の構造物の設計へのフィードバック（PDCAサイクルの構築）が必要である．

(e) 施工，維持管理の各段階の難しさを考慮する．

先述のとおり，設計思想を施工や維持管理の段階に伝達することは重要であるが，一方で施工や維持管理における難しさを設計者は理解しなければならない．例えば，意匠が良い設計であっても，施工時に不具合を生じさせるリスクが高いものであれば意味がない．とりわけコンクリート構造物の場合，

施工による品質確保が実現しなければ，要求性能の満足は困難となる場合もある．

(f) 安全だけでなく，安心できる構造物を設計する．

安全な構造物の構築はもちろんのこと，安心な構造物の構築が求められている．構造物の崩壊を避けることはもちろんのこと，第三者への影響も含めて，使用者（市民）が不安に感じるような構造物や附属物の設計は避けなければならない．設計上困難であれば，例えば，点検頻度を密にするなどの運用でカバーすることも可能である．

(2) 施工者

土木構造物は様々な要因により劣化するが，現場で施工するコンクリート構造物はもちろんのこと，鋼構造の現場溶接や塗装など，施工時の不具合や，施工段階での配慮が不十分であることにより劣化する場合も多い．製造・施工に関与する非常に多くの人間の技術力と熱意が構造物の品質に大きく影響することを深く認識するとともに，具体的には以下の点に留意する必要がある．

(a) 設計や維持管理にフィードバックすることを前提にする．

土木構造物の劣化には，施工に起因するものだけでなく，設計や使用材料の問題が施工時や施工後に顕在化する場合もある．問題の所在を明らかにするためには，適切な施工がなされた構造物のデータが蓄積され，分析される必要がある．施工の現場で生じる不具合や，供用後の構造物に生じる劣化の原因を分析し，設計，施工，材料，検査等に適切にフィードバックして耐久性の高い新設構造物を建設するシステムへと改善する努力を重ねる必要がある．これは創造的で，ダイナミックで，忍耐の必要な行為である．

(b) 施工の影響を理解し，低減のための配慮をする．

先述のとおり，設計段階において，維持管理への配慮を十分に行うことは必要であるが，設計が確定した後の施工段階においても，構造物の劣化を誘発しないための種々の配慮が可能である．特にコンクリート構造物の場合，構造物の品質が施工時の気温，湿度，日射，風等の外環境の影響を受けやすいので，設計および施工段階において，不具合を出さずに品質を向上させる

ための様々な配慮が可能である．構造物の品質が施工の影響を受けにくいものとなるよう，例えば鉄筋が過密に配置されている部位において自己充填コンクリートを活用する等の工夫も積極的に行うべきである．

(c) 劣化しにくい新設構造物を目指す．

疲労き裂や腐食等の劣化に対する補修の方法がほぼ確立できている鋼構造に比べ，厳しい環境作用下でコンクリート構造物に深刻な劣化が生じた場合，再劣化しないように補修で完治させることは現状では極めて困難であり，補修方法が確立できていない劣化現象も多い．インフラが非常に長期間供用されることを十分に勘案して，新設構造物においては，必要に応じて最新の技術も活用し，設計および施工段階で十分な配慮を行うことで，厳しい環境作用下においても劣化しにくい構造物を造ることを目指すべきである．

(d) 適切な施工記録を蓄積する．

構造物の施工に関する記録は，個別の構造物の維持管理の基礎資料となるものである．それだけでなく，構造物群の施工記録が適切に蓄積され，分析されることにより，耐久性の高い構造物を建設するための知見が明らかにされ，設計，施工，材料，検査等へのフィードバックが可能となる．フィードバックすることを意識して，取得するデータを吟味する必要がある．新設構造物のみならず，構造物の補修工事の記録が適切に蓄積され，分析されることで，再劣化しない補修技術の確立につながる．このPDCAは一周に長い時間のかかる忍耐の必要な取組みであるが，国家のインフラの維持管理費を低減し，インフラメンテナンスを真の工学に育てる最善の策である．

(3) 維持管理者

(a) マネジメントする人

インフラの管理者は，保有する構造物を効率的にマネジメントすることが求められている．特にメンテナンスにおいては，点検，診断，措置の流れの中で，点検方法や頻度の設定，劣化した構造物の構造性能や耐久性能の評価，補修方法の選択，補修優先度の決定方法などを，管理者の技術力，人員，財政状況を勘案したうえで，実行可能な制度を構築し，構造物に生じる様々な事象に対して責任を持って運営（マネジメント）する必要がある．ここでは，

マネジメントする人が，具体的にどのようにメンテナンスに関わるべきかを例示する．

1) **物理的条件を理解する．**

　物理的条件とは，管理者が保有する構造物の種類，数，大きさ，配置，気候の特徴といった，構造物が置かれている状況である．例えば道路であれば，国道や県道，高速道路などは道路が線として構成され，線上に橋やトンネルなどの構造物が配置されるが，市町村道は網状の細かいネットワークであり，構造物は面的に分布する．橋梁の種別に着目すると，都心の高速道路は鋼橋が多く，市町村ではRC構造が多く，短い橋が多いといった特徴がある．

2) **社会的条件を理解する．**

　社会的条件とは，構造物の日常の使用頻度や災害時などの非常時における重要度であり，国道や高速道路が経済基盤や災害時のライフラインとして重要であるのに対し，市町村道では日常の買い物や通学，災害時の孤立化などを考慮する必要がある．また，構造物の将来の利用状況も，人口減少，過疎化，高齢化が社会問題となっている現在では，メンテナンスの計画に影響を与える．

3) **管理体制，能力を理解する．**

　管理に携わる人の技術力，数，予算等である．近年，この管理者能力は管理団体により差が大きく，特に市町村では橋梁維持管理担当者に技術職員が就いていない場合も多くみられる．橋梁のメンテナンスの場合，各自治体が長寿命化修繕計画を策定し，点検，診断，重要度やコスト計算に基づいた優先度の決定，補修が実施されているが，個別業務は外注される場合が多く，診断結果に対しても管理者が責任を持たなければならないため，管理者の技術力の底上げが急務となっている．

4) **身の丈に合ったメンテナンスを実施する．**

　前述の内容を十分に理解した上で，管理しているインフラやインフラ群にあったメンテナンスを計画，実施し，そのための制度を策定する必要がある．またマネジメントのための体制は全国一律でなく，管理者ごとに適した体制を構築する必要がある．

5) **柔軟な運用体制を構築する．**

小さな自治体では管理者・技術者の数も限られているため，小さな自治体を県などがサポートする体制構築が望まれており，各県の技術センターなどの活用などが考えられる．また，民間への委託を進めるために，複数年や地域をまとめた契約制度が提案されている．

(b) 点検する人

インフラのメンテナンスにおいて，点検は現場で行われる最初の行為であり，その後のメンテナンスの方向性を支配する重要な位置づけにある．ここでは，点検する人が，具体的にどのようにメンテナンスに関わるべきかを例示する．

1) 力学的な影響を含めて判断する．

定期点検では，点検する人は，構造物に生じている変状を見つけて，変状の程度を基準に従って適切に分類する．図 2.1.3 に示すように，一概に変状といっても，それが初期欠陥であったり，材料の劣化で生じたものであったり，地震などの外力によって生じた損傷であったりと発生原因は千差万別である．それゆえ，同じように見える変状であっても，構造物にほとんど影響を与えなかったり，その逆に致命的な影響を与えたりする場合もある．

定期点検では，構造物に生じている致命的な劣化や損傷を見逃さないことが最も重要である．そのため，点検する人は，ある程度の力学の知識を身につけたうえで，構造物の種類や環境に応じて，発生しやすい劣化や損傷，重点的に見るべきポイントをあらかじめ理解しておくことが肝要である．

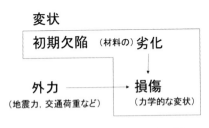

図 2.1.3　劣化と変状，損傷の関係

2) スキルアップをはかる．

変状の種類やグレードは，活字からもある程度は学習することができるが，

それだけでは点検のプロフェッショナルには到達できない．これは，キノコ狩りの知識を得る過程に似ている．本で得た知識のみでキノコ狩りをすると，誤って毒キノコを採取してしまう可能性が高い．判断を誤ったときのリスクが大きい点も，キノコ狩りと構造物の点検は類似している．キノコ狩りにおいて，手っ取り早く，確実な上達方法は，ベテランから実地で手ほどきを受けることである．構造物の点検も，劣化パターンや劣化グレードを実地でベテランから教わるのが効果的である．点検する人は，各機関で行われている点検に関する実地講習に参加したりして，点検のスキルを向上させておくのが望ましい．

3） 診断をするためにどういう情報が必要かを考える．

　調査は，現在の劣化状況を把握し，かつ劣化予測と対策方法を検討するために行われるものである．調査における点検する人の役割は，医療にたとえれば検査技師のようなものである．すなわち，診断する人が，変状のメカニズムや原因を特定し，劣化予測し，対策を判断するためのデータを提供することが求められる．そのため，点検者は構造物の劣化メカニズムや調査方法のみならず，劣化予測や対策の立案がどのように行われるのかについても，熟知している必要がある．検討対象に最適な調査方法と数量を導けるように，学協会の最新知見を収集したり，日々進化する調査技術をフォローしたりするなど，自己研鑽を続けることが求められる．

（c） 診断する人

　診断とは，医療でいえば触診から病名と進行度の診断，処方を行うことである．インフラの診断とは，定期点検や詳細点検のデータを通して，当該構造物の健康状態＝劣化グレードを適切に判定するとともに，劣化メカニズムや原因を特定し，劣化予測を行い，第三者影響度も勘案しながら，対策方法を総合的に決定することである．なお，第三者影響度とは，構造物から剥落したコンクリート片などが器物および人に与える障害などへの影響度合いのことをいう．

　構造物の劣化原因を診断し，対策を処方するためには，対象とする構造物がどのように設計され，どのように施工されたのかを熟知しておく必要がある．図面がなくても構造物の中の様子が手に取るようにわかるくらいである

べきである．このように，診断する人には設計，施工，維持管理の広範にわたる高度な知識と経験が求められる．

(d) 対策する人

良かれと思って施した対策が，実際には悪影響を及ぼすことも往々にして起こり得る．橋の場合，補修中に落橋した事例もいくつか報告されている[3]．そのため，対策する人には，決定された対策方法に従い，設計と施工を行った場合に，対策の目的である構造物の延命・機能増強などが真に達成されるか否かを見極める能力が求められる．

補修・補強設計においては，既設構造物の設計・施工を熟知しておくことが必須となる．また，設計段階において，構造だけでなく，材料と施工についても広範な知識と経験が求められることも，補修・補強設計の特徴である．

困難な外科手術に似て，劣化したインフラの補修・補強対策では，工事をしてみないとインフラ内部の劣化状況が正確には分からないこともある．実際の劣化状況が対策の策定時の前提条件と大きく異なる場合には，対策方法を変更した方が良い場合もあるので，構造物の延命化や補強が確実に達成されるように，臨機応変かつ誠実に対応する能力が対策する人には求められる．

参考文献

1) 日本コンクリート工学会：データベースを核としたコンクリート構造物の品質確保に関する研究委員会報告書・シンポジウム論文集，WG2 報告書，p.72，2013.9
2) 土木学会：コンクリート標準示方書，維持管理編，2013
3) 例えば，米国ミネアポリス橋梁崩壊事故に関する技術調査団：米国ミネアポリス橋梁崩壊事故に関する技術調査報告，2007.10

2.2 メンテナンスの流れ

2.2.1 メンテナンスの流れ

メンテナンスの流れと 2.2 の全体構成を図 2.2.1 に示す．メンテナンスの流れは，インフラのライフサイクルにわたるメンテナンスのシナリオ（以

下，シナリオ）に基づき繰り返して実施される PDCA サイクルそのものであり，その中で中核をなすのが「診断」と呼ばれる一連の行為である．

以降，2.2.1 の(1)ではメンテナンスのシナリオ全体について，また(2)では診断について解説を行う．そのうえで，2.2.2 から 2.2.9 において，メンテナンスの流れにおける各項目について詳述する．

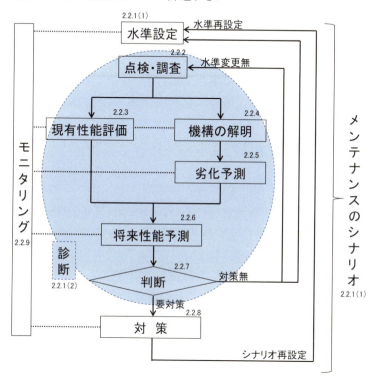

図 2.2.1　メンテナンスの流れと本節の構成

(1) メンテナンスのシナリオ・水準

(a) シナリオ・水準設定の意義

インフラは，その供用期間が長く，設計上は便宜的に 50 年，100 年などの設計供用期間を設定するが，現実的には，社会ニーズにマッチしていれば，半永久的に使用される．そのため，シナリオを考え，効果的・効率的なメンテナンスを実行するための管理水準（以下，維持管理限界）を設定すること

が極めて重要となる．個別のインフラでは，供用期間，要求性能に基づき，環境作用・使用状況による劣化の進行を予測し，ライフサイクルコスト（以下，LCC）を最適化するシナリオを設定することが基本となる．ただし，インフラの管理者は，通常，複数のインフラを管理しているため，個別のインフラを対象とした最適解が，全体の最適解にならない場合がある．また，インフラの価値についても，常時と非常時では異なる場合も想定される（例えば，常時では使用頻度が低くても，非常時の代替施設としての役割が高い場合など）．場合によっては，リソース（人，モノ，金）や利用状況等を踏まえて，代替のインフラがある場合には，当該インフラのメンテナンスを必要最低限に抑えて使い切る（解体）などの判断をする場合も考えられる．

このように，個別のインフラのシナリオは，管理対象となる全てのインフラに対する位置づけを考慮することに加え，リソースに応じたシナリオ設定も求められる．最適なシナリオの設定は容易ではないし，現在（2015年）の技術レベルでは実現不可能な場合も考えられる．しかし，インフラをメンテナンスするためには，最適ではなくとも必ずシナリオを設定しなければならない．その際に重要なことは，考慮できたこと，できなかったことを，シナリオとともに記録・保管しておくことである．それは，現在および将来のユーザへの責任であるとともに，継続的な改善（PDCAサイクル）によって，将来，最適なシナリオを実現するための最初の一歩であり，現状を認識し将来を創造する技術者育成のためにも必要不可欠な行為である．なお，(b)では，主に個別のインフラを対象とする．

(b) シナリオ・水準設定の考え方

「技術的には，作用を考慮したインフラの現有保有性能の評価（2.2.3 参照）および将来性能予測（2.2.6 参照）に基づき，設計供用期間と要求性能から，LCC（2.3.1 参照）が最適となる対策の種類（2.2.8 参照）と実施時期を設定し，そのシナリオに応じて維持管理する上での管理限界（維持管理限界）を設定し，シナリオを実現するための点検の方法と頻度（2.2.2 参照）を設定することができればよい．」と，文章で書けば簡単ではあるが，実際は，作用の種類や構造種別等に応じて将来予測・性能評価技術や対策技術の信頼度は異なるであろうし，検討する技術者の能力によってもシナリオの結

果は異なるであろう．例えば，精度の良い将来予測・性能評価技術があれば，必要最低限の点検と対策でメンテナンス可能であるが，将来予測・性能評価ができないような場合（あるいは精度が低い）では，前者に比べれば点検と対策の頻度が増加するであろう．また，例えば，効果的な補修の新技術の開発が期待できるのであれば，対処療法的な対策によって先延ばしする考え方（リアル・オプション）の採用もありえる．当然，リソース等の不足により机上の検討結果が実現できない場合は，実施できることだけを中心としたシナリオを設定する必要がある．ここで記載した視点は，シナリオの優劣をつけるためのものではなく，状況に応じて適切なシナリオは異なり，画一的な考え方では対応できないことを示している．このように，シナリオの設定は，非常に高度で広範な知識・経験が必要であり，相応の技術者が設定する必要がある．

　実際のメンテナンスでは，診断時の保有性能とシナリオに応じて設定された維持管理限界の比較で進めていくが，その実施者は，必ずしもシナリオが設定された背景を把握していなくてもよい．ただし，例えば，インフラの品質が悪すぎる，作用が厳しすぎる等のシナリオ設定時には想定していなかった事象があれば，更新や供用制限による使い切り等の対応もあり得るため，シナリオ設定の背景を踏まえてシナリオの見直し（PDCAサイクルのC）をすることも必要となる．このような場合には，シナリオ設定の背景を考慮せずに安易に決断することは，例えば代替のインフラが無いのにも関わらず使い切りを選択するなど，管理するインフラ全体のバランスを欠く結果を招く恐れがあり，シナリオ設定の背景を十分考慮した見直しができるように，管理組織内に情報共有が円滑にできる等の仕組みを構築しておくことが重要である．

(2) 診断
(a) 診断の意義
　インフラの診断とは，性能に影響を及ぼす事象の性質を明らかにして現有性能を評価するとともに，事象の原因を特定して将来の性能を予測し，適切な維持管理の方針を定める一連の行為を指す．すなわち，点検・調査・モニ

タリング，現有性能評価，機構の解明，劣化予測，将来性能予測，判断がこれに該当する．

　点検・調査・モニタリングの技術が発達し，また現有性能評価や将来性能予測のための解析モデルの精度が向上したとしても，それらが診断という一連の行為として機能しなければ，適切なメンテナンスは実現しえない．症状や各種検査結果より病名と原因を特定して適切な治療法を決定するのが優れた医師の仕事であるように，社会インフラメンテナンスも，総合的な知識と高度な判断力が必要である重要な行為なのである．

(b) 点検・調査・モニタリングの活用

　診断は，経験的な判断による手法と，特定のデータ指標に基づいた手法とを，組み合わせて行うものである．経験的な判断は，目視調査や打音調査等の簡易的な手法で得られる変状の情報に基づき行われる．過去に事例が多く，典型的な変状に関する知見が蓄積されていれば，経験的な判断から，この手法のみでもほぼ正確な診断が可能である．ただし，この手法によって診断の範囲は絞られても，原因の特定にまで至らない場合もある．その場合は，特定のデータ指標に基づいた判断が必要となる．つまり，経験的な判断に基づく診断は，それ自体にも意味があるが，さらに詳細調査を行う必要があるか否かを判断するスクリーニングの側面も持つ．

　一方で，特定のデータ指標に基づいた判断は，サンプル採取による材料強度や成分の分析や，X線や電磁波等を用いた各種非破壊試験，あるいはモニタリングで得られる数値情報に基づき行われる．数値情報から客観的かつ定量的な診断を行うことができるため，それらが実施されれば，診断の信頼性は当然高まることになる．ただし，診断基準となる数値情報の閾値や数値範囲の設定には十分な知識が必要であることに，注意が必要である．

　点検・調査については 2.2.2 に，またモニタリングについては 2.2.9 に詳細に述べる．

2.2.2 点検・調査

(1) 点検・調査

　ここでは，対象物が本来あるべき状態に対して異常の有無を調べることを点検と定義し，調査はこれよりも広い意味で用いる．例えば，鋼橋のボルトの締め付け状態を調べることや，鋼材の腐食性状あるいはコンクリートの浮き・剥離を調べること，橋の剛性や特定箇所の鋼材やコンクリートの材料特性を調べることは点検とも調査とも呼べるが，橋の利用者数や人々が感じる景観上の評価，経済効果を調べることは点検とは言わない．構造物の維持管理では，文献・書類調査等に基づき，設計で想定した状態に対して異常の有無を調べること（点検）と，利用状況や社会での役割・存在価値を調査することはいずれも重要である．しかし，点検・調査の頻度や項目および方法，さらにデータ処理や評価方法については，今後も体系化と高度化が求められる．

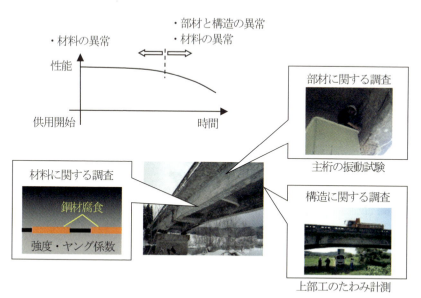

図2.2.2　橋の供用年数と構造性能の低下との関係を示す概念図

図 2.2.2 はコンクリート橋の供用年数と構造性能の低下との関係を示す概念図である．劣化初期の段階では局所的に材料劣化やひび割れが生じるが，構造物の剛性・耐荷力・変形性能の観点から見れば，性能の低下は小さいと考えられる．この場合には，耐久性を照査するために，材料に関する点検が重点的に行われてもよいと考えられる．一方，劣化が顕在化した場合には，使用性や安全性の照査にも重点がおかれ，材料・部材・構造といったスケールの違いを設計の面から検討することが望ましい．目視は点検・調査の基本であるが，材料・部材・構造の力学的特性を評価する上では適切な方法によるサンプリングや各種非破壊試験の活用が期待されている．サンプリングは物性や劣化程度を詳細に調べることができるが，数量が限定されるため，構造物に損傷を与えない非破壊試験と併用するとよい．

(2) 材料に関する非破壊試験

鋼材とコンクリートの材料特性の把握を目的として，各種非破壊試験方法が提案されている．例えば，超音波の伝搬時間に着目して腐食による鋼板の板厚減少量を測定する方法や，反発度法によってコンクリートの圧縮強度を推定する方法などがある．この他にも様々な非破壊試験方法があり，調べる項目，調査範囲，信頼度や測定精度などは，それぞれの試験方法の特徴を十分に理解し，目的に応じて試験方法を適切に選択・組み合わせることが重要である．

(3) 部材と構造に関する非破壊試験

構造物の使用性や安全性などを照査するためには，剛性，耐荷力，変形性能の評価が必要となる．例えば，構造物の使用性を照査することを目的として，静的載荷試験や動的載荷試験（振動試験）によって，供用中の構造物の剛性を測定することを想定する．橋梁上部工であれば，車両重量を用いたたわみ計測（静的載荷試験）や，常時微動計測，衝撃振動試験，強制加振試験などによる固有振動数の測定（動的載荷試験）が行われている．また，部材ごとの剛性分布を把握するために，強制加振試験や衝撃振動試験による測定方法も提案されている．

一方，載荷荷重の範囲内ではたわみとひずみの挙動に基づいて使用性や安全性を確認できるが，構造物や部材を損傷させることなく，載荷試験によって耐荷力と変形性能を直接的に評価することは一般的に容易ではない．このような場合には，幾つかの箇所で採取した鋼材とコンクリートの材料特性の試験データや，各種非破壊試験のデータを FEM などの構造解析手法に入力することによって，構造物の耐荷力や変形性能を算定する方法などが考えられる．このように，点検・調査は現有性能評価（2.2.3）に不可欠なものである．

2.2.3　現有性能評価

(1) 性能評価手法の種類と特徴

　現有性能評価は，構造物の維持管理を合理的に実施するために，評価時点において構造物が保有する性能を正確に把握する行為である．性能評価を行うにあたり，まず構造物の現況に応じて適用可能な評価手法を選定することが必要である．一般的な性能評価手法の分類と特徴を表 2.2.1 に示す．当該構造物の新設設計時に利用した性能照査式により評価を行う場合には，適用基準類に示される構造細目や仕様等の前提条件を満足している必要がある．例えば，部材端部や接合部に損傷が生じて構成材料の一体性が保証されない場合には，設計で想定した破壊形態や変形特性を担保できない恐れがあるため，耐荷力の評価に性能照査式を適用することは困難となる．

表 2.2.1　構造物の性能評価手法の例

評価手法		評価レベル	適用条件	評価の方法
非線形解析	有限要素モデル	定量的	―	応答値と限界値の比較
	線材モデル		構造細目・仕様等を満足	
性能照査式				
外観変状に基づく評価手法（グレーディング手法）		半定量的	経験的データの蓄積	健全度（グレード）と性能低下の対応表

外観変状に基づく評価手法（いわゆるグレーディング手法）は，目視点検やたたき点検等によって把握した外観の変状に基づいて構造物の健全度（グレード）を判断する手法である．比較的簡易な方法ではあるが，性能を適切に評価するためには，当該構造物や類似構造物に関する十分なデータの蓄積と専門技術者による高度な技術的判断が必要とされる．

有限要素法に代表される非線形数値解析法は，変状の生じた構造物の性能を定量的に評価可能な手法である．対象構造物の評価に対して十分な実績を有する解析コードと，適切な知識と経験を有する解析者および解析結果の評価者との組合せによって，信頼性の高い評価を実施することが可能である．

(2) 性能評価の方法

性能評価は，構造物の各要求性能に対して適切な評価指標を用いて実施する（表 2.2.2）．使用性に関する評価では，評価指標を直接測定できる場合が多い．また，安全性に関する評価でも，第三者影響に関わるコンクリートのはく落などについては，外観変状の調査結果に基づいて評価が可能である．一方，安全性における耐荷性の評価については，評価に必要な情報を点検・調査より入手して，評価手法に応じた評価指標を用いて実施することになる．

表 2.2.2 コンクリート構造物の要求性能に応じた評価の例

要求性能	性能項目	限界状態	評価指標	評価手法
安全性	耐荷性	構造物の破壊	断面力，応力，ひずみ	定量的評価手法
			健全度（グレード）	外観変状に基づく手法
	機能上の安全性	第三者影響度の限界	コンクリートのはく落	測定
使用性	快適性	走行性・歩行性の限界	加速度・振動・変形	測定
		外観の阻害	ひび割れ幅，応力度	測定
	機能性	水密性の限界	透水量，ひび割れ幅	測定

定量的な評価手法を用いる場合には，各手法の特徴や適用範囲を十分に理解しておく必要がある．評価にあたっては，構造物の状態（形状や境界の状

況）や材料の状態（強度や剛性，損傷の状況）に関する情報を点検・調査により取得し，劣化した材料のモデル化や構造物の形状および作用のモデル化を適切に行う．非線形解析を適用する場合には，要求性能の満足度（限界値に対する余裕度）を評価することができるため，性能回復に最も効果的な補修・補強の方法や程度を決定することが可能となる．

　外観変状に基づく評価手法を用いる場合には，点検・調査により取得した外観変状に関する情報に基づき，変状が生じている領域や変状の程度が力学的な抵抗特性に及ぼす影響に配慮して評価を実施する必要がある．また，構造物の形式や構造細目・仕様といった構造特性，構造物の境界条件や受ける作用の状態等についても総合的に検討した上で，安全側の評価となるように実施することが重要である．

2.2.4　機構の解明

　正しい診断を行うためには，このように点検，調査，モニタリング（2.2.9に詳述）の結果の分析に基づいた上で，構造物ごとに個別要因の理解が不可欠である．実構造物の変状は，例えば，寒冷地における塩害と凍害のように「同時に複数の原因を伴う」場合や，長年にわたって地盤移動が観測される地域での突発的な事故・災害のように，「原因の一端は過去の履歴にある」場合が多く，これらの理解が，変状の機構解明の鍵となるためである．

　機構解明には，点検，調査，モニタリングの結果に加え，実験による検証が大きな手助けとなる．しかしながら，長期間にわたる環境試験や大規模な構造実験を考えられ得る複数のケースについて実施することは，実際には容易ではない．近年では，実験検証に代わるものとして，有限要素解析等の数値シミュレーションや，類似事象の集積とデータ解析の信頼性が高まっていることから，これらを有効に利用することが推奨される．

2.2.5 劣化予測

(1) 劣化予測の考え方

　大量のインフラの合理的な維持管理計画を立案するためには，インフラ群全体を対象としたマクロ的な視点と，その一部を対象としたミクロ的な視点の両者が重要である．両者を有機的に結合したマネジメント体系が構築できれば，メリハリの効いたメンテナンスが実施できると考えられる．

　マクロ的な視点では，中長期的な予算計画，詳細検討（ミクロ的視点）のためのスクリーニング・優先順位の設定等，インフラ群の全体推移を把握することが要求される．これを実現するためには，全インフラを統一尺度で評価できる目視点検（グレーディング手法）を用いた統計的な劣化予測が有効である．しかし，外観変状に基づく目視点検を用いた劣化予測は，比較的簡易に実施できる一方で，次に示すような課題もある．

・目視点検の評価者間のバラツキ
・構造物性能との関連性の不明確さ

　ただし，目視点検データの特性を，経年変化や施設諸元・環境条件との関連により分析することは重要な視点であり，新設・更新時の設計や施工，維持管理の PDCA を考える際の重要な知見を得ることができる．また，上記の課題を解決するためには，そのデータ自身を分析することが必須である．ここでは，以上の視点を踏まえて，施設群を対象とした劣化予測における留意点を述べる．

(2) データベースの構築・更新

　「①諸元関係」，「②目視点検」，「③補修・補強履歴」，「④損傷・事故履歴」のデータを一元的に整備する必要がある．施設台帳や点検業務報告書の電子化により，①②のデータは比較的容易に入手できるが，③④のデータは不備が多いのが現状である．③は，対策の時期と方法・範囲などを過去の設計図面や報告書等にさかのぼらなければならない．多くの時間と労力を有するが，例えば，施設群の劣化傾向を再劣化も考慮して検討する上で重要な作業である．④は，部材の大規模な損傷などの安全性に影響を及ぼした事例や，舗装

表面に生じた陥没（ポットホール），斜面からの落石などの道路使用性に影響を及ぼした事例等のデータベースである．これらの事象とグレードを実データに基づいて関連づけることにより，目視点検をより有効に活用できるようになる．

なお，統計解析は，解析元のデータベースの信頼性に依存するため，これらの地道な準備が最も重要な検討事項である．

(3) 劣化予測とグルーピング

目視点検は，一般的に数段階の離散的なグレード（橋梁の健全度など）や定性的なカテゴリー（道路斜面の「要対策」「カルテ対応」「対策不要」など）に集約されて維持管理計画に活用される．これらの指標は，一般的に大きなバラツキを持っているため，施設諸元や環境条件，設計基準の変遷等を考慮して適切にグルーピングを行い，劣化傾向を予測することが望ましい．また，これらの集約された指標は，その簡便さの反面，劣化予測を考える上で重要な多くの情報を捨てている可能性が高い．目視点検の報告書には，変状の種類等に応じた詳細なチェックリストや施設の変状写真等が掲載されている．

これらは，施設の損傷の特徴，劣化のメカニズムを推定するための有効な情報であり，劣化予測のグルーピング等に有効に活用するべきである．

(4) 統計解析に基づく劣化予測における留意点

劣化予測モデルは，グレードを連続量とみなして（重）回帰分析により劣化予測式を導くか，グレードの遷移確率を設定するのが代表的な方法である．いずれのモデルを採用する場合にも，モデルのトレンド（平均値）だけでなく，そのバラツキも重要な情報であることに留意しなければならない．

図2.2.3は，点検グレードと経過年の関係を示した図である．(a)は，あるインフラ群の点検結果全体をプロットしたもので，(b)は，ある施設（施設A，施設B）に着目して経時変化をプロットしたものである．(a)では，平均的な劣化傾向は年代によらず概ね一定であるが，経過年10〜30年の施設群のバラツキが大きいのが分かる．バラツキに着目することは，特徴的な劣化傾向を示す施設の抽出や予測が困難な年代の抽出に役立つ．また，(b)のように個

別の施設に対して調査年度が異なる複数のグレードが得られた場合においても，その経時変化のバラツキを見ることは重要である．劣化予測だけでなく，点検方法自体の見直しの必要性など，PDCAサイクルを合理的に回すための重要な情報を得ることができる．

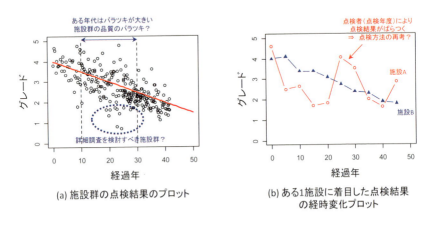

図2.2.3　点検グレードと経過年の関係

また，多様な施設や地域を含む大規模データベースを一度に解析すること，過度に複雑なモデルを採用することは，極力避けるべきである．劣化の傾向を見えにくくするとともに，導出されるモデルの技術的な解釈が困難になる．統計解析上の精緻さよりも，担当技術者自身がモデルの妥当性を工学的に解釈でき，多くの知見を獲得できる方法を選択するべきである．

2.2.6　将来性能予測（数値シミュレーションを例に）

(1) 構造物の性能評価とは

　新設構造物と既設構造物の性能評価は，似ている行為のように見えるが，幾つかの異なる点がある．新設構造物を対象とした性能評価を行う場合には，未だ存在しない構造物に対して，材料特性，構造諸元，供用条件をそれぞれ仮定し，要求される性能を満足する答えを見つける．この行為が新設構造物

の設計である．設計では仮想の条件を与えることになるため，施工や供用中などにおいて実際に起こりうる事象の不確実性を考慮に入れる必要がある．そこで不確実性の結果生じる不具合の大小に応じて，適切な安全率を設定する．一方で，既設構造物の性能評価および劣化予測は，既に供用されている構造物が対象となる．したがって，コンクリートの実際の品質や，実際に作用する荷重・環境外力のバラツキ，あるいは既に存在するひび割れ等の損傷や材料劣化の程度等をいかに予測手法に取り込むかが，予測の信頼性を上げるために重要な点となる．

近年では，構造物の性能に影響を及ぼす様々な因子を加味した材料モデルや構成則の開発によって，与えられた初期・境界条件のもと，ライフサイクルにわたる材料や構造の振る舞いを予測することが可能になりつつある．また，コンピュータの計算能力の飛躍的な向上や大規模数値解析手法の発展などにより，実際の構造物をコンピュータ上でありのままに再現し，時系列ごとの性能評価・劣化予測を行うことも夢物語ではなくなってきた．メンテナンスを行うための有力な支援技術の一つとして，数値シミュレーションに期待されるところが大きい．

(2) 性能評価の意義

数値解析による性能評価の意義とは何であろうか．構造物のメンテナンスにあたっては，当初の設計で予期しない不具合や劣化等が起きることがある．そういった場合，何故そのような事象が生じたのか，また発生した不具合に対して最も合理的な対処法はいかなる手段か，といった問いに答えを出すことが求められる．本項の前後で述べられている診断（機構の解明）および対策として分類される行為である．ここで，実際に観察される不具合事象が数値シミュレーションによって再現されれば，巨視的な見かけの応答や振る舞いをもたらすメカニズムを特定することが可能となる．構造物の変形や損傷が，材料に起因するものなのか，あるいは設計で想定しない荷重作用や環境作用によるもの等，不具合や劣化の原因を絞り込むことにつながる．ただし，数値シミュレーションの精度は，モデル自体の精度と適用範囲に依存するため，分析の対象がその範囲にあるものか否か，常に注意が必要である．

また複雑かつ様々な環境下で供用される構造物の挙動は，しばしば強い非線形性（相互依存性）を有する場合がある．材料の劣化・損傷に影響を受ける構造挙動や，周辺地盤と構造物の間の力学的な相互作用が代表的な例である．構造物の性能や劣化に影響を与える因子は互いに影響を及ぼし合うため，一般に卓越する影響因子を抽出することが難しい．より普遍的な理論や機構に基づく一般化解析手法などを用いれば，様々な仮想的な検討をコンピュータ上で行うことで，複数の影響因子から個々の要因を独立して抽出し，個別の影響感度を知ることができる．

(3) 性能評価のために必要な情報

既設構造物の性能評価を行う際，解析に必要な全ての情報が手元にあるとは限らない．多くの場合は，建設当時の設計・施工資料が残存せず，コンクリートの配合や実際の施工条件を同定することが難しい．したがって，構造物に残されている痕跡，例えばひび割れの発生状況，材料強度や腐食の程度などの情報を直接入力として与えることで，解析の信頼性や精度が高まることが予想される．非破壊試験などによって構造物を構成する材料の特性や諸元が分かり，数値解析に入力できれば，解の精度や信頼性が高まる．さらに予測の確度を上げるためには，天気予報などで既に活用されているデータ同化技術の考え方を構造物の劣化予測に当てはめることも有効である．数値解析の予測と現実が乖離した場合，適宜，現実に合わせるように解析の境界条件，パラメータなどをアップデートしながら，予測精度を高めるという考えであり，今後の研究の発展が望まれる．

(4) 設計・施工・維持管理への反映

以上の数値シミュレーションによる検討には，一般に高い技術力とコストが要求される．したがって，解析的検討によって明らかとなったメカニズムを咀嚼し，簡易な設計手法や構造細目，施工の具体的手段に反映させるといった行為も重要である．特に，解析を通じて判明した影響の大きい因子を，設計・施工の上流側で対処し，劣化をもたらすメカニズムを構造物に内包させない，あるいは排除させることの効果は大きい．解析シミュレーションの

知見を設計・施工・維持管理にフィードバックすることが重要である.

2.2.7 判断

　将来性能予測の結果を踏まえ,診断の最終段階として下される判断は3種類である.1つ目は,対象としたインフラが,現在のメンテナンス水準に対して十分な現有性能を有し,かつ将来にわたっても十分な性能を満足できるという判断である.この場合,メンテナンスはこれまで通り実施し,必要な時期に次の定期点検を行えばよい.

　2つ目は,対象としたインフラが,現在の設定水準を満足する性能を現在有していると同時に,対象インフラをとりまく将来の社会環境変化を見据えてメンテナンス水準を見直した場合,見直した性能を将来にわたって満足できるという判断である.この場合は水準の見直し,つまりシナリオの変更を行えばよく,その時点での具体的な対策は不要となる.

　3つ目は,対象とするインフラが,現在のメンテナンス水準を満たしていない,あるいは今後満たさないことが合理的に予測されるため,対策を行うという判断である.対策については,2.2.8で詳述する.

2.2.8 対策

(1) 対策の種類

　あらかじめ定められたシナリオや水準に基づいて,何らかの対策が必要と判断された場合には,具体的な対策方法を検討し,決定することになる.対策には大きく分けて,点検強化,補修,補強,更新,供用制限,供用停止・撤去がある.2.2.1に示したように,メンテナンスのシナリオ・水準に従って,最適な対策を選択することとなる.

(2) 点検強化

　点検強化は,ただちに補修・補強等の対策を行うことができない場合や経済的に有利でない場合にとられる対策である.具体的には,残余の供用期間

が少ない場合や重要度の小さいもの，設計で想定されたよりも作用の小さいものなどが挙げられる．点検強化は，事故を未然に確実に防ぐために行われるものであるので，事故に至るまでの変状の進行過程を勘案しながら，点検の方法と頻度を適切に設定することが重要である．

(3) 補修・補強
(a) 補修・補強とは

補修・補強はともに，劣化や損傷などで低下した性能を向上させる行為をさす．劣化には経年による材料劣化に加えて，要求水準があがったことによる機能的な劣化も含まれる．このうち，力学性能を当初のレベルまたはそれ以下まで回復する場合には補修といい，当初のレベルより向上させる場合には補強という．補修には力学性能の回復のほかに，劣化の進行を抑える効果も期待される．劣化進行を抑える効果の強さや期間は，2.2.1 に示したメンテナンスのシナリオに沿って選択することになる．病気の診断に対する投薬と同様で，補修・補強においては，劣化機構の診断を見誤ると効果が期待できないばかりか，逆効果になることもある．補修・補強方法の選定に際しては，補修・補強材料自身の耐久性のみならず，補修・補強した構造物全体のシステムとしての耐久性が確保されるのか否かを見極めることが肝心である．

(b) 補修・補強におけるリスク管理

補修・補強設計の際に設定される劣化状況は，限られた数の調査結果から推定されたものであるので，多少なりとも現実とは異なる．工事開始後に，設計の仮定と実際の劣化状況が大きく異なることが判明した場合には，補修・補強範囲や対策方法の変更を検討しなければならない．このように，補修・補強といった対策には調査精度に起因するリスクが存在するので，対策方法の選定時や補修・補強設計時および施工時のそれぞれにおいて，問題が発生した場合の対処方法を事前に協議しておく必要がある．

(c) データの蓄積の必要性

材料劣化した構造物のメンテナンスにおいては，補修・補強対策の効果検証に長い時間を要するので，未検証の部分も多い．それゆえ，良い事例にせ

よ，不具合が生じた事例にせよ，対策による検証結果を収集・分析し，将来の維持管理にフィードバックすることが重要である．特に，適用例の少ない対策を講じた場合には，将来のメンテナンス技術の向上に資するために，戦略的に記録を保存し，分析することが望ましい．

(4) 更新

更新は構造物を取り換えることで対策を施すことであり，劣化した構造物の対策としては，もっとも抜本的で確実な対策である．更新という対策にはメリットとともにデメリットもある．メリットとしては，補修・補強と違って不確定要素が少ないこと，工事費の積算精度が高いこと，現在の耐久設計技術の活用により，高耐久のものが確実に製造可能であること，それにより将来の維持管理の手間やリスクを省けることなどが挙げられる．デメリットとしては，一般に補修よりもコストがかかること，更新中の代替機能の確保などが挙げられる．

(5) 供用制限

供用制限は，劣化がかなり進行したインフラや設計基準の改訂により機能的劣化が発生したインフラに対して，用途や荷重に制約を設けて供用を続ける対策である．制限の程度を適切に定めるためには，性能評価が不可欠である．また，進行性の劣化を伴う場合には，劣化予測を行い，講じた措置がいつまで有効に機能するのかを評価しなければならない．

(6) 供用停止・撤去

代替路線の整備などによって役目を終えた構造物に対しては，供用停止や撤去といった対策も選択肢に含まれる．供用停止した場合には，その後の劣化進行に伴い，構造物が崩壊するリスクがあるのか否かを検討する．崩壊リスクがある場合には，構造物の管理者は崩壊による周辺への被害を勘案しながら，撤去計画を立案し，計画を実行へ進める責任がある．

2.2.9 モニタリング

(1) モニタリングの概要

モニタリングは，2.2.1 で述べたとおり，社会インフラメンテナンスにおいて，あらゆる段階で活用される技術である．このため，モニタリングには多様な目的や手段が存在する．多くの場合，設計検証や工事効果の把握，インフラ自体の状態評価，作用外力の推定等を目的として，変位，加速度，ひずみ，電気特性，形状等を把握するセンサを利用して，対象インフラの挙動を把握するものである．以下に項目ごとに詳述する．

(2) 設計検証のためのモニタリング

構造物は耐荷性，使用性，耐疲労性，耐震・耐風性など様々な性能を想定して設計されるが，これらの性能の観点から実構造物を検証・評価するのが設計検証のためのモニタリングである．実構造物は設計時の想定通りであることが期待されるが，中には設計上の仮定が妥当でない，施工の質にバラツキが大きい，ということもある．これをモニタリングにより評価しようとするものである．一品生産を特徴とするインフラにおいては個別あるいは代表形式の施設について設計検証することが重要である．特に，地震応答や長大橋の風応答はモニタリングなくして評価が難しい．また，耐風・耐震工事の効果把握の目的でもモニタリングが実施される．検証すべき性能をどのような物理量のモニタリングで評価できるのかを事前に検討することが重要である．

(3) 供用中の構造物の状態評価のためのモニタリング

インフラ自体の状態評価の例として，まず特定の変状に対する経過観察が挙げられる．例えば，応急対策を施して恒久対策を実施するまでの間，ひび割れ幅や変位量などを監視して異常がないことを確認した上で供用を続ける．状態の変化を検知し通知（アラート）を発する仕組みを設ける事が多いが，閾値を設けるべき観測量やその処理法の設計は自明でない．誤報や欠報が発生しにくい観測量や処理法を設計したり，誤報や欠報の発生を考慮して

通知（アラート）機能の利用者が判断したりする必要がある．

　次に，膨大な量のインフラから変状の疑われる施設や部位・場所，部材をスクリーニングする目的で状態評価するモニタリングが挙げられる．目視点検も同様の目的で行われるが，精度や頻度が劣る，定量的評価が困難，あるいは，全ての対象の調査は非効率的である，といった課題がある．例えば，トンネル等のコンクリート構造物の表面状態を評価するためにビデオカメラ，レーザ，赤外線カメラ等を搭載した車両により移動しながら広域を計測し，劣化箇所を抽出する技術がある．同様のセンサや振動計により，舗装の路面状態を移動車両から計測し，スクリーニングする技術もある．河川内の橋脚の洗掘モニタリングや埋立地の沈下量モニタリング，護岸や法面・斜面のモニタリングも挙げられる．対象とするインフラが膨大であることから安価に効率的に実施できること，また信頼性が明確であることが期待される．

(4) 供用中の構造物への作用外力推定のためのモニタリング

　作用外力を推定する目的では，交通荷重のモニタリングが挙げられる．大きな荷重を繰り返し受けると構造物の疲労が進行するため，作用外力の大きさと頻度を把握することが重要である．米国の州間高速道路では道路ネットワークの複数箇所で荷重計測を常時行い，過積載車両を取り締まるとともに，累積荷重と点検・詳細調査結果とを組み合わせて橋梁の補修・補強の優先度を決定する．作用外力の不確定性をモニタリングにより低減し管理に反映している．

(5) 期待される付加価値

　人手に頼って測定や目視点検していたものをセンサ等により自動化，省力化，高度化するための技術的課題の解決に加えて，コストに見合った付加価値を持つ仕組みを作り出すことが重要である．センシングや通信・情報処理技術の発展に伴い，モニタリングにより得られる情報の種類や量は飛躍的に増大している．設計・施工・維持管理の記録や知見と組み合わせて，メンテナンスに活用する仕組みや，設計へのフィードバックが期待される．

2.3 メンテナンスの運用

2.3.1 コストの視点(ライフサイクルコスト, トータルコスト)

多数のインフラの維持管理を限られた予算の中で合理的に行うためには,コストの視点も重要である.特に,インフラは自動車や電化製品等のその他の工学に関わる製品と比較して,その耐用期間は格段に長い.そのため,所要の性能をインフラの生涯(ライフサイクル)にわたって発揮させることを前提とした上で,単なる初期の建設費用だけでなく,その後の維持管理や撤去に関する費用を含めたライフサイクルにわたる総コスト(ライフサイクルコスト, LCC)をできるだけ低減する必要がある. LCC は式(2.3.1)により求められる.

$$LCC = C_I + C_M + C_R \qquad (2.3.1)$$

ここに, C_I: 初期建設費用
C_M: 補修・補強を含む維持管理費用
C_R: 撤去費用

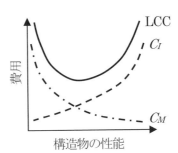

図2.3.1 構造物の性能と費用の関係

構造物の設計や維持管理における一つの考え方は図 2.3.1 のように LCC を最小化するものである.従来,とかく初期建設費用の最小化を基本とした

構造物の設計あるいは発注方式が採用されてきたが，結果的に維持管理への配慮が不十分となり，早期に変状が顕在化して補修・補強を要する場合があるなど，LCCとしては全く最小化されていない事例が見受けられた．一方，近年，東京国際空港D滑走路建設外工事に代表されるように，一定期間の維持管理に関する責任を含む設計・施工一括発注もなされるようになってきている[1]．このような発注方式は，自ずとLCCを意識するようになり，より丈夫で長持ちするような配慮がなされた構造計画，設計や施工がなされる礎や動機付けを併せ持った発注方式であると捉えることもできる．

従来のインフラの維持管理は，変状が顕在化してきてからの「事後保全」が多かった．このような事後対応に基づく場合，人間の医療行為に例えれば，病気が相当程度に進行してから初めて医師の診察を受けるようなもので，既に大手術を受けなければいけない段階となっている場合が少なくない．塩害を受けた鉄筋コンクリート構造物を例に挙げれば，鉄筋腐食が始まると，その進行を抑制することはできても，鉄筋腐食のない元の状態に戻すことはできないほか，場合によっては既に対象構造物を解体・撤去せざるを得ない場合も考えられる．一方で，人間の健康管理における定期健診のように，コンクリート内部の塩化物イオン濃度の変化を定期的に把握し，発錆限界塩化物イオン濃度を超過する前に表面被覆等の対策を行えば，鉄筋腐食を生じさせずに合理的な維持管理を行うことができる．このようなインフラに変状が顕在化する前から適切な対策を図る「予防保全」を行うことは，LCCの低減を図ることにも通じるものである．

このLCCはライフサイクルにわたる総コスト（トータルコスト）に他ならない．同様の考え方は，地震動による損傷の結果として必要となる復旧コストを含むトータルコストを最小化するように経済性の観点から使用限界状態に対する力学的特性を決定する手法としても提案されている[2]．経済性を評価する観点からは，地震動による損傷であっても，材料劣化による変状であっても，同一の考え方を採用することができ，構造種別や荷重・環境作用の違いを超えたライフサイクルマネジメント（LCM）における指標として，ライフサイクルコストやトータルコストの考え方は重要である．

なお，LCC等の評価における留意点として，次の項目が挙げられる．

算定モデル	補修・補強効果の持続性の評価を含めて適切な算定モデルを用いる必要がある.
算定期間	LCCの算定期間に応じて最適な対策は変わり得る.
対象構造物	ある1つの構造物に対するLCC最小化が必ずしも地域における構造物群としてのLCC最小化とはならない場合がある.
物価変動	種々の工費を含む物価や社会的割引率は経済情勢によって大きく変化する.

したがって，算定されたLCCの絶対値そのものに過度に縛られるのではなく，あくまでも丈夫で長持ちするインフラ群のライフサイクルにわたる推定コストを相互比較するための1つの相対的指標としてLCCを捉える必要がある．一構造物やある期間における局所的な最適解に陥らないように，算定モデルの妥当性や感度を含めて適切な総合的判断に基づいたLCMの実践が求められる．

2.3.2 情報の蓄積・統合化（データベース）

(1) 情報蓄積の重要性

インフラのメンテナンスに限らず，様々な局面で意思決定を行うには情報活用が必要不可欠である．医療の分野では，これまでに数多くの検査データの蓄積が行われており，これらの情報は，病気の発見や治療等，医師の意思決定に役立っている．また，個人の健診データを比較検討することで，より的確な病態の判定や診断が可能となり，定期的な健診データの推移をみることで，今後起こり得る病気を予測することも可能となっている．インフラにおいても，造ったインフラは，必ず維持管理が必要であり，今後高齢となるインフラが増えることから，メンテナンスが必要なインフラはますます増えることが予想される．

インフラのメンテナンスを戦略的に行うためには，情報の利活用が重要であるが，残念ながら現時点では，メンテナンスに必要な情報の蓄積が十分に行われておらず，また存在したとしてもばらばらに存在するため，意思決定

どころか，状況分析もできていないのが現状である．必要な時に必要な情報が得られないため，メンテナンスの現場では，適切な判断を迅速に行うことが難しい状況である．

(2) 情報の蓄積

情報をメンテナンスに活用するには，対象となる情報を明確にする必要がある．情報活用の目的を明確化し，その目的に合致した情報を蓄積することが重要で，情報を蓄積するのはあくまでも手段であり，蓄積された情報を維持管理に活用することが目的であることを忘れてはならない．メンテナンスでは，対象となるインフラによって収集すべきデータも異なるが，目的が明確になっていれば，おのずと収集すべきデータも明らかになる．

表2.3.1に一般的なメンテナンスで必要となる情報の種類とその概要を示す．紙ベースでの資料もあるが，後の情報活用を考えると電子データに変換するのが望ましく，インフラごとに必要な情報を蓄積できるシステムが必要となる．また，闇雲にたくさんのデータを収集するのは費用がかかるばかりか，整理等が煩雑になり，データの信頼性を落とすことになるので，どのようなデータが必要で，どのように活用するかをよく吟味することが重要である．また，組織内でデータ入力の基準やチェック体制等の運用ルールが定まっていない場合には，品質の低いデータが混入する可能性があるので，品質の低いデータを発生させない工夫，取り除く工夫が必要である．

表2.3.1 メンテナンスで必要となる情報の種類

項目	概要
環境条件，使用条件	立地している環境条件，交通量等
設計記録（設計図書）	設計図面等
使用材料	工事において使用した材料，品質管理記録等
工事（施工）記録	施工方法，気象条件等，出来形検査結果等
竣工検査記録	竣工検査記録（初期欠陥の記録を含む）等
点検・調査記録	点検調書等
補修・補強記録	点検・診断記録，補修・補強記録工事内訳等

(3) 情報の統合化

　メンテナンスに関わる意思決定を迅速かつ確実に行うためには，メンテナンスに必要な情報を統合し，一元化することが望まれる．情報を一元化することで情報活用が円滑に行われ，状況の把握ができ，現在の傾向や問題の詳細までが認識でき，原因と今後の予測，対策の立案が可能となる．しかしながら情報の一元化は進んでないのが現状である．そのため，今後はデータの活用を国全体で考える視点を持ち，単に自組織に閉じた取組みとするのではなく，自組織を越えたデータマネジメントが望まれる．他機関のデータベースとの互換を円滑に行うために，データベースの入出力にXML (eXtensible Markup Languageの略で，データは項目＋内容で記述される）を用いる試みも行われており，標準化はある程度進んでいるものの，統合化までは至っていない．情報の蓄積は手段であり，活用することに意味があるので，データベースの構築では活用を心がけることが成功への秘訣となる．

2.3.3　マネジメント

(1) 維持管理計画，優先順位，予算平準化
(a) 維持管理計画
1) 維持管理計画の現状

　逼迫した財政状況のもとで，各施設の要求性能を満足しつつ維持管理・更新等に係るトータルコストの縮減・平準化を図るためには，点検・診断等の結果を踏まえて，個別施設毎に戦略的な維持管理方針に基づく維持管理計画を策定し，これに基づき計画的に維持管理・更新を進めていくことが重要である．

　これまで道路橋，河川構造物，下水道施設，港湾施設等をはじめとする多くのインフラにおいて長寿命化修繕計画等の策定が進められており，一定の進捗が見られる一方，修繕計画を策定することなくコンクリート片の落下など不具合発生後に対処療法的に修繕等を実施している施設も多数存在しており，施設や管理者によって取組みの進捗や計画内容にバラツキがみられる．

　その要因は，施設毎の維持管理方針が不明確であること，計画策定の前提

となる点検・診断の実施や情報の蓄積が十分ではないこと，優先順位の考え方等の計画策定のノウハウが不足していること等，様々であり管理者の取組み状況に応じたきめ細かな対応をいかに図っていくかが課題である．

2) 維持管理計画のあり方

維持管理計画を「策定」する意義は，維持管理事業の具体的な実施方法を明らかにするとともに，納税者である住民や利用者へ，維持修繕事業等の内容を説明し，アカウンタビリティ（説明責任）を向上させること，維持管理を計画的かつ持続的に実施していくことである．

①住民や利用者への明確な説明

維持管理に必要な予算とその効果を明確にすることにより，住民や利用者に対して，財政の透明性を高めるとともに，メンテナンスの必要性を説明する．

②管理者内部への説明

維持管理に必要な予算，期間，事業の内容を明確にし，新設事業等も含めた事業全体の中で戦略的な維持管理に必要な予算や人員の確保に対する合意形成を図る．

③維持管理の持続的な実施

維持管理計画の実施状況を持続的に把握・評価して，維持管理のPDCAサイクル（計画→実施→評価→見直し）のスパイラルアップを図る．

(b) 優先順位・予算平準化

1) 優先順位・予算平準化の現状

限られた予算の中で施設の健全性・安全性を確保しつつ，戦略的なメンテナンスを実施していくためには，点検・診断結果に基づき今後必要となる修繕・更新等の対策費用を適切に把握したうえで，優先順位の高い施設より戦略的に対策を実施していくことが重要である．

現在，同種施設間の優先順位付け手法として「施設の健全度」と「施設の重要度」に着目して優先度を評価する方法等があり，各施設の優先度に基づき修繕・更新時期を調整することで，同種施設間（例えば，道路橋）の予算の平準化が行われている．

2) 優先順位・予算平準化のあり方

今後，メンテナンスサイクルをスパイラルアップしてより適切な維持管理を実施していくためには，同種施設間の部分的な最適化から1歩踏み出し，異なる施設間においても優先度評価を行い，施設種別に関わらず本当に優先度が高い施設より修繕・更新等の対策を実施していく必要がある．

しかしながら，社会インフラを構成する各施設の役割・機能は様々であり，異なる施設間で対策の優先度を判定するのは簡単ではない．異なる施設間の優先度を評価するための手法の一つとして，維持管理におけるリスクに着目し，維持管理を怠ったとき（補修・更新を先送りにしたとき）に施設の機能低下による事故や不具合が発生する確率（発生確率）と不具合が起こった場合の人命や社会的被害の大きさ（社会的影響度）を2軸で評価し，リスクの高い施設より優先的に対策を実施していく方法などが考えられる．

(2) アセットマネジメント

「形あるものいつか壊れる」．完成時にその重厚感から，壊れることがイメージしにくい構造物も，長年の環境からの影響等により徐々に劣化し，やがて崩壊する．重厚であるが故か，構造物は崩壊の際，尊い人の命を巻き添えにする可能性が高い．

かつての高度経済成長期，急速に整備されたインフラは，人々の生活を豊かにした．それからおおよそ50年が過ぎた現代は，それらのインフラのあり方を再考する時代である．いかに人命に対する安全性を確保するのか，いかに豊かな生活を維持するのかを，インフラを対象に真剣に考えなければならない．

(a) アセットマネジメント導入の背景

その再考に関して，大きな背景が二つある．一つは，高度経済成長期に建造したインフラのストック量が多く，それらが一斉に何らかの措置をされなければならない時期にあることに対し，近年の国および地方公共団体をはじめとする，インフラ管理団体の財政事情の逼迫により，現存するインフラを従前のメンテナンス手法で維持し続けることができないという，まさに現時点で大きな課題に直面している点である．

もう一つは，日本の人口減少，そして高齢化である．人口が減少し，少子高齢化が進む地域におけるインフラ整備のあり方は，これまでと違っていて当然であろうが，整備の新しい方針を，既に存在するインフラに適用する道筋は定まっていない．これらは現在ではなく，将来を見据える課題と言える．
　このような背景の中，これからのインフラを適切に維持管理していく上で期待されている手法が，アセットマネジメントである．

図2.3.2　アセットマネジメントの背景と目的を示す概念図

(b) アセットマネジメントの概観

　アセットマネジメントは，メンテナンス工学の発展型ではない．インフラのあり方を，工学的のみならず，経営的あるいは経済的見地から評価し，構造物を資産として，最適な状況で維持することを目的とする仕組みである．具体的には，構造物の物理的な耐久性を向上させることだけではなく，構造物の存在が寄与する社会的便益や，安全を阻害するリスク要因を評価し，限られた維持管理予算を最適に投資する手法である．さらにアセットマネジメントは時間軸に重きをおき，瞬間的ではなく，インフラのライフサイクルを

対象として投資効果を最大化する仕組みでもある．実際，アセットマネジメント手法を取り入れた構造物の長寿命化修繕計画では，従来の事後保全型維持管理から，構造物の健全性を維持しつつライフサイクルコストを低減させる予防保全型維持管理へ，個別状況に応じて移行が進んでいる．

(c) 工学的のみではない，経営・経済的評価による資産価値

アセットマネジメントは，時間軸を重視した上で，インフラを構成する構造物の資産価値を定量化し，その価値の向上あるいは維持に資する戦略を立案し，実行し，事後評価して戦略を改善するPDCAサイクルによる最適化を目標としている．資産価値はインフラの物理的な状態評価だけを意味してはいない．人口減少や少子高齢化に代表される，時間の進行にともなう社会的変化に応じて，構造物の社会的な資産価値の変化も対象とする．インフラの物理的な劣化予測のみならず，こうした社会的価値の変化を予測し，今後のインフラのあり方を投資的観点から評価した維持管理が，アセットマネジメントによって実現できると考えられている．

一方，こうした経営・経済的側面を重視するアセットマネジメントを用いた維持管理計画の策定によって，過疎地域の切捨てとも言えるインフラ整備の格差助長が懸念される．最終的な維持管理計画においては，予算の最適投資配分を論理的に導き出すアセットマネジメント手法による結果を参考に，機械的にではなく，地域全体を面的に俯瞰し，かつ将来像を想見する人間が，総合的に判断すべきである．

(d) これからのインフラ維持管理の課題解決とアセットマネジメント

インフラを維持管理する国・地方公共団体をはじめとする管理団体は，構造物の劣化に対する安全性の確保，頻発する自然災害への対応，人口減や高齢化社会が与える公共事業予算への影響，必要な技術者の確保等，現時点のみならず未来に対して解決すべき課題を抱えている．工学的新技術の採用，民間資金導入や民間経営手法の活用，あるいは地域住民との協働等を，アセットマネジメントのPDCAサイクルに取り込み，インフラの維持管理システムを，強い指導力・牽引力でスパイラルアップさせることが，課題解決につながる道である．

参考文献

1) 岩波光保,加藤絵万,川端雄一郎:維持管理を考慮した桟橋の設計手法の提案,港湾空港技術研究所資料,No.1268,2013
2) 坂井公俊,室野剛隆,佐藤勉,澤田純男:トータルコストを照査指標とした土木構造物の合理的な耐震設計法の提案,土木学会論文集A1,Vol.68,No.2,pp.248-264,2012

第3章　構造物のメンテナンス

3.1　対象とする構造物

3.1.1　構造物のメンテナンスの特徴

　インフラを整備する目的は，様々な災害から人命や財産を守り，安全で安心な市民生活を保障するとともに，円滑な社会・経済活動を支えることで，豊かな市民生活を実現することである．このために，我々は多様な構造物（人工公物）を構築し，それらを一体的に機能させている．例えば，道路インフラであれば，橋梁，トンネル，舗装，信号やガードレールなどの附帯設備といった多様な構造物を整備し，それぞれの構造物の機能を確実に発揮させることで，道路ネットワークを形成している．我々がこの道路ネットワークを安全に快適に利用するためには，各種構造物が適切に維持管理されていることが前提である．

　本章では，インフラを構成する代表的な構造物である，舗装，軌道，鋼構造物，コンクリート構造物，土構造物，トンネル構造物を対象に，その概要と変状メカニズム，維持管理の手法を述べる．これらのうち，鋼構造物，コンクリート構造物，土構造物，トンネル構造物は，インフラに求められる最も重要な機能の1つである安全性を保証するうえで不可欠な荷重抵抗機能を有することから，代表的な構造物として取り上げることとした．これらの構造物は，一般に規模が大きいことから，たとえ変状が顕在化したとしても，容易には造り替える（更新する）ことができないという特徴がある．したがって，供用開始時点から維持管理計画を策定して，定期的な点検とこれに基づく評価・予測を確実に行って，必要に応じて補修・補強等の対策を予防保全的に実施していくことが強く望まれている．ここで，鋼構造物，コンクリート構造物，土構造物は，構成材料の違いに着目して分類したものであり，一口に鋼構造物と言っても，鋼橋，矢板式岸壁・護岸，水圧鉄管など，多種多様な構造物が存在する．本書では，これらの構造物の変状メカニズムを体系的に理解するために，構成材料ごとに整理している．ただし，トンネル構

造物は，構成材料による区分となっていない．トンネル構造物は，躯体であるコンクリート構造物と地山や周辺地盤との広い意味での複合システムである．インフラのメンテナンスを考えるうえでは，この複合システムを正しく理解しておくことが肝要である．そのため，複合システムの代表例として，我が国の代表的な土木構造物でもあるトンネル構造物を取り上げている．

一方で，道路における舗装や鉄道における軌道は，車両や列車を直接的に支える構造物であることから，ちょっとした不具合であっても，利用者の安全性や快適性に直接的に多大な影響を及ぼす．そのため，舗装や軌道といった構造物では，点検・検査の頻度が非常に密に設定されているだけでなく，一定の時間が経過した後には更新することが前提となっている．このような思想のもとで，古くからメンテナンスが体系的に実施されており，既にメンテナンスサイクルが確立している点が特徴である．そこで本章では，更新を前提とした構造物である，舗装と軌道のメンテナンスの手法をまず概説している．

3.1.2 附帯設備の維持管理の重要性

インフラを構成する構造物・部材のうち，附帯設備の重要性を忘れてはならない．東日本大震災の際における東北新幹線の電化柱倒壊や中央自動車道笹子トンネルにおける天井板落下などの事故は記憶に新しい．構造物本体ではない附帯設備は，インフラや構造物にその機能を発揮させるためには不可欠であり，附帯設備に不具合が発生すると，インフラや構造物の機能に大きな支障が生じるだけでなく，人命にかかわる大事故につながる可能性もある．このような附帯設備の重要性は古くから認識されているものの，必ずしも最善の維持管理が実施されているとは言えない．これは，附帯設備の種類が非常に多く，また，構造物の種類や機能ごとに附帯設備に求められる役割が大きく異なるためである．また，附帯設備の中には，土木施設ではなく，機械設備や電気設備に分類されるものも多く，その設計，施工および維持管理が土木施設とは別個に行われている場合もある．このような場合，責任の所在が曖昧になるだけでなく，双方のコミュニケーションが不足していると，お互いにとって思いもよらない状況が発生してしまう可能性も否定できない．

したがって，附帯設備の適切な維持管理のためには，インフラや構造物の安全性に対する附帯設備の影響を漏れなく調べて，変状連鎖図のような形で整理した上で，現状の附帯設備の設計，施工および維持管理の手法に問題点がないかを総点検する必要がある．この際には，土木分野の技術者だけでは問題点を見落とす可能性があることから，電気や機械などの関連する分野の技術者の協力も得る必要がある．また，安全工学やリスクマネジメントの知見も活用することが望ましい．

3.1.3 複合システムとしての構造物

多くのインフラは，構造物の組合せ，あるいは自然公物との組合せにより機能している．先に例示したトンネル構造物（コンクリート躯体と地山や周辺地盤）だけでなく，他にも，橋梁における鋼上部工とコンクリート床版，橋梁におけるコンクリート橋脚と周辺地盤，河川・海岸堤防における地盤とコンクリートなどが複合システムの代表例として挙げられる．また，最近では，コンクリート構造と鋼構造を組み合わせた複合構造物も数多く建設されている．このような構造物では，異なる構造や材料を複合していることがメンテナンスの弱点・盲点になりがちである．これは，メンテナンスを担当する技術者が，コンクリート構造と鋼構造，地盤とコンクリートなど，双方の知識と知見を有していなければならないこと，異なる構造や材料の間に境界が生じ，ここが構造上，耐久性上の弱点になる可能性が高いことなどによる．複合システムからなるインフラのメンテナンスを考えるうえでは，この点についてよく理解しておくことが重要である．

3.2 舗装

3.2.1 舗装の特徴

(1) 舗装の役割と構造

　舗装は道路を中心として空港や貨物ヤード等に用いられる，交通インフラの主要な構成要素であり，車両や歩行者等に対するサービス提供の中心的役割を担うものである．特に道路は人流・物流を担う中枢的な社会インフラであり，その全延長は約 120 万 km に及ぶ．

　道路がその機能を発揮できるかどうかは舗装の状態に強く依存する．また，舗装は車両の通行による疲労現象や，気象の影響（紫外線，降雨，寒暖の温度変化等）による劣化現象を経て破損し，走行性や快適性といった舗装に求められる性能が低下する．さらに破損箇所を放置すると舗装は破壊し，道路の機能が大きく損なわれる．したがって，道路が継続的にその機能を発揮するためには，道路の特性に応じて求められる舗装の性能を一定水準以上に保つように舗装のメンテナンスを行う必要がある．ここでは舗装に求められる役割と，その役割を果たすために必要な舗装の構造について説明する．

　舗装に求められる役割は「安全な交通の確保」，「円滑な交通の確保」，「快適な交通の確保」および「環境の保全と改善」である[1]．この 4 種類の役割のうち，記述順でいう最初の 3 つの「安全」，「円滑」および「快適」は，車両等を通行させる施設としての舗装の役割である．残る「環境の保全と改善」は，より広く公共空間の一要素としての舗装の役割といえる．舗装の適切なメンテナンスのためには，各役割の特徴の理解が重要である．

　舗装を使用材料に基づいて分類すると，主としてアスファルト舗装とコンクリート舗装に大別される．アスファルト舗装とコンクリート舗装それぞれについて，一般的な舗装の構造を図 3.2.1 に示す．アスファルト舗装は表層，基層および路盤から構成され，コンクリート舗装では表層および路盤から構成されることが一般的である．表層は路面を形成し，路面の機能を発揮させるために基層，路盤および路床は一体となって交通荷重を支持する．現存する道路舗装においてアスファルト舗装が 90%以上を占めている．石油価格の

高騰により近年，コンクリート舗装が見直されているところであるが，ここでは主にアスファルト舗装を対象に，舗装に求められる役割についてより詳しく説明する．具体的には，舗装に求められる機能と性能をそれぞれ説明することにより，舗装に求められる役割の説明となすことにする．

舗装のメンテナンスに際しては，前述した舗装の役割を果たすために必要な舗装の性能を，舗装が置かれている物理的環境や施設管理者を取り巻く社会的環境を十分考慮して設定する必要がある．舗装に求められる性能に関して，機能に対応した性能を規定して設計，施工，メンテナンスを実施するという，近年の性能規定化の流れを踏まえた取組みが重要となる．

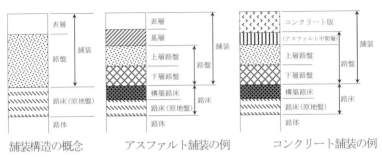

図3.2.1 舗装構造の例[2]

舗装に求められる具体的な性能や機能について，いくつかの書籍を引用しつつ紹介する．

土木学会の「舗装標準示方書」[3]では，舗装の設計・施工および維持修繕を実施する際に考慮すべき要求性能が以下の5項目から構成されるとしている．

1) 荷重支持性能
2) 走行安全性能
3) 走行快適性能
4) 表層の耐久性能
5) 環境負荷軽減性能

また，日本道路協会の「舗装性能評価法」[4]では，要求性能を評価する指

標として以下のとおり体系づけられている．
 1) 必須の性能指標：a) 疲労破壊輪数, b) 塑性変形係数, c) 平たん性
 2) 雨水浸透に関する性能指標：d) 浸透水量
 3) 必要に応じ定める性能指標：e) 騒音値, f) すべり抵抗値

その他，舗装に求められる機能として土木学会の「舗装工学の基礎」[5]には以下の6項目が挙げられている．
 1) 平らであること（平たん性）
 2) 滑らないこと（すべり抵抗性）
 3) 水がたまらないこと（排水性）
 4) すぐに壊れないこと（耐久性）
 5) 音が静かなこと（低騒音性）
 6) 適切な色合いであること（明色性，美観性）

舗装の機能や性能に言及している前述の書籍類においては，舗装が道路の作用荷重を支持する構造物として，路面を走行する車両等に対して機能を発現させていると位置づけられている．例えば，舗装の設計時における荷重支持性能の検証は，多層構造物としての舗装の構造計算を通じて行われる．供用中の診断においても，後述するFWD (Falling Weight Deflectometer)を用いて多層構造物としての舗装の性能を評価することからも，舗装が構造物としての機能を果たしていると考えられる．

これに加えて新たな視点として，我が国ひいては世界の有史において舗装が，元来存在していた路体の保護を目的として発明・整備されてきた経緯を鑑みると，舗装はその下の構造物（路床や橋梁床版等を指し，以下「下部構造物」という）を保護するための部材という役割を有すると考えることもできる．道路の新設や大規模更新が減少して相対的にメンテナンスが重要である今日であればこそ，必要に応じて舗装の役割を再考したうえで適切なメンテナンスを実施することが肝要である．

(2) 舗装の破壊と対策

社会インフラ全体に占める道路の割合は高く，舗装も膨大なストックが存在する．また，橋梁やトンネルと比較して，舗装はメンテナンスサイクルが

短いという特徴を有している．こうしたことから，舗装のメンテナンスにおいては，定期的に舗装の状態を点検するとともに，将来の状態を予測して適切な時期に適切な方法でメンテナンスを実施することが重要である．また，破損の要因を明らかにして対策を講じ，メンテナンスサイクルの間隔を大きくする（つまり舗装の長寿命化を達成する）ことが求められる．ここでは舗装の破壊およびその対策について，前項で述べた舗装の機能および性能と対応させつつ説明する．

　舗装に求められる機能を発現するのに支障となる，ひび割れ等により路面の状態が悪化することを舗装の破損といい，破損の進行により舗装の利用に支障をきたす状態を舗装の破壊という．舗装の破損は構造的破損と機能的破損に大別できる[6]．構造的破損は，路床や路盤が変形を起こすこと等による荷重支持性能の低下と言い換えることができ，それが進行して構造的破壊に至れば舗装に求められるいかなる機能も実現させることができない．言い換えると，構造的健全性が担保されて初めて機能的健全性が担保されるという関係にある．このことを鑑みると，新設時に路床の改良や路盤の安定化を適切に実施することや，路床・路盤に対する水密性を高める表層材料を選択する等，荷重支持性能に関係する箇所をいわゆる，メンテナンスフリーにするなど，構造的健全性の低下を避けることが極めて重要である．

　次に機能的破損について述べる．前項のとおり，舗装に求められる機能は複数項目あるため，機能ごとに破損があると考えるべきである．ただし，機能的破損は必ずしも視覚的に認識できず，例えばひび割れのように舗装に損傷があっても，どのような状態をもって限界となるのか一義的に決定することは困難である点に注意が必要である．例えば高速道路と生活道路とでは求められる機能が異なるゆえに，同一の路面状態であっても破損とみなす指標が異なる場合もありうる．

　破損と破壊の関係について構造的または機能的それぞれの観点から詳しく述べる．他の構造物と同様に，舗装の構造的破損が進行すると構造的破壊に至る．これに対して，機能的破損については，たとえ破損が進行しても機能的破壊という状態は存在しない．なぜなら舗装が構造的に破壊していない限り，機能の低下はあり得ても機能の消失がないためである．しかし，だか

らといって機能的破損の状態を放置することは適切でない．表層のひび割れ等の機能的破損の進行は，単に走行性等の性能低下をもたらすだけでなく，雨水等の異物を舗装内部および下部構造物に浸透させることをもたらし，舗装の構造的破壊および下部構造物の損傷に至らしめるおそれがある．先にも述べたように，舗装は車両等に対する機能のほか，下部構造物に対する保護機能を有することが特徴的である．言い換えれば車両等に対する機能は路面における「舗装と車両等とのインターフェイスとしての機能」であり，下部構造物に対する機能は舗装下面における「舗装と下部構造物とのインターフェイスとしての機能」である．

このように舗装のメンテナンスに際しては，構造的破損と構造的破壊ならびに機能的破損の相互関係を理解することが重要である．加えて，舗装が持つべき機能は，舗装自体の上面（路面）および下面それぞれに存在し得ることを考慮すべきである．

(3) メンテナンス上留意すべき舗装の特徴

どのような構造物に関しても，それを維持管理していくにあたっては，当該施設の特徴を把握しておく必要がある．舗装という構造物においても同様である．舗装というインフラのメンテナンスを実践するにあたって把握・認識しておくべき事項について以下説明する．

(a)「構造的健全性」の他，「機能的性能」（路面が道路利用者に提供するサービス水準）の観点を有する．

橋梁，トンネル等の構造物と異なり，舗装は人や車が直接関わる部分である．そのため，いわゆる構造物としての「構造的健全性」の他，路面が道路利用者に提供する（できる）サービス水準と言える「機能的性能」の観点を有している．一般的に，路面の状態が良好であれば，燃料費，車両損耗費，積み荷への影響や利用者の不快感といった道路利用者が負担する費用は小さいが，路面の状態が悪ければその費用は大きくなる．一方，道路管理者費用は路面の状態をできるだけ良好な状態に維持するとすれば大きくなり，費用を抑えるとすれば路面の状態は悪化する（図 3.2.2）．

路面の状態と道路利用者費用の関係については，例えば便益をどこまで考

慮すべきか等の議論の余地が大きく，実際には引き続きの調査研究が求められる段階であるが，道路の性格，役割，使われ方等を考慮してどのレベルで路面の状態を維持するかを考える必要がある．

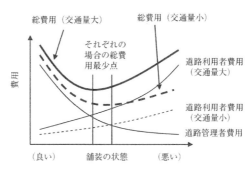

図3.2.2　道路管理者費用と道路利用者費用の概念[7]

(b) 構造破壊（終局状態）を定義できない．

　橋梁を例にとると，構造物レベルでは落橋，部材レベルで言えば破断などと，破壊（終局状態）が明らかにできる一方，舗装は損傷が進行しても速度を落とすなどして走行することが可能な構造物である．

　構造設計上は，例えばアスファルト舗装で言えば左右両側の車輪通過部にアスコン層下面からのひび割れが路面に達した段階（ひび割れ率で言えば概ね20%）で疲労破壊したとみなされるが，亀甲状に路面にひび割れが発生した状態であっても，機能的健全性が大きく失われていなければ供用が可能である．いわば，舗装は破壊（終局状態）を明確に定義できない構造物であり，維持管理にあたっては舗装の状態を適宜把握しながら，必要な管理行為を適切に実施していかなければならない．

(c) 膨大なストックが存在する．

　国内で舗装済みの道路延長は100万kmを超えている．膨大なストック量であり，それも幹線道路から生活道路，市街地から山間部等，多様な性格を有する道路に舗装は構築されている．道路の性格・役割に応じて，効率的に舗装を維持管理していくことが求められる．

(d) 点検対象は道路利用者とのインターフェイスである路面である．

舗装は，これまでに述べたとおり，道路利用者や沿道住民にも直接見える構造物である．そのため，道路管理者のみならず道路利用者や沿道住民による点検（特に，「機能的性能」の観点からの点検）も可能な施設と言える．例えば，公共交通事業者や自治会等の組織と連携し，舗装の状況を道路管理者に報告してもらう体制を整えることが考えられる．

(e) **設計上考慮されない突発的な損傷が発生しうる**．

舗装は道路利用者が直接接する施設であり，また輪荷重がダイレクトに作用する構造物であるため，紫外線による劣化進行や疲労蓄積など経時的な損傷進行の他，ポットホール等の突発的な損傷が発生しうる．アスファルト舗装においては，車両の油漏れに起因するポットホール発生もありうる（骨材を石油由来のアスファルトで結合させているため，漏れた油によりアスファルトが溶解して結合力が失われる）．また，例えば橋梁の床版の損傷や土工の変状による舗装の損傷など，地盤や下部構造物の影響による損傷も存在する．よって，日常点検では舗装路面も重要な点検対象の一つである．

(f) **設計耐用期間は橋梁，トンネルと比較すると短い**．

舗装の設計耐用期間は一般的には10年，20年が多く，橋梁やトンネルといった構造物の供用実態と比較すると短い．実際の供用期間と設計耐用期間は異なるものの，設計耐用期間を念頭において定期点検の頻度を考える必要がある．

(g) **連続性を有する構造物である**．

舗装は連続性を有する構造物である．これは，点検データの蓄積方法と密接した関係を有する．道路の性格や役割，点検体制等に応じて，評価単位区間を設定することが求められる．また，道路はネットワークを形成しているため，GIS上で舗装の状態を表示させるなど，点検データを地図情報とリンクして蓄積していくことも有効である．

このような特性を踏まえると，舗装の維持管理にあたっては，定期点検・日常点検を適切に組み合わせつつ，道路網全体を見渡して舗装の状態を把握することを起点とするネットワークレベルでの取組みと，そのネットワークレベルで抽出された補修候補区間に対して現場に入って既設舗装の評価等の技術的判断を個別に行うプロジェクトレベルでの取組みが必要となるこ

とが分かる.

　また,「舗装は, 他の道路インフラと異なり性能が低下することを前提に建設し, その状態を適宜把握しながら, 必要な管理行為を適切に実施していくもの」であることを改めて認識して維持管理にあたる必要がある.

3.2.2　舗装の維持管理における2つの段階（ネットワークレベルとプロジェクトレベル）

　舗装の維持管理には, ネットワークレベルとプロジェクトレベルの2つの段階が存在することを意識する必要がある.

　ネットワークレベルでは, 道路を網（ネットワーク）としてとらえ, 管理しているすべての区間を対象とし, どの区間でいつ維持修繕が必要な状態となるかを把握することとなる. その上で, 中長期的に必要となる維持修繕事業の見込みをたてることとなる.

　プロジェクトレベルでは, ネットワークレベルで維持修繕が必要とされた区間に対し, 具体の実施区間の設定, 既設舗装の評価, 設計および採用すべき工法等についての技術的な判断を個別に行い, 当該区間で適切な維持修繕を実施するものである.

3.2.3　ネットワークレベルのメンテナンスサイクル

（1）概説

　「道路のメンテナンスサイクルの構築に向けて」(2013.6.5 社会資本整備審議会道路分科会道路メンテナンス技術小委員会中間とりまとめ)では,「点検→診断→措置→記録→(次の点検)」の業務サイクルを通して, 長寿命化計画等の内容を充実し, 予防的な保全を進めるメンテナンスサイクル（図3.2.3）の構築を図るべきとされている.

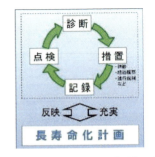

図3.2.3　メンテナンスサイクル[8]

舗装分野では，「点検→診断→措置→記録→（次の点検）」の業務サイクルは，舗装マネジメントシステムとして，図3.2.4のとおり取り組まれている．

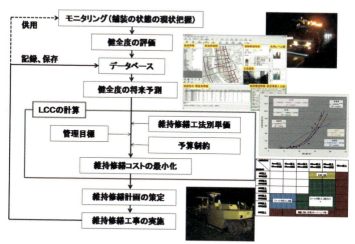

図3.2.4　舗装マネジメントシステムの例

(2) 点検

幹線道路においては，交通に支障が生じない手法により舗装の状態を把握することが求められるため，路面性状測定車を用いた調査によって，代表的な路面性状（縦断凹凸，ひび割れ，わだち掘れ）に関する定量的なデータを取得することが一般的である．路面性状測定車は，様々なタイプのものがあるが，測定精度の検定を受けているものだけでも国内に30台以上存在している．

調査頻度は，提供するサービスレベルや将来予測精度，道路管理者の体制等に応じて設定するが，一般的には3〜5年間隔で路面性状測定車を用いて調査し，短期間の将来予測を組み合わせることにより，舗装の現況把握が可能となる．調査対象車線は，代表車線における路面性状の取得を通じ，当該区間の舗装の状態を表すことが多い．評価単位は，100mとする場合が多い．直轄国道では，20m単位の評価も行っている．

路面性状測定車では，一般的に「ひび割れ率」，「わだち掘れ深さ」，およ

び「縦断凹凸」(IRI または平たん性)のデータを取得するが，道路の役割や性格，管理実態に応じて適宜取捨選択する．その他の指標として，「段差」「すべり抵抗」「路面の粗さ」「現場透水量」といった指標があり，必要に応じて調査する．

また，路面下の空洞に起因する路面陥没事象は道路管理上避けるべき現象であるが，それらは路面下に占用埋設物(特に大型構造物)や河川・海岸護岸に接している道路において発生するリスクが高いとされている．路面下の空洞を調査する手法として，路面下空洞探査車を用いた調査も必要に応じて実施されている．

(3) 診断

路面性状調査の結果や予測値をもとに舗装の健全度を評価して診断することとなる．ここで診断した健全度は，その将来予測を通じ，道路管理者が舗装の維持修繕に，いつ，どの程度費用がかかるのかを適切に算出するための基礎資料となる．

健全度の評価指標として，「ひび割れ率」や「わだち掘れ深さ」のように単独指標を用いる場合と，それらをもとに路面の状態を一つの指標として表す総合指標を用いる場合がある．総合指標の一例として，舗装の維持管理指数(MCI : Maintenance Control Index)という指標がある．総合指標では，わだち掘れが卓越した状態とひび割れが卓越した状態など，異なる舗装の状態を同一指標で評価できるメリットがある．その反面，MCI の数値だけでは舗装の損傷状態を特定できないというデメリットもある

(4) 措置

ネットワークレベルの維持管理における措置は，路面性状調査結果や将来予測結果から，維持修繕が必要とされる区間を抽出し，その区間に対して実際に維持修繕を実施することである．これは，プロジェクトレベルでの維持管理に該当し，次項において取り扱う．また，どの区間でいつ維持修繕が必要な状態となるかを把握し，中長期的に必要となる維持修繕事業の見込みを立てることも重要である．

(5) 記録

　プロジェクトレベルの維持管理として，現場での診断結果，採用した工法や使用材料など工事の記録を適切に残しておくことが求められる．この行為は，維持修繕の設計方法や工法選定の妥当性の検証に加え，維持修繕工法ごとの将来予測モデルの改善，有効な工法の積極採用や基準化など，事後評価の面で活かされ，メンテナンスサイクルの PDCA サイクルを機能させることにもつながるものである．

3.2.4　プロジェクトレベルのメンテナンスサイクル

(1) 概説

　前項で示したネットワークレベルのメンテナンスサイクルにおいて，維持修繕が必要な区間（路線）が抽出された後，当該区間（路線）についてプロジェクトレベルの維持管理を実施する．当該区間で破損の実態を把握・評価し，破損の程度や原因等に応じて適切な維持修繕工法を選定して実施することが求められる．

　維持修繕工法の選定にあたっては，
　1)現地調査による破損の実態の把握
　2)破損の程度の評価
　3)破損の原因の特定（推定）
　4)評価結果に応じた適用可能な維持修繕工法の選定
　5)設計に必要となる性能や条件の整理
　6)路面設計，構造設計
という手順で進められる．

(2) 現地調査

　舗装の破損の調査には，「路面調査」と「構造調査」がある．「路面調査」には，目視を主体とした目視調査と，調査試験機や器具等を用いて測定し評価する路面性状調査がある．「構造調査」は，舗装の内部や路床の状態を調査するものである．

現地に入って破損の状態を直接確認することは必要であるが,「構造調査」は基層以下やコンクリート版の下に破損の原因があるなど構造的破損が懸念される場合など,必要に応じて実施する.

「路面調査」では,まず目視調査を実施する.目視調査では,目視観察や簡易な器具(スケール等)を用いて破損の状況を把握し,交通量や気象条件,維持修繕履歴などのデータを参考に,破損の発生原因を特定(推定)することになる.

路面性状調査は,破損の程度を定量的に評価するもので,その結果は維持修繕工法の選定,あるいは構造調査の必要性の判断資料となるものである.路面性状調査項目等については,日本道路協会の「舗装調査・試験法便覧」[9]を参照するとよい.

「構造調査」では,舗装内部や舗装構造を詳細に把握するもので,FWDによるたわみ量測定(非破壊調査)や,コア抜き調査,開削調査などにより行う.

(a) FWD たわみ量調査

FWD たわみ量調査は,衝撃荷重載荷時の舗装たわみ量を測定することにより,舗装各層の支持力やコンクリート版同士の荷重伝達率を評価するものである(図3.2.5).たわみ量のみならず,落下点を中心とした舗装のたわみ形状まで把握でき,それらの値を解析することにより舗装各層の健全度が判定可能となる.

(b) コア抜き調査

コアを採取することにより,

・ひび割れ深さの特定,ひび割れ発生位置(表面か下面か)の特定
・層間の状況確認(層間はく離していないか)
・混合物の強度特性,アスファルト量や劣化の程度の確認
・混合物の粒度の確認　等

が可能となる.

(c) 開削調査

開削調査は,路面を開削するために大がかりな交通規制が必要な調査となるが,各層の厚さの測定,採取した試料によるCBR試験や材料試験を

実施することで，破損の原因を特定できる場合が多い．また，路床・路盤とアスファルト混合物層下面を比較的広範囲にわたって直接確認できるので，より確かな修繕工法の選定に繋げることができる．

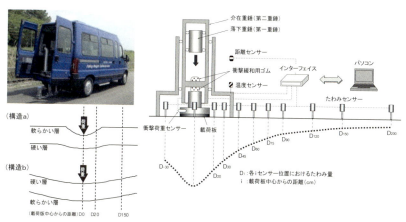

図3.2.5　FWDたわみ量調査

(3) 破損の評価

アスファルト舗装の破損の主なものには，ひび割れやわだち掘れ，平たん性の低下があげられ，その他段差，ポットホール，はく離などがある．また，ポーラスアスファルト舗装（排水性舗装）の場合は，これらに加え，骨材飛散，空隙づまり・つぶれ，基層のはく離による流動など特有の破損がある．

コンクリート舗装の破損の主なものには，ひび割れや目地部の破損（目地材のはみ出し・飛散，角欠け，段差）などがある．

これらの破損は，「路面破損」と「構造破損」に大別される．なお，3.2.1(2)では「機能的破損」と「構造的破損」としたが，プロジェクトレベルで既設舗装を評価する際には現場でまず破損の発生箇所に着目する必要があることから，ここでは「路面破損」と「構造破損」と称している．

路面破損は，表層や路面に破損の原因があり，それのみが破損しているものである．路面破損の場合は維持工法での対応が主体となるが，アスファルト舗装の場合は表層または表層と基層の修繕での対応となる場合もある．

構造破損は，基層以下やコンクリート版の下の層が原因で表層や基層が破損している場合，あるいは路面破損が進行して，舗装の構造・機能が直接的に阻害されて耐久性に影響を及ぼしている破損をいう．構造破損の場合は，路盤および路床にまで損傷が及んでいることから，舗装構造などの検討を行うことが多い．

破損の発生原因としては，供用による疲労に起因するもの，材料・設計・施工に起因するもの，路床以下の沈下や油漏れ等外的要因に起因するものなどがあり，またそれらの要因が相互に影響していることが多い．適切な維持修繕の実施にあたっては，破損の状態と原因を把握し舗装の状態を適切に評価することが重要である．また，「舗装標準示方書」[3]や「舗装の維持修繕ガイドブック2013」[7]では，破損の種類に応じた評価例が具体に示されているので参考となる．

(4) 破損に応じた維持修繕

路面調査および必要に応じて実施する構造調査の結果を踏まえ，破損の分類（路面破損，構造破損）や破損の程度を的確に評価したうえで，破損の原因を十分究明し，その原因を排除・解消するような維持修繕工法を選定することが重要である．併せて，当該区間の道路の性格・役割や沿道利用状況，工事規制に伴う交通への影響等を見据えて，維持修繕を実施する区間や工法を選定していくことが求められる．例えば，局所的な破損に挟まれた区間においては，状況によっては同時に修繕した方が適切な場合があるなど，現地の状況に応じて適切に判断して対応する必要がある．

工法の選定にあたり，要求性能に基づく性能指標の設定，破損の程度や原因の推定を行い，路面設計，構造設計を実施することが望ましい．特に，構造破損の場合は，設計交通量を超過する交通量が流れており舗装断面が不足となっている場合があるので留意が必要である．

(5) 記録

先に述べたとおり，プロジェクトレベルの維持管理の実施記録をネットワークレベルにおけるメンテナンスサイクルに反映させることが必要である．

現場での診断結果,採用した工法や使用材料など工事の記録を適切に残しておくことが求められる.この行為は,維持修繕の設計方法や工法選定の妥当性の検証に加え,維持修繕工法ごとの将来予測モデルの改善,有効な工法の積極採用や基準化など,事後評価の面で活かされ,メンテナンスサイクルのPDCAサイクルを機能させることにもつながるものである.

参考文献

1) 舗装委員会:舗装の構造に関する技術基準・同解説,日本道路協会,2001.9
2) 舗装委員会舗装設計施工小委員会:舗装設計施工指針(平成18年度版),日本道路協会,2006.2
3) 土木学会舗装工学委員会:2007年制定舗装標準示方書,土木学会,2007.3
4) 舗装委員会:舗装性能評価法(平成25年版),日本道路協会,2013.4
5) 土木学会舗装工学委員会:舗装工学の基礎,舗装工学ライブラリー7,土木学会,2012.3
6) 「舗装工学」編集委員会:舗装工学,土木学会,1995.2
7) 舗装委員会舗装設計施工小委員会:舗装の維持修繕ガイドブック2013,日本道路協会,2013.11
8) 社会資本整備審議会道路分科会:資料2 道路のメンテナンスサイクルの構築に向けて(概要),第4回道路メンテナンス技術小委員会配付資料,2013.5
9) 舗装委員会舗装性能評価小委員会:舗装調査・試験法便覧〔全4分冊〕,日本道路協会,2007.6

3.3 軌道

3.3.1 軌道の構造と役割

　軌道は，列車荷重を支持するとともに，列車が安全に安定して，走行抵抗が少なく走行するように車輪をスムーズに案内する構造物であり，レール，マクラギ，道床（どうしょう），及びそれらの付属品で構成されている．軌道は，列車走行や気象要因，あるいは経年による腐食や脆化などの影響を受けて，徐々に材料の変形や破損が進むと，車輪とレールが接する面に凹凸が生じ，車輪をスムーズに案内する機能が低下する．この機能が低下すると，列車は上下左右に揺れ動くようになり，乗客は不快な揺れを感じ車内の快適性が損なわれる．そして，機能が著しく低下した状態が放置されれば，遂には，車輪がレールから外れ，列車は脱線する．列車の脱線は，車体の転覆，沿線構造物や対向列車などとの衝突につながり，人命に関わる甚大な被害が生じることになる．

　したがって，軌道は，脱線が起きない水準の機能を維持するだけでなく，車内の快適性が確保できる水準での緻密なメンテナンスを行う必要がある．

図3.3.1　バラスト軌道の例

　軌道を構造面から分類すると，バラスト軌道と省力化軌道に大別される．バラスト軌道は，鉄道黎明期から存在する構造であり，路盤上に道床バラストを敷均し，その上にマクラギを一定の間隔で並べ，一対のレールを定められた幅でマクラギ上に締結したものである（図3.3.1）．道床バラストの材料は，玉砂利，ふるい砂利，鉱さいなどが用いられていることもあるが，一般的には，砕石が用いられている．硬岩を破砕し粒度調整した砕石は，安価で大量調達が可能で，品質が安定しているうえに，峻角に富んで内部摩擦が大きく，締まりよく崩れにくいので，砕石を突き込むだけでマクラギを所定の位置にしっかりと固定することができることから建設時やメンテナンス時

の作業性が抜群に良い.また,道床バラストは,荷重の分散性が良く,列車荷重を路盤面に広く均等に作用させることができるので,バラスト軌道は,一般の構造物のような強固な基礎を必要とせず,軟弱な路盤であっても列車荷重を支えることができる.

一方で,砕石は,締まりやすく崩れにくいものの構造物としては不完全である.外力に対して,弾性変形だけでなく,塑性変形,流動,あるいは砕石そのものの細粒化や磨滅が生じる.また,砕石は自然岩を原料としているので,粒度調整しているものの,締まり具合や強度にバラツキがある.このため,列車荷重等の外力が繰返し作用すると,道床は不均一に沈下や横移動し,レール面に歪みが生じる.この歪みを一定の範囲内に収めるように,定期的なメンテナンスが必要である.

もうひとつの構造である省力化軌道は,バラスト軌道のメンテナンスコストの多くを占める道床関係のメンテナンスコストを大幅に減らした構造の軌道であり,さまざまな設計思想に基づく構造が開発され実用化されている.最初に広く導入されたのはスラブ軌道であり,1970年代に,メンテナンスコストの1/3を占めるとされている道床とマクラギ関係のメンテナンスが不要で,建設コストがバラスト軌道の2倍以下となることを目標に開発された.高架橋等の路盤が強固な箇所に敷設することを前提として,路盤上にコンクリート版を敷き,レール締結装置を介してレールを敷設したものであり,路盤との間に緩衝材としてコンクリートアスファルトモルタルを充てんしたものである.図3.3.2に外観を示す.スラブ軌道は,山陽新幹線の建設で初めて大量採用され,その後の新幹線の標準軌道に採用されている.

図3.3.2 スラブ軌道の例

しかし,スラブ軌道は,省メンテナンスの効果はあるものの,列車の振動が路盤に伝わりやすいことや,走行音がスラブの表面に反射し,騒音が大きくなるなど沿線環境の面での課題があった.その後,マクラギの下面に防振材を設置し直接路盤に固定する弾性マクラギ直結軌道や,弾性マクラギ直結

軌道の上面を砕石で覆い騒音を低減した弾性バラスト軌道などが開発され，大都市圏の鉄道の新設や改良時に用いられている．

また，既設のバラスト軌道の省力化軌道への更新の取組みも並行して行われていたが，営業路線では終電車から始発電車までの数時間で改良工事を施工しなければならず，様々な材料や工法が試されたものの，高コストがネックとなり導入には至らなかった．その後，1990年代に入り，マクラギを大型化し，水と同等の高流動性があり材齢1時間で所定の強度が得られる超速硬性のセメント系の材料を道床の間隙に充填し，マクラギと道床を一体化する工法が開発され，初めての実用的な省力化軌道として導入された．図3.3.3に外観を示す．この軌道は，開発を担当した組織名称（JR東日本のテクニカルセンター[Technical Center]）にちなみTC型省力化軌道と呼ばれている．

図3.3.3　TC型省力化軌道の例

なお，ここに紹介した軌道以外にも，マクラギを縦に配置したラダー軌道やマクラギ下面に弾性材を取付け道床に伝わる衝撃荷重を緩和した弾性マクラギ軌道など，革新的な省力化軌道も各鉄道事業者で実用化されている．

軌道材料のうち列車荷重を直接支持するレールは，軌道構造のような豊富なバリエーションは無く，JISで数種類が規格されているだけである．レールには，車輪との大きな接触圧に耐えられる強度が必要であり，原材料費や製造コストを考慮すると炭素鋼が使用され，圧延により製造する方法が最も合理的である．そこで，圧延は，少品種を大量生産するのに適しており，少ロット多品種製造は大幅なコストアップを招くことから，レールと車輪の接触形状の最適化の観点からは様々な形状のレールを使用することが望ましいとしながらも，あえて統一した形状のレールを使用している．なお，炭素やマンガンの含有量を調整し硬度や靱性を変えたり，耐摩耗性と靱性を高めるための熱処理を行うなど強度面での工夫は広く導入している．

一方，マクラギは，強度的には様々な材料で製造が可能であるが，経済性

を考慮し，腐食腐朽がなく耐用年数が長いプレストレストコンクリート製が広く使用されている．ローカル線では，耐用年数は短いが，より安価な木製のマクラギが使用されることもある．また，橋りょうなど死荷重の制限がある箇所などでは，価格は高価であるが，木製のマクラギと同程度の重量で加工しやすく，PCマクラギと同程度の耐用年数があるガラス繊維と硬質発泡ウレタンの複合素材を使用したマクラギも使用されている．リサイクルが容易な鋳鉄製のマクラギも使用されている．マクラギの幅や高さ，詳細な形状は，発生応力の状態やレール締結装置の種類により様々なバリエーションがある．

　以上のように，軌道構造には様々なバリエーションがあり，単位延長あたりの建設コストもその構造により数倍の開きがあるので，軌道の新設や更新を行う際には，線区の輸送量や走行速度等の輸送条件に応じて，建設コストと保守の経済性のバランスを考慮し最適な構造を適用することが重要である．

3.3.2　軌道の劣化の特徴と調査点検技術

　軌道の劣化のうち最も特徴的なものは，レール面の歪みの進展である．この歪みを軌道変位と呼ぶ．軌道変位は，一般の土木構造物で発生する物理的劣化（耐力低下，摩耗・変形など）や化学的劣化（変質，腐食など）と同様の劣化が軌道部材で発生した場合はもちろんのこと，バラスト軌道では，列車荷重等の外力による砕石の圧密や流動によっても発生する．砕石の圧密や流動は，物理現象であり，劣化ではないが，軌道変位の進展は，車輪をスムーズに案内する機能の劣化であるので，砕石の圧密や流動によるものも含めてレール面の歪みの進展を劣化として扱う．砕石の圧密や流動による歪みの進展速度は，数日～数か月でメンテナンスが必要な状態まで進行する場合があり，数年～数十年単位で進行する部材の物理的劣化や化学的劣化にくらべると，驚異的な速さであり，定期的な点検・調査による状態把握とタイムリーな修繕が重要である．

　一方，軌道の部材そのものにも，列車走行による荷重，振動，摩擦により

疲労や摩耗，磨滅などの劣化が生じる．さらに，レールには，電車の動力となる電気を変電所に戻すための電流が流れるので，大地との電位差により湿潤環境下では，電気分解の一種である電解腐食が生じることもある．また，野天環境にあるので，風雨，温度変化による伸縮や凍結融解，日照（紫外線）をはじめ，粉塵や植物性堆積物による化学反応，沿岸地域での塩害などにより，腐食や脆化などの経年劣化も進展する．

レールは，鉄の塊であり，歳月を重ねると錆びだらけになるが使用環境が整っていれば長持ちする．1世紀以上前に製造されたレールが，全国各地の駅のプラットホームの屋根や跨線橋に，現在も使用されている．図 3.3.4 は，奥羽本線秋田駅にある，1900 年アメリカ・カーネギー社製のレールを使用したプラットホームの屋根の骨組みである．

図 3.3.4　レール製の屋根（秋田駅）

一方で，急カーブでは，レールと車輪が擦れ合いながら列車が走行するので，接触部分に摩耗が生じる．図 3.3.5 は摩耗が進んだレールの一例である．列車本数が多い路線の急カーブでは，1年に満たない期間で摩耗量が使用限界を超えてしまい新しいレールと交換が必要な場合がある．

マクラギは，様々な材質のものが使用されており，その材質により劣化状態や寿命が異なる．木製のマクラギは，

図 3.3.5　摩耗したレール

耐朽性の高い樹種の木材を使用し，表面を防腐剤が浸透しやすいようにインサイジング加工をした上で防腐剤を注入しており，耐腐食性に優れているので，一般的な使用環境ではほとんど腐食せず，列車荷重等の外力を受けての割れや欠け，レールの食い込み等により寿命を迎えることが多い．耐用年数は，マクラギ素材の樹種，製作条件，使用環境，保守の良否など多くの因子の影響を受けるので，平均的な耐用年数を求めるのは困難である．一方，現在主流のコンクリート製マクラギは，列車荷重等の外力によるひび割れが発生しないように設計されており，急激に耐力が失われる劣化は発生しない．

図3.3.6 凍害損傷したマクラギ

経年による耐力の低下については，最近の調査によると敷設から50年程度経過しても，耐力の低下はほとんど見られず健全な状態であることが確認されている．ただし，寒冷地における凍害損傷（図3.3.6）やアルカリシリカ反応等による劣化，あるいはボルトを締結するアンカー部の部材の損傷が原因での機能低下は，一定の確率で発生している．

道床バラストは，列車荷重等の外力により細粒化や磨滅することを前提に使用しているので，細粒化や磨滅が徐々に進行する．通常の細粒化や磨滅では，道床の機能が失われるような極端な劣化は発生しないが，磨滅した砕石微粒子の増加，飛来する土砂や粉塵の混入などにより排水が悪くなると道床は固結して弾性が低下する．さらに排水機能が低下し雨水等が滞留すると列車走行による振動により間隙

図3.3.7 ふん泥の様子

水圧が上昇し道床粒子間摩擦を弱めてしまい，道床の粒子は沈下し，泥水が道床の表面に吹き出し，道床の機能が著しく低下する．この現象を「ふん泥」という．図 3.3.7 にふん泥の様子を示す．

　以上のように，軌道には様々な劣化現象があるが，いずれの現象も，これまでに多くの研究がなされているが，劣化の進行速度やメカニズムについては，限定した条件下での知見は得られているものの，全容の解明には至っていない．軌道変位の進展速度も同様に，多数の要因が影響しており，様々な理論や実験値，あるいはシミュレーション結果が示されているが，数式で計算できるレベルには至っていない．よって，定期的な検査により，それぞれの劣化状態を確実に把握し，時期を逸することなく適切なタイミングで保守しなければならない．特に劣化速度が不明なものについては急進的な劣化も把握できるように，より短い周期で検査しなければならない．

　定期検査の項目及び周期は，施設及び車両の定期検査に関する告示 [平成 13 年国土交通省告示第 1786 号] (以下，「告示」という) により規定されており，鉄道事業者は，この告示を下回らないように具体的な検査周期を決めて検査を行っている．ほとんどの事業者は，軌道変位検査などの主要な検査は，告示で示された周期よりも短い期間で検査を行っている．

　具体的な検査対象・項目，方法・手順，良否の判定基準等は，鉄道に関する技術上の基準を定める省令の解釈基準 [平成 14 年 3 月 8 日国鉄技第 157 号] (以下，「解釈基準」という) に示された内容を参考に，鉄道事業者が，自らの実状に合うマニュアル等にまとめている．詳細なマニュアル等に則り検査を行うので，測定者の技量に左右されることなく正しい方法・精度で確実な検査が可能な体制となっている．

　各社が作成しているマニュアルの内容については非公開であり，個別の検査の詳細を記すことはできないが，軌道変位検査について公表されている部分があるので，ここでは，一例として軌道変位検査について紹介する．

　軌道変位検査は，測定器具を使用して人力で行うことも可能であるが，ほとんどの鉄道事業者は，営業列車と同じ条件でのデータを取得するために，営業列車の車両そのものを改造した列車や，車両と同様の重量のある専用車両を使用している．営業列車を改造したものとしては，巷で「黄色い新幹線

を見たら幸運になる」と言われるほど有名な，JR東海のドクターイエロー（図3.3.8）を筆頭に，JR東日本では「イーストアイ（East-i）」，小田急電鉄では「テクノインスペクター」，東急電鉄では「TOQ i（トークアイ）」，京王電鉄では「DAX」の愛称をも

図3.3.8　ドクターイエロー

つ検査専用列車がある．また，専用車両は，欧州の専門メーカの製品をそれぞれの鉄道事業者のニーズによりカスタマイズしたものが多い．なお，第三セクターの鉄道事業者や小規模の鉄道事業者は，自社で検査装置を所有せずJR等から借用して測定している場合もある．

また，最近では，専用列車や専用車両を新造することなく，新たな測定技術を開発し小型の測定装置を営業列車に搭載し測定する手法も実用化されており，JR九州では九州新幹

図3.3.9　営業列車搭載型装置

線の台車に，JR東日本では，通勤電車の床下に測定機器を設置し，軌道変位の測定を行っている（図3.3.9）．営業列車による測定機器は，専用の車両を必要としないので導入コストが飛躍的に少なくなることや，列車ダイヤの調整や乗務員あるいは測定員の手配が不要となることから，手間やコストをかけることなく，列車走行中は，いつでも測定することができる．

3.3.3 点検・調査結果の診断・評価

　各種検査結果に対する処置の期限や方法は，鉄道に関する技術上の基準を定める省令[平成 13 年国土交通省令第 151 号](以下，「省令」という)や告示に基づき各鉄道事業者が個別に策定し運輸局に届出る仕組みとなっている．このため，鉄道事業者で内容が異なることや，内容が非公開であることから，具体的な数値等を示すことはできないが，

　①直ちに列車の運行を中止して保守する必要がある状態
　②列車の運行を中止する必要はないが可及的速やかに保守すべき状態
　③計画的に保守が必要な状態
　④当面は保守の必要はないが推移把握が必要な状態

など，複数の判定値を定めて，具体的な対処方法を決めている．

　一例として，1960 年代に旧国鉄が制定した軌道変位の各判定値の考え方を示す．ここでは，前記の①の値を「安全限度値」，②の値を「整備基準値」，③の値を「整備目標値」と表現する．各値の関連性のイメージを図 3.3.10 に示す．

　まず，各判定値を決めるには，極限の限度である脱線限度値を求める必要がある．脱線限度値は，実車による走行試験で求めることができれば好都合であるが，その値は，車両の整備状態，あるいは軌道の整備状態によりかなりのバラツキが出ることが容易に想像できるので現実的ではない．そこで，当時の関係者は，走行試験でなく現場での実

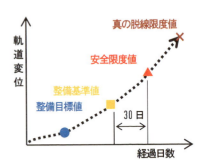

図 3.3.10　各判定値の関係

測データから推定する手法を検討し，「全国主要路線の軌道変位の状態を調査し，最も軌道変位が進行した値を求め，そのような線路状態であっても列車が脱線することなく走行している事実があるとするならば，真の脱線限度値は，この値よりも明らかに大きな値であるはずであり，この値を安全限度

値として定め，この値を超えないように管理すれば，真の脱線限度値を求めることなく脱線のリスクを回避することができる．」旨の論理をもって，脱線限度値に代わる安全限度値を制定した．

安全限度値を超えないように管理するには，検査等により事実を知得してから修繕するまでに要する期間と安全に対するある程度の余裕期間を考慮した期間での軌道変位の進み量を加味した判定値での値が必要となる．そこで，この期間を 30 日と定め，30 日間の進み量を差し引いた値を整備基準値としている．なお，30 日間の進み量は，「比較的大きな軌道変位の箇所の 15 日間の進み量から求めた」とされているが，その根拠となる測定データなどは，当時の研究報告書等を調査しても見つけることができない．ただ，現在の軌道変位の進み量と比較するとかなり大きな値になるので，かなりの余裕を有した値といえる．

整備基準値は，発見されてから 15 日以内に保守が必要であり，必然的に局所的で応急的な作業内容となってしまうことや，発生頻度が増加すれば計画的な保守作業が行えず不経済である．一方で，整備基準値が発生する前に保守作業を行えば，計画的かつ合理的な作業が可能であるが，限度を超えると不経済である．そこで，整備基準値による保守作業と計画的な保守作業の作業量の総和が最小となるような閾値を求めたところ，乗り心地が良いとされる動揺加速度の値以下となる軌道変位の値と大差ないことが判明したので，この値を整備目標値とした．なお，現在の整備目標値の例を，参考資料[2]から抜粋したものを，表 3.3.1 に示す．JR では，国鉄当時の値と同一であるが，公営民鉄の事業者は，より小さな値を用いているようである．

表 3.3.1 鉄道事業者の整備目標値の例

	JR A社	公営 A社	公営 B社	公営 C社	民鉄 A社	民鉄 B社	民鉄 C社	民鉄 D社	民鉄 E社
軌間(mm)	+10 / -5	+7 / -4	+7 / -4	+7 / -4	+7 / -4	+7 / -4	+7 / -4	+6 / -4	+7 / -4
水準(mm)	11	6	9	7	7	6	7	7	9
高低(mm/10m)	13	7	9	7	8	7	7	7	7
通り(mm/10m)	13	5	9	7	6	5	7	7	7

また，上記の整備基準値や目標値は，局所的な軌道変位に対する指標であり，いわゆる点の管理である．効果的に線路状態を維持するには，点の管理だけでなく線，あるいは面での管理も必要である．そこで，ある延長で区間を区切って評価する手法も導入されている．代表的なものはP値やσ値がある．詳細な計算方法は，ここでは省略するが，P値は，評価区間における軌道変位が3mmを超えるデータの割合を求めたものであり，σ値は，評価区間の軌道変位のバラツキ（標準偏差）を求めたものである．どちらの指標も軌道の状態が悪化すると値が大きくなり，保守作業等を行い状態が改善すれば値が小さくなる．評価区間を短くして計算すれば線路状態のバラツキを評価でき，路線単位で計算すれば，路線毎の線路状態を俯瞰的かつ客観的に評価できるなど，様々な条件で使用することのできる便利な指標である．

　なお，1960年代の電卓もない時代に，時代に先がけて高速軌道検測車（マヤ34）を導入し，手計算で膨大なデータ分析を行い，導入から半世紀以上となる現在においても適用できる理論等を築きあげた偉人の方々の功績は称賛に値する．特に，この管理手法が導入されて以降は，脱線事故等が激減し，軌道の状態も大きく改善した．

　一方で，近年のICTの発展により，営業列車に測定装置を搭載することにより高頻度の軌道変位データが取得できるようになるとともに，コンピュータの処理能力や記録媒体の容量が飛躍的に向上し，一昔前では不可能であった莫大な量のデータ分析が瞬時に行えるようになった．また，いわゆるビッグデータを解析するための新たな手法やソフトウェア等の開発が世界中で行われており，これまで不可能と思われていた複雑な因果関係の解明や様々な事象の将来予測が精度良く，かつピンポイントで行えるようになった．

　軌道の保守管理においても，高頻度の検査データを活用した新たな事業モデルの構築に向けた取組みが行われており，近い将来，これまでの統一的な判定値や補修期限による業務体制から，ビッグデータを活用した革新的な業務体制に転換することが期待される．現場技術者は，個別のコンディションに応じた軌道状態の推移予測結果，あるいは保守効果の実績値や想定値などの様々なデータを活用したシミュレーション結果を参考に，自らの意思で，最も合理的な保守作業計画を決定することになる．具体的なイメージを図

3.3.11 に示す．さらに，保守作業後のデータの推移から自ら判断した計画の妥当性を客観的に評価できるようになり，感と経験に加えて，データに基づいた判断力や技術力が身に付くようになる．加えて，これまで知られていなかった革新的な保守方法が発見されることなどにより，保守コストの最適化だけでなく，大幅なメンテナンスコストの節減につながる可能性も秘めている．

3.3.4 維持修繕の計画および対策

軌道の維持修繕作業は，屈強な男たちが汗水を流しながら働くイメージがあるが，機械化施工の取組みはかなり昔から行われており，近年では，主要な作業は機械化施工が中心となっている．例えば，軌道変位

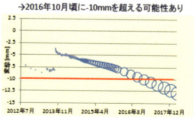
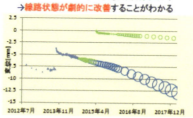
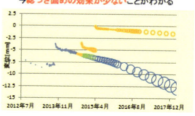

図 3.3.11　シミュレーションのイメージ

図 3.3.12　タイタンパ

を修繕する作業は，鉄道黎明期には，簡易な工具・器具を使用した人力作業であったが，1930年代にはタイタンパ（TT）が試行され，1980年代にはマルチプルタイタンパ（MTT）が主流になっている．1990年代には作業の機械化が進み，線路上を走行できる機能を有するバックホウや道床突き固め専用のアタッチメント（四頭

TT）が開発され広く活用されている．タイタンパやマルチプルタイタンパは，基本的な機能は変わりないものの，幾度となく改良され，導入当初に比べると操作性や施工能力が飛躍的に向上している．

図 3.3.13　マルチプルタイタンパ（MTT）

図 3.3.12〜14 にそれぞれの機械のイメージを，表 3.3.2 に筆者がこれまでの経験などから相対的に比較した機動性や作業能力等を示す．作業能力や単価からみれば MTT が明らかに優れているが，機械価格が 1 台で数億円と高価であることや，機動性に欠けるため，施工量が少ない場合には，現場までの回送ロスを考慮すると四頭 TT の方が有利な場合がある．緊急かつ応急的な対応が必要なケースでは機動性に勝るタイタンパが合理的となることもある．

図 3.3.14　四頭 TT

表 3.3.2　施工能力等の比較

作業方法	作業速度	効果の持続性	工事単価	機動性	機械価格
MTT	50	20	1/5	△線路上の回送が必要	1000
四頭 TT	5	2	1	○踏切からの搬入が可能	10
TT	1	1	1	◎人力での運搬が可能	1

※数字は TT を 1 とした場合の筆者の経験等から推定した相対値

また，軌道変位の修繕以外の作業においても，主要な修繕作業は，専用の機能を持つ大型車両（以下，「保守用車」という）を使用して施工している．図 3.3.15 に，保守基地に留置してある保守用車の様子を示す．作業の目的に応じて様々な機能を有する保守用車がある．保守基地には，給油や点検整備を行う設備，材料のストックヤードやクレーン等の積卸し設備があり，保守用車を使用する一連の作業をサポートしている．保守用車を効率的に運用

するには，保守基地を多数配置するのが理想であるが，保守基地の設置には，用地の確保と多額の費用が必要なため，駅の留置線の一部を保守基地線として活用していることも多い．図 3.3.16 にその一例を示す．列車が走行する線路との間に柵を設置して日常の点検作業が安全に行えるようにしている．なお，新幹線では，建設時から数十キロの間隔で保守基地が設置されており，保守基地内の設備も保守作業量や保守用車の配置状況に合わせて最適なものを備えている．

図 3.3.15　保守基地と保守用車群

図 3.3.16　在来線の保守基地線

次に，作業時間にも特徴がある．レール交換や，マクラギあるいは道床を連続して交換する作業では，作業手順上，列車が走行できない状態が生じるので，このような工事を施工する場合には，列車の運行を禁止する手続きを行っている．保守用車やバックホウ等の重機械を線路内で使用する場合にも，同様の手続きが必要である．この手続きは，道路工事での通行止めのようなものであるが，鉄道では，道路工事のように，迂回路等により交通を確保することが困難であり，基本的に工事箇所を含む前後の駅間で列車の運行ができなくなる．よって，作業時間は，列車の運行や利用者への影響が最小限となるように確保しなければならない．そこで，新幹線や旅客列車だけが走行する路線では終電から始発列車までの深夜帯の数時間を作業時間として確保している．一方で，貨物列車は長距離を走行する列車が多く，発着駅での荷扱いの利便性や所要時間を考慮すると，いずれかの路線では深夜帯に走行せざるを得ない場合がある．そこで，旅客線と貨物線が並走する区間では，

曜日を指定して貨物列車を旅客線に迂回走行させることにより貨物線の作業時間を確保している．首都圏においては，埼玉県さいたま市内の駅と神奈川県横浜市内の駅の間で，深夜帯の貨物列車の走行ルートを曜日単位で武蔵野線経由と湘南新宿ライン経由に振分け，作業時間を確保している．また，通常よりも時間を要する作業を施工する場合には，乗客の少ない日曜日の最終列車等を運休し，バス代行により利用者の利便性を確保したうえで，作業時間を拡大する場合もある．貨物列車や回送列車の場合には，一時的に作業区間前後の駅間の走行時間を早めたり遅くしたりすることにより作業時間を拡大することもある．なお，ローカル線においては，乗客の少ない閑散期に日中帯の列車を運休し作業時間を確保する取組みを行っている事業者もある．

　なお，小規模な作業は，列車と列車の合間を縫って施工する場合もある．この場合には，列車の運行に影響を与えないので自由に作業を行うことができるが，列車が安全に走行できる状態を常に確保しながら施工しなければならないので，重機等を使用できず人力主体の作業となりマクラギや道床バラストを扱う作業では重労働となる．さらに，列車が来るたびに作業を中断し安全な場所に待避しなければならず，列車の運行本数の多い路線では散発的にしか作業時間が確保できず非効率な作業となる．また，線路内で安全に作業するためには，列車の進来を常に把握するとともに，作業員が不用意に列車の進来した線路内に立入らないように常に監視するなどの作業員の安全確保に関する体制も厳格に取り扱う必要がある．

　また，軌道の補修作業は，一見すると単純で簡単な作業のようであるが，特殊な工具器具を使用する作業が多く，高度の技能を身に着けた作業員がいなければ満足する品質が確保できない．国土交通省の公共工事設計労務単価においても，「軌道工」と定義され「普通作業員」の2倍前後の単価となっている．加えて，前記のように作業時間が数時間しか確保できない場合が多いので作業員全員が意識を集中しチームプレーで施工することが大切である．よって，日々の作業量に合わせて作業員（特に軌道工）を手配するのでなく，作業量を平準化し，ある程度決まった人数，同じ顔ぶれで作業が行えるような施工体制をとっている．また，一旦作業を開始してしまえば，作業

が遅延しても中途半端な状態で作業を終了することは許されず，列車が安全に走行できる状態になるまで作業を進めなければならないので，作業の進め方や当日の段取りを事前に入念に検討し，全作業員に周知徹底している．併せて，何らかのアクシデントや作業遅延が発生した場合の対処方法についても事前に検討し，予備品や代替する機材等を常に手配している．

さらに，鉄道の修繕作業は，軌道関係の作業だけでなく，土木構造物や電気設備に関するものなど多岐にわたり，これらの作業は，線路内の限られた空間で施工しなければならない．そこで，互いの作業が競合しないように，数ヶ月前から関係者間で日時や場所を緻密に調整している．それぞれの作業計画の担当者は，数ヶ月先までの作業日程を確実に把握しておくとともに，俯瞰的に全体を把握し，自らの作業計画だけでなく関係者全員の計画の最適化を図ることができる技量が求められる．

最後に，軌道は定期的なメンテナンスを前提にした構造物であり，従来から省メンテナンスを目的とした構造強化や新たな構造の導入，あるいは高性能な保守用車の導入などが継続的に実施されており，近年では予防保全手法も導入されるなど，メンテナンスサイクルの最適化が常に行われている．また，メンテナンスの必要性や費用負担についても社会や利用者の理解が得られていることも心強い．

一方で，今後の人口減少・少子高齢化，思考や嗜好の多様化による労働価値観の変化により，これまで以上に，優秀な技術者や技能に秀でた軌道工を安定して確保するのは困難になる．加えて，環境負荷の観点から貨物鉄道輸送が注目され，大都市圏では終電車の繰下げや終夜運転のニーズも高まっている中で，従来のやり方を前提とした作業時間の拡大は，必ずしも社会や利用者が受け入れてくれるものでない．やはり，鉄道が永続的に社会インフラとして持続・発展するためには，現状に甘んじることなく，次代のニーズを見据え，ICTを活用したAI（人工知能）による作業計画策定の支援やAR（拡張現実）による技術・技能サポートなど，様々な最新技術を導入し，より少ない人員及び作業時間で，より効率的にメンテナンスを行える仕組みづくりにチャレンジし続けることこそ大切である．

参考文献

1) 町井且昌：[せんろ]の話，日本鉄道施設協会，1986.12
2) 近接施工技術総覧編集委員会：近接施工技術総覧，産業技術サービスセンター，1997.3
3) 山之内秀一郎：鉄道とメンテナンス，交通新聞社，2000.6
4) 伊能忠敏：鉄路のいしずえ，鉄道現業社，2005.4
5) JR 東日本：Technical Review，No.48，2014.9

3.4 鋼構造物

　土木構造物の中の鋼構造物として，橋梁，水門鉄管，港湾構造物等が挙げられる．また，鋼単体のみでなく，鉄筋コンクリートと組み合わせて用いる構造物も多い．本節では，これら構造物のうち，主に橋梁を対象に，変状，点検・調査，評価および補修・補強に関して，適用事例および研究事例を紹介するとともに，基本的な事項について概説する．

3.4.1 鋼構造物の特徴と技術基準の変遷

　鋼構造物は，一般に，鋼材を工場で加工して部材を製作し，部材を運搬して現地で組み立てて施工される．そのため，安定した品質と高い加工精度が確保でき，現場での施工性にも優れている．また，種々の造形にも対応でき，小規模な構造から長大橋に代表される大規模な構造まで幅広く適用されている．一方で，鋼材はそのままではさびる性質があり，薄肉構造であるため振動や変形が生じやすく，疲労の影響を受けやすいというデメリットもある．

　各種構造物の技術基準は，その時代の構造物に要求される性能と技術レベルにより時代ごとに改訂されている．また，鋼道路橋の鉄筋コンクリート床版（以下，RC床版）の設計やたわみ制限のように，損傷事例から教訓を得て改訂されたものも多くある．よって，これらの基準の変遷について知っておくことは，構造事例の建設当時の設計や施工に関する理解を深め，損傷要因の推定や対策の検討を行う上で有用となる場合がある．ここでは，鋼構造物のうち，鋼鉄道橋と道路橋に係わる技術基準の変遷の概要を示す．

(1) 鋼鉄道橋

　鋼鉄道橋は，国内で約5万連あるといわれており，平均経年60年を超え，供用100年を超える現役の橋も多く存在する．鋼鉄道橋の維持管理は，古くから定期的な検査が行われてきており，現在は，2007年に制定された「鉄道構造物等維持管理標準・同解説（構造物編）鋼・合成構造物」[1]に従って行われている．以下に，鋼鉄道橋の変遷を簡単に紹介する[1)-3)]．

(a) 明治から昭和30年（1955年）頃まで

　明治初期に最初に錬鉄製の橋梁が架けられた．明治中期までは錬鉄が用いられ，その後一部にベッセマー鋼が使用されたが，それ以降は鋼が用いられている．明治後期までは海外技術に頼り，海外からの輸入品で主に建設されたが，明治中期以降には国内でも製作されるようになり，国産化が急速に進んだ．1912年（明治45年）には最初の示方書である「鋼鉄道橋設計示方書」が制定された．

　この期間の鋼構造物は，リベット構造が主流で，工場にてリベットで組み立てられた部材を現場でリベットで接合する構造が用いられ，上路または下路形式のプレートガーダーや，トラス橋が多く採用された．

(b) 昭和30年（1955年）頃から昭和60年（1986年）頃まで

　昭和30年前半までは現行の400材相当のいわゆる軟鋼のみであったが，昭和30年代以降にはより高強度の鋼材が設計示方書等に順次取り入れられて実橋に採用され，また，昭和50年以降に耐候性鋼材が採用されている．

　鉄道橋で最初に溶接が採用されたのは，昭和初期であり，既設橋において列車荷重の増大に対処するため溝形鋼等の現場溶接による補強が多数行われた．本格的に新設構造物に採用されたのは昭和30年代以降で，1960年（昭和35年）に設計示方書（案）が制定され，特に東海道新幹線（1964年開業）では全面的に溶接構造が採用された．昭和40年代に入ると，現場での接合方法はリベットから高力ボルトが主流となった．

　また，昭和30年頃から合成桁が採用され，1963年（昭和38年）に設計示方書（案）が制定され，東海道新幹線，山陽新幹線をはじめ新幹線を中心に，主に騒音低減を目的に多数用いられた．

　明治中期から昭和40年頃までは，プレートガーダーやトラスについて支間ごとにあらかじめ準備された標準的な構造，いわゆる「標準設計」が多く用いられた．この標準設計は，供用中に損傷が生じた場合には，それと同じ構造の橋梁について一斉に調査して対策を施すことができ，維持管理上非常に有効であった．例えば，東海道新幹線は，供用後に疲労き裂が生じたものの他の同一構造の対策を早急に進めることができ，今まで列車運行に支障をきたすような重大な事象には至っていない．またこれにより溶接構造のディ

テールが改善され，その後の標準的なディテールとして採用されている．

(c) 昭和60年（1986年）頃以降

昭和62年に旧国鉄がJRとして分割民営化されたが，それ以降も，新たな材料や構造が採用されている．例えば，Ni系高耐候性鋼材の採用，連続合成桁の本格的な採用，鋼トラスとコンクリート床版を一体化した合成トラスの採用等である．特に，騒音軽減の観点から，鋼とコンクリートの複合構造物が増えている．また，支間100m程度の合成桁が建設されるなど，鋼鉄道橋の長支間化も図られている．

設計標準は，平成4年に許容応力度設計法から限界状態設計法に改訂され，平成21年には性能照査型設計法が導入され，従来の仕様設計から大きく変わってきている．また，平成7年の兵庫県南部地震での被害を契機に，これまで弾性範囲での設計であったが，大規模地震に対して塑性域まで考慮した設計が取り入れられるようになった．

(2) 鋼道路橋[4), 5)]

鋼道路橋の歴史は，製鋼技術や溶接技術の発達，鉄筋コンクリート構造の導入，構造力学の進歩，さらに関東大震災や阪神・淡路大震災など変革期を経て今日の発展に至っている．鋼道路橋の変遷を整理すると以下の3期に分類できる．

(a) 明治から昭和30年（1955年）頃まで

明治期には，鋼橋にかかわる技術は外国から輸入されたものであったが，大正期以降は日本標準規格（JES）として鋼材規格が制定され，鋼道路橋設計示方書案として設計基準が制定されるなど，名実ともに国産化されるようになった．この時期の鋼橋は，山形鋼，溝形鋼，鋼板などを組み合わせたプレートガーダー，トラス，2ヒンジアーチが建設され，工場にてリベットで組立てられた部材を現場においてリベットで接合するタイプが一般的であった．溶接技術は昭和のはじめに欧米の新技術として日本に紹介され実橋にも適用されたが，溶接変形など施工技術上の問題，鋼材の炭素含有量などによるぜい化の問題，さらに第二次世界大戦の影響もあり本格的な普及には至らなかった．

また，関東大震災で木橋や木製床組が大きな被害を受けたことが契機となり，RC床版が採用されるようになった．しかし，輪荷重の大きさとコンクリートの強度不足，施工不良などを原因とする損傷が多く発生し，補修・補強，または交換されている場合が多い．

(b) 昭和30年（1955年）～昭和40年（1965年）頃まで

　鋼橋の設計，製作，施工の技術が大きく進歩し始めた時期であり，溶接構造用（SM材）の50キロ，60キロ級鋼，サブマージアーク溶接などの自動溶接，合成桁・斜橋・曲線橋・箱桁・鋼床版などの設計法，高力ボルト接合など，現在採用されている技術のほとんどが実用化され，種々の技術基準も制定された．格子桁が普及し，これに対応する詳細構造が発展した．溶接用鋼材と溶接技術発展により，工場における断面の組立は溶接接合構造が一般的となった．主桁の断面変化では，カバープレート方式に代わり溶接による板継ぎ構造が採用された．腹板の補剛構造では施工の合理化のために種々の試みがなされ，補剛材の取付け方法や細部構造が現在の構造に近いものとなった．

　道路線形を優先した橋梁が計画されることが多くなり，直線橋に比べて斜橋及び曲線橋が増加した．斜橋及び曲線橋に発生するねじれに抵抗するため，種々の横桁構造や主桁との取合い構造が採用されたが，二次応力など疲労耐久性上の問題がある構造において疲労損傷が発生した事例がある．現場継手構造については，この時期がリベットから高力ボルトへの変遷期となった．

　合成桁は，昭和20年代後半に初めて採用され，昭和35年に設計施工指針が制定されて以来，単純桁のみならず連続桁にも採用された．しかし，連続桁は架設系で中間支点部コンクリートにプレストレスを導入するもので，その導入応力の確認，将来の床版打替えなど維持管理面について十分配慮する必要がある．

　高度成長とともに橋の建設も増大したが，鋼橋では競争設計方式の発注がとられ，いわゆる最小重量設計を追求した．その結果，死荷重を軽くする目的でRC床版厚や鉄筋のかぶりを小さくしたため，剛性が低い構造となり，全体が振動しやすく耐久性に劣る橋となり，交通量増加，車両の大型化と相まって，RC床版，鋼部材の疲労損傷が生じるようになった．

(c) 昭和40年(1965年)以降

　昭和40年代以降の特徴は，溶接接合構造のさらなる進化とコンピュータ解析の発達による多主桁・格子分配構造・連続桁・箱桁形式が主流となるとともに，前述した昭和30〜40年代に建設した鋼橋の疲労損傷や鋼材腐食の問題が数多く見られ，平成に入ると改めて維持管理の重要性が強調された．

　RC床版については，交通量，支持桁の剛性，補修の難易を考慮した床版厚の決定，配力筋方向の設計曲げモーメント式の設定と主鉄筋量の70%以上の配置，交通量による活荷重の割増し，異形鉄筋（SD）の採用など，耐久性向上対策がとられた．

　鋼材の疲労損傷については，昭和55年（1980年）の道路橋示方書でT荷重による縦リブの溶接部の照査が設定された．

　防せい防食では，長期耐久型の塗料が開発され，1970年代には塩化ゴム系塗料，MIO塗料，ウレタン系塗料が使用され始め，1980年代にはウレタン樹脂塗料やふっ素樹脂塗料などが使用され始めた．また，この時期には全溶融亜鉛めっき橋も出現した．めっき橋は，めっきの廻りや熱影響の関係から独自の構造詳細が採用されている．耐候性鋼材を無塗装で使用した橋も1960年代後半から採用され始め，1993年に「耐候性鋼材の橋梁への適用に関する共同研究報告書－無塗装耐候性橋梁の設計・施工要領（改定案）」（建設省土木研究所ほか）がまとめられ，普及するようになった．

　平成7年には構造をできるだけ簡素化し，構造を統一することによって製作の省力化の一層の促進を図ることを目的に，「鋼道路橋設計ガイドライン（案）」が発行された．具体的には，1部材1断面，連結板の一体化，水平補剛材の段数減等の採用による構造の簡素化により，溶接による板継ぎ構造の削減及び材片数の削減を実現させ，工場製作の省力化を推進することを目的としているものである．また，構造の簡素化により，現場継手の連結作業の省力化や床版のハンチ型枠の統一化の促進を通じ，現場での作業の省力化をも期待したものである．このような構造を採用することにより，二次的効果として，主桁剛度の増加による主桁や床版の耐久性向上，溶接継手箇所の減少による耐疲労性の向上，構造を単純化することによる維持管理の確実性及び容易さの確保等が期待できる．

平成7年に発生した兵庫県南部地震では，鋼橋も大きな被害を受けた．その被害を踏まえ，平成7年に改訂された道路橋示方書では，鋼製橋脚について塑性域での耐力および変形能を考慮した設計法が明記されるとともに，金属支承に代わってゴム支承の採用が一般化され，反力分散ゴム支承や免震ゴム支承を用いた多径間連続桁，さらに支承を省略した多径間連続鋼製（又は複合）ラーメン橋が採用されるようになった．

従来，道路橋の設計においては鋼床版や軌道が併設される場合などの特別な場合を除いて一般には疲労の影響を考慮しなくてもよいこととされていた．しかし，1980年（昭和55年）頃から，主桁への部材の取り付け部や，鋼製橋脚の隅角部等様々な部材，部位で重大な疲労き裂の発生が報告されるようになり，厳しい重交通の実態等から将来の疲労損傷の増加が懸念されたこと，一方で，疲労設計に関する知見が蓄積されてきたことを踏まえて，2002年（平成14年）に改訂された道路橋示方書では，疲労設計を行うことが新たに規定された．

3.4.2 代表的変状例

(1) 腐食
(a) 各環境下での腐食メカニズム[6],[7]

大気環境下の鋼材腐食は，水（H_2O）と酸素（O_2）の存在下で発生する電気化学反応であり，鉄錆の化合物（FeOOHなど）には塩害の原因である塩分（NaCl）の化学記号は含まれない．酸素は大気から供給され，水は雨と結露などにより鋼材表面に水膜として存在し，腐食はその水膜下で進行する．鋼構造物の塩害原因である海から飛来する海塩粒子または冬季の凍結防止剤の塩化カルシウムなどは多湿環境下での潮解作用によって大気中の水分を吸収し，鋼材の濡れ環境をつくるといわれている．また，塩分は電解質作用があるため鋼材の腐食反応速度を促進する効果がある．さらに気温の上昇による電気化学反応の活性化により腐食速度が速くなる．一方，鋼材表面に付着した塩分などが降雨や人工的に洗い流されると腐食速度は遅くなる特性を有する．

次に，河川や海水中の環境下の鋼材腐食は，溶存酸素濃度の影響を強く受ける．海水中の鋼材腐食特性は溶存酸素濃度の大きい水面付近や干満帯で速く，海水中はほぼ均一で遅いことが知られている．この現象を基にして，海洋鋼構造物の防食設計が考えられている．

　以上のことをまとめると，鋼材は水と酸素の存在により発錆し，付着塩分量と温度上昇などにより，その腐食速度が促進される特性を持つ．したがって，鋼橋などの鋼構造物では，漏水や溜水部位，鋼材の濡れ時間の長くなる部位，塩分付着する部位などにおいて腐食が発生し進行する．また，代表的な防食法の塗装は，腐食因子である酸素と水から鋼材面を遮断する方法であるが，その塗装の膜厚が十分確保されない部位でも腐食が発生し進行する．その他，ステンレスと鋼などの異種金属の接触腐食，コンクリート内に埋め込まれた鋼材のコンクリート境界部での腐食などは局部的に激しい腐食が発生する現象であり，設計および維持管理上，注意を要する．

(b) 代表的な腐食損傷例[8]

1) 鋼桁の腐食

a) 環境的要因：漏水と付着塩分の作用する環境

　鋼桁で最も厳しい腐食部位は漏水と付着塩分の作用する環境下にある桁端部の内面側である．その部位は伸縮継手部からの漏水が起こりやすく，また飛来塩分が付着しやすく，一般的に通気性が悪い．そのため濡れた鋼材と付着塩分の電解質により腐食が促進され，激しく腐食する．特に，下フランジ上面などの水平面は水はけが悪く，日射による乾燥が進みにくく，最も厳しい腐食環境となる．写真3.4.1，写真3.4.2に桁端部下フランジの腐食と支承部の腐食を示す．図3.4.1には桁端部の下フランジとウェブの激しい腐食例を示す．この腐食例は過酷な飛来塩分環境下の無塗装仕様耐候性鋼橋で起きた事例[9]であり，桁端部の腐食進行状態を知る貴重なデータである．この極限腐食は，河川護岸構造物の法面に沿った飛来塩分による集中腐食である．このような桁端部における主桁の腐食減厚および断面欠損はせん断耐荷力を低下させ[10]，支点部においては圧縮耐荷力の低下により座屈が生じる危険性がある．また，腐食による支承の水平移動や回転機能の低下は，桁端部下フランジの応力集中を招き，疲労損傷の発生要因となることもある．

b) 構造的要因：塗膜の品質が確保しにくい部位における腐食

鋼構造物の防食には一般的に環境遮断型の塗装が適用される．塗装の防食機能で最も重要なのが塗膜厚である．その塗膜厚を確保しにくい部位は，写真 3.4.3 に示す高力ボルトと写真 3.4.4 に示す鋼板エッジ部などである．写真 3.4.3 は，塗膜厚の薄い高力ボルト角部を起点に塗装が花咲くように劣化した状況である．

c) 雨による腐食生成物の洗浄作用と腐食状態の関係

鋼材表面に付着した塩分などを自然降雨や人工的に洗い流すことで腐食速度が遅くなる．写真 3.4.5 の塗装鋼橋の事例に示すように，外桁は塗膜劣化に影響を与える紫外線が当たるが，雨による付着塩分の洗浄効果で塗膜劣化が軽微な特性を示す．一方，中桁は雨による付着塩分の洗浄がないため塗膜が劣化し，発錆状態となる．また，写真 3.4.6 に無塗装仕様耐候性鋼橋の例を示す．過酷な腐食環境下で中桁は激しく腐食しているが，外桁は腐食していない．これより，中桁の点検の重要性が知見として得られる．

写真 3.4.1　桁端部の腐食

写真 3.4.2　支承部の腐食

社会インフラ メンテナンス学

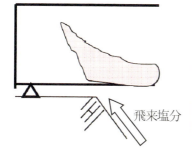 

図3.4.1 過酷な飛来塩環境下での桁端部の腐食

写真3.4.3 高力ボルトの腐食　　写真3.4.4 鋼板エッジ部の腐食

外桁（雨洗浄効果有り）　　　　中桁（雨洗浄効果無し）

写真3.4.5 塗装鋼橋の雨洗浄効果の事例

　　外桁(雨洗浄効果有り)　　　　　　　　中桁(雨洗浄効果無し)
写真 3.4.6　無塗装仕様耐候性鋼橋の雨洗浄効果の事例

2) 海洋鋼構造物の腐食 [6],[7]

　図 3.4.2 に代表的な海洋鋼構造物である鋼管構造の腐食減厚分布を示す．ここで，図に示す腐食減厚分布は海水運河に架かっていた橋梁の鋼管橋脚での調査結果である．図より，腐食減厚量は飛沫帯，RC 床版との境界部，干満帯の順に大きく，これらの部分で集中腐食が発生していた．最も厳しい腐食環境の飛沫帯において，鋼管表面は十分な酸素量を含む薄い塩水膜で濡れる環境にある．また，RC 床版と鋼管との境界部で腐食減厚が大きくなったのは，鋼管が RC 内部に埋め込まれており，その境界部に通気差系のマクロセル腐食が発生したためである．なお，一般に桟橋鋼管などは飛沫帯部および RC 境界部を含む海上大気中の部位には防食ライニング材を被覆しており，調査例の防食なし鋼管のような激しい腐食は生じないことが多い．しかし，鋼管と RC 床版の結合部は台風や地震時に大きな応力が作用する部位であるため，点検時には十分な配慮が必要となる．また，干満帯は海水の潮汐による乾湿繰返しにより濃度の高い酸素が供給され腐食が進行する部位であり，通常は防食ライニング材が施される．海中部は酸素供給があまりないため腐食進行は緩やかで，電気防食が施される．

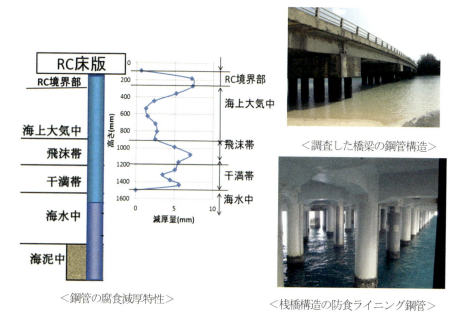

図 3.4.2　鋼管構造の腐食減厚分布特性

3) その他特殊部位における腐食
a) 鋼部材とコンクリート境界部の腐食

　発生原因はコンクリート境界部に雨水や塩分などが長時間停滞することであり，通気差電池形成によるマクロセル腐食といわれている．写真 3.4.7 に歩道橋の鋼製橋脚基部のコンクリートをはつり出した後に確認されたコンクリート境界部の腐食減厚状態を示す．このコンクリートに埋め込まれた鋼部材の局部腐食は，コンクリート表面の境界線より数 mm 上方で発生し，その腐食速度は一般部の全面腐食の約 10 倍といわれている[11]．また鋼製橋脚基部の根巻きコンクリートとの境界部でも同様な局部腐食が生じることが予測され，維持管理上の留意が必要である．

写真 3.4.7　鋼橋脚とコンクリート境界部の腐食

b) 異種金属接触腐食

　この腐食は電位の異なる金属が接触し，水分の存在下で金属間に腐食電池が形成され，電位の卑な金属が腐食する現象である．写真 3.4.8 に亜鉛めっき鋼板（電位：-1.30V）にステンレス鋼（電位：-0.05V）が溶接された手摺りにおいて，ステンレスより電位の卑な亜鉛めっきが激しく腐食した事例を示す．

写真 3.4.8　異種金属接触腐食

(2) 疲労

　疲労とは一度では壊れない大きさの力が繰り返し作用し，疲労き裂が発生し，それが進展することにより最終的に部材が疲労破壊に至る現象であり，近年，鋼橋のほか，標識柱や照明柱といった道路付属物などの土木鋼構造物においても多く報告されている．本項では，常時の外力作用の繰返しにより

生じる高サイクル疲労現象について取扱う.

疲労に影響する因子は，図 3.4.3 に示す繰返し荷重による応力範囲 ($\Delta \sigma = \sigma_{max} - \sigma_{min}$ または S) とその繰返し回数 (N)，およびそれらが作用する部位の疲労強度である．これらの因子の間には,

$$S^m N = C_0 \quad (\text{定数}) \tag{3.4.1}$$

の関係があり，この定数 C_0 は疲労強度を表す定数である．この関係は，図3.4.4 に示す両対数グラフで示された S-N 線図上で直線関係になる．応力範囲がある程度以下になると疲労破壊が生じなくなるが，この応力範囲を疲労限と呼ぶ．日本鋼構造協会（JSSC）の疲労設計指針[12]では，溶接継手の種類（形式・大きさ）により，疲労強度等級を設定して各等級において設計用の S-N 線図が定められている．

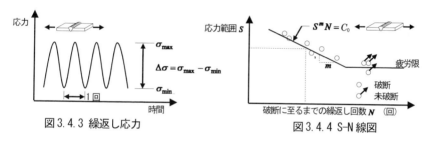

図 3.4.3 繰返し応力

図 3.4.4 S-N 線図

疲労き裂は一般にき裂長さが小さい間は進展速度が小さいが，き裂長さが大きくなるに従い進展速度が非常に大きくなる．また，講じる対策についてもき裂が小さい間は軽微な対策で済むが，き裂が大きくなると対策も大がかりとなる．そのため，点検間隔を考慮すると，き裂が極力小さいうちに発見し対策を検討することが望ましい．土木構造物という大規模構造物の中から数ミリオーダーのき裂を発見するためには，き裂の発生しやすい部位についての知識を持つことが必要であり，また，発見したき裂に対して適切な対策を講じるためには，そのき裂の発生原因を把握する必要がある．このような情報は，例えば「鋼道路橋の疲労設計指針[13]」「鉄道構造物等維持管理標準[1]」「鋼床版の疲労[14]」などが参考となるが，ここでは鋼橋を例にとり代表的な事例を用いて紹介する．

鋼橋のような溶接構造物では，溶接継手部からの疲労き裂が多く報告されている．その原因は，溶接継手部では形状が不連続に変化することによる応力集中や，溶接時に生じる溶接欠陥や引張残留応力の影響などが挙げられる．溶接部に発生するき裂は，主に図3.4.5に示す局部的な応力集中の発生する溶接止端部もしくはルート部から発生することが多いが，溶接欠陥がある場合にはそこを起点として発生する場合もある．特に，溶接ルート部や溶接欠陥など溶接内部からき裂が発生・進展する場合には，部材表面でき裂が確認された段階では，内部で大きく進展している場合もあるので注意が必要である．図3.4.6に鋼橋を例にとり，代表的な継手の種類と発生するき裂の例を示す．き裂の発生位置，および進展方向は継手の形式や疲労損傷を引き起こす主たる応力に大きく依存する．また，ガスカット縁など切断痕が残った鋼素材部から疲労き裂が発生する場合，リベット孔やボルト孔からき裂が発生する場合もある．

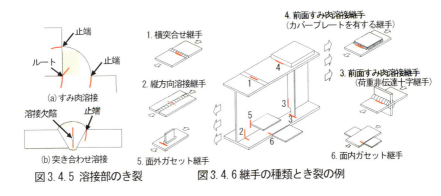

図3.4.5 溶接部のき裂　　図3.4.6 継手の種類とき裂の例

疲労損傷を引き起こす繰返し応力の発生要因は，①設計時に考慮される一次応力，②構造ディテールに特有な局部的な変形や実構造物の立体的な挙動により生じる設計上考慮されない二次応力，③風や交通振動などによる予期せぬ振動が挙げられ，これに溶接欠陥や溶接部での局部的な応力集中が重畳した形で作用することになる．鋼橋の疲労損傷の多くは上記②に起因して発生しており，二次部材の接合部に生じることも多い．このような二次部材のき裂でも，二次部材から主要部材にき裂が進展するような場

合や,更には,き裂を進展させる繰返し応力の発生要因がき裂の進展に伴い主要部材の一次応力に変化するような場合もある.このような場合には重大事故へとつながるため,き裂の進展性などを考慮した適切な対策を施す必要がある.以下に鋼橋の代表的な疲労損傷例について述べる[15].

プレートガーダー橋(図3.4.7)において,構造上重要な主桁を破断する恐れのある疲労き裂の例として,以下のものが挙げられる.

- 支点上ソールプレート前面のすみ肉溶接部の疲労き裂: 支承部の腐食に伴う支承の移動や回転機能の低下など支承部の各種変状による二次応力の発生やソールプレート前後での下フランジの断面変化による応力集中などが原因であり,下フランジを貫通後,ウェブに進展する.
- 主桁端部の桁端切欠き部の下フランジとウェブの溶接部の疲労き裂: 切欠き部での応力集中と溶接の製作精度の問題が原因であり,ウェブに大きく進展した事例もある.ゲルバー桁の架違い部など類似の構造でも同様のき裂が報告されている.また主桁と横桁,横桁と縦桁など接合部でフランジを切欠いた構造の場合にも,高い応力集中によりき裂が発生している事例もある.
- 主桁と横桁の接合部や横構ガセットプレートの接合部の疲労き裂: 主桁の応力や横桁,横構からの力の作用により発生し,それを起点として主桁が脆性的に破断した事例もある.
- 下フランジ突合せ溶接部やカバープレート端部の疲労き裂: 主桁の脆性的な破断に至った事例もあり,溶接品質の確認が不十分な部位には注意が必要である.

また鋼橋では,橋梁構造の立体的な挙動により生じる部材間の相対的な変形が原因で疲労き裂が発生している事例も多い.対傾構や横桁が取り付いている主桁の垂直補剛材の上端付近で補剛材側や,主桁ウェブ側に疲労き裂が多く報告されている.これは隣接主桁のたわみ差により対傾構などから作用する力や床版のたわみを補剛材が拘束することにより生じる.同様に,アーチ橋の鉛直材の上下端の接合部で,補剛桁とアーチリブとの橋軸方向の相対的な変位差によりき裂が発生する事例や,トラス橋で,主構と床組との剛性の違いによる部材間の相対的な動きが要因となったき裂の事

例がある．

　また，近年では鋼床版に多くの疲労き裂が発生している．き裂の例を図3.4.8に示すが，デッキプレートと縦リブの溶接部，縦リブと横リブの溶接部，垂直補剛材上端部などに数多くき裂が報告されている．鋼床版では，薄いデッキプレートの上に直接タイヤが載ることによるデッキプレートの局部的な変形や，縦リブの変形を横リブが拘束することなどが原因でき裂が発生し，それが進展すると路面の陥没など重大な事故につながる．

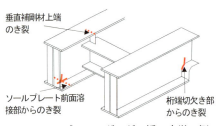

図3.4.7　プレートガーダー橋の疲労の例　　図3.4.8　鋼床版の疲労の例

　交通荷重の作用以外にも，風の作用により，ランガー桁の吊材が振動して桁との接合部でき裂が発生した事例やトラスの斜材などにき裂が発生した事例が報告されており，風で振動しやすい部材についても注意が必要である．

　以上のような橋梁上部工の疲労損傷以外にも，近年，鋼製橋脚において，溶接欠陥や高い応力集中が原因で生じる隅角部のき裂や，支点直下のダイアフラムのき裂が多く報告されている．また，橋梁上の照明柱や標識柱，検査路などの橋梁付属物においても，風や交通振動の作用により，疲労損傷が発生している事例もあり，疲労の観点からも，橋脚，上部工，付属物といった橋梁全体で適切な維持管理を行うことが重要である．

(3) 地震時

　死荷重や活荷重などの主荷重は重力の作用方向である鉛直方向下向きに作用するが，地震荷重は水平方向に作用する横力であり，この横力の作用に対して耐震設計が行われる．

　耐震設計が必要な部材にも鋼製部材が用いられる．例えば，鋼製橋脚は，

工場で製作した薄肉補剛構造からなる鋼ブロックを建設現場へ輸送し，現場で組み立てることによってコンクリート橋脚に比べて軽量かつ短期間に施工可能であることから，都市内の高架形式の高速道路や軟弱地盤上の橋梁構造物を支持する橋脚として用いられる．橋脚には上部構造や橋脚自体の死荷重が鉛直方向下向きに作用するが，地震時には支承を介して水平方向の地震荷重が繰り返し作用する．

　1995年に発生した兵庫県南部地震以前に建設された鋼製橋脚は震度法に基づいて耐震設計され，弾性応答加速度で300gal程度（レベル1地震動）を対象とした地震荷重の作用に対して弾性設計されていた．しかし，兵庫県南部地震（レベル2地震動で弾性応答加速度が2,000gal程度）では従来の設計荷重を上回る地震荷重が作用したため，鋼製橋脚の基部付近やラーメン橋脚の梁など大きな曲げモーメントやせん断力が繰り返し作用する断面に座屈（写真3.4.9）や溶接部の割れが生じた．

　部材に圧縮荷重を漸増させると軸方向に縮むが，ある荷重で面外方向の変形が急増し，それ以降，部材の耐力が急激に失われる．これを座屈現象という．十分な強度を有する材料で部材が製作されていても板幅に比して板厚が薄い板パネルや，十分な板厚を有する鋼板で製作されていても細長い部材の場合には，局部座屈や全体座屈が発生し十分な変形性能を確保することができない．

　単柱形式の鋼製橋脚を例にとると，中空断面である橋脚基部には車両等の衝突による大変形を防止するためコンクリートが充填され，橋脚高さ方向の作用曲げモーメント分布を考慮して板厚変化部が設けられることが一般であった．そのため，定着部の耐力＜橋脚基部の耐力の関係が成り立つ場合には定着部のアンカーボルトが塑性変形し，定着部の耐力＞橋脚基部の耐力の関係が成り立つ場合には柱部材の中で抵抗曲げモーメントが小さいコンクリート充填断面直上の鋼断面や板厚変化部の薄肉側の鋼断面に座屈変形が生じる．

　そこで，兵庫県南部地震以降，十分な座屈耐力を保有しない部材に座屈を防止するための耐震補強が行われた．一方，鋼部材が荷重の繰返し作用を受け座屈変形が進展する間に安定したエネルギー吸収が期待できることを利

用して，座屈拘束ブレースやせん断パネルダンパーなどの履歴エネルギー吸収型のダンパーも開発され，橋梁構造物の耐震補強に活用されている．

また，中空矩形断面の角溶接部が割れたことが原因で，2基の鋼製橋脚が倒壊に至った（写真 3.4.10）．このような溶接部の割れの進展は構造物の耐力を急激に失わせることから，矩形断面の角溶接部に補強が実施されている．

さらに，上部構造と橋脚の間に設置されている支承を介して地震時慣性力が橋脚に伝達されるため，この支承にも地震によって損壊が生じた．そこで，橋梁構造物の耐震補強では，鋼部材の座屈防止や割れ防止の対策だけでなく，橋梁システム全体の地震時挙動を考慮した上で，支承に免震ゴム支承やすべり支承などを採用することによって地震時の水平力を低減できる耐震対策も併せて実施されている．

写真3.4.9　橋脚基部に発生した座屈[16]　　写真3.4.10　倒壊した鋼製橋脚[16]

(4) 火災時

近年，橋梁直下における大規模な火災が多発している．表3.4.1に，国内および国外における主な鋼橋の火災事例を示す．

表3.4.1 主な鋼橋の火災事例[17]

橋梁名	構造形式	年月	出火要因
首都高速・神田橋ランプ	単純合成I桁橋	1966年1月	桁下の小屋からの出火
首都高速・汐留出入路	鋼単純合成鈑桁橋	1980年12月	工事中の失火
A橋	2径間連続I桁橋	1990年11月	不法占拠者の失火
首都高速葛西高架橋	単純I桁橋	1992年	桁下での車両事故
首都高速・芝公園入路	単純I桁橋	1994年	桁下での不審火
毛穴大橋	単純合成I桁橋	2000年4月	不法占拠者の失火
新熱田橋	単純合成I桁橋	2001年12月	不法占拠者の失火
新佐山跨線橋	単純箱桁橋	2002年4月	桁下での車両事故
B橋	2径間連続I桁橋	2004年2月	野焼きの延焼
ドイツ・Wiehltal橋	鋼床版2主I桁橋	2004年8月	タンクローリーの炎上
大阪環状線淀川橋梁	単線式上路プレートガータ橋	2007年2月	不明
アメリカ・マッカーサーメイズ	連続合成鈑桁橋	2007年4月	タンクローリー横転・炎上
首都高速5号池袋線	鋼単純I桁橋	2008年8月	タンクローリー横転・炎上
地蔵川高架橋	鋼鈑桁橋	2008年9月	記載なし
アメリカ・9マイル跨道橋	合成桁橋	2009年7月	タンクローリー横転・炎上
宇美川大橋	単純合成鈑桁	2010年2月	失火
川口橋	鋼3径間連続非合成鈑桁	2011年3月	津波に伴う流失物に引火
西大橋	3径間鋼連続合成鈑桁	2012年2月	廃タイヤからの出火
首都高速3号渋谷線	単純鋼床版箱桁	2014年3月	工事中の失火

以下に国内と国外における鋼橋の火災事例の一例を紹介する.

(a) 首都高速5号池袋線[18]

2008年8月3日午前5時50分ごろ,首都高速5号池袋線の熊野町JCT付近において,ガソリン16klと軽油4klを積んだタンクローリーが横転・炎上した.火災直後とこの火災による主桁の損傷状況を写真3.4.11に示す.この火災は,最も火勢が激しい状態において,約1200℃(約90分間)にま

で達したと推定され，鋼桁の腹板変形や塗膜剥離などの損傷が見られた．特に，火源直上の主桁は，熱影響により，桁高1200mmのうち，高さ600mm程度までの範囲で変形が発生していた．本事例の場合，復旧工事で73日間にわたる通行止めや通行規制が行われ，首都高東京線における渋滞長は50%増加し，所要走行時間も2倍以上になったとの報告もある．

写真3.4.11　火災直後と主桁の損傷状況[19]

(b) マッカーサーメイズ[20]

アメリカ・カリフォルニア州のサンフランシスコ・オークランドベイブリッジ付近の高速道路インターチェンジにおいて，2007年4月29日午前3時40分頃，880号線を走行していた8600ガロン（約33kl）のガソリンを積んだタンクローリーが横転・炎上し，約20分後に，上を通る550号線の高架橋の一部（延長：48.8m，幅：15.5m）が崩落した．写真3.4.12に鎮火後の損傷状況を示す．

写真3.4.12　鎮火後の損傷状況

このように，鋼橋で火災が発生すると，最悪の場合，落橋も考えられ，落橋に至らない場合でも，調査や補修などによる長期間の交通規制が必要となる．すなわち，被災した鋼橋の損傷状況や安全性を迅速かつ的確に判断することが重要であると考えられる．

ここで，高温下における構造用鋼材や高力ボルトなどの降

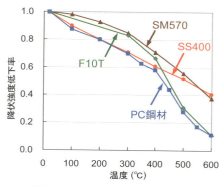

図 3.4.9　高温下における鋼材の降伏強度の低下率

伏強度の低下率（高温時の強度／常温時の強度）を図 3.4.9 に示す[21]．同図より，高温時における SS400 材の降伏強度は，加熱温度が高くなるとともに徐々に低下し，500℃程度で常温時の約 50％となる．SM570 材も，SS400 材と同様に，500℃程度で降伏強度が常温時の 50％となる．一方，F10T に着目すると，400℃までは SM570 材と同様な低下を示すが，それ以上の温度においては，急激な強度低下を示しており，500℃で常温の 30％程度まで低下することがわかる．

最後に，現在，このような状況を受けて，鎮火後，車輌の通行可否を迅速に判断するために，鋼材表面の受熱温度に応じて塗膜の変状形態が異なることに着目し，外観目視により，鋼材に深刻な強度低下が生じているか否かを判断するための目安となる指標の作成などが行われている[22]．

3.4.3　鋼橋の点検・調査・モニタリング

(1)　橋梁点検・調査

(a)　点検の目的

橋梁点検は，橋梁の現状を把握し，耐荷力・耐久性に影響すると考えられる損傷や第三者に被害を及ぼす可能性がある損傷を早期に発見することにより，常に橋梁を良好な状態に保全し，安全かつ円滑な交通を確保するとと

もに，点検結果などで得られた情報を蓄積することにより合理的かつ効率的な維持管理を行うことを目的に実施する．

(b) 点検の種類

点検には概ね次の4種類がある．橋梁点検のフローの例として，国が地方整備局で道路橋に対して行っているものを図3.4.10に示す．

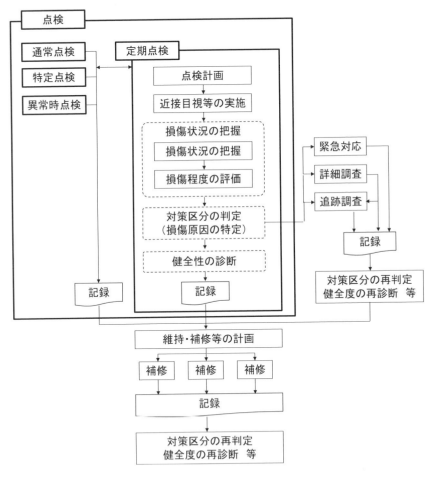

図3.4.10 橋梁点検に関連する維持管理フロー [23]

①通常点検
　損傷の早期発見を図るために，日常巡回を行う際にあわせて実施する目視点検．
②定期点検
　頻度を定めて定期的（5年に一度など）に行う近接目視を基本として実施する詳細な点検．
③特定点検
　塩害などの特定の事象を対象に，予め頻度を決めて実施する点検．
④異常時点検
　災害や大きな事故が発生した場合，予期せぬ異常が発見された場合などに行う点検．

(c) 定期点検
　定期点検は，近接目視により行うことを基本とする．また，必要に応じて触診や打音などの非破壊試験などを併用して行う．なお，近接目視とは，肉眼により部材の変状などの状態を把握し評価が行える距離まで近接して目視を行うことを想定している．定期点検の標準的な方法を表3.4.2に示す．

　定期点検では，損傷状況の把握および対策区分の判定を行い，これらに基づき部材単位での健全性の診断および橋梁毎の健全性の診断を行い，これらの結果の記録を行う．対策区分の判定事例として，国土交通省の橋梁定期点検要領の対策区分を表3.4.3に示す．対策区分の判定結果に応じて，詳細調査や追跡調査が実施される．

表3.4.2 定期点検の標準的な方法 [23]

材料	損傷の種類	点検の標準的方法	必要に応じて採用することのできる方法の例
鋼	腐食	目視, ノギス, 点検ハンマー	超音波板厚計による板厚計測
	亀裂	目視	磁粉探傷試験, 超音波探傷試験, 渦流探傷試験, 浸透探傷試験
	ゆるみ・脱落	目視, 点検ハンマー	打音検査, 超音波探傷, 軸力計を使用した調査
	破断	目視, 点検ハンマー	打音検査(ボルト)
	防食機能の劣化	目視	写真撮影(画像解析による調査)インピーダンス測定, 膜厚測定

表3.4.3 対策区分の判定区分の例(国土交通省) [23]

判定区分	判定の内容
A	損傷が認められないか, 損傷が軽微で補修を行う必要がない.
B	状況に応じて補修を行う必要がある.
C1	予防保全の観点から, 速やかに補修などを行う必要がある.
C2	橋梁構造の安全性の観点から, 速やかに補修などを行う必要がある.
E1	橋梁構造の安全性の観点から, 緊急対応の必要がある.
E2	その他, 緊急対応の必要がある.
M	維持工事で対応する必要がある.
S1	詳細調査の必要がある.
S2	追跡調査の必要がある.

　詳細調査は,補修等の必要性の判定を行うに当たっての原因の特定など詳細な調査が必要な場合に実施するもので,適切な時期に実施される.詳細調査を実施した場合は,その結果を踏まえて,あるいは必要に応じて追跡調査

を実施するなどして損傷の進行状況を監視した後,対策区分の再判定を行う.

(2) モニタリング

モニタリング技術とは,構造物等の状況を常時もしくは複数回(常時,定期,不定期,最低2時点)で計測し,状態の変化を客観的に把握する技術である.一方,点検技術は構造物の状況をある時間断面(定期点検等)で計測し,基準などに照らして評価する技術である.このため,モニタリング技術は,維持管理に係る状態の変化等を得ることや,定期点検の間で連続的に起こっている変化を把握するものである(図3.4.11).

鋼橋における損傷の多くは,腐食と疲労であるが,これらに対してこれまで実績のあるモニタリング技術は後者の方が多い.これは,前者の損傷が進行するのに要するタイムスケールが長いことが主な要因と言える.一方,疲労き裂は脆性的に進行するため,予防保全の観点から,各種のモニタリング技術が提案されている.

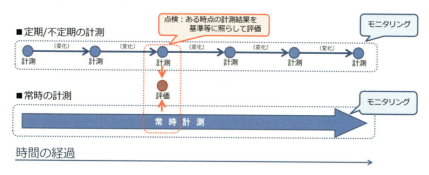

図3.4.11 モニタリング技術[24]

(3) 腐食損傷の点検・調査[25]
(a) 定期点検

定期点検では,近接目視による外観調査が実施される.外観調査は,緊急に補修・補強対策が必要であるか否かの判断を行うための資料となることや,その後の詳細調査の必要性,詳細調査が必要と判断された場合の詳細調査の項目や方法を決めるための重要な情報となる.

調査対象物の構造や使用材料,防食方法,施工時期とその後の履歴,環境,足場の状況などについて事前調査を行い,調査項目や調査方法および調査手順などを事前に決めてから実施するのが良い.また,この事前調査の段階で,調査対象物に発生しやすい劣化や損傷の種類とその部位を推定しておくことが,より精度の高い外観調査を実施する上で重要となる.

鋼橋の目視調査は,さび,ふくれ,割れ,はがれ,白亜化,変退色,汚れなどの調査を行うが,調査では標準的な写真や限度見本標準図などとの比較照合により行う.

(b) 詳細調査

定期点検を通じて損傷の状況や程度を把握して対策区分を判定する.その結果,詳細に調査する必要があると判定された場合に詳細調査を実施する.

1) 塗膜劣化調査

従来,目視調査が主流であったが,評価・判定の精度向上のため,基準類で代表的な変状の写真と対応する評価を明示した変状の標準写真集などが規定されることがある.最近では,CCDカメラなどにより塗膜面を撮影し,その画像情報から得られる数値を塗膜劣化基準と照らし合わせることで評価を行う方法もある.

腐食環境をモニタリングする方法として,腐食電流を計測するACM型腐食センサ(図3.4.12)が開発されており,腐食電流と環境条件との良好な相関性が見出されている.これは,互いに絶縁された2つの異種金属(銀Agと鉄Fe)で構成されており,大気環境下に放置されると降雨や結露により表面に薄い水膜を張り,それが両金属を連結して腐食電池を形成し,腐食電流を流すことになり,その腐食電流を計測するというものである.

2) 腐食劣化調査

損傷部位に近接できる場合には,代表的な箇所において簡易な計測器を用いて損傷の程度を計測するのが望ましい.腐食量の計測には,残存板厚を計測するもの,鋼板表面の凹凸部深さを計測するものがある.耐荷性や耐久性の評価は,一般に腐食箇所の残存板厚を測定する方法により行われている.この場合,超音波による板厚計測が用いられることが多い.

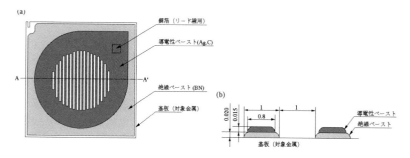

図 3.4.12 ACM 型センサ (NIMS HP「ACM 型腐食センサ」より引用)[26]

(4) 疲労損傷の点検・調査・モニタリング
(a) 定期点検

定期点検では，疲労き裂の検出を目的として調査を行う．疲労き裂は，その進展長さに応じて加速度的に進展速度が速まり危険であるため，初期段階(長さが数ミリオーダー)で検出することが理想である．初期段階の疲労き裂は微細であることから，遠望から高倍率による双眼鏡を用いても検出は困難であり，疲労に対する定期点検は，足場や高所作業車を利用した近接目視による調査を基本としている．

鋼橋のような規模において，数ミリオーダーの疲労き裂を見逃さずに検出すること，また疲労き裂は塗装下で発生し表面からは塗膜割れとして検出されるが，単なる塗膜割れと区別できることが，実際の点検では重要となる．このため点検に際しては，疲労き裂の発生や進展の特性を熟知していることに加え，個々の橋梁における疲労損傷の生じやすい部位やディテールを予め把握しておくことが必要となる．なお，塗膜割れが疲労き裂に起因するものかどうかの判断は熟練の点検員でも難しく，疑わしい塗膜割れを発見した場合は，詳細調査に移行し非破壊試験を行うのが一般的である．

(b) 詳細調査
1) 非破壊試験

疲労き裂を検出した場合に，疲労き裂の詳細(特に進展長さと進展方向)を調査する目的で行う試験であり，主に以下の4つが用いられている．なお，疲労き裂と疑わしい場合にも，非破壊試験を行うことでその確度を高めるこ

とができる．

- 磁粉探傷試験（MT）：鋼材を磁化し，欠陥部に生じた磁極による磁粉の付着を利用して欠陥を検出する試験．疲労き裂が鋼材表面に露出している場合に適用する．
- 浸透探傷試験（PT）：表面に開口している欠陥に浸透液を浸透させた後，拡大した像の指示模様として欠陥を観察する試験．簡易な反面，精度はMTに劣る．
- 渦流探傷試験（ET）：電流の流れているコイルを試験箇所に近づけ，コイルに誘起される電圧の変化を読み取り，欠陥の有無を調べる試験．表層に欠陥が露出していない場合にも適用できる．
- 超音波探傷試験（UT）：超音波が鋼材中を伝搬する際の音響特性を利用して，内部欠陥等を調べる．

2）応力・変位測定（原因究明）

　詳細調査では，変状そのものを詳細に調べることに加えて，変状の原因についても調査する．例えば，疲労き裂の発生原因が，設計時に考慮されていない局部的な変形や実構造物の立体的な挙動による応力集中である場合がある．このとき，疲労き裂箇所の応力と，周辺部材の応力や変位を測定することで，応力集中を生じさせる変形を同定する．そのうえで，変状の程度や原因に応じて補修・補強方法を策定していく．なお，疲労き裂箇所の応力からは，疲労き裂の進行性（き裂の進展速度と進展方向）について判断することができる．

3）累積疲労損傷比による評価

　累積疲労損傷比による評価とは，実交通荷重下における応力履歴から，部位ごとに累積する疲労を推定する手法である．一般に累積疲労損傷比はDで表わされ，その値が1.0に達したときに疲労破壊が生じるとした指標である[12]．

　疲労き裂が検出されたときに，他の類似の構造ディテールにおいても疲労き裂の発生が懸念される場合や，複数箇所で疲労き裂の発生が懸念されるときに，事前補強の優先順位を決定する場合などにおいて，本評価方法を利用し定量的な判断を下すことができる．

(c) モニタリング

疲労変状に対するモニタリングは，a) 疲労き裂の発生検知，b) 作用（交通荷重）の監視，c) 応答（累積疲労）の監視に分類できる．以下にそれぞれの目的と代表的な手法について示す．

1) 疲労き裂の発生検知

定期点検の点検周期によらず疲労き裂の発生を早期に検知すること，また初期の疲労き裂は点検員による点検では見落とす可能性があるが，センサによって確実に発生を検知することを目的として実施する．

例えば，破断検知線[27]を利用するもの，導電性塗膜[28]を利用するもの（図3.4.13）がある．いずれも導電性の細線状の材料を，疲労き裂の発生が懸念される箇所に貼付・塗布し，通電させることでモニタリングを行う．疲労き裂が発生・進展し材料が断線すると通電しなくなるため，通電状態を監視することで疲労き裂の発生が検知可能となる．

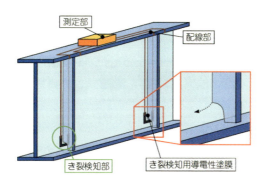

図3.4.13　導電性塗膜による疲労き裂の発生検知[28]

2) 作用（交通荷重）の監視

鋼道路橋における疲労き裂の発生要因として交通荷重や風荷重などの作用があるが，特に交通荷重を継続的に監視することで，対象とする橋梁が疲労にとって厳しい環境にあるのか，またそれが経時的に変化していくのかを把握する．

橋梁上を通過する交通荷重をモニタリングする手法としては，

Weigh-In-Motion が用いられることが多い．Weigh-In-Motion とは，橋梁部材に発生するひずみから，影響線を利用した逆解析により，橋梁上を通過する車両の重量を算出する手法である．なお，影響線については，予め車両重量が既知な試験車両を走行させることで取得しておく．

3) 応答（累積疲労）の監視

部材に累積する疲労を監視することを目的に行う．一般的には，ひずみゲージを用いて実交通荷重下における応力履歴を測定し，累積疲労損傷比を計算することによってモニタリングする．その他の手法としては，犠牲片センサ[29]を利用したものがある．これは，図3.4.14に示すような，ノッチを有する金属片を鋼材表面に貼り付けておき，この金属片における疲労き裂の進展量から，その部位での疲労の累積を間接的に把握するというセンサである．電源が不要で，センサが安価という特徴がある．

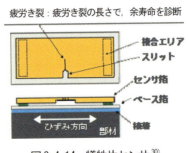

図3.4.14 犠牲片センサ[30]

3.4.4 現状評価と劣化予測

本項では，鋼構造物の代表的な損傷である腐食と疲労について，構造物の現状評価と劣化予測の方法を紹介する．

(1) 腐食損傷
(a) 防食性能の低下

防食性能が維持されていれば，鋼構造物の耐荷力性能は腐食により低下しない．したがって，防食性能を適切に維持していくことが鋼構造物の延命化

に最も重要である.

　防食法には，塗装，めっき，金属溶射などの表面被覆による方法，耐候性鋼材などの耐食性材料の使用による方法，電気防食法，吊橋のケーブル送気システムなどの環境制御による方法があるが，3.4.3 で述べたようにそれぞれの防食法に応じた点検・調査項目により，防食性能の現状評価を行う必要がある.

　鋼橋の塗装については，日本鋼構造協会による「鋼橋塗膜調査マニュアル JSS IV 03-2006」[31]による評価基準の例がある. この JSS IV 03-2006 では，目視調査結果から塗膜の劣化程度を 4 段階の評価点で判定する. 評価点と評価内容およびさびの発生状態との関係を表3.4.4 に示す.

　その他の防食方法に対する劣化評価については，文献 6),32)〜34)などを

表3.4.4　塗膜劣化程度の評価点と評価内容およびさび発生面積[31]

評価点 (RN)	評価内容		さび発生面積 X(%)
	防食性に対する評価	景観性に対する評価	
0	さび，はがれ，われ，ふくれ等が認められず，塗膜は健全な状態	白亜化，変退色，汚れ等が認められず，塗膜は健全な状態	X<0.05
1	さび，はがれ，われ，ふくれ等が僅かに認められるが，塗膜は防食性能を維持している状態	白亜化，変退色，汚れ等が僅かに認められるが，塗膜は景観機能を維持している状態	0.05≦X<0.5
2	さび，はがれ，われ，ふくれ等が顕在化し，塗膜は一部防食性能が損なわれている状態	白亜化，変退色，汚れ等が顕在化し，塗膜は一部景観機能が損なわれている状態	0.5≦X<8.0
3	さび，はがれ，われ，ふくれ等が進行し，塗膜は防食性能が失われている状態	白亜化，変退色，汚れ等が進行し，塗膜は景観機能が失われている状態	8.0≦X

参照されたい．

　点検・調査によって現状の防食性能の低下程度を評価すると同時に，今後の劣化予測を行うことが，合理的な維持管理においては重要となる．劣化予測において必要となる情報としては，現状の防食性能の低下パターンと腐食環境である．

　防食性能の低下パターンは大きく次の3つに分類される[34]：a)被膜等の経年劣化による全面的な性能低下，b)部位ごとの腐食環境の違いや被膜の欠陥等による局所的な性能低下，c)漏水など環境の変化による部分的な性能低下．点検・調査結果から防食性能の低下パターンを判別したのち，部分的・局所的な低下でその要因が排除できる場合は，極力その要因を排除することが望ましい．

　防食性能の劣化予測には，腐食環境を適切に評価する必要がある．腐食環境評価は，温度，湿度，飛来塩分量，風向，風速，雨がかりの有無などの環境因子により評価を行うことが多いが，これら環境因子により発生する腐食電流を直接測定するACM型センサや，小型試験片の曝露試験により評価する方法もある．構造物全体で同じ腐食環境ではなく，部位ごとにも大きく腐食環境が異なることが知られているため，ACM型センサや小型試験片により部位毎の腐食環境評価の試みが行われている．また，各種防食法の劣化速度と腐食環境との関係性についても十分にデータが存在しているとは言えないため，対象構造物の各部位における点検・調査結果を記録・蓄積していくことで，今後の劣化予測を行うことが重要である．

(b) 耐荷力性能の低下

　腐食した鋼構造物の残存耐荷力評価を行うためには，腐食状況をできるだけ詳細に把握することが望ましい．実際には，腐食の最も激しい箇所について，実務的に可能な限り多数の点を計測し，計測結果から最小板厚，平均板厚，板厚の標準偏差などの統計指標を用いて残存耐荷力を評価する．鋼管杭や鋼矢板などの港湾鋼構造物では，性能評価のための板厚測定に関して，部材の鉛直方向の標準的な板厚測定箇所，部材の同一断面内での標準的な板厚測定点などが規定されている[33]．

　部材の耐荷力評価には，腐食凹凸の統計指標を用いた評価式による方法と，

腐食凹凸形状を詳細に再現したモデルを用いた有限要素法による方法が存在する．評価式による方法では，腐食統計指標を考慮した有効板厚を用いて部材の残存耐荷力を評価することが一般的である．

引張部材では，引張荷重作用方向と直角方向の断面積が最小の位置の近傍で破断することが多く，最小断面積位置における平均板厚（最小平均板厚）を評価指標とすることができる．ただし，板厚計測で最小平均板厚を推定する際の誤差を考慮して，式(3.4.2)のように，計測された最小平均板厚 t_{lm} と板厚の標準偏差 S から計算される有効板厚 t_e が提案されている[6]．

$$t_e = t_{lm} - \alpha S \qquad (3.4.2)$$

ここで，α は定数．

また，圧縮部材の場合には，最小断面積だけではなく，凹凸による中立軸の変動にも強く影響されるため，式(3.4.3)のように平均板厚 t_{ave} と板厚の標準偏差 S を用いて有効板厚 t_e を算出し，その有効板厚に基づいた幅厚比パラメータや径厚比パラメータにより従来の耐荷力曲線から残存耐荷力を求める方法や，断面欠損率と健全な部材の耐荷力からの低減率の関係性を実験的または解析的に求めておき，断面欠損率から従来の耐荷力曲線を補正して残存耐荷力を求める方法などがある[6]．

$$t_e = t_{ave} - \beta S \qquad (3.4.3)$$

ここで，β は定数．

腐食凹凸の詳細な形状データが存在する場合には，有限要素モデルによる数値解析により，上記の評価式による方法に比べて，より精度良く部材の残存耐荷力を評価することも可能である．また，腐食した構造物全体の耐荷性能評価については，簡易的な評価式で行うことは困難であるため，構造物全体をモデル化した有限要素解析が有効な一手段である．

鋼構造物は腐食させないことが原則であるが，腐食を許容して安全性照査を行う場合には，耐荷性能の劣化予測が必要となる．その際には，腐食速度の推定が最も重要な検討事項となる．大気中における鋼板の腐食量と時間の関係については，式(3.4.4)が広く用いられている．

$$y = at^b \tag{3.4.4}$$

ここで，y は板厚減少量，t は経過年数，a と b は，環境条件や鋼材の種類で決められる定数である．このように推定された腐食量から，t 年後の板厚を推定し，残存耐荷力の経年変化が評価されている．

ただし，腐食速度は，構造物内で一様ではなく，部位毎に大きく異なることが知られているため，耐荷力性能の将来予測を行う際には，注意が必要である．

(2) 疲労損傷
(a) 疲労き裂がない場合の損傷評価

鋼部材の疲労損傷を評価するためには，作用している応力の大きさとその頻度を求める必要がある．既設構造物においてはひずみセンサ等により実際に作用している応力を測定できるため，測定結果を用いることで合理的な評価が可能となる．

一般に，疲労損傷評価は公称応力を用いて行う．そのため，ひずみセンサは公称応力を測定できる位置，つまり継手による応力集中の影響がない位置に貼付する必要がある．例えば，溶接止端のごく近傍（例えば，5mm）にひずみセンサを貼付した場合，それから得られる応力には応力集中の影響が含まれるため，公称値よりも高い応力が測定されることとなる．この場合，過度に安全側の評価となるため注意が必要である．

一方，対象とする継手の形状や応力状態が複雑な場合など，公称応力を測定することが困難な場合もある．この場合には，公称応力をホットスポット応力に置き換えて評価することができる．ここでは，ホットスポット応力の算出方法の説明は割愛するが，詳細は疲労設計指針類 [12,35] を参照されたい．

実構造物で測定された応力波形においては，通常，1つ1つの波の変動範囲が異なる（これを変動振幅応力と呼ぶ）．このような変動振幅応力の波形から1つ1つの波を読み取る方法はいくつか提案されている [36] が，疲労の影響を評価する場合には，一般にレインフロー法 [37] が用いられる．

レインフロー法では，図 3.4.15 に示すように，横軸に応力，縦軸に時間をとり，応力の変化を屋根とみなし，全ての屋根の付け根を水源として雨だれを流すことを考える．軒先に雨だれが流れ着いたときに下の屋根に落ちてさらに流れるものとする．このとき，連続する4つの水源の値 $\sigma_1, \sigma_2, \sigma_3, \sigma_4$ が，$\sigma_1 \geq \sigma_3 \geq \sigma_2 \geq \sigma_4$ あるいは $\sigma_1 \leq \sigma_3 \leq \sigma_2 \leq \sigma_4$ の条件を満たす場合に $|\sigma_2-\sigma_3|$ の大きさの波を計数し，波形から水源 σ_2, σ_3 を削除する．このような処理を続けると，漸増・漸減する波形が残ることがあるが，その場合には残った波形の極大値と極小値の差が大きいものから対にして，その差を応力範囲として計数する．

レインフロー法により読み取った波の大きさ（応力範囲）とその個数を整理すると，図 3.4.16 に示すような応力範囲の頻度分布が得られる．この頻度分布から次の手順に従って疲労評価を行う．

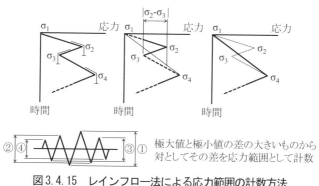

図 3.4.15　レインフロー法による応力範囲の計数方法

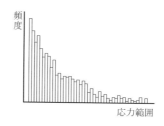

図 3.4.16　応力範囲の頻度分布

ある応力範囲 $\Delta\sigma_i$ に対して，対象とする継手の疲労強度曲線から求めら

れる疲労寿命を N_i とする．この応力範囲が実際には n_i ($\leq N_i$) 回作用したとすると，このとき部材が受けた疲労損傷の程度は n_i/N_i と考えることができる（図3.4.17参照）．ここで，n_i/N_i を疲労損傷比と呼ぶ．また，全ての応力範囲成分に対してこの疲労損傷比を計算し，それを足し合わせたものを累積疲労損傷比 D と呼ぶ．疲労に対する評価では，次式に示すように，この累積疲労損傷比が1.0に達したときを限界状態とし，それまでに要した繰返し数 n_i の総和が疲労寿命となる．

$$D = \sum \frac{n_i}{N_i} = \frac{\sum \left(\Delta\sigma_i^m \cdot n_i\right)}{C_0} = 1.0 \qquad (3.4.5)$$

ここに，m は疲労強度曲線の傾きを表す定数，C_0 は疲労設計曲線を表すための定数である．このように，応力範囲 1 回あたりの損傷が線形に累積されるとする考え方は線形累積被害則（Palmgren-Miner 則）と呼ばれる．

上記の方法により，部材がそれまでに受けた損傷の程度，および余寿命を評価することができる．このとき，供用開始から現時点までの，また将来の応力範囲頻度分布が，測定した頻度分布と異なると予想される場合には，適切な方法で補正することが望ましい．

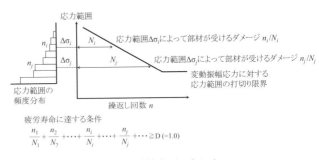

図3.4.17　線形累積被害則の考え方

応力の実測が困難な場合でも評価の流れは同様である．この場合には，さまざまな仮定に基づき，対象とする構造物の疲労設計荷重を決定し，それによる応力の大きさと頻度を求めることとなるが，荷重の不確実さなど

から，十分な安全率を見込んで評価する必要がある．安全係数などの考え方については，疲労設計指針類[12),13),38)]を参照されたい．

(b) 疲労き裂がある場合の損傷評価

疲労き裂を有する鋼部材に対して，現状では，専門家の知識や過去の経験などに基づいて，き裂発生部位，き裂の長さや方向などの情報から定性的に判断し，対策の必要性や方法を決定するのが一般的である．

定量的な評価としては，破壊力学パラメータ[39)]を用いたき裂進展解析により，き裂の進展性やぜい性破壊の危険性を判断する方法が考えられるが，その使用にあたっては適用範囲や精度などに十分に注意する必要がある．

定期点検において疲労き裂が発見された場合，その大きさを測定した後，それに対する破壊力学パラメータを計算する．き裂進展解析には，活荷重により生じる応力拡大係数の変動範囲（ΔK）が用いられることが多く[12),40)]，ΔKはハンドブック等に示されている表示式[41)]や有限要素解析[42)]により求めることができる．ΔKが求まれば，材料のき裂進展速度式と照らし合わせることにより，き裂進展量を計算することができる．なお，対象とするき裂に作用する応力が複雑な場合には，ΔKの算出に用いる応力について十分に検討する必要がある．

疲労き裂が進展し，ぜい性破壊が生じるかどうかは材料の破壊靱性値によって決まる．実構造物に対するぜい性破壊評価手法は十分に確立されているとはいえないが，例えばWES 2805[40)]が参考になる．

補修・補強対策を考える上で，疲労き裂の進展性は重要な情報の一つである．部位によっては，き裂が生じることにより応力が解放され，き裂の進展が遅くなる，または停止することもあり，そのようなき裂に対しては経過観察という措置が可能な場合もある．き裂の進展性に応じた対策を講じることで，より合理的な維持管理が可能となる．

3.4.5 補修・補強

補修とは，既設構造物に生じた劣化，損傷等による性能低下を回復させることを主たる目的とし，それらに対する是正のために行われる措置である．

一方,補強とは,損傷等により損なわれた性能の回復にとどまらず,当初有していた性能より高い性能を有するように施す措置である.補修・補強にあたっては,点検結果や詳細調査等による診断結果及び当該構造物の以降の維持管理計画等を考慮して,合理的なものとなるように計画することが重要である.

点検・調査結果から損傷原因が明らかとなった場合には,その原因を確実に排除できるような対策を講ずる一方で,損傷等によっては,必ずしも原因を特定できない場合や複数の要因が複合して発生しており特定できない場合もある.このような場合には,想定し得る不確実要因を考慮し安全性が確保できるような対策方法を検討することが重要である.

また,個別の損傷等への対策が構造物本体に悪影響を与える可能性や,当該構造物の将来の維持管理計画で想定される他の補修・補強対策への影響等を考慮し,不合理な補修・補強とならないように対策方針を検討する必要がある.

表3.4.5 主な劣化・損傷と補修・補強対策

劣化・損傷	主な対策
防食機能の劣化及び腐食	・防食(塗装塗替え等) ・部材交換 ・断面補強 ・腐食原因除去
鋼部材の疲労き裂,破断	・ストップホール,き裂除去等 ・当て板補強 ・支承機能回復(支承交換等) ・構造物全体の補強等(剛性向上)
変形,破断	・部材矯正/当て板補強 ・部材交換
高力ボルトの遅れ破壊	・ボルト交換 ・落下防止対策(第三者被害対策)
ボルトのゆるみ	・ボルト交換(場合によっては増締め)
床版の劣化	・ひび割れ注入,防水機能回復,断面修復 ・上面増厚 ・鋼板接着,シート接着,下面増厚

表3.4.5に各構造部位の主な劣化・損傷と補修・補強対策を示す.以下に,

補修・補強における主な留意点を示す．
- 補修・補強を実施するにあたっては，損傷等の状況を把握するとともに，補修・補強時点の応力状態（損傷等の状況，応力負担の変化，仮支持条件，活荷重載荷条件等）を慎重に考慮することが重要である．
- 補修・補強前後の各部材の応力分担方法，活荷重載荷条件，確保できる作業空間等を考慮したうえで，供用下での実施可能性，仮支持点やバイパス部材の要否，設置方法等について検討する必要がある．
- 補修・補強の施工手順は，詳細調査による損傷等の状況を踏まえるとともに，構造解析により他の部材への影響度を十分考慮して検討するのがよい．
- 既設構造物では溶接性に劣り溶接品質の確保が難しい鋼材が使われている可能性が高いことから，補修・補強には仮設材の設置を含めて原則として溶接は用いないほうがよい．
- 損傷等の再発を防ぐためには，損傷等の原因の除去を適切に行う必要がある．例えば，腐食に関しては，不十分な防水は漏水や滞水を招き，漏水箇所における鋼材の腐食発生の原因となることから，伸縮装置の非排水型への変更，床版の防水層設置，あるいは排水装置の早期補修等の適切な防水工を施す必要がある．
- 補修・補強後は損傷等の再発生，進行の危険性，周辺部の新たな損傷等の発生等の可能性があるので，当面は経過観察が必要である．

(1) 防食機能の劣化，腐食に対する対策

対策としては，腐食要因の除去，塗替え等による喪失した防錆・防食機能の補修，断面欠損に対する断面補強等が挙げられる．

鋼橋における防食機能の回復に対しては，鋼道路橋防食便覧[31]等を参考に，塗替え塗装，再めっき及び金属溶射等により行う．ただし，既に腐食が進み著しい断面欠損が生じている状況では，応力状態が想定と異なる場合や計算上の補強効果が適切に得られないこともあるので，緊急的な対策を施したうえで慎重な対処が必要である．したがって，このような事態に至らないよう，損傷初期に腐食要因を取り除くとともに，防錆・防食機能を回復させることが重要である．

一般に，腐食による損傷等が問題となるのは，局所的な腐食であり，腐食箇所が深くえぐれた状態となるなど鋼部材の断面減少量が全面的な腐食の場合より大きなものとなる場合がある．このように腐食が既に進行している場合には，耐荷力等の構造物の性能に問題が生じていないかどうかの検討を行い，必要に応じて断面補強，部材交換等の補修・補強の適切な措置を講ずる必要がある．腐食による断面欠損に伴い，防食工では耐荷力を維持・回復できない場合に，断面欠損部を新規部材に部分交換する対策（写真 3.4.13）や，断面欠損による耐荷力低下を補うために損傷を受けた部分に当て板を高力ボルトにより接合する対策（写真3.4.14）が取られる場合がある．

　腐食により鋼材表面が凸凹になっている部分や断面が減少している部分では適切なボルト接合状態が確保できないため，健全な母材が確保できている部分で応力伝達ができるよう当て板の大きさを検討するとともに，一部のボルト及びボルト孔部に過度に応力が集中しないようなボルト本数と配置になるよう配慮することが必要である．

　また，腐食部分のさび除去が十分に行われていないと，塗り替えても再度腐食の生じる可能性が高いので，素地調整に配慮する．さらに断面欠損した既設部材と当て板間の隙間についても充填材による防水・防食対策を検討する．

(a) 補修・補強前　　　　　　　(b) 補修・補強後

写真 3.4.13　桁端部周辺を支承も含め部分取替えした事例 [43]

(a) 補修・補強前　　　　　　　(b) 補修・補強後

写真 3.4.14　当て板による部分補強の施工例

(2) 疲労損傷に対する対策

　既設橋の挙動は複雑であり，疲労き裂が確認された場合に，その進展性を予測することが一般に困難な場合が多い．このため，き裂が急速に進展することも念頭に，発生した部材，部位等に応じて速やかな対応を検討する必要がある．疲労損傷に対する補修・補強事例については，例えば鋼橋の疲労[44]や道路橋補修・補強事例集[45]，鋼構造物補修・補強・改造の手引き[46]が参考になる．

　疲労損傷に対する対策としては，損傷部位について，①作用する応力範囲を小さくするか，②疲労強度を改善することが対応の基本といえる．また，RC床版については，この他に，③防水性の確保も対策の基本となる．疲労損傷に対する補修・補強方法として，これまでに実施された主な方法を大別すると次の(a)〜(e)のようになる．

　(a) き裂先端へのストップホールや切削除去による応力集中の緩和対策
　(b) 高力ボルトと補強鋼板による補修・補強
　(c) 部材接合部の構造ディテール改良や部材交換等による性能回復
　(d) 構造物全体構造の改良
　(e) RC床版の増厚や鋼板（または炭素繊維シート）接着による補修・補強

　これらの方法は，損傷状況あるいは考えられる種々の損傷原因に応じて適宜併用される場合が多い．その際の考え方の基本は，既に進展しているき裂そのものへの対策と損傷部の応力軽減あるいは疲労強度改善を組み合わせた対策である．

以下に鋼道路橋における主な補修・補強対策の事例を示す．なお，これらはあくまで一つの事例であり，補修・補強を実施するにあたっては，損傷状態，橋への影響，施工条件などを踏まえ，個々の橋や部材毎に詳細な検討が必要となる．

(a) 事例①（支承ソールプレート溶接部の疲労き裂の補修・補強）

 写真3.4.15は，主桁下フランジとソールプレートの接合部の前面すみ肉溶接部に発生し下フランジを破断し，主桁腹板に進展したき裂の補強事例である．この事例では，既存のソールプレートを除去し，下フランジと腹板の破断部分に補強材を当てて高力ボルトで接合するとともに，き裂発生の一因である機能低下した鋼製のピン支承を支承板支承に取り替えている．

(a) 補修・補強前　　　　　　　(b) 補修・補強後

写真3.4.15　支承ソールプレート部の補修・補強事例

(b) 事例②（鋼製橋脚隅角部の疲労き裂の補修・補強）[47]

 写真3.4.16は，鋼製橋脚隅角部に発生した疲労き裂に対して，打込式支圧接合形式高力ボルトを用いた当て板構造とする補修・補強対策の事例である．鋼製橋脚隅角部については，複雑な板組構造のため不溶着部が生じやすく，その部分から疲労き裂の発生が報告されており，当て板補強することでせん断遅れによる応力集中を低減し，疲労耐久性の向上を図る対策がとられている．

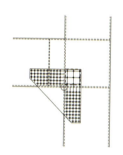 

写真 3.4.16 当て板による補修・補強事例[47]

(c) 事例③(RC 床版のひび割れ損傷の補修・補強)

写真 3.4.17 は,大型車両の繰返し載荷等に起因して RC 床版に発生したひび割れ損傷に対して,下地処理を行った後,エポキシ樹脂を含浸させた炭素繊維シートを床版下面に格子状に接着させた対策の事例である.

写真 3.4.17 炭素繊維シート接着による補修・補強事例

3.4.6 耐久性設計と維持管理システム

耐久性設計は,時間軸を考慮した設計であり,供用期間中,鋼構造物の耐荷性等の対象とする性能が目標とする所定のレベルを下回らないようにする必要がある.

しかし,先述の 3.4.4 で一部紹介したように,疲労,腐食等,耐久性に大きな影響を与えるメカニズムの解明自体,今後検討すべき事項が残されている.さらに,長い供用期間中には,設計当初には想定しない外力が作用する

可能性，予想することが困難な損傷が発生する可能性も否定できない．

このように，耐久性に関する事項については，未知の部分が残されている．よって，適切な頻度で近接目視等の確実な手法により鋼構造物の点検を実施する必要がある．点検頻度については，その点検頻度に従えば，不具合に対応できるような頻度とする必要がある．構造については，設計当初に予定した損傷に対して点検や補修補強等の維持管理に関する行為の実施が容易に実施できる構造とするだけでなく，将来の様々な事態に対して維持管理に関する行為の実施に困難を来すような構造を安易に採用することは避けるべきである．

なお，道路橋については，交通量の増大等の交通環境の変化により構造物の性能の向上が求められる場合もある．また，架橋条件によっては，供用期間中に設計段階での耐久性に関する見積もりに大きな変化が生じることも否定できない．よって，設計段階において，必ずしも十分に検討が実施できていない供用期間中の不確実性についても考慮することが望まれる[48]．

上記のように，損傷，構造物に対する要求性能の向上等により一部の部材を供用期間中に更新せざるを得ない場合がある．また，現状の道路橋の設計技術では高い信頼性で細かく耐久性を制御できるような照査法が確立されていない場合もある．そのような場合には，設計段階で考慮する維持管理計画で，部材の更新を念頭に，対象とする部材の更新が確実かつ容易に行えるよう配慮した構造とするのが良い．

ところで，道路橋，鉄道橋等の鋼橋については，高齢化に伴い，今後，深刻な劣化や損傷事例が増え，補修・補強を余儀なくされる橋の数が増加することが予想される．鋼橋をはじめとした社会インフラの補修・補強は制約条件が厳しく，施工品質の確保も難しいことから，再劣化する事例も報告されている．また，社会的な影響などを考慮すると，橋の更新自体が困難なことから，供用期間中に，補修・補強を複数回実施することも想定される．よって，工学的に半永久的とも想定される長期の供用期間に対して，容易で確実な再生・更新を可能とする材料，構造，施工等の技術を開発することが必要となる．その技術は補修・補強の時だけでなく，新設構造物の設計・建設段階でも反映されることが望ましい[48]．その他，損傷を早期に検知するモニタ

リング技術, 全体としての維持管理コストを最小化する等の計画的かつ効率的な管理に資するアセットマネジメントシステムの構築等を進めて行く必要がある.

　なお, これからの技術開発に当たっては, 開発者・研究者のシーズと鋼構造物の管理者のニーズとがマッチするよう, お互いに連携しながら実施するとともに, 他分野の技術を活用しつつ, 各技術の適用限界を見極めた上で実施していくことが重要である.

参考文献

1) 国土交通省鉄道局監修／鉄道総合技術研究所編:鉄道構造物等維持管理標準・同解説 (構造物編), 鋼・合成構造物, 丸善, 2007.1

2) 仁杉巌監修, 阿部英彦, 稲葉紀昭, 中野昭郎, 市川篤司:語り継ぐ鉄橋の技術, 鹿島出版会, 2008.12

3) 杉本一朗:鉄道技術来し方行く末　第6回　鋼鉄道橋, RRR, Vol.69, No.9, pp.28-31, 2012.9

4) 橋本鋼太郎:橋梁整備50年の変遷, 橋梁と基礎, Vol.48, No.8, pp.10-13, 2014.8

5) 多田宏行:橋梁構造の基礎知識, 鹿島出版会, 2010

6) 土木学会:腐食した鋼構造物の耐久性照査マニュアル, 鋼構造シリーズ18, 2009.3

7) 日本鋼構造協会:重防食塗装—防食原理から設計・施工・維持管理まで—, 技報堂出版, 2012.2

8) 名取暢, 西川和廣, 村越潤, 大野崇:鋼橋の腐食事例調査とその分析, 土木学会論文集, No.688/I-54, pp.299-311, 2001.1

9) 下里哲弘, 村越潤, 玉城喜章, 高橋実:腐食により崩落に至った鋼橋の変状モニタリングの概要と崩落過程, 橋梁と基礎, Vol.43, No.11, pp.55-60, 2009.11

10) 下里哲弘, 玉城喜章, 有住康則, 矢吹哲哉, 小野秀一, 三木千壽:実腐食減厚分布を有する鋼プレートガーダー腹板のせん断強度特性に関する実験的研究, 土木学会論文集A1, Vol.70, No.3, pp.359-376, 2014.9

11) 貝沼重信, 細見直史, 金仁泰, 伊藤義人:鋼部材のコンクリート境界部における経時的な腐食挙動に関する研究, 土木学会論文集, No.780/I-70, pp.97-114, 2005.1.

12) 日本鋼構造協会:鋼構造物の疲労設計指針・同解説, 2012

13) 日本道路協会：鋼道路橋の疲労設計指針，2002
14) 土木学会：鋼床版の疲労，2011
15) 土木学会メインテナンス工学連合小委員会［編］：社会基盤メインテナンス工学，東京大学出版，2004
16) 兵庫県南部地震道路橋震災対策委員会：兵庫県南部地震における道路橋の被災に関する調査報告書，1995
17) 例えば，大山理，今川雄亮，栗田章光：火災による橋梁の損傷事例，橋梁と基礎 Vol.42，No.10，pp. 35-39，2008.10
18) 桑野忠生，増井隆，鈴木寛久，依田勝雄：タンクローリー火災事故により損傷を受けた橋梁の復旧，橋梁と基礎，Vol.43，No.4，pp.13-18，2009.4
19) 首都高速道路（株）：5号池袋線タンクローリー火災事故・復旧工事の記録，首都高速道路ホームページ，2008.10
http://www.shutoko.co.jp/efforts/others/route5/~/media/pdf/corporate/share2011/route5/doc/press_081014_01.pdf
20) 「橋梁と基礎」海外文献研究グループ：マッカーサーメイズの崩壊と再建までの道のり，橋梁と基礎，Vol.44，No.5，pp.48-49，2010.5
21) 例えば，日本鋼構造協会技術委員会安全性分科会耐火小委員会高温強度班：構造用鋼材の高温時ならびに加熱後の機械的性質，JSSC，Vol.4，No.33，1968
22) 玉越隆史，大久保雅憲，石尾真理，横井芳輝：鋼道路橋の受熱温度推定に関する調査，国総研資料，No.710，2012
23) 国土交通省：橋梁定期点検要領，2014.6
24) 国土交通省：社会インフラのモニタリング技術活用推進検討委員会第1回配布資料，http://www.mlit.go.jp/common/001054053.pdf
25) 日本鋼構造協会：土木構造物の点検・診断・対策技術−2011年度版−，2011
26) 国立研究開発法人 物質・材料研究機構（NIMS）ホームページ：ACM型腐食センサー，http://www.nims.go.jp/mits/corrosion/ACM/ACM-ph.htm
27) 伊藤裕一，松尾昌武，蒋立志：破断検知線による鋼構造物疲労損傷モニタリング手法の開発，土木学会第60回年次学術講演会講演概要集，第I部門，pp.101-102，2005
28) 坂本達朗，鈴木実，田中誠，小林裕介，杉舘政雄：導電性表面材料を用いた鋼構

造物用き裂検知手法の開発，鉄道総研報告，Vol.24，No.8，pp.23-28，2010
29) 仁瓶寛太：船体構造疲労ダメージの実用的なモニタリング―疲労センサによる余寿命診断技術―，日本船舶海洋工学会誌 KANRIN，Vol.55，pp.19-23，2014
30) 川重テクノロジー（株）ホームページ：http://www.kawaju.co.jp/fs/index.html
31) 日本鋼構造協会：鋼橋塗膜調査マニュアル，JSS IV 03-2006，2006
32) 日本道路協会：鋼道路橋防食便覧，2014
33) 沿岸技術研究センター：港湾鋼構造物防食・補修マニュアル―2009年版―，2009
34) 土木学会：腐食した鋼構造物の性能回復事例と性能回復設計法，鋼構造シリーズ23，2014
35) Hobbacher, A.: Recommendations for Fatigue Design of Welded Joints and Components, International Institute of Welding, XIII-2460-13/XV-1440-13, 2013
36) 日本材料学会：疲労設計便覧，養賢堂，1995
37) 遠藤達雄，安在弘幸：簡明にされたレインフローアルゴリズム「P/V差法」について，材料，Vol.30，No.328，pp.89-93，1981
38) 国土交通省鉄道局監修／鉄道総合技術研究所編：鉄道構造物等維持管理標準・同解説（構造物編），鋼・合成構造物，丸善，2007.1
39) 例えば，岡村弘之：線形破壊力学入門，培風館，1976
40) 日本溶接協会：溶接継手のぜい性破壊発生及び疲労亀裂進展に対する欠陥の評価方法，WES 2805，2011
41) 例えば，Murakami, Y. (ed.): Stress Intensity Factors Handbook, Pergamon Press, 1987
42) 例えば，Anderson, T.L.: Fracture Mechanics, Third Ed., CRC Press, 2005
43) 日本道路協会：鋼道路橋塗装・防食便覧資料集，2010.9
44) 日本道路協会：鋼橋の疲労，1997.5
45) 日本道路協会：道路橋補修・補強事例集2012年版，2012.3
46) 鉄道総合技術研究所：鋼構造物補修・補強・改造の手引き，1992.7
47) 土木学会：鋼橋の疲労対策技術，鋼構造シリーズ22，2013.12
48) 玉越隆史：道路橋の劣化，補修・更新の動向と課題，橋梁と基礎，Vol.47，No.11，pp.12-15，2013.11

3.5 コンクリート構造物

3.5.1 コンクリート構造物の特徴とメンテナンスの重要性

(1) コンクリートは何からできているのか

　我々の生活を支えるインフラの主要材料であるコンクリートは，セメント，水，骨材，混和材料と空気で構成される．これらの材料をミキサで練り混ぜ，型枠中に打ち込み，コンクリートが硬化した後に型枠を外すことで，完成となる．打込みにおいては，コンクリートポンプを用いた圧送やホッパー等を用いて様々な場所への打込みが行われ，振動機等を用いて十分に締め固める必要がある．また，硬化後のコンクリートは，静置して十分に水を供給する養生を施し，乾燥等から保護する必要がある．

(2) コンクリートの諸性質とひび割れが入る理由

　構造物を構築する上で，よいコンクリートというのは施工性，強度，耐久性を兼ね備えたコンクリートであり，それらのバランスが十分に考慮されたものでなければならない．特に，施工性は材料の選定や技術者の技能，天候等に左右されやすく，コンクリートの強度や耐久性にも影響を及ぼすため，現場でコンクリートを施工する際にはコンクリートの品質のバラツキが大きくならないように細心の注意を払うことが重要である．

　フレッシュコンクリート（まだ固まらないコンクリート）では，フレッシュコンクリートを型枠内の鉄筋の周囲や型枠の隅々まできっちりと偏りなく空洞等が生じないように詰め込むことが重要である．したがって，フレッシュコンクリートに求められる性質として，型枠中に偏りなく詰め込むことができる適度な軟らかさを有し，しかも材料分離を生じないような適度な粘性を有することが必要で，それをワーカビリティと呼び，コンシステンシー（コンクリート等の変形または流動に対する抵抗性）やプラスティシティ（型枠に詰める際の詰めやすさとその場合の材料の分離のしにくさ），フィニッシャビリティ（コンクリート表面のコテ仕上げの容易さ），ポンパビリティ（コンクリートポンプで施工する際の圧送のしやすさ）を含めて総合的

にフレッシュコンクリートの作業性を表現する.

　強度は,硬化したコンクリートの基本的な性質であり,圧縮強度や引張強度,曲げ強度,せん断強度,付着強度等様々なものがあるが,一般的には20℃の水中で28日間養生されたコンクリートの圧縮強度を意味している.しかし,現場においては構造物の養生状態を反映させた供試体の強度も扱われる.強度は型枠を外す時期やひび割れの発生にも影響を及ぼすものであり,特に,コンクリートの引張強度は圧縮強度の1/10程度と小さいため,引張強度を超える引張応力が作用すると,ひび割れが発生することになる.ひび割れの発生要因としては,コンクリートの配合や作用する荷重,収縮・クリープ,温度応力をはじめ多くの要因が存在するため,事前に十分な検討を行い,ひび割れを極力減らす工夫が必要である.

　耐久性は,コンクリートに発生する劣化や表面の状態の変化に対する抵抗性のことであり,長い期間にわたって,その抵抗性が保持されることで構造物が丈夫で美しく長持ちすることが可能となる.しかし,コンクリート構造物は,我々人間と同様に,永遠の命を有するものではなく,経年とともにその抵抗性が低下し,けがや病気に相当する変状(劣化や損傷)を生じてしまう.したがって,この耐久性をいかに長く保持するかを追求し,人間のけがや病気を治療してくれる医者のように,技術者が耐久性の低下に対する予防や対策を施すことが必要である.

(3) 鉄筋コンクリート構造とは

　コンクリート構造物は,内部に鋼材を有するものが多い.特に,棒状の鋼材(鉄筋)を有するものを鉄筋コンクリート(RC, Reinforced Concrete)と呼び,前述したコンクリートの引張強度が低いという短所を補うために,引張力が作用する位置に引張強度が高い補強材(鉄筋等の鋼材)を配置し補強したものである.これにより,コンクリート構造の耐荷力が大幅に向上し,多様な構造物の構築が可能となり,多くの建設の実績が蓄積されてきたのである.

　補強材としては一般に鋼材が多く用いられるが,繊維質のものや竹が用いられてきた歴史もあり,FRP等の繊維補強材の使用も可能である.鋼材が

最も利用される理由は，鋼材とコンクリートがまったく異なった性質を持つ材料でありながら以下のような利点を有するからである．すなわち，①鋼材はコンクリート中ではアルカリ性環境下において酸化皮膜（不動態皮膜）で覆われ腐食から保護されること，②コンクリートと鋼材との間には，かなり大きな付着力が発生すること，③コンクリートと鋼材の熱膨張係数が，10×10^{-6} 程度でほぼ等しく，温度変化による両者のずれが生じないこと，である．

図 3.5.1 に示されるように，梁に外力が作用する場合に，鉄筋コンクリート構造は，圧縮力と引張力が釣り合う状態となり，下面に引張力が作用して引張応力がコンクリートの引張強度を超えるとひび割れが発生し，引張力は鋼材が受け持つことになる．つまり，鉄筋コンクリート構造ではコンクリートにひび割れが発生した場合でも引張力を鋼材が負担することで，安全な状態を保つことができるのである．したがって，コンクリートや鋼材に有害な変状が生じなければ，100 年を超える期間にわたって役目を果たすことが可能なのである．

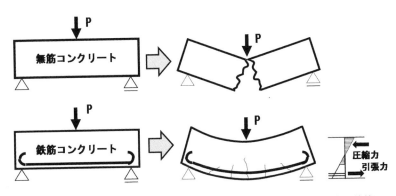

図 3.5.1　無筋コンクリートと鉄筋コンクリートのひび割れ発生の状態

(4) 経年と劣化

日本に現存するコンクリート構造物は，古いものでは 100 年以上の歴史をもつ．例えば，小樽港防波堤や山陰本線島田川橋梁は，建設から 100 年以上

を経過しているが，現在でも供用されている．日本初の本格的なポストテンション式 PC 桁橋である信楽高原鐵道第一大戸川橋梁[1]も，建設から約60年を経過しているが，現在も問題なく供用されている[2]．これらの事例は，コンクリート構造物が本質的に長期間供用可能であることを示唆している．

その一方で，著しい劣化を生じて補修に苦慮している構造物や，供用が困難になり取り替えられた構造物もある．

コンクリート構造物の「経年」は，メンテナンスを行う上で，そのコンクリート構造物が生まれてから現在に至るまでの歴史と現状をより良く理解するために役立つものであるが，経年によって必ずしもコンクリート構造物の良し悪しを判断できるとは言えない．したがって，コンクリート構造物のメンテナンスを行うにあたっては，いたずらに経年のみに捉われず，構造物の状態をしっかりと見極める技術が求められる．

(5) 劣化の種類

コンクリート構造物に生じる代表的な劣化として，中性化，塩害，凍害，化学的侵食，アルカリシリカ反応，疲労，すりへりなどがある．また，近年ではコンクリート構造物の劣化に大きな影響を及ぼす因子として，『水』の存在が指摘されている[3]．実際に，コンクリート構造物の劣化に水が大きく影響している例が報告されており[4]，今後の研究の進展ならびに水を考慮した維持管理の体系化が望まれる．

コンクリート構造物の劣化は，例えば戦前に造られたものではセメントを節約するために火山灰や珪藻土などのいわゆるセメント代用品の混和に起因した劣化がみられる[5]など，既存の知見では明らかになっていない劣化現象が発見されることもある．したがって，コンクリート構造物のメンテナンスに携わる技術者は，構造物に生じている劣化を既知の劣化現象に当てはめるだけではなく，これまでに知られていない，あるいは極めて稀な劣化が生じている可能性を常に念頭におき，原点に立ち返って考えることが重要である．

(6) コンクリート構造物からの情報発信

既設コンクリート構造物のメンテナンスでは，設計時とは異なり現物が存在していて，かつそのコンクリート構造物がひび割れを生じたりするなど，様々な情報を発信している．メンテナンスに携わる技術者は，これらの様々な情報を的確に読み取ることが求められる．

これは，その構造物の劣化や損傷に至るまでの正しいシナリオを構築し，適切な対策を講じるためにも極めて役に立つ．

一般に，これらの情報の読み取りは，技術者の気付きや様々な測定データにより行われている．技術者の感性によるアナログの視点と，測定データによるデジタルの視点とが融合することで的確な読み取りに繋がるので，技術者は常に自らの感性を磨き続けることが必要になる．

(7) 設計・施工とメンテナンス

コンクリート構造物では，メンテナンスを十分に考慮した設計を行い，設計条件が満たされるように施工を行い，設計時の照査が満たされるようにメンテナンスをするのが基本である．

しかしながら，古い構造物では設計や施工条件がわからないものもある．また，設計時の照査が満たされないことが，ただちに供用できないということには必ずしもならない．その際は，「本当に困ることは何か」といった原点に立ち，コンクリート構造物との付き合い方を考えることになる．その付き合い方には多くの方法がある．

図3.5.2[6]は，様々な付き合い方を城の守りに例えたものである．外敵から城を守るためには，外交努力により外敵が存在しないようにするのが最良であるが，外敵からの攻撃に対しては，まず町の外で防ぐ（図中の①）のが一番安全であり安心でもある．さらに攻め込まれた場合には，濠を渡らせない（図中の②），城門を通さない（図中の③④）といった方法がある．これらが全て突破されると天守閣が外敵に踏み込まれ（図中の⑤），城の陥落に繋がる．この時，追い返す場所が天守閣に近づくほど陥落するリスクは高くなるものの，①〜④のいずれかで外敵を追い返せば結果的に城は守られる．

コンクリート構造物においても，例えば中性化が鋼材近傍に達しないよう

な守り方を①とすれば，中性化が鋼材位置に達した後の対処は②以降になる．その方法として，コンクリートを乾燥させる，酸素の供給を断つ，中性化域を除去して補修する，中性化域を再アルカリ化する，電気防食を行う，鋼材腐食まで時間がかかると推定されるので当面は見守る，かぶりコンクリートの剥落対策をするなどといった種々の方法がある．

このように，いわば第一の門が突破されたとしても，その奥に第二，第三の門があり，そこで抑えることが可能であれば，そのようなメンテナンスを行うことも十分にあり得る．このように，メンテナンス技術者には構造物の状況に応じて柔軟な判断をすることが求められる．言い換えれば，コンクリート構造物のメンテナンスは極めて創造的な行為であるといえる．

図3.5.2　城の守り（外敵の侵入に対する備え）にみる多様性

3.5.2　代表的変状例

(1) 施工不良に起因する代表的な初期欠陥
(a) コールドジョイント

コールドジョイントとは，コンクリートを打ち重ねる際に長時間が経過し，先に打ち込まれたコンクリートが凝結し始め，後に打ち込まれたコンクリートと一体化せず不連続な面が生じることをいう（写真3.5.1）．コールドジョ

イントの発生面は脆弱で，ひび割れと同様に構造物の耐力，耐久性，水密性を低下させる原因となる．

コールドジョイントの影響を受けた例として，1999年に山陽新幹線福岡トンネルにおいてコンクリート塊が落下し走行中の新幹線を直撃した事故がある．施工時に生じたコールドジョイントを起点としたひび割れが進展し，剥落したと推定された．

(b) 豆板

豆板とは，コンクリートを打ち込む際の材料分離，締固め不足などによって生じた粗骨材が多く集まってできた空隙の多い部分のことをいう（図3.5.3）．豆板が生じた箇所は，その空隙を通じて二酸化炭素や水などの劣化原因となる物質が容易に透過するため，耐久性や水密性を低下させる原因となる．

写真3.5.1　コールドジョイント

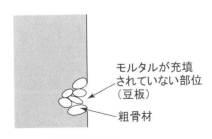

図3.5.3　豆板

(c) 施工に起因するひび割れ

施工時の型枠のはらみや支保工の沈下などから，硬化中のコンクリートが変形してひび割れが生じる場合がある．また，コンクリートのブリーディングに伴う沈下によって鉄筋やセパレータなどの周囲にひび割れが生じる場合がある．これらのひび割れが性能に与える影響は，部位や程度によって異なり，耐力の低下から鋼材の腐食まで様々である．

(2) 初期ひび割れ（温度ひび割れ，乾燥収縮ひび割れ）

コンクリート構造物に発生する温度ひび割れや乾燥収縮ひび割れなどの初期ひび割れは，構造物の美観を損ない，コンクリートが鋼材を保護する性能やコンクリート自体の耐久性，水密性，気密性などを低下させる原因となる．

初期ひび割れは，コンクリートが硬化時の水和熱に伴う膨張・収縮，硬化に伴う自己収縮，硬化後の水分逸散に伴う乾燥収縮など，コンクリートの体積変化に起因して発生する．コンクリートは圧縮に強く，引張に弱い材料であるため，コンクリート表面と内部やコンクリート部材の中央部と端部など，拘束状態が異なる箇所が同一部材内に存在することで，引張応力が発生してひび割れが生じる．

初期ひび割れの発生と進展は，構造物が置かれた環境や部材の寸法・形状のほか，使用材料やコンクリートの養生方法，コンクリートの打継ぎ処理などの施工方法，部材内部の鉄筋量など様々な条件に影響される．コンクリート標準示方書［設計編］により部材の設計を実施する場合，初期ひび割れが構造物の所要の性能に影響しないことが照査され，照査に用いたコンクリートの特性値と使用材料や配合に関する参考値が設計図書に記載される．しかし，上記の材料条件，環境条件や施工方法等の各種の要因が関係し，場合によっては設計で想定しない要因が影響する場合もあることに留意が必要である．

(3) 荷重によるコンクリートのひび割れ
(a) 一般

コンクリートは脆性材料で引張強度が小さいため，ひび割れが生じやすい材料である．このため，鉄筋コンクリートの設計では，引張応力が作用する部位にはひび割れが生じることを前提にコンクリートは引張応力を負担しないと仮定している．したがって，ひび割れの発生が直ちに耐荷力や剛性に問題が生じることを意味するものではない．しかし，ひび割れを介して劣化原因となる物質（水，酸素，塩化物イオン，二酸化炭素など）がコンクリート中へ容易に浸透するため，各種劣化の起点となる場合がある．

一般に，ひび割れ幅が大きいほど耐久性に悪影響を及ぼすとされているが，具体的なひび割れ幅の影響は，環境条件（特に水分供給条件）やかぶり，コンクリートの品質（ひび割れ部以外の密実さ）によって異なる．

(b) 疲労

疲労とは，静的強度より小さな荷重の繰返し作用によって破壊に至る現象である．土木構造物で疲労が問題となるのは，道路，鉄道，港湾構造物等であり，それぞれ，自動車，列車，波力による繰返し荷重が原因である．近年，特に問題となっているのは，道路橋の鉄筋コンクリート床版である．

床版の疲労では，当初，主鉄筋に沿った一方向ひび割れが生じるが，その後格子状のひび割れ（写真3.5.2）となり，さらに網細化して，最終的にはコンクリートの剥落や床版の陥没に至る．

写真3.5.2　疲労によるひび割れ（RC床版下面）

(c) 地震

地震により大きな被害を受ける土木構造物としては橋梁が挙げられ，部位としては支承や橋脚部が損傷を受ける事例が多い．支承については，3.4.2(3)を参照されたい．

鋼材が降伏しない程度の軽微な損傷では，コンクリートにひび割れが生じ，以後の耐久性に懸念が生じる程度であるが，大きな地震力を受けると，材料レベルでは，コンクリートのひび割れ，鉄筋の降伏・座屈・破断などが生じる（写真3.5.3）．部材レベルでは，橋脚を例にとると，部材のせん断耐力と曲げ耐力の比率によって破壊のパターンが大きく異なり，せん断破壊，曲げ

せん断破壊，曲げ破壊に分類される（写真3.5.4）．損傷の程度が大きくなれば，耐荷力の低下や倒壊が生じる．

写真3.5.3 段落し部のかぶりコンクリートの剥落

写真3.5.4 せん断ひび割れ[7]

(4) 塩害

コンクリート構造物の塩害は，コンクリート中に存在する塩化物イオンにより鋼材が腐食する現象である．塩化物イオンは，コンクリート製造時に材料から供給される場合と，海水や凍結防止剤などにより外部から供給される場合がある．塩害では，鋼材の腐食による断面減少によって部材耐力が低下したり，腐食生成物（さび）の体積膨張によってかぶりにひび割れやはく離が生じたりする（写真3.5.5）．

写真3.5.5 塩害によるコンクリート構造物の劣化（ひび割れ，錆汁）

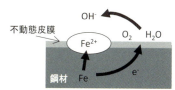

図3.5.4 鋼材の腐食反応（模式図）

コンクリート中のようにpHが12以上の高アルカリ環境下にある場合，鋼材の表面には不動態被膜が形成され，鋼材が腐食から保護されている．しかし，鋼材位置におけるコンクリートにある濃度以上の塩化物イオンが存在する場合，不動態被膜が破壊されるため，鋼材の腐食が開始する．腐食反応

は，鋼材表面から鉄イオン（Fe^{2+}）がコンクリートの細孔溶液中に溶け出すアノード反応と，鋼材中の電子（$2e^-$）がコンクリート中の酸素と水と反応するカソード反応に分けて考えられている（図3.5.4）．

コンクリート構造物の塩害の進行速度は，塩化物イオン，酸素，水などの劣化因子の鉄筋表面への供給速度に依存するため，コンクリートの品質（セメント種類や配合など），かぶり（厚さ），部材中のひび割れ（ひび割れ幅やひび割れ深さ）などに大きく影響される．

塩害の進行により構造物の美観，使用性，安全性の低下を招いた場合，それらの性能を回復するには大がかりな対策を必要とする場合が多い．このため，設計耐用期間中に塩化物イオンの侵入によってコンクリート中の鋼材が腐食しないよう配慮することが望ましい．構造物の設計基準等では，環境条件と想定されるコンクリートの品質に応じて確保すべき最小かぶりが定められている場合も多い．

(5) 中性化

中性化とは，本来高アルカリ性（pHが12以上）であるコンクリート内部のpHが10程度以下に低下する現象である．中性化していないコンクリート中の鋼材の表面には不動態被膜と呼ばれる酸化被膜が安定的に存在し，これにより鋼材が腐食から保護されている．しかし，コンクリートのpHが低下すると，不動態被膜が破壊され，鋼材に腐食の可能性が生じる．

中性化は酸性物質がコンクリートに作用することで進行するが，一般的な環境で問題となるのは，大気中の二酸化炭素である．大気中の二酸化炭素がコンクリート内に侵入し，セメント水和物である水酸化カルシウムと反応して炭酸カルシウムを生成することにより中性化が進行する．写真3.5.6は中性化深さの測定例である．中性化した部分は，pH指示薬の一つであるフェノールフタレインのエタノール溶液をコンクリート断面に吹き付けた場合にコンクリート表面から赤紫に発色していない領域までである．

中性化深さが，鋼材付近に達すると鋼材の腐食が開始する．その後は，塩害による劣化と同様な劣化過程をたどる．すなわち，腐食生成物の圧力でコンクリートにひび割れが生じ，ひび割れを介して酸素や水分の浸透が容易に

なり，さらなる腐食の進行，かぶりコンクリートの剥離・剥落，鋼材の断面減少による耐荷力の低下に至る．中性化による劣化は，かぶりの小さな構造物・部位で問題になりやすい．写真3.5.7は，中性化に起因する鋼材腐食によるかぶりの剥落である．

写真3.5.6　フェノールフタレイン溶液による中性化深さ測定　　写真3.5.7　中性化に起因するかぶり剥落[8]

(6) ASR（アルカリシリカ反応）

ASR（アルカリシリカ反応）は，骨材中のシリカ鉱物等がコンクリート中のpHの高い細孔溶液と反応してアルカリシリカゲルを生じ，これが吸水膨張してコンクリートにひび割れ等の損傷を生じることをいう．

ASRによりひび割れが生じた構造物には，網目状や亀甲状などと形容されるランダムなひび割れが生じること，主鋼材（鉄筋）方向に沿ったひび割れが卓越すること，ひび割れから白色のゲル状物質の析出が認められること，雨がかりのある部位でひび割れが目立つこと，などの外観上の特徴が認められることが多い．ただし，構造物によっては必ずしもこれらすべての特徴が認められるのではないことに注意が必要である（写真3.5.8）．

写真3.5.8 ASRによるひび割れの事例（左：網目状ひび割れ，右：主鋼材の方向に沿ったひび割れ）

ASRによる劣化が著しいコンクリート構造物では，主に曲げ加工部などで，鉄筋が破断した事例が報告されており，注意を要する（写真3.5.9）．鉄筋の破断が発見された場合は，その耐力への影響について検討する必要がある．一方，これまでの研究によると，ASRによりひび割れが入った部材でも，内部の鋼材が健全な場合は耐力への影響は限定的であることが知られている．

写真3.5.9 鉄筋破断の事例

耐力に影響がない場合でも，ASRによるコンクリートの変形やひび割れが構造物の使用性や美観，耐久性に影響を与えるために補修が必要になった例も報告されている．例えば，軌道用の桁として用いられたプレストレストコンクリート部材の変形により走行性に影響が生じた事例がある．また，ゲ

ート等の機械設備との組合せで機能を果たす河川構造物では,膨張率としてはわずかでも寸法の変化が大きく,ゲートの開閉等に不具合を生じた事例がある.

(7) 凍害

凍害は,寒冷地においてコンクリート中の水分が凍結した際に,その体積が膨張することによって生じる劣化をいう.凍害には,長期間にわたる凍結と融解の繰返しによってコンクリートが劣化するものと,硬化後あまり材齢を経ないうちに凍結することによって強度低下するものがある.後者は特に,初期凍害という.

凍害の劣化の形態には,不規則な微細ひび割れ,スケーリング(コンクリート表面の薄片状の剥離),ポップアウトなどがある.微細ひび割れやスケーリングは,セメントペーストの耐凍害性が不足している場合に観察される.ポップアウトは,骨材の品質が悪い場合に観察されるもので,コンクリート表面付近の骨材粒子が膨張,破壊し,円錐状に剥離するものである.

写真3.5.10 凍害による劣化を受けた構造物

写真3.5.11 骨材のポップアウト

凍害は,雨がかりのある部分や雨水の流路になっている部位で顕著になりやすい(写真3.5.10).また,寸法が小さい部材などで顕著なものとなりやすい.ポップアウトの発生だけで微細ひび割れやスケーリングが発生せず落ち着く場合には,耐力への影響はほとんどないものと考えられる(写真

3.5.11). スケーリングが発生し，徐々に部材の断面が小さくなる場合は，発生した部位によって耐力等への影響も考えられる．また，発生部位によっては，微細ひび割れやスケーリングが生じたコンクリートが剥落し，第三者に被害を与えることも考えられるので注意が必要である．

(8) 化学的侵食

コンクリートの化学的侵食は，コンクリートが外部から化学作用を受け，コンクリート中のセメント水和物が変質あるいは分解することにより生じる劣化現象である．劣化因子は，各種硫酸塩や酸，腐食性ガスなど多岐にわたるため，劣化メカニズムや変状の発生も一様ではない．

写真 3.5.12 汚泥貯留槽（天井）における化学的侵食

土木コンクリート構造物では，下水道関連施設，温泉地，酸性河川等における酸性劣化がしばしば問題となる．酸による化学的侵食では，コンクリート表層から内部に向かって徐々に侵食が進行していく．侵食の進行速度は，環境条件（作用する化学物質の種類やpH等），コンクリートの品質（セメント種類や配合など），かぶり（厚さ）などに大きく影響される．化学的侵食が進行し，コンクリート中の骨材周囲のセメント水和物が脆弱化すると，骨材の欠落が生じ始めるため，コンクリートの侵食深さが増大する．最終的には，部材の断面欠損やコンクリート中の鋼材腐食の発生に至るため，構造物の使用性や安全性の低下を招くこととなる（写真3.5.12）．

(9) 火害

コンクリートは，熱を受けるとセメント硬化体と骨材が，それぞれ異なった膨張収縮挙動を示し，コンクリートの組織が緩む．また，部材端部の拘束などによって生じた熱応力などによってもひび割れが生じ，コンクリートが劣化，剥落する．

コンクリートの強度は，受熱温度300℃まではそれほど低下しないが，

500℃を超えるとおおよそ半減する．なお，受熱温度500℃までの実験結果では，冷却後は，時間の経過により強度が回復することが知られている．

コンクリート構造物は，内部の鋼材をかぶりコンクリートで保護しているので比較的火害に強い構造と考えられている．また，異形鉄筋は，冷却後にはある程度強度が回復する．しかし，PC鋼材など高強度の鋼材は，焼き戻しによって強度が低下するので，内部の受熱温度に留意が必要である[9]．

3.5.3 点検・調査・モニタリング

(1) 点検および調査の種類，項目および方法
(a) 点検と調査の定義

点検と調査の定義や種類は規格・規準類や構造物の管理者によって若干異なる．そこで，ここでは土木学会コンクリート標準示方書［維持管理編］[10]（以下，示方書）の定義に沿って説明を進める．

示方書では，構造物の点検から始まり，劣化予測，評価および補修・補強の判定に至るまで，対象とする構造物や部材の状態に応じてその後の具体的対策を決定するまでの一連の行為を「診断」と定義している．さらにこの「診断」に必要な情報を収集するための行為を「点検」，点検において情報を得るための手段を「調査」としている．診断・点検・調査は維持管理計画に従って実施される．また，点検結果は事後の維持管理業務に活用されるため，適切に保管されなければならない．

(b) 点検の種類とモニタリング

点検は，図3.5.5に示すように，診断の目的，時期，頻度に応じて区別される．なお，必要に応じて，構造物や部材の状態，あるいは外力や環境作用の変化をリアルタイムかつ連続的に把握することで，点検を補足（状態変化の詳細・常時監視，あるいは危険予知など）する場合もあり，これをモニタリングと言う．

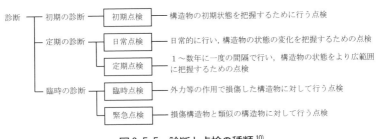

図3.5.5　診断と点検の種類[10]

　モニタリングではコンクリート表面や内部，あるいは構造物周辺に設置したセンサを情報端末等で制御する．また，情報端末を情報通信網に接続することで，遠隔からの操作や情報収集も可能である．モニタリングの対象としては，構造物の変位や変形，コンクリートや補強鋼材のひずみ，コンクリート中への劣化因子の侵入状況あるいは補強鋼材の腐食状況などが例として挙げられる．

(c) 調査の種類，項目および方法

　調査の種類は，維持管理計画に基づいて標準的に行う標準調査と，より詳細な情報が必要となった場合に実施する詳細調査に分類される．いずれの調査においても，調査の項目や方法は構造物の状態について必要な情報を具体的かつ定量的に入手できるものが選択される．これに加えて，標準調査では，効率性，迅速性あるいは経済性なども考慮した方法が選定される．具体的には，目視による方法を主体とし，状況に応じて打音調査や簡便な非破壊試験を併用する．簡便な方法であっても，同じ位置で継続的に調査を行うことで，構造物の状態変化の把握が可能になる．一方，詳細調査では，標準調査だけでは得ることが困難で，かつ，劣化原因やその程度等を確定的に診断するのに必要な情報を確実に得るための方法が選定される．詳細調査の項目や方法は，標準調査の結果に基づいて選定されるが，劣化機構がある程度特定できるような場合には，あらかじめ維持管理計画で示される場合もある．

　一般的な調査の項目としては，構造物の概要，構造物の供用状態，外観の変状・変形，コンクリートや鋼材の状態，構造細目や付帯設備等の状態，環境作用および既往の対策の状態などが挙げられる．

(2) 書類と目視による調査
(a) 書類調査

書類調査は構造物の概要に関する情報を入手することを目的とし，設計・施工・検査・維持管理において記録された内容や，これらに携わった関係者へのヒアリング（聞取り調査）結果を調べることで実施される．書類調査で有効な情報を入手できれば，その他の調査を省略できる場合もある．

設計時の記録の調査対象としては，適用した規格・規準類，図面や設計計算書などがある．建設時の記録の調査対象としては，適用した規格・規準類の他に，コンクリートの配合，打込み日，天候，使用材料，打込み方法などの施工記録や，初期の段階で発生していたひび割れや豆板などの初期の点検の記録がある．維持管理時の記録の調査対象としては，点検の実施年月や方法，そこで発見された変状の位置や形状がある．特に時系列で変状の位置や形状を比較することは，劣化の進行速度を把握する上で重要である．また，補修・補強の履歴やその目的などを把握することも重要である．

(b) 目視調査

劣化が進行すると，変形や変状がコンクリートの表面に顕在化する．したがって，目視調査の結果は劣化機構の区別や劣化の程度の判定の際に重要な基礎情報となる．なお，外観の変状と劣化機構との関係は劣化機構の種類によって異なるため，劣化機構別にその原因や変状の特徴を理解する必要がある．

目視調査は，コンクリートの外観上の変状や変形を確認できるだけでなく，車両交通や周辺環境などの構造物の供用状況や劣化外力の作用状況を確認する上でも有効である．コンクリート表面に近接できない場合は，双眼鏡などを用いて調査を実施することもある．

目視調査で観察する項目と主な内容を表 3.5.1 に示す．目視により構造物の表面に変状が発見された場合には，クラックスケールや巻尺などを用いて，ひび割れの幅，変状の長さ，面積などの計測を行い，これを記録する．コンクリート表層部の浮きや空洞などの存在や範囲は，コンクリート表面をハンマーで打撃し，その衝撃の程度や音質を聞き分けることで把握できる．変状の位置や大きさを定量的に評価する方法としては，デジタル画像を解析する

方法もある．

表3.5.1 目視調査で観察する項目と主な内容[10]

コンクリートの変色，汚れ	変色や汚れの発生面積，色，コンクリートからの白色ゲル，白華，漏水の発生の有無および範囲
コンクリートのひび割れ	ひび割れの発生方向・パターン・本数，代表的なひび割れの幅と長さ，錆汁の溶出の有無
コンクリートのスケーリング	スケーリングの発生面積，侵食深さ
コンクリートの浮き	浮きの有無，箇所数および面積
コンクリートのはく離，はく落	はく離，はく落が発生している箇所数とその面積
鋼材の露出，腐食，破断	鉄筋のかぶり，露出箇所の数や長さ，腐食の程度
構造物の変位，変形	たわみ，移動，沈下

(3) 非破壊試験を用いる調査

　非破壊試験は，対象物を破壊することなくコンクリートの強度などの特性，コンクリート中の浮きや剥離，内部空隙の有無やその位置，鉄筋位置，鉄筋の径やかぶり，腐食状態などを調べる試験である．非破壊試験に用いられる物理現象には，電流，電圧，磁界などの電磁気的現象と，弾性波，電磁波などの波動現象がある．表3.5.2に非破壊試験機器を用いる調査方法と得られる情報の例を示す．

　目視調査に対して非破壊試験を実施するメリットは，目視では表面における情報のみが得られるのに対して，深さ方向の情報を得られることにある．また目視調査により変状が確認されるより早くに劣化を見付けたり，劣化予測のデータを得られることにある．一方，非破壊試験を用いて調査を行う場合，調査方法の原理および試験機器，対象とする調査項目，試験結果に与える影響因子，適用限界などを十分に把握していないと，期待した結果が得られない原因となる．以下に代表的な手法について概略を述べる．

表 3.5.2 非破壊試験を用いる調査方法と得られる情報の例[10]

調査方法		得られる情報の例
反発度に基づく方法	反発度法	・コンクリートの反発度（強度推定に使用される場合もある）
電磁誘導を利用する方法	鋼材の導電性および磁性を利用する方法	・コンクリート中の鋼材の位置，径，かぶり
	コンクリートの誘電性を利用する方法	・コンクリートの含水状態
弾性波を利用する方法	打音法	・コンクリート中の浮き，剥離
	超音波法	・コンクリートの弾性波速度（弾性係数や強度推定に使用される場合もある） ・コンクリートのひび割れ深さ ・コンクリート中の浮き，剥離
	衝撃弾性波法	・コンクリート中の欠陥 ・コンクリート厚さなどの部材寸法 ・PC グラウトの充填状況
	アコースティック・エミッション（AE）法	・コンクリートのひび割れ
電磁波を利用する方法	X 線法	・鋼材の位置，径，かぶり ・PC グラウトの充填状況
	赤外線法（サーモグラフィ法）	・コンクリート中の浮き，剥離，空隙 ・コンクリートのひび割れの分布状況
	電磁波レーダ法	・鋼材の位置，径，かぶり ・コンクリート中の浮き，剥離，空隙
電気化学的方法	自然電位法	・鋼材の腐食傾向
	分極抵抗法	・鋼材の腐食速度
	四電極法	・コンクリートの電気抵抗

(a) 反発度法

プランジャー（打撃棒）を介して，ばねによって重錘で打撃する構造を備えるリバウンドハンマーで，コンクリート表面を打撃したときの反発度を測定する手法である．測定した反発度は，コンクリートの強度，場所による品質のバラツキの評価などに用いられる．

(b) 電磁誘導法

励磁コイルに交流電流を供給すると，発生する磁場中の導体（鋼材）に 2 次電流が誘起される．その影響で，励磁コイルの起電力やインピーダンスが変化する現象を利用して，コンクリート中の鋼材の位置，径，かぶりを推定する方法を電磁誘導法という．鋼材の導電性および磁性を利用する方法では，

コンクリートは磁場にほとんど影響しないため,コンクリートの品質,含水状態に関係なく試験が可能である.

(c) 弾性波を利用した方法

打音法,超音波法,衝撃弾性波法およびAE(アコースティック・エミッション)法の4つに分類され,コンクリートの圧縮強度,ひび割れ深さ,はく離,コンクリート中の欠陥,構造物の荷重履歴などの推定に利用される.衝撃弾性波法は,コンクリート表面をハンマーや鋼球で打撃することによりコンクリート内部へ弾性波を伝搬させ,打撃面とコンクリート底面あるいは欠陥で反射する波を,打撃面に設置したセンサにより受信し,これを解析することにより部材寸法や内部欠陥の有無やその深さを推定する手法である.超音波法と比べて,入力する弾性波の振動振幅が大きく波長が長いため,大型構造物に適用することが可能である.

(d) 電磁波を利用する方法

電磁波の種類により,X線法,赤外線法(サーモグラフィ法),電磁波レーダ法に分類される.赤外線法では,コンクリート表面の温度分布あるいはその変化から,表層部分の変状の有無を評価することができる.赤外線法では,短時間に広範囲の評価ができ,表層部の欠陥位置や形状を視覚的に把握できるものの,欠陥深さとその厚さは推定できない.電磁波レーダ法は,電磁波が比誘電率の異なる物質の境界で反射する性質を利用し,コンクリート中の鋼材位置,かぶり厚さを推定する方法である.

(e) 電気化学的方法

鋼材の腐食は電気化学的現象であり,コンクリート中の鋼材の腐食傾向,腐食速度などに関する情報を得る方法として,自然電位法,分極抵抗法および四電極法がある.

(4) その他の方法を用いる調査

(a) 局所的な破壊を伴う調査法

コンクリートの物性や劣化状況を,目視や非破壊試験で十分な情報が得られない場合や精度の高い情報が要求される場合に局部的な破壊を伴う方法により調査を行う場合がある.実施においては,構造物の性能が損なわれな

いよう注意する必要がある．表 3.5.3 に，諸情報とその分析法の例について示す．

表 3.5.3 諸情報と分析方法の例

ひび割れ深さ	・コアに発生しているひび割れ深さ
圧縮強度，引張強度，弾性係数	・コアの載荷試験 ・小径コア，ボス供試体の利用
中性化深さ	・フェノールフタレイン 1%アルコール溶液の変色（呈色）による領域
塩化物イオン	・コアをスライスし，個々のスライスした試料について塩化物イオンの量を測定し，濃度分布を調べる方法 ・硝酸銀と塩化物イオンとの反応を利用
配合・組成分析	・XRD（X 線回折），EPMA（電子線マイクロアナライザ），SEM（走査型電子顕微鏡）
残存膨張量	・採取したコアを促進養生して得られる最終的な膨張量を測定（JCI-DD2, ASTM C 1260, カナダ法およびデンマーク法）
透水性・透気性，	・インプット法（DIN1084），アウトプット法，RILEM Cembureau 法 ・ドリル法，ダブルチャンバー法（Torrent 法）など
細孔径分布・気泡分布	・水銀圧入法およびガス吸着法 ・リニアトラバース法
鉄筋の腐食状態	・はつりによる直接観察，鉄筋採取による引張試験

表 3.5.4 劣化原因と評価対象の例

中性化	気温，湿度，降水量，日射量等の気象条件
塩害	海水および飛来塩分量の影響，凍結防止剤の影響，気象条件等
アルカリシリカ反応	気象条件，水の供給条件，アルカリの供給条件等
凍害	最低気温，日射量，凍結融解回数等の気象条件，水の供給条件
化学的浸食	コンクリートが接触する溶液の種類，温度

(b) 環境作用の評価と方法

構造物が置かれている環境条件を評価することにより，劣化の原因の推定および劣化予測のための情報を得ることを目的に表 3.5.4 に示すような評価を行う．

3.5.4 現状評価と劣化予測

(1) 現状評価

各インフラには，要求される性能がある．その性能を満足しなければ，安全で快適なサービスを提供できず，市民生活や経済活動に支障を来たす．したがって，前項に記した点検・調査・モニタリングの結果に基づき，現状のインフラが有する性能は，想定する作用あるいは荷重に対して，限界状態を超えていないことを確認する必要がある．したがって，例えば海からの塩分が飛来する構造物において，鋼材腐食が発生しないことを限界状態として設定しているならば，前項の表 3.5.2 に示される自然電位法により腐食が生じていないことを評価する行為が，精緻な手段による現状評価である．

ただし，多数のインフラを対象に現状評価するには，時間と費用を要する．そのため，限られた人員と予算では，精緻な現状評価を実施することが困難である．このようなとき，鉄筋コンクリート構造物の外観を観察し，発見されたひび割れの状態から，現状の性能を簡易に評価する手段もある．例えば，写真 3.5.13 に示すようなひび割れは，表 3.5.5 に基づけば，構造物の性能低下の原因にはならず，今後 15～25 年間程度の耐久性を満足すると評価される．一方で，写真 3.5.14 に示すような浮きは，既に第三者影響度の限界を超えており，性能を満足していないと評価される．

社会インフラ メンテナンス学

写真 3.5.13 一般的な屋外環境下にある開口幅が 0.15mm のひび割れ

写真 3.5.14 剥落しそうな浮きのあるコンクリート床版

表 3.5.5 鋼材腐食の観点からのひび割れの部材性能への影響[7]

ひび割れ幅 w(mm) 環境条件	塩害・腐食環境下	一般屋外環境下	土中・屋内環境下
0.5＜w	大（20年耐久性）	大（20年耐久性）	大（20年耐久性）
0.4＜w≦0.5	大（20年耐久性）	大（20年耐久性）	中（20年耐久性）
0.3＜w≦0.4	大（20年耐久性）	中（20年耐久性）	小（20年耐久性）
0.2＜w≦0.3	中（20年耐久性）	小（20年耐久性）	小（20年耐久性）
w≦0.2	小（20年耐久性）	小（20年耐久性）	小（20年耐久性）

　また，個々のひび割れには着目せず，構造物を全体的に現状評価する場合もある．例えば，NEXCO や JR では，表 3.5.6 および表 3.5.7 に示す区分によって，構造物の性能を評価している．

表3.5.6 健全度評価（変状グレード）の例（NEXCO）[11]

劣化の進行	変状グレード	変状や劣化の進行	構造物の性能	対策の方向性
健全な状態 ↕ 劣化している状態	I	問題となる変状がない	劣化の進行が見られない	対策なし
	II	軽微な変状が発生している	劣化は進行しているが，耐荷性能または走行性能は低下していない	予防保全
	III	変状が発生している	劣化がかなり進行しており，耐荷性能または走行性能の低下に対する注意が必要である．	主に補修※（補強）
	IV	変状が著しい	耐荷性能が低下しており，管理限界に達する恐れがある．	補強※
	V	深刻な変状が発生している	耐荷性能の低下が深刻であり，安全性に問題がある．	大規模対策

※補修，補強の定義は，本書とは異なる．（第2章を参照のこと）

表3.5.7 安全性に関する健全度評価の例（鉄道）[12]

劣化の進行	健全度		運転保安，旅客および公衆などの安全に対する影響	変状の程度	措置等
劣化している状態 ↕ 健全な状態	AA		脅かす	重大	緊急に措置
	A	A1	早急脅かす 異常時外力の作用時に脅かす	進行中の変状等があり，性能低下も進行している	早急に措置
		A2	将来脅かす	性能低下の恐れがある変状等がある	必要な時期に措置
	B		進行すれば健全度A	進行すれば健全度Aになる	必要に応じて監視等の措置
	C		現状では影響なし	軽微	次回検査時に必要に応じて重点的に調査
	S		影響なし	なし	なし

(2) 劣化予測
(a) 劣化機構に基づく方法

劣化原因は塩害あるいは中性化であることが明らかな場合，表3.5.8に示す過程で進行する．したがって，例えば塩害が劣化原因であり，現状評価の結果として腐食が発生していないならば，前出の表3.5.3に示される塩化物イオン濃度分布の調査結果より，将来の塩化物イオンの浸透を予測し，腐食が発生する時期を推測できる．あるいは，中性化が劣化原因で，未だ腐食が発生していないならば，前項の表3.5.3に示される中性化深さの調査結果より，将来の中性化の進行を予測すれば，腐食が発生する時期を推測できる．

表3.5.8 コンクリートの塩害・中性化による劣化の進行過程

(a) 塩害

劣化過程	定義	期間を決定する主要因
潜伏期	鋼材の腐食が開始するまでの期間	塩化物イオンの拡散，初期含有塩化物イオン濃度
進展期	鋼材の腐食開始から腐食ひび割れ発生までの期間	鋼材の腐食速度
加速期	腐食ひび割れ発生により腐食速度が増大する期間	ひび割れを有する場合の鋼材の腐食速度
劣化期	腐食量の増加により耐力低下が顕著な期間	

(b) 中性化

劣化過程	定義	期間を決定する主要因
潜伏期	鋼材の腐食が開始するまでの期間	中性化進行速度
進展期	鋼材の腐食開始から腐食ひび割れ発生までの期間	鋼材の腐食速度
加速期	腐食ひび割れ発生により鋼材の腐食速度が増大する期間	ひび割れを有する場合の鋼材の腐食速度
劣化期	腐食量の増加により耐力低下が顕著な期間	

1) 塩化物イオンの浸透とそれに伴う腐食発生の予測

既設構造物からコンクリートコアを採取しスライスできる場合，あるいはドリル法により試料が採取できる場合，深さ方向に3箇所以上（できれば5箇所）の塩化物イオン濃度を測定し，これらの濃度分布から式(3.5.1)に示すFickの拡散則にて回帰分析すれば，塩化物イオンの見かけの拡散係数と表

面における塩化物イオン濃度が算出される．

$$C(x,t) = \gamma_{cl} \cdot \left[C_0 \left(1 - erf \frac{x}{2\sqrt{D_{ap} \cdot t_i}} \right) \right] + C_i \tag{3.5.1}$$

ここに，$C(x,t_i)$：深さ x (cm)，建設時からの時刻 t_i (年) における塩化物イオン濃度 (kg/m³)
C_0：表面における塩化物イオン濃度 (kg/m³)
D_{ap}：塩化物イオンの見かけの拡散係数 (cm²/年)
C_i：初期含有塩化物イオン濃度 (kg/m³)
erf：誤差関数
γ_{cl}：予測の精度に関する安全係数（一般には1.0）

一方，新設構造物を含めて，塩化物イオン濃度分布の調査結果が無い場合，式(3.5.2)～(3.5.5)から塩化物イオンの見かけの拡散係数を，また表 3.5.9 あるいは式(3.5.6)にて表面における塩化物イオン濃度を求める[10]．

・普通ポルトランドセメントの場合

$$\log_{10} D_{ap} = 3.0(W/C) - 1.8 \tag{3.5.2}$$

・高炉セメントB種相当の場合

$$\log_{10} D_{ap} = 3.2(W/C) - 2.4 \tag{3.5.3}$$

・フライアッシュセメントB種相当の場合

$$\log_{10} D_{ap} = 3.0(W/C) - 1.9 \tag{3.5.4}$$

・低熱ポルトランドセメントの場合

$$\log_{10} D_{ap} = 3.5(W/C) - 1.8 \tag{3.5.5}$$

ここに，W/C：水セメント比（$0.30 \leqq W/C \leqq 0.55$）

表3.5.9 表面における塩化物イオン濃度（単位：kg/m³）

		飛沫帯	海岸からの距離 (km)				
			汀線付近	0.1	0.25	0.5	1.0
飛来塩分が多い地域	北海道, 東北, 北陸, 沖縄	13.0	9.0	4.5	3.0	2.0	1.5
飛来塩分が少ない地域	関東, 東海, 近畿, 中国, 四国, 九州		4.5	2.5	2.0	1.5	1.0

$$C_0 = -0.0016 C_{ab}^2 + C_{ab} + 1.7 \tag{3.5.6}$$

ここに, C_{ab}：飛来塩分量（mg/dm²/日）

以上のいずれかの方法により求めた塩化物イオンの見かけの拡散係数と表面における塩化物イオン濃度を，式(3.5.7)に代入し，現在から t 年後における塩化物イオン濃度分布を算定する．

$$C(x,t) = \gamma_{cl} \cdot \left[C_0 \left(1 - erf \frac{x}{2\sqrt{D_{ap} \cdot (t_c + t)}} \right) \right] + C_i \tag{3.5.7}$$

ここに, t_c：建設時から現在までの期間（年）
　　　　t：現在から予測対象時期までの期間（年）

その結果，鉄筋周囲の塩化物イオン濃度が，式(3.5.8)～(3.5.10)に示す腐食発生限界塩化物イオン濃度に達した時点で，腐食が開始すると予測する．

・普通ポルトランドセメントの場合

$$C_{lim} = -3.0(W/C) + 3.4 \tag{3.5.8}$$

・高炉セメントB種相当，フライアッシュセメントB種相当の場合

$$C_{lim} = -2.6(W/C) + 3.1 \tag{3.5.9}$$

・低熱ポルトランドセメント，早強ポルトランドセメントの場合

$$C_{\lim} = -2.2(W/C) + 2.6 \tag{3.5.10}$$

ここに，$C_{\lim}$：腐食発生限界塩化物イオン濃度（kg/m³）

2) 中性化の進行とそれに伴う腐食発生の予測

既設構造物において中性化深さを測定できる場合，式(3.5.11)に示す$\sqrt{t}$則にて回帰分析すれば，中性化速度係数が算出される．なお，数年から十数年の単位で測定された複数回の中性化深さから算出することが望ましい．

$$y = b\sqrt{t_i} \tag{3.5.11}$$

ここに，y：中性化深さ（mm）
　　　　t_i：建設時から調査までの期間（年）
　　　　b：中性化速度係数（mm/$\sqrt{年}$）

一方，新設構造物を含めて，中性化深さの調査結果が無い場合，式(3.5.12)から中性化速度係数を求める[11]．

$$b = \gamma_{cb} \cdot \left[-3.57 + 9.0 \cdot \left(W/C_p + k \cdot A_d\right)\right] \tag{3.5.12}$$

ここに，γ_{cb}：予測の精度に関する安全係数（一般には1.0）
　　　　W：単位体積当たりの水の質量
　　　　C_p：単位体積当たりのポルトランドセメントの質量
　　　　k：混和材の種類により定まる定数で，高炉スラグ微粉末の場合には0.7
　　　　A_d：単位体積当たりの混和材の質量

以上のいずれかの方法により求めた中性化速度係数を式(3.5.13)に代入し，現在からt年後における中性化深さを算定する．その結果，かぶり深さから中性化深さを引いた中性化残りが10mmに達した時点で，腐食が開始すると予測する．

$$y = b\sqrt{(t_c + t)} \qquad (3.5.13)$$

ここに，t_c：建設時から現在までの期間（年）
　　　　t：現在から予測対象時期までの期間（年）

(b) グレードに基づく方法

劣化機構が不明な場合でも，構造物の全体的な劣化を予測する場合がある．例えば，NEXCO では，橋梁マネジメントシステム（BMS：Bridge Management System)を用いて，経年による機能低下を，表3.5.6に示す変状グレードの進行で予測する取組みが進められている．図3.5.6に例を示す．

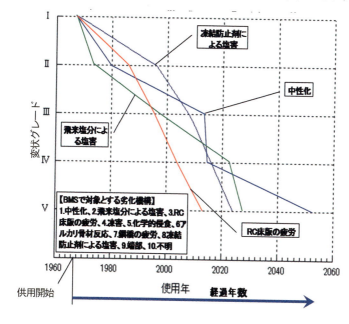

図3.5.6　NEXCO–BMS の予測の例 [13]

3.5.5 補修・補強

(1) 補修,補強の定義

土木学会のコンクリート標準示方書[維持管理編]では,補修,補強を以下のように定義している.「構造物や部材の耐力や剛性などの力学的な性能に関して,劣化や損傷などで低下した性能を,供用開始時に保有していた性能レベルまで回復する場合には補修,供用開始時に保有していた性能レベルより向上させる場合には補強と定義する(図 3.5.7 参照).一方,耐久性や第三者影響度に関し,これらの要求性能が満足されない場合に実施される対策については,供用開始時に保有していた程度までの回復,もしくはそれを上回る水準までの向上を含め,すべて補修と定義する.」

構造物の維持管理は,構造物の供用期間を通じて,要求される性能水準以上を保持することが目的である.これに対して,補修,補強は供用期間中に実施する点検結果に基づいて行う劣化予測の結果,供用期間中に構造物の性能が要求される水準を下回ることが予想された場合に実施する対策である.なお,設計時より高い力学的性能が要求される場合に実施される耐震補強なども,この場合の補強に含まれる.

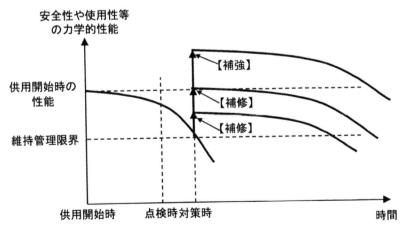

図 3.5.7 力学的な性能に対する補修および補強の定義[10]

(2) 補修・補強工法の選定および設計
(a) 性能照査型の補修・補強設計
　補修・補強の設計を行うにあたって，コンクリート構造物に適用可能な補修，補強工法の種類は非常に多く，これらの中から適切な工法を選定することは，困難な作業である．ともするとコスト重視の方針にしたがって，最も安い工法を選定することにもなりかねないが，工法の特性を理解し，得られる効果を考えた上で選定しないと，(3)で示すように，想定外に早期の再劣化が顕在化する場合もあるので，注意が必要である．
　(1)で述べたように，補修や補強を構造物や部材の性能回復あるいは向上を目的とする対策と定義した場合，構造物や部材の性能の変化を定量的に評価した上で，適切な工法や材料の選定を行うことが理想である．このような考え方に基づく工法および材料の選定手順は図3.5.8のように表される．

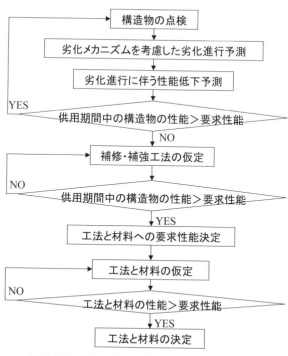

図3.5.8　性能照査型の補修・補強設計手順[14]

すなわち，以下のような作業となる．
1) 構造物の点検結果や設計図書などのデータを用いて，供用期間中における構造物の性能低下程度を予測する．この際，性能低下予測のモデルには，劣化メカニズムが考慮されている．
2) 構造物の性能が供用期間中において要求性能を上回っていることを照査し，下回る場合には補修・補強工法の選定プロセスに入る．
3) 対策として適当であると思われる工法を仮定し，補修・補強後の構造物について供用期間中の性能低下程度を予測する．この場合，補修・補強材料などに関するパラメータも仮定して計算を行う．
4) 補修・補強後の構造物の性能が供用期間中において常に要求性能を上回っていることを照査し，上回っていれば仮定した工法を仮選定する．下回る場合には工法の変更やパラメータの変更を検討する．
5) 仮選定された工法と補修・補強材料に関して，想定された性能を有することを各種性能試験等で確認する．確認できれば，工法，材料が決定されるが，確認できない場合には，他の材料等で再度試験等を行う．

(b) 劣化機構や構造条件を考慮した工法の選定

(a)に示した工法や材料の選定方法は，各種劣化機構による構造物や部材の性能低下程度や，補修や補強が適用された構造物の性能回復程度を定量的に示す必要があり，現状では精度の良い推定は困難である．そこで，一般的には，構造物の劣化機構と劣化程度を点検によって明らかにした上で，適切な補修・補強戦略を検討する方法が取られる場合が多い．

土木学会コンクリート標準示方書[維持管理編]では，表 3.5.10 に示すように，各劣化機構に対する補修方針と推奨される工法の例を示している．例えば塩害の場合，鋼材腐食が発生する前であればコンクリート中への塩化物イオン（Cl^-）浸透を抑制するための表面処理工法が有効であるが，コンクリートに浸透した Cl^- によって鋼材腐食が発生している状況であれば，Cl^- の除去を目的とした断面修復工法や脱塩工法の選定が望ましい．このように，設定した補修戦略に合致した特性を有する工法を選定することが重要である．また，同じ工法であっても，使用する補修材料や施工箇所の設定によって得られる効果が大きく異なる場合があるので，補修設計では，各材料の特

性を十分考慮した断面修復材や表面被覆材等を選定するとともに，マクロセル腐食の防止を考慮した断面修復範囲の設定などを検討する必要がある．

表3.5.10　耐久性の回復もしくは向上を目的とした補修の方針と工法[10]

劣化機構	補修の方針	補修工法等	目標とする性能を満たすために考慮すべき要因
中性化	・中性化したコンクリートの除去 ・補修後のCO_2，水分の侵入抑制	・断面修復工法 ・表面処理工法 ・再アルカリ化工法	・中性化部除去の程度 ・鋼材の防錆処理 ・断面修復材の材質と厚さ ・表面処理材の材質と厚さ ・コンクリート中のアルカリ量
塩害	・侵入したCl^-の除去 ・補修後のCl^-，水分，酸素の侵入抑制	・断面修復工法 ・表面処理工法 ・脱塩工法	・侵入部除去の程度 ・鋼材の防錆処理 ・断面修復材の材質 ・表面処理材の材質と厚さ ・脱塩工法適用箇所のCl^-量の除去程度
塩害	・鋼材の電位制御	・電気防食工法	・陽極材の品質 ・分極量
凍害	・劣化したコンクリートの除去 ・補修後の水分の侵入抑制 ・コンクリートの凍結融解抵抗性の向上	・水処理(止水，排水処理) ・断面修復工法 ・ひび割れ注入工法 ・表面処理工法	・断面修復材の凍結融解抵抗性 ・鋼材の防錆処理 ・ひび割れ注入材の材質と施工法 ・表面処理材の材質と厚さ
化学的侵食	・劣化したコンクリートの除去 ・有害化学物質の侵入抑制	・断面修復工法 ・表面処理工法	・断面修復材の材質 ・表面処理材の材質と厚さ ・劣化コンクリートの除去程度
アルカリシリカ反応	・水分の供給抑制 ・内部水分の散逸促進 ・アルカリ供給抑制 ・膨張抑制 ・部材剛性の回復	・水処理(止水，排水処理) ・ひび割れ注入工法 ・表面処理工法 ・断面修復工法 ・巻立て工法	・ひび割れ注入材の材質と施工法 ・表面処理材の材質と厚さ ・断面修復材の材質
疲労(道路橋鉄筋コンクリート床版の場合)	・ひび割れ進展の抑制 ・部材剛性の回復 ・押抜きせん断強度の回復	・水処理(排水処理) ・床版防水工法 ・接着工法 ・増厚工法	・既設コンクリート部材との一体性
すりへり	・減少した断面の復旧 ・粗度係数の回復・改善	・断面修復工法 ・表面処理工法	・断面修復材の材質 ・付着性 ・すりへり抵抗性 ・粗度係数

一方で，構造物に要求される性能レベルが変更されるなどにより，供用開始時を上回る性能が必要となった場合には，表3.5.11に示されるような補強工法が選定される．この場合，適用例に示されるような構造条件や部材種別と工法の特徴を考慮した上で工法選定が行われる．

　工法や材料の選定にあたっては，コストも重要な因子となることは言うまでもないが，工法や材料そのもののコストだけではなく，構造物としてのライフサイクルコストによって評価することが望ましい．この場合，補修・補強を施すことによる構造物の性能向上程度を補修・補強効果の持続性も含め

て精度良く評価することが今後の重要な課題となっている．

表 3.5.11 代表的な対策工法の特徴と適用例[10]

工法	特徴	適用例
コンクリート増厚，巻立て	・寸法や自重の増加が比較的大きい ・比較的維持管理が容易	・比較的大断面の部材 ・建築限界や河川の阻害が問題にならない場合
鋼板接着，巻立て	・寸法や自重の増加が比較的小さい ・防食等の維持管理が必要	・比較的小断面の部材 ・建築限界や河川の阻害の制約がある場合
FRP 接着，巻立て	・寸法や自重の増加がほとんどない ・防食性が高いため維持管理が容易 ・人力で施工が可能 ・橋脚等の基部の曲げ補強は単独では困難	・高所や狭あい箇所，重機が使用できない箇所等 ・建築限界や河川の阻害の制約がある場合
ポリマーセメントモルタル増厚，巻立て	・鉄筋コンクリート巻立てに比べて寸法や自重の増加が小さい ・比較的維持管理が容易	・建築限界や河川の阻害の制約がある場合
補強材の設置	・新たな部材を設置することにより断面力を低減できる ・断面力分布の変化による照査が必要	・床版等の面状部材
プレストレス導入	・負のモーメントを発生させることにより死荷重による断面力を低減できる． ・プレストレス導入によるコンクリート強度の照査が必要	・桁，梁等の棒状部材（曲げ補強）
免震	・免震装置を設置することにより慣性力を低減できる ・部材の変位が大きくなるため変位制限が必要となる	・巻立て等が困難な場合
部材の増設，拡幅，かさ上げ	・新たな部材を増設することにより拡幅，かさ上げを行う ・工期短縮や桁下空間の確保を目的としてプレキャスト部材や鋼コンクリート複合構造を使用することもあるが，既設構造物との接合部には場所打ちコンクリートとすることが多い	・橋梁の拡幅，土留め擁壁の拡幅，海岸堤防のかさ上げなど

(3) 補修・補強の施工と効果の確認

(a) 補修・補強の施工

選定された補修・補強工法の施工にあたっては，施工計画を適切に策定することが重要である．施工計画は，補修，補強の設計に基づいて，施工上の制約条件を十分に考慮したうえで策定する必要がある．施工に関する標準的な流れは図 3.5.9 のように表される．

補修や補強は既設構造物を対象とするため，施工するための空間や時間に制約を受ける場合も多く，構造物が供用されている環境下（例えば高所，閉所，水中，背面に土砂がある場合など）で施工しなければならない場合も多いなど，施工にとって難しい条件になりやすい．このような制約条件の把握を含め，調査によって構造物の現況を確認したうえで施工計画を策定し，十分な施工技術を有するコンクリート専門技術者を配置して入念に施工する

ことが，補修・補強箇所の品質や補修・補強効果を確保するために重要となる．つまり，適切に工法が選定されても，施工が確実に実施されないと，補修・補強の効果が得られないことになる．また，補修・補強では特殊な材料を用いることも多いため，施工にあたっては工法や材料の特徴や留意事項をよく理解しておく必要がある．さらには，合理的かつ経済的な施工管理や検査の項目と方法を定めて，施工中あるいは竣工後に実施する必要がある．

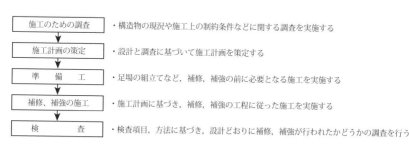

図 3.5.9　補修・補強の施工に関する標準的な流れ[10]

(b) 再劣化の防止

例えば塩害に対する補修では，表 3.5.10 に示したように，断面修復，表面処理，脱塩，電気防食の各工法が適用される場合が多い．これらの工法に期待する主な効果は，表面処理工法が Cl^- の侵入抑制，断面修復工法と脱塩工法が侵入した Cl^- の除去，電気防食工法が鋼材の電位制御（腐食反応の抑制）である．これらの工法の概要は図 3.5.10 に示すとおりであり，このうち表面処理と電気防食の施工完了状況を写真 3.5.15 に示す．

これらの工法は，一旦施工すれば，ある程度の長期にわたって補修効果が持続することを期待して採用する場合が多い．しかし，適切な工法選定および補修範囲の設定，あるいは適切な施工がなされないと，期待したよりも早期に再劣化（補修したにもかかわらず，再度劣化が顕在化する事象）を生じてしまう場合もある．塩害の場合の再劣化事例を写真 3.5.16 に示す．

塩害の場合は，コンクリート内部ですでに腐食が進行している（もしくは，もうすぐ腐食が開始する）状態で表面処理工法を適用しても，腐食の進行によって再劣化を生じることになる．あるいは，部分的に断面修復を行った場

合,断面修復をしない範囲のコンクリート中に残存したCl⁻の影響によって,断面修復箇所の境界部付近にて著しく腐食が進行する場合がある(マクロセル腐食).また,施工においては,既設コンクリートの表面に材料を塗布する場合や,劣化因子を含むコンクリートを除去した箇所に補修材料を新たに打込む場合が多く,既設コンクリートの処理が不十分なままで施工すると新旧材料の一体化に支障をきたし,長期の効果が得られにくくなる(塗装が剥がれる,防食電流が流れないなど).したがって,補修の施工にあたっては,このような再劣化を生じさせないよう,十分に注意して行わなければならない.また,構造物によっては,補強を行うときに補修工法を併用する場合が考えられるが,そのような場合にも同様の配慮が必要である.

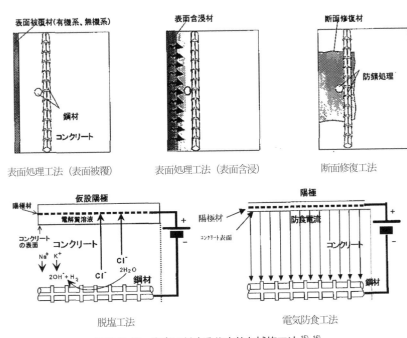

図 3.5.10 塩害に対する代表的な補修工法[15),16)]

 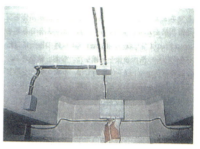

写真 3.5.15 表面処理工法(表面被覆,左)と電気防食工法(右)の例[7]

 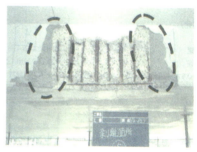

写真 3.5.16 表面被覆工法(左)と断面修復工法(右)の再劣化の例[7]

(左:鋼材腐食による表面被覆部の浮き,右:破線部の断面修復箇所周辺でのマクロセル腐食)

(c) 補修・補強効果の確認

　土木学会コンクリート標準示方書[維持管理編]では,表 3.5.12 に示すように,塩害に対する代表的な補修工法について,各工法より得られる効果と実構造物における効果確認方法の例を示している.実施した補修・補強の効果確認は,施工直後に検査の一環として行うのはもちろんのこと,補修・補強を実施した後の維持管理においても,期待した効果が得られていることを定期的な点検によって確認することが重要である.

表 3.5.12 各工法より得られる効果，実構造物における効果確認方法の例[10]

工法名		得られる効果	実構造物における効果確認方法
表面処理工法	表面被覆	塩化物イオンの浸透量の低減または遮断による鋼材の腐食停止または腐食速度の抑制	・表面被覆材とコンクリートとの付着強度の測定 ・工法適用箇所のコンクリート中の塩化物イオン濃度分布の測定
	表面含浸		・含浸深さの測定 ・工法適用箇所のコンクリート中の塩化物イオン濃度分布の測定
断面修復工法		塩化物イオンの除去による鋼材の腐食停止または腐食速度の抑制	・断面修復材と既設コンクリートとの付着強度の測定 ・工法適用箇所の塩化物イオン濃度分布の測定（場合によっては未補修箇所の測定も実施） ・自然電位，分極抵抗等の測定（未補修箇所も含む）
電気防食工法		防食電流の供給による鋼材の腐食停止	・陽極システムの各種構成材料の劣化状態の確認 ・供給電流値等，電圧値の測定等 ・鋼材の電位，復極量の測定 ※鋼材の電位，復極量の測定結果に基づき，防食基準を満足する電流値に適宜調整する
脱塩工法		塩化物イオンの除去による鋼材の腐食停止または腐食速度の抑制	・通電中における電解質溶液中の塩化物イオン濃度の測定 ・工法適用前，適用直後，適用数年後のコンクリート中の塩化物イオン濃度分布の測定 ・自然電位，分極抵抗等の測定

(4) 今後の課題

補修・補強に関しては，今後の課題は多い．特に ASR のように効果的な補修工法が確立されていない場合があること，補修効果が定量的に評価できない場合が多いこと，補修効果の持続性や補修後の性能低下の評価手法が確立されていないこと，非常に多くの工法が存在し，適切な工法や材料を選定することが困難なことなどが挙げられる．

この他にも，補修・補強前から既設部にある損傷の影響や，補修・補強後の再補修・補強の方法，解体・撤去と補修・補強の判断基準や，維持管理の容易さに配慮した補修・補強のあり方なども，今後検討すべき重要課題と考えられる．

3.5.6 耐久性設計と維持管理システム

(1) 耐久性設計：示方書の耐久性設計の思想

構造物には，設計供用期間にわたり所要の安全性，使用性，復旧性などの各種性能を満足することが求められる．この「設計供用期間の間，求められ

る性能を満足する」ことがすなわち「耐久性」を保持することに他ならない．
　構造物は供用期間中に荷重，環境作用を継続的に受けることで，構造物中の材料が様々な形態で劣化する．例えば，鉄筋コンクリート構造ではコンクリートの中性化やコンクリート中への塩分の浸透が徐々に進行し，やがてはコンクリート中の鉄筋が腐食することがある．鉄筋の腐食が著しく進行すると，構造物の耐荷力，変形能力が低下し，ひいては安全性などの性能が低下することとなる．したがって，構造物が所要の耐久性を満足するということは，供用中の構造物中の材料の劣化に抵抗して，要求される水準以上の安全性，使用性，復旧性などの性能を保ち続けることであり，そのような耐久性を有するように構造物の使用材料，構造諸元を定めることを耐久性設計という．また，設計した構造物が所要の耐久性を有しているかどうか確認することを耐久性照査という．
　さて，実際の技術体系の中で構造物の耐久性はどのような考え方で確保しているのであろうか．図 3.5.11 は時間と構造物の性能の関係を概念的に示したものである．上述したように，構造物の性能は一般に材料の劣化等により経時的に低下するのであるが，目的は要求性能を満足することであるから，劣化が生じても保有性能が要求性能を上回ればよいということになる（図 3.5.11①）．ただしこの方法で耐久性を確保するには，与えられた条件下での構造物の性能の経時変化が予測できなくてはならない．コンクリート中への塩化物イオンなどの劣化促進物質の侵入プロセス，コンクリート中の鋼材の腐食の開始と腐食速度，鋼材が腐食した鉄筋コンクリート構造物の耐荷性状などを信頼できる精度で計算する技術が必要である．そこで，土木学会コンクリート標準示方書をはじめ多くの技術体系では，確実にかつ簡便に耐久性を確保する方法として，構造物の供用中に性能低下が生じないことを目標に設定する考え方が採用されている（図 3.5.11②）．例えば，コンクリート中の鋼材の腐食が開始することを限界状態として設定し，供用中にこの状態に達しないように構造物を設計しておけば，鋼材の腐食に起因した性能低下は生じないことになる．

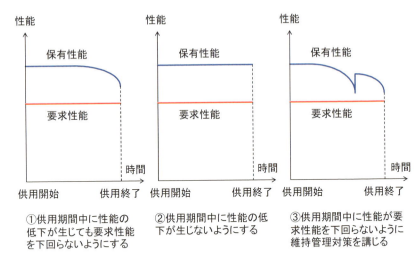

図 3.5.11　時間と構造物の性能の関係の概念図

　性能の低下をもたらす劣化現象は鋼材腐食だけでなく，構造物の種類や荷重環境条件，要求される性能によって異なり，その他の考えられる劣化現象に対しても同様に供用中にそれらに起因した性能低下が生じないように設計する．そうすれば，初期性能で安全性等の各種性能を満足しておけば，供用中は要求性能を満足することができる．

　現状では多くの場合，このような考え方に基づき構造物の耐久性設計が行われている．つまり，要求される水準以上の安全性，使用性，復旧性などの性能を供用中に保ち続けるという目的からすれば，かなり余裕を有していることになる．しかしながら，現実には，供用中に予想以上の早期の劣化の進行や，予期せぬ劣化や損傷により，構造物の性能の低下が懸念される場合がある．したがって，供用中の構造物は適切な維持管理を行い，必要に応じて補修や補強などの維持管理対策を施すことにより供用中に性能が要求性能を下回らないようにしなければならない（図 3.5.11③）．

　このように，設計段階における耐久性設計と供用中における維持管理により，構造物の耐久性は確保される．

(2) 既設構造物の維持管理システム

維持管理は，予定供用期間中における構造物の保有性能を，求める水準以上に保持することを目的としており，その内容は図3.5.12に示すように，計画，診断，対策，記録に大別される．

計画では，まず，対象構造物の重要性，要求性能の水準，予定供用期間，点検のしやすさ，環境条件，経済性等を踏まえた維持管理の基本方針が設定される．これはコンクリート標準示方書における維持管理区分に相当し，一般に，予防維持管理（重要性が高く予防保全による管理をする構造物），事後維持管理（直接

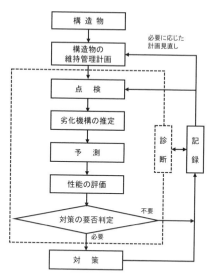

図3.5.12 維持管理の手順

の点検が困難で劣化の顕在化後に対策を行う構造物），観察維持管理（仮設構造物など補修・補強の対策を行わない構造物）の3つに区分され，それぞれの区分に応じて対策の要否判定基準となる維持管理限界が設定される．その上で，構造物の外的要因（立地環境，気象条件，外力条件等）と内的要因（材料条件，構造条件，施工方法等）から推定される劣化機構を考慮し，具体的な診断の実施方法，対策の選定方法，記録の方法等が示されることなる．ただし，実際の構造物の状況が，計画策定段階で想定したものと異なっていることが明らかになった場合には，構造物をより適切に診断，対策できるよう必要に応じて計画を見直すことになる．

診断とは，点検，劣化機構の推定，劣化予測，評価および判定を含み，構造物や部材の変状の有無を調べて状況を判断するための一連の行為を指す．構造物の初期状態を把握し維持管理計画の妥当性を確認するために実施する初期の診断，供用中の構造物の性能を評価し対策の要否を判定するために実施する定期の診断，偶発的な外力が構造物に作用した場合に実施する臨時

の診断があり，それぞれの目的に応じて点検の内容および劣化予測や評価・判定が実施される．また，構造物の劣化進行は，劣化機構によって大きく異なるため，点検結果から性能低下の原因となる劣化機構を推定し，その機構に最もふさわしい方法で劣化予測することが望ましい．ただし現実には，構造物に劣化の兆候がみられていても劣化機構の推定までは困難であることも少なくない．このような場合には劣化現象に着目した対応が取られることになる．コンクリート標準示方書には，劣化に関わりが深い要因ならびに現れやすい劣化現象として，水掛かり，ひび割れ，鋼材腐食が取り上げられ，それぞれの現象に着目した手法が示されている．対策の要否は，性能あるいは劣化現象（劣化の程度）に対する評価結果と維持管理限界の比較により判定される（図3.5.13参照）．なお，車両の大型化や設計荷重の増大など要求性能が変化したことにより対策が必要と判定される場合もある．

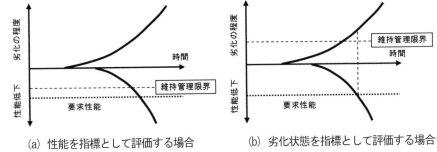

(a) 性能を指標として評価する場合　　(b) 劣化状態を指標として評価する場合

図3.5.13　性能低下および劣化の程度と維持管理限界の関係の概念図

　診断において対策が必要と判定された場合には，構造物の性能低下をもたらした劣化機構およびその性能低下を把握し，目標とする性能を定めた上で適切な種類の対策が選定される．また，構造物に対する要求性能が見直された場合にも補強等の適切な対策が施されることになる．対策の種類には，点検強化，補修，補強，供用制限，解体・撤去などがあり，対策方法に応じた新たな維持管理計画が策定されることになる．また，効率的かつ合理的に構造物の維持管理を行うためには，構造物の諸元，設計・施工に適用した基準類，工事記録，供用中の診断や対策に関する記録を，維持管理計画に基づい

て参照しやすい方法で記録し保管することが重要である．維持管理に関する記録の蓄積と分析によって，維持管理技術の妥当性の確認や将来の技術の進歩に役立てることも期待されている．

(3) 今後の望ましい維持管理のあり方

　構造物の合理的な耐久性設計，維持管理を目指して，技術と学術を進展させることは重要である．しかし一方，机上の学理のみで行えるものではなく，実際の構造物の置かれた様々な自然条件や社会的状況も考慮する必要がある．

　構造物の耐久性を評価するには，将来起こり得る劣化現象を考え，様々なシナリオを想定しなければならない．供用前には看過されていた事項が後に大きな影響を及ぼす場合もある．例えば近年では，構造物躯体を構成する材料の耐久性だけでなく構造部表面の水がかりの処理，構造物の供用中の維持管理のしやすさなどの重要性が認識されるようになり，新しく造る構造物の設計では注意が払われるようになってきている．このように，維持管理技術の発展のためには，実構造物から得られた知見のフィードバックが重要である．

　また，維持管理技術の担い手である技術者の育成，技術の継承も大切である．例えば，構造物の定期点検においては，後日統一的な評価あるいは検証ができるような資料を毎回の点検時に残すことが必要である．そのためには，点検者のレベルに応じて変状の評価が前回点検時と変わったり，バラツキが生じたりしないようにしなければならない．

　補修補強の適切性は構造物のその後の維持管理を左右するので，補修補強の実施に関して適切な判断ができる技術者も求められている．単に目先の変状やその時点での劣化機構のみを考えるのではなく，再劣化の防止，今後の点検のしやすさ，新たな劣化機構の可能性なども念頭に入れて補修範囲の決定や工法を選択しなければならない．

　信頼されるインフラの実現のためには，構造物の利用者である市民に対して，維持管理に関する情報を随時提供することもこれからは重要になるであろう．現在構造物はどのような状態なのか，環境条件や使用条件から将来的

にどのような劣化が懸念されるのか，どのような方針で維持管理されているのか，いつごろ点検し，何のための補修がなされるのか，などをわかりやすく説明することが求められる．

参考文献

1) 仁杉巌：支間30mのプレストレストコンクリート鉄道橋（信楽線第一大戸川橋梁）の設計，施工及びこれに関連して行った実験研究の報告，土木学会論文集，No.27，1955.7
2) 土木学会：構造物表面のコンクリート品質と耐久性能検証システム研究小委員会（335委員会）成果報告書およびシンポジウム講演概要集，コンクリート技術シリーズ80，pp.233-245，2008.4
3) セメント協会：特集／コンクリートと水，セメント・コンクリート，No.812，2014.10
4) 松田芳範：コンクリートの耐久性を定める『水』の制御①コンクリート構造物の劣化・損傷に及ぼす水の影響について，コンクリート工学，Vol.51，No.10，pp.814-818，2013
5) 上田洋，西尾壮平，松田芳範：セメント代用品を使用した覆工コンクリートの劣化に関する研究，トンネル工学論文集，Vol.15，pp.99-105，2005.12
6) 土木学会：コンクリート構造物の設計と維持管理の連係による性能確保システム研究小委員会成果報告書，コンクリート技術シリーズ105，pp.47-50，2014.7
7) 日本コンクリート工学会：コンクリートのひび割れ調査，補修・補強指針-2013-，2013.4
8) 土木学会：2001年制定コンクリート標準示方書［維持管理編］制定資料，コンクリートライブラリー104，2001.1
9) 日本鋼構造協会技術委員会耐久性分科会耐火小委員会高温強度班：鉄筋コンクリート用棒鋼およびPC鋼棒・鋼線の高温ならびに加熱後の機械的性質，JSSC，Vol.5，No.45，1969
10) 土木学会：コンクリート標準示方書，維持管理編，2013
11) 東日本高速道路，中日本高速道路，西日本高速道路：保全点検要領，構造物編，2012.4
12) 鉄道総合技術研究所：鉄道構造物等維持管理標準・同解説（構造物編）コンクリ

ート構造物)，2007.1
13) 土木学会：材料劣化が生じるコンクリート構造物の維持管理優先度研究小委員会 (342 委員会) 委員会報告書およびシンポジウム講演概要集, コンクリート技術シリーズ 98, p.246, 2012.7
14) 土木学会メインテナンス工学連合小委員会：社会基盤メインテナンス工学, 東京大学出版会, 2004
15) 土木学会：電気化学的防食工法設計施工指針(案), コンクリートライブラリー107, 2001
16) 土木学会：表面保護工法設計施工指針(案), コンクリートライブラリー119, 2005

3.6 土構造物

3.6.1 土構造物のメンテナンス

　本節では盛土，切土，およびこれらに付帯する構造物を対象としたメンテナンスについて述べる．

　メンテナンスの目的が機能維持にあることを鑑みれば，土構造物の利用目的によってメンテナンスの内容が変わることになる．例えば，道路や鉄道の盛土は自動車や列車を安全に通行させる支持力を有していることが求められるが，宅地盛土には建物に有害な不同沈下を生じさせないことが求められる．また河川堤防には川の流れに対する耐浸食性や一定の水密性が求められる．したがって，メンテナンスの項目やその精度なども土構造物ごとに設定される要求性能や利用目的を考慮して決める必要がある．

　ここでは，多岐にわたる土構造物の利用方法を俯瞰し，それらの共通事項として土構造物の基本的な性能を維持するために必要とされるメンテナンスを中心に述べる．

3.6.2 メンテナンスの着眼点

　盛土や切土などの土構造物は，それ自体の経年劣化による不安定化事例よりも降雨や地震などの外力が作用したことにより不安定化することの方が多く，また，そのような災害による被害の方が経年劣化による被害よりも損害規模が大きくなる．我が国においては特に降雨時に盛土や切土が崩壊する事例が多く，降雨時の状況を想定したメンテナンスの必要性は高いといえる．

　降雨時の土構造物の安定性を考える場合，表面水や地下水が集まりやすい箇所にあるか否かは安定性の低下に大きく影響を及ぼす．すなわち地形的な集水条件を有している箇所に立地する土構造物は，集水条件にないものと比べて降雨時に不安定化する可能性が高いと捉えることができる．

　このようなことから，土構造物のメンテナンスにおいては変状の有無だけでなく，集水条件などの不安定要因の有無にも目を向ける必要がある．

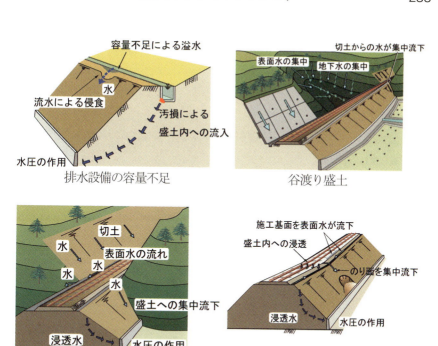

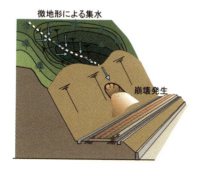

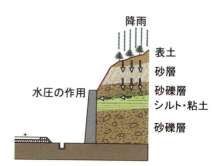

図3.6.1 集水地形となりうる代表的な地形条件の例

(1) 土構造物の変状

(a) 亀裂

亀裂は地盤に生じた線状の割れ目である．段差をともなう開口亀裂などの

顕著な亀裂は崩壊の予兆として捉えることができる．亀裂の状況から不安定化がかなり進行していると推定された場合には早急な措置が求められる．その一方，のり面には雑草が繁茂している場合が多く，のり面に亀裂を発見することは容易ではない場合が多い．

亀裂は，一般に，降雨による間隙水圧の上昇や地震力などによって生じる．

(b) はらみ出し

のり面の中腹部がのり尻とのり肩を結ぶラインよりも前方へせり出している状態である．基盤の安定度は高いがのり面部分の安定度が低く，のり面内ですべり崩壊モードの不安定化が生じている場合に発生する．

(c) 沈下

盛土の高さが計画高さよりも下がっている状態である．盛土基礎地盤が軟弱なために発生する場合と盛土材の性質に由来する場合とがある．部分的な沈下は不同沈下または不等沈下と呼ばれ，盛土上の構造物に亀裂や段差が生じるなどの影響を及ぼす．

(d) 陥没

盛土天端面やのり面に窪みや穴が生じた状態で，盛土内部に形成された空洞が崩れて，その影響が盛土表面に現れたものである．盛土内の排水管の損傷や構造物と盛土の接合部の締固め不足などが原因で発生する．また，地下水位の上下挙動に伴う盛土材の移動が原因で発生する場合もある．

(e) 洗掘

のり尻が河川に浸食された状況で，放置すると徐々に浸食部分が拡大し崩壊がのり面上部へと広がり，やがて安定勾配を失う．

(f) ガリ

表面水が集中的に流下する箇所に形成された溝状の浸食痕で，放置することで浸食部分が拡大し表層崩壊につながる．排水設備の機能不足などで生じる．

(2) 付帯構造物の変状

(a) 土留め擁壁の変状

土留め擁壁における変状の現れやすい箇所は，擁壁天端，擁壁躯体，擁壁

下端である．擁壁天端に発生する変状には，食い違い，開口，段差，通り狂い，背面地盤の沈下等がある．擁壁躯体に発生する変状には，はらみ出し，ひび割れ，はく落，目地の開き，擁壁躯体の劣化，凍害等がある．擁壁下端に発生する変状には，沈下，洗掘等がある．

(b) 補強工の変状

盛土や切土に施工されている代表的な補強工に，グラウンドアンカーやロックボルトがある．グラウンドアンカーやロックボルトの変状には，頭部コンクリートの破損，頭部キャップの破損，頭部キャップからの防錆油の流失などがある．またグラウンドアンカーに特有な変状として，アンカーの抜け出し，支圧板の変形などがある．

(c) 排水設備の変状

土構造物の重要な付帯設備に排水設備がある．排水設備の不具合は降雨時に土構造物が崩壊することの要因となることが多いため，防災の観点から非常に重要な設備と認識すべき設備である．側溝や横断管などの排水設備にはコンクリート二次製品などが用いられていることが多い．これらの部材に破損，ずれ，接合不良などが生じていると所定の通水機能を確保できないばかりか，漏水によるのり面の浸食崩壊が発生する場合がある．特に，盛土内に設置された横断管に生じた破損は陥没の原因となる．また落ち葉や土砂によって閉塞されている場合，豪雨時に溢水が生じ，付近ののり面が浸食崩壊することがある．

排水設備の変状は，地盤の沈下や施工不良などによることが考えられる．また閉塞は清掃頻度の不足によることが多い．

(d) その他の設備の変状

多くの盛土や切土のり面には，主に曝露による劣化を防ぐ目的でのり面工が施工されている．その中でも吹付けコンクリートやコンクリートブロックを用いたのり面工の施工実績は多く，高速道路脇などの斜面のいたる所で目にすることができる．これらののり面工には，亀裂や剥離・剥落，陥没などの変状が生じることがある．

亀裂や剥離・剥落の原因としては，のり面工自体の劣化による場合のほか背面の地盤の劣化が進行してのり面工に土圧を作用させている場合がある．

後者の場合，のり面工自体は抗土圧構造物としての機能を有していないため，放置しておくとのり面崩壊に至る場合がある．また，地すべり等の大規模な崩壊運動の予兆としてこれらの変状が生じている場合もある．この場合，のり面工以外に変状が生じていると考えられ，広範囲な調査を行い大規模崩壊の可能性を検討する必要がある．

また，のり面工の陥没の原因としては，湧水や雨水などの流水によるのり面工背面地盤の流出が考えられる．湧水箇所に適切な排水工が施工されないままのり面工が設置されている場合，流水によって地盤が流れ出してのり面工背後に空洞が生じ，これが大きく成長することでのり面工が陥没に至るケースが多い．

景観保護の観点から植生工が施工されたのり面も多くみられる．植生工に生じる主な変状に植生工の不活着がある．十分な日照が得られない箇所，湧水がある箇所などでは植生に生育不良が生じ，裸地化することがある．

表3.6.1 着目すべき不安定要因の例（盛土）[1]

調査項目	不安定要因
立地条件・周辺環境	片切片盛 切盛境界 腹付盛土 落込勾配点 谷渡り盛土 傾斜地盤上の盛土 軟弱地盤，不安定地盤（崖錐，地すべり地等）の盛土 橋台裏やカルバート等との接合部 環境の変化（伐採，道路や宅地等の開発）
盛土・防護設備・排水設備	のり面が常に湿潤，のり面からの湧水 発生バラストの散布 排水設備の容量不足 排水パイプからの土砂の流出 付帯設備の周辺から盛土のり面への雨水の流入，流下

(3) 不安定要因

表3.6.1〜表3.6.2に代表的な不安定要因を示す．前述のように，土構造物は降雨時に被災することが多く，そのため集水条件に結びつく要因が多く挙

げられている．例えば，片切片盛や切盛境界部では，切土側からの表面水や地下水が盛土へ浸透し，あるいは盛土表面を流下することで盛土が不安定化することが懸念される．また，谷渡り盛土はその地形条件から広範囲の水が集中する箇所に位置することになり，排水設備の不良や能力が不足している場合，盛土が不安定化することが予想される．

表3.6.2 着目すべき不安定要因の例（切土）[1]

調査項目	不安定要因
立地条件・周辺環境	地すべり地 扇状地・段丘の末端部 周辺に多くの災害歴，あるいは崩壊跡地の存在 背後に集水地形の存在 環境の変化（伐採，住宅等の開発）
盛土・防護設備・排水設備	極端に透水性が異なる層の存在 のり面からの湧水 表層土の分布が不均一 伐採木の腐った根の存在 オーバーハング部の存在 不安定な転石・浮き石の存在 選択侵食を受けている箇所の存在 割れ目の発達 のり肩部の立木・建造物基礎が不安定 のり尻や擁壁・柵背面に土砂や岩塊が堆積 排水パイプから土砂が流出 排水設備の容量不足

また，災害要因として比較的多くみられるものが周辺環境の変化である．土構造物に隣接した土地が開発されたことにより表面水の流れが変わり，土構造物への流入水が増加することで被災する事例がある（図3.6.2）．

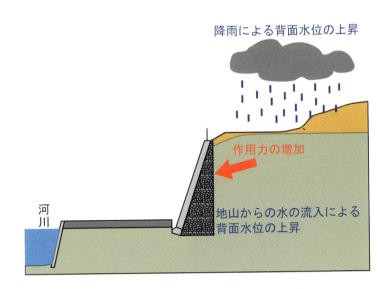

図 3.6.2　集水地形に構築された土留め擁壁

3.6.3　点検・調査・モニタリング

　先に述べたとおり，膨大な数がある土構造物の維持管理においてもPlan-Do-Check-Action を回す取組みが必要である．図 3.6.3 には土構造物に対する一般的な維持管理の取組みを示した．取組み全体の流れとしては，点検のための調査を行い，調査結果に基づいて健全度を判定し，判定に基づいた措置を実施するという流れになっている．ここで，点検が全般的な点検と個別の点検とに分かれているが，全般的な点検では対象となる全ての土構造物について変状や不安定要因を抽出することを中心に調査し，さらに詳しく調査することが必要と判断された箇所について個別の点検を実施してより詳細に調査するという流れになる．他の構造物に比べて設置数や延長が膨大である土構造物については，いかに効率的かつ確実に PDCA を回すかが非常に重要になる．全般的な点検と個別の点検の組合せでは，確実性を維持した上で効率的な点検を行うことができ，土構造物の維持管理に効果的な手順であるといえる．

社会インフラ メンテナンス学

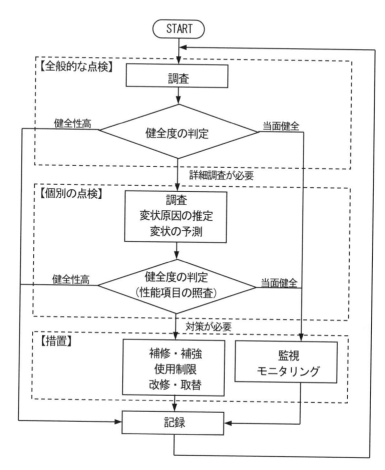

図3.6.3 土構造物の維持管理の流れの例

また，図3.6.3に示したように，点検結果に応じた措置がそれぞれの土構造物に対して実施される．補修程度で済む場合，補強や取替えが必要な場合など措置の内容は様々である．このような措置のひとつに監視（モニタリング）がある．例えば，亀裂などの変状があるものの急激に健全度が低下している状況が見られない場合などでは，その変状の進行性の有無によって評価が大きく異なる．このような場合，措置としてモニタリングが選定され次回点検時の健全度判断材料として用いられる．

また，継続性が求められる一連の点検作業のなかで重要であるにもかかわらず，ともすればなおざりにされてしまうのが「記録」である．点検で見つかった変状が新しいものか否かを判定するためには前回点検時の記録が重要である．また，記録には判定結果が導き出された根拠や行われた措置，措置後の判定など，維持管理の経緯が記されていることが理想である．充実した記録を蓄積・更新することでより高い質を持った維持管理が実現できる．

(1) 点検

土構造物のメンテナンスのための点検は，定期点検と不定期点検との組み合わせで行われる．ここでは鉄道における点検の例を解説する．

鉄道では点検を「検査」と呼び，表3.6.3 に示す 4 種類に分類している．新設や改築された構造物に対しては，その初期状態を把握するために初回全般検査を行う．初回検査では入念な目視により変状の有無を確認する．初期値を得ることを目的としているため，必要に応じて目視以外の方法を採用する．

表3.6.3 検査の種類（鉄道の例）

種 類	内 容
初回検査	初期状態の把握のために行う検査．新設工事，改築・取替えを行った際，初期状態を把握する．
全般検査	変状や不安定要因の有無に基づいて健全度を把握し，措置の種類や個別検査の要否を判定する．定期的に行う検査（1回/2年）
個別検査	個別検査や随時検査でより詳細な調査が必要と判断された場合に行う検査．検査機器等を用いて精度の高い健全度判定を実施するとともに，措置の種類や措置の時期を決定するデータを得る．
随時検査	地震や大雨，融雪による異常出水等などが原因で災害が発生した場合に，災害箇所周辺や類似した条件を有する箇所について行う検査．

全般検査は定期的に実施する検査であり，目視により変状と不安定要因の有無を確認する．図3.6.3 に示した「全般的な点検」にあたる調査であり，健全度の判定および判定に応じた措置を決定する．また，全般検査では詳細な検査の必要性を判断する．

個別検査は全般検査で詳細な検査が必要と判断された場合などに行う不定期の検査であり，図3.6.3に示した「個別の点検」にあたる．検査機器等を用いて全般検査よりも精度の高い健全度判定を行う．また，変状の原因を推定し，措置の種別や方法を選定するための根拠とする．
　随時検査は地震や大雨など土構造物の安定性に影響を及ぼす事象が発生した後に実施する不定期の検査である．大規模な自然外力が作用した後に，機能低下が生じている箇所を抽出すること，あるいは，災害が発生した際に同様の条件を有する土構造物の健全性を判定して類似した災害の発生を防止することを目的として実施される．
　このように，全般検査を実施してその結果に応じた措置を実施するという検査サイクルを繰り返し，必要に応じて個別検査や随時検査を行い，健全度判定精度を高め，土構造物の機能維持に努めることになる．

(2) モニタリング（監視）

　土構造物のモニタリング（監視）は，構造物の重要度，健全性を考慮しつつ，変状の種類，規模および要因を勘案して選定する．監視の目的は，構造物の変状による性能低下が危険な状態に進行していないことを継続的に確認することである．このため，検査の場合と異なり監視では変状の進行を時系列で把握することが特に重要であり，構造物の重要度，健全性，列車運行への影響度や変状の種類，原因に応じて適切な頻度・方法で監視を行う必要がある．原則的には，変状の種類および原因に拘わらず，検査の結果を参照して変状の規模が比較的小規模な場合に監視を選定する．ただし，変状の規模が中規模の場合であっても，構造物の重要性が低いと考えられるものや補修・補強を行うまでの措置として監視を選定する場合もある．また，補修・補強後に，構造物の健全性，補修・補強工法の有効性を確認するために，監視を実施する場合もある．
　土留め擁壁の監視で対象とする変状の種類としては，目地切れ，食い違い，ひび割れ，沈下・傾斜，隙間が代表的である．これらの変状を監視するための測定機器としては，マーキング，クラックスケール，光波測距，測定ピン，傾斜計，引照点等が用いられている．表3.6.4に土留め擁壁の監視における

代表的な測定機器および事例を示す.

表3.6.4　土留め擁壁における代表的な監視事例

変状の種類	器具・方法等	監視の概要
ひび割れ	クラックスケール	クラックスケールを用いてひび割れ幅を継続的に測定することで,ひび割れの進行を把握する.
目地切れ／段差・打継目ずれ	目視・マーキング	変状箇所にマーキングし,同一箇所での点検日および変状の規模を記録することで,進行性の有無を確認する.
	コンベックス・ノギス等	段差や石積みの飛び出し長を,コンベックスやノギスを用いて実測し記録することで,進行性を把握する.
食い違い	モルタル	変状箇所の一部にモルタルを塗り,新たに生じるひび割れや剥落などを監視することで,進行性の有無を確認する.
	引照点	土留め擁壁の目地部において,天端に引照点を設置し隣接する構造物とのずれが生じていないかを監視する.
沈下・傾斜	光波測距	土留め擁壁の天端に測点を設け,基準点からの距離を光波距離計にて計測することで,構造物の変位の有無を確認する.
	傾斜計	土留め擁壁の天端に傾斜計を設置し,測定した傾斜角から天端の変位量を算出する.
		挿入型傾斜計を設置することで,地中の変位量を計測する.
	下げふり	土留め擁壁の天端から垂下した水糸と壁面との離れを継続的に計測することで,傾斜の進行性を把握する.
	水準測量	レベルにより擁壁天端の水準を計測することで,沈下や傾斜の有無を確認する.
隙間	測定ピン	土留め擁壁の目地部において,測定ピンを設置し隣接する構造物との間隔の開きなどを監視する.

　一方,最近は監視の方法として,省力化や高精度化を目的にモニタカメラやセンサ等による常時モニタリングの方法が用いられることもある.この方法は,変状を連続的に常時監視するという点で望ましい方法といえる.
　モニタカメラによる常時モニタリングにおいては,赤外線カメラを用いたコンクリートの剥離,ひび割れの監視や,高精度デジタルカメラで構造物壁

面を定期的に撮影し，過去撮影した画像と比較することで構造物の劣化の状態を監視する技術等が近年発達している．

センサによる常時モニタリングにおいては，傾斜センサ，パイ型変位計，クリップ型変位計，孔内傾斜計を用いた長期計測等が行われている．その際，従来のひずみ式傾斜計，ひずみゲージを用いた長期計測が多く行われているが，近年はMEMS（微小電気機械素子）を用いた安価で省電力な常時モニタリング向けの傾斜センサ，加速度センサの開発も進められてきている．一方，上記のモニタカメラやセンサで得られた大量のデータをいかに送信し処理するか考慮する必要もある．データ送信については，近年ワイヤレスセンサネットワークを用いてセンサで計測したデータを無線伝送する技術が発達している．その他，RFID技術により計測データを定期的に取得し監視する試みも行われている．データ処理については，大量のデータ処理に適したソフトウェアの開発や，データマイニング技術の発達により効率的にデータを処理する技術が発展している．

以上のように常時モニタリングを行う上での監視技術は近年発達が著しい．これらの技術を活用し土留め擁壁を効率的に監視することが望まれる（図3.6.4）．一方，多数設置したセンサの維持管理，センサ故障時の対応，大量データの管理方法等，常時モニタリングの実施により発生する課題もある．これらの課題についても十分に配慮しつつ，適切な監視計画の下，監視を実施することが重要である．

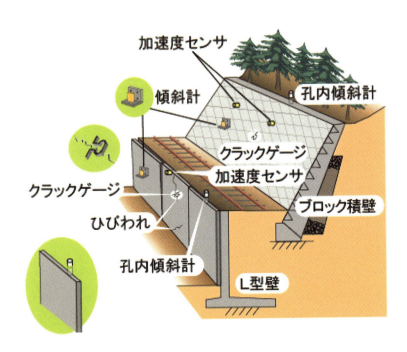

図 3.6.4　センサを用いた土留め擁壁の監視例

3.6.4　評価・診断・予測

(1) 評価

　点検で確認した不安定要因や変状の程度・状態などを基に，土構造物の健全度を評価する．その際に基準となる構造物の状態と判定結果との関係の例を表 3.6.5 に示す．

表3.6.5 鉄道構造物の状態と標準的な健全度の判定区分[2]

健全度		構造物の状態
A		運転保安，旅客および公衆などの安全ならびに列車の正常運行の確保を脅かす，またはそのおそれのある変状等があるもの
	AA	運転保安，旅客および公衆などの安全ならびに列車の正常運行の確保を脅かす変状等があり，緊急的に措置を必要とするもの
	A1	進行している変状等があり，構造物の性能が低下しつつあるもの，または，大雨，出水，地震等により，構造物の性能を失うおそれのあるもの
	A2	変状等があり，将来それが構造物の性能を低下させるおそれのあるもの
B		将来，健全度Aになるおそれのある変状等があるもの
C		軽微な変状等があるもの
S		健全なもの

3.6.5 補修・補強

　土構造物の補修・補強は，構造物の重要度，健全度を考慮しつつ，変状の種類，規模および要因を勘案して選定する．土構造物の補修・補強は，変状の種類，規模および原因に応じて工法が使い分けられる．一般的な工法選定の傾向としては，背面土圧の増加が変状の主たる原因と考えられる場合は，「土圧軽減工」，「抑止杭工」が，壁体底面の支持力低下が変状の原因と考えられる場合は，「地盤・基礎補強工」が，変状の主たる原因が明確でないが，ひび割れ，はらみの規模が比較的小さい場合は「目地詰め工」，「注入工法」，「断面修復工」，比較的中規模の場合は「格子枠工」，「沿え打ち工」，大規模の場合は「アンカー工」，「補強土工」，特に変状が大規模な場合は「アンカー工と格子枠工または沿え打ち工の併用」が選定される傾向がある．また，排水不良が変状の一因と考えられる場合は「止水・排水工」が選定される場合がある．

3.6.6 設計へのフィードバック

　効率的な点検を実施するためには，点検足場等の点検設備の整備が重要であることから，設計段階から点検設備を計画する必要がある．また，必要に応じて，構造物の変位・変形の経時変化を把握するための付帯物（鉛直軸線標や傾斜計設置台，レベル測量のための測量ピン）の設置も検討することが望ましい．

　過去の変状事例から，類似の環境条件や構造物に予防保全として，事前に対策を実施する場合がある．擁壁の設計には，適切な維持管理と排水設備を設けることを前提に，設計では水圧を考慮しないのが一般的である．しかしながら，集水地形の土留め擁壁に対して，十分な排水処理ができない場合には，降雨等により擁壁背面に過大な水圧が作用するおそれがある．この場合，水圧の影響を適切に考慮して設計を行う必要がある．

　また，排水設備の排水能力そのものについても検討する必要がある．過去の点検結果や溢水などの事例をもとにして，想定している排水能力の妥当性を検証し設計にフィードバックすることが重要である．

参考文献

1) 国土交通省鉄道局監修／鉄道総合技術研究所編：鉄道構造物等維持管理標準・同解説（構造物編），土構造物（盛土・切土），丸善，2007.1.
2) 国土交通省鉄道局監修／鉄道総合技術研究所編：鉄道構造物等維持管理標準・同解説（構造物編），基礎構造物・抗土圧構造物，丸善，2007.1.

3.7 トンネル構造物

3.7.1 トンネルの概要

トンネルは一般には道路や鉄道のように，移動手段を円滑にするために，また，水路やガス，電力といったライフラインの確保のように，我々の生活に必要なインフラとして使用されている．一般的にはトンネルは地形や地上の利用に制約をもった箇所にある場合が多い．我が国では世界的にみてもトンネルの総延長が長く，その維持管理を適切に行うことはインフラのメンテナンスにおいて非常に重要なテーマと考えられる．

そのような状況のもと，トンネルに関しては1999年に新幹線トンネルにおいて覆工コンクリートのはく落が発生し，トンネルの機能や設計・施工法，ひいては健全度を評価する手法に対して再検討を行う契機となり，それ以降，種々の要領やマニュアル等の整備がなされてきた．そのような中で2012年に笹子トンネルの天井板落下事故が発生し，トンネルのみならず社会インフラの維持管理に関して，さらなる検討の重要性が指摘された．今後においても老朽化するトンネルの割合は増加していくものであり，これまで以上に維持管理にきめ細かい配慮が必要になってくると考えられる．

トンネルの維持管理を考えるにあたっては，トンネルの維持管理方法そのものだけを考慮することにとどまらない．例えば，建設する工法は山岳工法，シールド工法等多岐にわたり，また，それぞれの工法でも建設年代が異なれば，施工方法も多少異なっている．加えて，点検を行うにあたっても，点検だけで得られる情報が多いとは限らないことや，トンネルの背面の地山を確認できない場合が多いといったような制約もある．さらに，今後計画を進めるトンネルに対しても一定の配慮を行えば将来的な維持管理作業の省力化が見込めるといった知見の集約や，管理技術等の伝承も不可欠である．

本節ではトンネルの維持管理のうち，特に山岳トンネルを中心とする基本的な知識を，実務上で必要となる観点で，維持管理の手順に則った形でまとめたものである．初めにトンネルに見られる変状の特徴や種類，要因について触れる．引き続いて，トンネルの点検や検査，調査，モニタリングに関す

る実態，また，トンネルにおける変状の判定や健全性の診断手法，および措置や対策に関して述べる．最後にトンネルの維持管理に関するメンテナンス事例として，その実態，あり方と課題，トンネルにおけるメンテナンスサイクルの概念，さらに記録に関する内容について示す．

3.7.2 変状の種類と要因

(1) トンネルの変状の特徴

トンネルに発生する変状とは，本体工（覆工または躯体，坑門，路面，路肩，排水施設及び補修・補強材，内装板，天井板等）に発生するトンネルの機能を阻害する現象のことをいう．この他にトンネル附属物（照明・非常用・換気各施設，標識，信号機，電車線，通信ケーブル，送水管等）の取付状態の異常，また動作不良・故障による機能障害があるが，本節ではトンネル本体工の変状を対象として取り扱う．

なお，トンネルは施工法により，主に山岳工法，シールド工法，開削工法，沈埋工法等に大別される．これらのうち代表的な工法の概要・特徴と，発生しやすい変状の特徴を整理して表3.7.1に示す．

(2) トンネルの実態

トンネルは，その使用目的により交通用（道路トンネル，鉄道トンネル），発電・上下水道用，通信・送電用等に分けられ，それらの総延長は2万km以上ともいわれている[1]．このうち，道路トンネル，鉄道トンネルの一部について延長推移をそれぞれ図3.7.1，図3.7.2に示すが，築後50年以上（1960年代以前）を経過したトンネルが，道路および鉄道とも延長割合で約2割程度を占めるまでに至っており，今後もその割合が増加して老朽化が進む状況にある．

表3.7.1 トンネル工法の概要と発生しやすい変状の特徴

	山岳工法	シールド工法	開削工法
工法概要	トンネル周辺地山の支保機能を有効に活用するために，掘削後に吹付けコンクリート，ロックボルト，鋼アーチ支保工等[注1]により地山の安定を確保して掘進する工法．主に硬岩・軟岩地山に適用される．	泥土あるいは泥水で切羽の土圧と水圧に対抗して切羽の安定を図りながら，シールドマシンを掘進させ，覆工を組み立てて地山を保持し，トンネルを構築する工法．主に軟弱地盤から新第三紀の軟岩までの地盤に適用される．	地表面から所定の位置まで掘削を行い，構造物（躯体）を築造して，その上部を埋戻し地表面を復旧する工法．基本的に地質による制限はない．
設計上の特徴	支保工（または覆工）の構造は，地山分類に応じて標準の構造や補助工法を適用し（当初設計），施工段階でその安定性を確認する方法が基本（状況に応じて構造を修正）．	土圧・水圧等の荷重に対する構造計算を行い，覆工構造を決定する．	土圧・水圧等の荷重に対する構造計算を行い，躯体構造を決定する．掘削のための土留め工の設計が必要になる場合が多い．
変状の特徴	覆工の大半は無筋コンクリートで，中性化による鉄筋腐食は坑門・坑口付近の覆工に限られる．在来工法[注1]では，外力に起因する変状や漏水が発生しやすい．また覆工の巻厚不足，背面空洞が残存する場合がある．	周辺地盤の沈下（または上部地盤掘削による隆起）が発生した場合は，覆工に変状が発生しやすい．	経年によるコンクリートの中性化等に起因した鉄筋腐食による材質劣化が発生する．また目地部からの漏水も発生しやすい．設計時に見込んだ荷重以上の外力が作用した場合は，外力起因の変状が顕在化する場合がある．

注1）概ね平成元年ごろを境に，以前の在来工法（矢板工法）と，以降の標準工法（吹付けコンクリート・ロックボルト支保工）に分類される．また在来工法では木製支柱式支保工を用いた人力施工（概ね昭和30年代以前）と，鋼アーチ支保工を用いた機械化施工（概ね昭和40年代以降）に区分される．

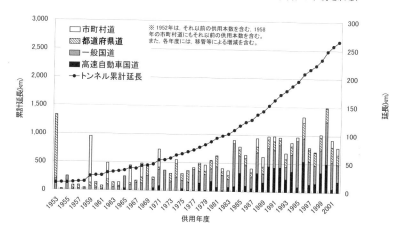

図3.7.1 道路トンネルの延長の推移[2]

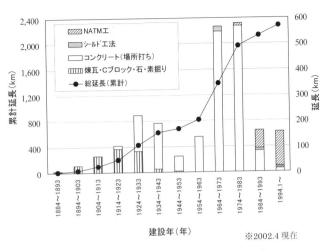

図3.7.2　JR各社のトンネル延長の推移[2]

(3) 変状の種類と要因

トンネル本体工に発生する変状にはさまざまなものがあるが，それらを整理して表3.7.2に示す．

トンネルに発生する変状原因については，以下に示す外因と内因，ならびに自然的要因と人為的要因に区分でき，これらを整理して表3.7.3に示す．

① 外因：トンネルが外的な影響を受けて変状するもの
② 内因：トンネルの覆工材料や，構造自体に内在する原因で変状するもの

なお，上表に示す各種のトンネルの変状原因は，複合的に作用して変状現象を顕在化させる場合が多い．図3.7.3は，こうした変状原因と変状現象の関係を整理したものである．

表3.7.2 トンネルの変状現象の分類（文献[3]を加筆修正）

対象	変状現象	
覆工・躯体	ひび割れ等	ひび割れ
		目地切れ
		段差
		コールドジョイントの開口
	変形，移動，沈下，側壁の転倒	
	覆工並びに補修材料の劣化，うき，はく落，洗掘	
	漏水，つらら，側氷，土砂流入，石灰分等の溶出	
路盤，路面	排水溝のひび割れ，変形	
	路面・路肩・監査廊，道床・軌道等の隆起または沈下，ひび割れ，縁石の転倒	
	噴泥，沈砂，滞水，氷盤	
坑門	ひび割れ，劣化，うき，はく落	
	食い違い	
	前傾，沈下，移動	

表3.7.3 変状原因の区分（文献[3]を加筆修正）

			変状原因
外因	外力	地形・地質	緩み圧，塑性圧，偏圧・斜面クリープ，地すべり，支持力不足
		地下水	水圧，凍上圧
		その他	近接施工，地震，地殻変動等
	環境	経年	経年劣化（中性化），鋼材腐食
		地下水	漏水，凍害
		その他	塩害，有害水，火災等
内因	材料	骨材，セメント	セメントの異常凝結，水和熱（温度応力），低品質骨材，反応性骨材等
		コンクリート	ブリーディング，乾燥収縮等
	施工	コンクリートの施工	打込み不良，締固め不足，養生不良，巻厚不足，背面空洞残存等
		鉄筋組み立て	配筋の乱れ，かぶり不足等
		型枠	型枠変形，早期脱型，支保工の沈下等
	設計		インバート無し，押え盛土不足等

図3.7.3より判別できるように，一般的に変状の分類は以下の3つに区分して，健全性の評価や対策工検討を行うことになる．

①外力に起因する変状→外力対策
②材質劣化による変状→材質劣化対策（はく落防止対策）
③漏水による変状→漏水対策

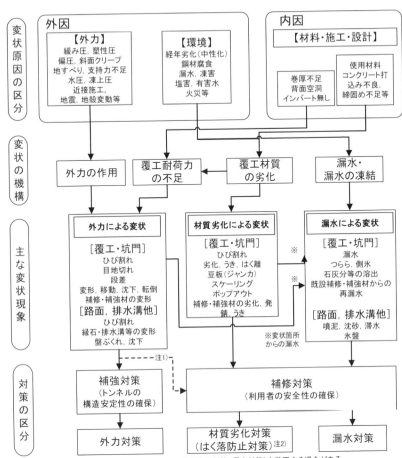

図 3.7.3 トンネル変状原因と対策区分との関係(文献[4]を加筆修正)

ここで,外力ならびに材質劣化に分類される変状について,それぞれ図3.7.4ならびに表3.7.4,表3.7.5に模式図とともに変状現象を解説して示す.

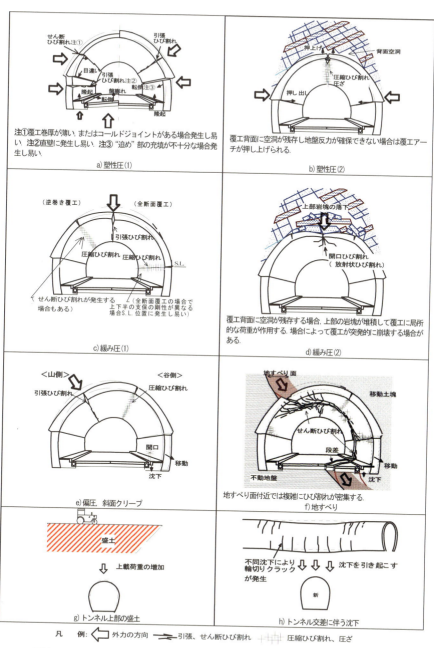

図 3.7.4 外力作用に伴うトンネル覆工の変状の例（文献[3]を加筆修正）

表3.7.4 外力以外の覆工の主な変状と原因(文献[3]を加筆修正)

覆工の変状	考えられる変状原因	記事
①不規則なひび割れ	・骨材の泥分	コンクリート硬化中に微細な編目状ひび割れが発生.
	・セメントの異常凝縮	比較的短めの微細なひび割れが打込み後早期に発生.
	・アルカリシリカ反応 ・硫酸塩鉱物の生長	乾燥ひび割れより比較的大きめの編目状のひび割れが発生.ひび割れ発生中心より120°の角度に3本のひび割れが発生し易い.逆巻き工法の側壁ではほぼ水平に数条発生する.
	・初期養生中の急激な乾燥	微細な網目状ひび割れが発生.
	・凍害(凍結融解の繰返し)	亀甲状にひび割れが発生.
	・火災	微細な編目状ひび割れや剥落が発生.
②直線状または方形状のひび割れ	・中性化による鉄筋腐食	鉄筋部分で,鉄筋方向に直線状または方形状のひび割れが発生.
③水平方向ひび割れ,不連続面	・コンクリートの急激な打込み ・温度応力	コンクリートの沈降により発生.温度応力の場合はアーチ肩部,天端部で発生し易い.
	・型枠の早期脱型,型枠沈下	局所的な引張ひび割れが発生.
	・コールドジョイント	木製支柱式支保工により施工されたトンネルの覆工に見られる.アーチ肩部の同一位置に連続して発生する.
④横断方向ひび割れ,不連続面	・コンクリート硬化時の収縮に伴う背面地山との拘束,温度応力の発生	スパン中央に規則的に発生し易い.水平打継目(側壁境界:在来(矢板)工法)で消失.NATM(標準工法)ではインバートコンクリートで拘束され,側壁下方に発生しやすい.
	・不等沈下	覆工打込み時の支持力不足により発生.水平打継目(側壁等)で消失.
	・(沈下等の外力に起因する可能性あり)	アーチから,施工時期が異なる側壁(逆巻工法の場合)や舗装等にひび割れが連続する場合.

表3.7.5　外力以外の覆工の主な変状と原因(つづき)　(文献3)を加筆修正)

覆工の変状	考えられる変状原因	記事
⑤斜め方向ひび割れ，不連続面	・コールドジョイント	引抜き管方式の覆工打込み方法の場合に発生し易い．不測の原因でコンクリート打込みが中断した場合，不連続面が発生する(下図参照).
	在来工法における引抜き管方式の覆工打込み (笹尾原図)	
	・その他	上記③④の現象で，方向が斜めになるもの．
⑥スケーリング	・凍害	コンクリート内の空隙水が凍結膨張し，表面のセメントペーストや細骨材部分が徐々に欠落する．
	・酸・塩類の化学作用	化学作用でセメントペースト部分が劣化．
⑦ポップアウト	・凍害	骨材の表面水が凍結膨張し，コンクリート表面がクレータ状に欠損．
	・低品質な骨材 ・有害鉱物の含有 ・アルカリシリカ反応	骨材の吸水膨張やアルカリシリカ反応等による膨張によって，コンクリート表面がクレータ状に欠落．
⑧豆板(ジャンカ)	・不均質なコンクリート打込み	締固めが不十分，もしくは過度な場合．コールドジョイント沿いに発生し易い．
⑨その他(覆工欠損，補修材の劣化破損等)	・覆工目地の施工不良 ・補修材の劣化，破損 ・化粧モルタル(注1)のはく落	覆工の巻厚不足による部分欠損，補修・補強材の劣化や車両接触による破損．

注1) 山岳トンネルの在来工法 (矢板工法) の場合には，上半アーチと側壁の間に形成される水平打継目を覆う「化粧モルタル」を施工する場合がある．

3.7.3 点検・調査

(1) 概論

トンネルの点検は，トンネルを維持管理するにあたり，トンネルの現状を把握するための基礎データを比較的短時間に得るために実施するものである．点検によって，トンネルの機能や安全性等に悪影響を及ぼしている変状等を早期に発見するとともに，速やかに対策を行うことが可能となる．また，変状や異常が発見されたものの，点検結果からだけでは変状や異常の程度や，補修・補強の規模や時期が判断できない場合等においては，より詳細な情報を得るために調査が実施される．

点検や調査については，管理者や用途等により名称や方法等も異なるが，事業者毎に基準・要領類を整備し，継続的に実施されている．

代表的なものとして，道路トンネルと鉄道トンネルにおける点検・調査の方法等を表3.7.6に例示する．

(2) 点検

主要な点検（定期点検，通常全般検査）は，各事業者により異なるが，概ね2～5年に1回の頻度で実施されている[1]．一般的には，目視点検と打音調査により行われる．

道路トンネルを例にとると，平成25年の道路法の改正にともない，5年に1回の頻度で近接目視（写真3.7.1，写真3.7.2）により点検を行うことが義務づけられた．この定期点検においては，図3.7.5に示す箇所等を対象として，トンネル本体工の変状を把握するとともに，トンネル内附属物の取付状態の異常についても把握することが必要とされている．また，覆工表面のうき・はく離等が懸念される箇所に対し，うき・はく離の有無及び範囲等を把握する打音調査を行うとともに，利用者被害の可能性のあるコンクリートのうき・はく離部を撤去するなどの応急措置を講じることとされている．

(3) 調査

トンネルの維持管理における調査は，点検で変状が確認された箇所におい

て，変状原因の特定・推定，対策区分の判定および対策工の検討のための詳細な変状状況の把握が必要な場合に行われる．

表3.7.6 各事業者の点検・調査の方法等（文献[1]を加筆修正）

		道路トンネル	鉄道トンネル
点検	名称	点検	検査
	目的	トンネル本体工の変状やトンネル内附属物の取付状態の異常を発見し，その程度を把握する	変状やその可能性を早期に発見し，構造物の性能を的確に把握する
	頻度	・日常点検（道路の通常巡回，1～3日に1回程度） ・定期点検（5年に1回（初回は建設後1～2年の間）） ・異常時点検（日常点検や臨時点検で異常があった場合） ・臨時点検（必要の都度）	・初回検査（供用開始前） ・全般検査 　・通常全般検査（2年に1回） 　・特別全般検査（新幹線は10年に1回，新幹線以外は20年に1回） ・臨時検査（必要の都度）
	手法	目視，打音，触診等	目視，打音
	適用基準	道路トンネル定期点検要領（平成26年6月），道路トンネル維持管理便覧【本体工編】（平成27年6月）	鉄道構造物等維持管理標準・同解説（構造物編）トンネル（平成19年1月）
	点検項目	圧ざ，ひび割れ，うき，はく離，変形，鋼材不足，有効巻厚，漏水，トンネル内附属物の取付状態など	変形，ひび割れ，漏水，路盤部の変状，はく離（浮き），添架物の変状など
	健全性の評価	判断指標に応じて本体工は4段階（I，II，III，IV），附属物の取付状態は2段階（○，×）	判断指標に応じて4段階（A，B，C，S）．覆工片のはく落に対しては3段階（α，β，γ）
調査	名称	調査	個別検査
	目的	点検により発見された変状の状況や原因等をより詳しく把握し，対策の必要性及びその緊急性を判定するとともに，対策を実施するための設計・施工に関する情報を得る	全般検査，随時検査の結果，詳細な検査が必要とされた構造物に対して，精度の高い健全度の判定を行う
	頻度	点検結果に応じて実施	検査結果に応じて実施
	手法	非破壊試験（局部），ひび割れ計測，内空変位測定，調査ボーリング，強度試験（覆工/地山），劣化試験など	内空変位測定，調査ボーリング，強度試験（覆工/地山）など
	適用基準	道路トンネル定期点検要領（平成26年6月），道路トンネル維持管理便覧【本体工編】（平成27年6月）	鉄道構造物等維持管理標準・同解説（構造物編）トンネル（平成19年1月）
	調査項目	ひび割れ進行性，漏水状況，漏水水質，覆工厚，背面空洞など	変形速度，圧ざ，巻厚，目地切れ，ひび割れ，背面空洞の有無など

調査では，点検等で得られた変状に関する情報・資料を補い，現況の変状状況をより詳細に把握し，点検によって推定された変状原因の確認を行う．この調査の結果から，利用者・車両の安全確保，構造物としての安全性，維

持管理作業に及ぼす影響などの対策区分の判定や，対策工の要否および緊急性等を踏まえて，トンネルの健全性を診断する．また，対策工の選定，範囲，数量等の設計資料を得ることも目的としている．

調査内容は多岐にわたるが，推定される変状原因に応じて調査項目を選定することが重要である．具体的な調査項目や実施項目の選定方法等については，各事業者が整備しているマニュアル等（例えば，道路トンネル定期点検要領 [5)~6)]，道路トンネル維持管理便覧【本体工編】[7)]，鉄道構造物等維持管理標準・同解説（構造物編）トンネル [8)]）が参考になる．

写真 3.7.1　近接目視作業状況 [6)]

写真 3.7.2　打音調査作業状況 [6)]

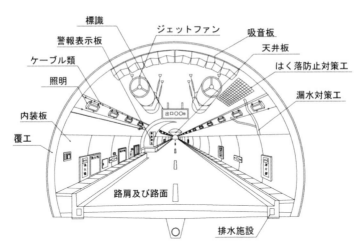

※トンネル内附属物は取付状態の確認を行う．

図3.7.5 道路トンネルにおける点検対象箇所（トンネル内）の例[5]

3.7.4 診断

(1) 診断とは

　診断とは，点検ならびに調査の結果から構造物の健全性を判断することをいう．人間でいえば，問診（点検や検査に相当）や精密検査（調査に相当）の結果に基づいて，健康状態や病状（健全性に相当）を判断することに相当する．

　人間における診断と構造物における診断において大きく異なるのは，人間の場合は個人の健康状態あるいは病状の把握が主目的であるのに対し，構造物では構造物自身の健全性に加え，利用者等への被害の有無に対する診断を要するところである．この点はトンネルを含む全ての構造物に共通するが，構造体が利用者の上方を含む周囲全体に存在するトンネルでは，この視点が特に重要となる．例えば，わずかな漏水や補修材のはく落はトンネルの構造に大きく影響する可能性は小さいが，車両の損傷や歩行者の怪我等のいわゆる利用者被害を招くことが考えられる．

　ところで，前項の点検・調査と同様に，診断についても道路，鉄道，電力

水路等，各事業者において指針類が整備されている．トンネルの構造体としての安定性については，トンネルの用途（車が通るのか，列車が通るのか，水が通るのか）に関わらず概ね共通の観点での診断が可能であるが，利用における安全性や快適性の観点からは，その用途に応じて診断の着眼点も異なる．

　本項では，我々の身近に存在する道路および鉄道を対象とし，トンネルの診断の流れや特徴を示すことで，診断において考慮すべき点を述べる．

(2) 診断の手順

　診断は，前述のように点検および調査の結果に基づいて行うものである．診断の結果は，その後の措置の実施時期や措置の方法を決定するために用いる．

　ところで，近年，構造物の維持管理にアセットマネジメントの考え方を適用する動きがある．すなわち，将来的な変状を予測して，変状が顕在化する前に対策しようとするものである．しかしながら，トンネルでは現時点において，アセットマネジメントの考え方が実用化されているとは言いがたい．これは，変状の原因がトンネルの表面だけでなく，普段目にすることのない背面の地山に起因するものも多く，変状の予測が困難であることに起因すると考えられる．なお，3.7.6 で触れるトンネルにおけるメンテナンスサイクルは，上記のアセットマネジメントとも関連する事項であり，適宜参照されたい．

　このような現状を踏まえトンネルの診断では，事前の対策よりも，発生した変状の状況や発生原因を点検あるいは調査から把握し，その結果に基づいて構造物の安定性や利用者被害の可能性を評価するという事後（変状発生後）の対応が中心となっている．

(3) 診断の区分

　構造物の変状・異常の状態をある区分に基づいて判定することは，維持管理作業を効率的に行うために重要である．トンネルも同様であり，各事業者においてトンネルの用途等に応じてそれぞれ診断基準が定められている．

一例として，表 3.7.7 に道路トンネルにおける診断の区分，表 3.7.8 に鉄道トンネルにおける診断の区分をそれぞれ示す．同表に示すように，診断区分は主として構造物の安定性および利用者被害の観点から対策の緊急度に着目して設定されている．この考え方は，トンネルの用途に関わらず概ね一致している．人間でいえば，治療や手術を実施する緊急度を表すものと考えればよい．

(4) トンネルの機能

　トンネルの健全性を評価するにあたっては，そのトンネルに求められる機能を十分に把握しておくことが重要である．すなわち，トンネルが本来発揮すべき機能に対して，どの程度機能が低下しているかが診断の基準となる．

　トンネルの機能は，用途に関わらず共通するものと，用途によって異なるものがある．いずれの場合についても，おおむね以下の観点[3]からの診断が求められる．

1) トンネル構造が安定していること（安全性）
2) トンネルを安全・快適に使用できること（使用性）
3) 利用者以外の第三者に影響を及ぼさないこと（第三者影響度）
4) 景観・美観に配慮されていること（景観・美観）
5) 上記 1)～4)の性能について耐久性を維持できること（耐久性）
6) トンネルの維持管理が容易であること（作業性）

表 3.7.7　道路トンネルにおける診断の判定区分[6]

区分		状態
I	健全	構造物の機能に支障が生じていない状態．
II	予防保全段階	構造物の機能に支障が生じていないが，予防保全の観点から措置を講ずることが望ましい状態．
III	早期措置段階	構造物の機能に支障が生じる可能性があり，早期に措置を講ずべき状態．
IV	緊急措置段階	構造物の機能に支障が生じている，又は生じる可能性が著しく高く，緊急に措置を講ずべき状態．

表 3.7.8 鉄道トンネルにおける診断の判定区分[8]

健全度		構造物の状態
A		運転保安,旅客および公衆などの安全ならびに列車の正常運行の確保を脅かす,またはその恐れのある変状等があるもの
	AA	運転保安,旅客および公衆などの安全ならびに列車の正常運行の確保を脅かす変状等があり,緊急に措置を必要とするもの
	A_1	進行している変状等があり,構造物の性能が低下しつつあるもの,または,大雨,出水,地震等により,構造物の性能を失う恐れのあるもの
	A_2	変状等があり,将来それが構造物の性能を低下させる恐れのあるもの
B		将来健全度Aになる恐れのある変状等があるもの
C		軽微な変状等があるもの
S		健全なもの

上記を踏まえ,道路トンネルおよび鉄道トンネルの機能をとりまとめた一例を表3.7.9に示す.

(5) 診断の方法

トンネルに生じる変状には,トンネルの変形や変位,覆工のひび割れや漏水等,さまざまな種類がある.診断では,それらの変状がトンネル構造としての安定性を保てるかどうか,トンネルを利用する人や物に被害を与えることはないか,という視点が重要となる.各変状現象に対する診断の基準は要領等[5]~[8]にまとめられているためここでは省略するが,いずれの場合もおおむね表3.7.10のような考え方に基づいて判定が行われる.

表 3.7.9 道路・鉄道トンネルの機能（文献[1]を加筆修正）

機能種別＼用途	共通	道路トンネル／鉄道トンネル
安全性	・トンネルが安定しており崩壊しないこと ・所定の位置に定められた空間を維持できること	―
使用性	・使用目的に応じた機能が発揮できること ・坑内での保守管理作業等に必要な空間や施設が確保されていること ・覆工材料等の落下により坑内での保守管理作業に危険を生じないこと ・トンネル内の排水が適切に行われていること	・トンネルの利用者が安全・快適に使用できること ・建築限界が確保されていること ・路面や軌道に有害な狂いを生じさせないこと ・覆工材料等（コンクリート片等）の落下による車両または通行者への被害がないこと ・漏水・凍結への対応や排水の措置が適切に行われ，車両や諸設備への支障がないこと ・車両運転上の必要な視認性が確保されていること ・必要な防災施設が整備されていること
第三者影響度	・地下水位低下，地表面沈下が最小限に抑えられていること ・地表面に陥没を起こさないこと	・振動や気圧変動による影響が法定限度内に抑えられていること（鉄道）
景観・美観	・景観・美観に配慮されていること	・使用者に不快感や不安等を与えないこと
耐久性	・トンネルを存続させるために各部材の長期的な機能を保持し得ること	・火災時においても機能を保持し得ること
作業性	・トンネルの維持管理が容易なこと ・坑内での維持管理作業等に必要な空間や施設が確保されていること ・災害時に容易に復旧が行えること	・変状を容易に発見できること ・坑内の諸設備を適切に運用できること

表3.7.10 トンネル診断における着目点例（文献[1]を加筆修正）

機能	評価対象
安全性	・周辺地山および構造物の力学的安定性が確保されていること ・設計時に想定できない外力が作用している場合の抵抗性が確保されていること
使用性	・建築限界が確保されていること ・覆工・躯体のコンクリート等のはく落に対する抵抗性が確保されていること ・防水・排水の措置が適切に行われていること ・利用者が快適にトンネルを使用できること
第三者影響度	・振動など周辺に対する環境影響が法定限度内に抑えられていること ・地下水の低下による周辺地盤への影響がないこと ・地表面の沈下による周辺地盤への影響がないこと ・トンネル使用者に与える臭気の影響がないこと
景観・美観	・トンネル構造物の美観・景観が確保されていること
耐久性	・化学的損傷に対する抵抗性や物理的損傷に対する抵抗性などの，構造物を長期間存続させるための材質の抵抗性が確保されていること ・火災による覆工の損傷に対する抵抗性が確保されていること
作業性	・維持管理作業に必要な空間や施設が確保されていること ・維持管理作業を行うにあたり，変状現象を容易に発見できること

3.7.5 措置

(1) 措置の概要

措置の目的は，トンネル構造物の性能低下に起因する事故や災害を未然に防ぐことである．措置の計画にあたっては，点検・調査の結果に基づき，トンネルの機能や耐久性等を回復させるための最適な工法を総合的に検討する必要がある．措置の方法と時期は，適用する対策の効果と持続性，適応性，点検後に行われる調査の容易性，トンネルの健全度，重要度，通行への影響度等を考慮し決定される．措置の種類には，対策（本対策及び応急対策）と通行（使用）制限と監視があり，鉄道では改築・取替も含められている．

本対策は，中長期にトンネルの機能を回復および維持することを目的として適用する対策である．応急対策は，定期点検などで利用者被害が生じる可能性が高いうき・はく離などの変状が確認された場合，調査や本対策を実施

するまでの間に限定して，短期的にトンネルの機能を回復することを目的として適用する対策である．

　通行（使用）制限は，やむをえず本対策や応急対策を実施できない場合の対応として，一定期間にわたって通行（使用）規制や通行止めを行うことである．

　監視は，応急対策を実施した箇所，もしくは健全性診断の結果，当面は応急対策や本対策の適用を見送ると判断された箇所に対し，変状の挙動を追跡的に把握するために行う．

　また，対策は，主に覆工の材質劣化や漏水によって低下した機能の回復，維持を目的とした補修対策と，主に覆工の構造的安全性の回復・維持を目的とした補強対策とに区分して取り扱う．材質劣化や漏水に関する対策は，主に前者，外力対策には後者を適用する．なお，変状が著しく，元覆工を残した状態での補修・補強では対応できない場合は，両者の機能を併せ持つ改築・取替を行う場合もある．

(2) 対策工の分類

　対策の区分は，前掲の図 3.7.3 に示すように外力対策，材質劣化（はく落防止）対策，漏水対策に区分される．表 3.7.11 に主として道路トンネルに対して適用されている対策区分と対策工の種類を整理して示す[7]．

(3) 外力対策工

　土圧等の外力によりトンネルの要求性能が満足されなくなるおそれがある場合等には外力対策工による措置を行うことになる．

　外力対策工には，表 3.7.11 に示すように様々な工法があるが，変状原因と現象に応じて適切な工法を選定することが重要である．

　内面補強工は，覆工表面に引張強度が高い連続繊維シート等を貼り付けて覆工と一体化させ引張応力を主に受け持たせて補強する工法である．

　内巻補強工は，覆工の有効断面を増加させることにより，引張だけでなく，曲げ，圧縮，せん断耐力を高めることで構造物としての機能を回復させ，覆工を全面的に補強するものである．

表 3.7.11 対策効果の区分と本対策工の種類[7]

対策の区分[注1]			対策の分類	対策工の種類	
外力	はく落防止	漏水			
	○		はく離部の事前除去対策	はつり落とし工	
	○		はく落除去後の処理対策	断面修復工	
	○		覆工の一体性の回復対策	ひび割れ注入工	
	○		支保材による保持対策	金網・ネット工	金網工(クリンプ金網, エキスパンドメタル)
					ネット工(FRPメッシュ, 樹脂ネット)
				当て板工	形鋼系(平鋼, 山形鋼, 溝型鋼)当て板工
					パネル系(鋼板, 成型板)当て板工
					繊維シート系 当て板工
				補強セントル工	鋼アーチ支保工
○	△		覆工内面の補強対策	内面補強工	繊維シート補強工
					格子筋補強工
					成型版接着工
					鋼板接着工
				内巻補強工	吹付け工
					場所打ち工
					プレキャスト工
					埋設型枠・モルタル充填工
					鋼材補強工
		○	漏水対策	線状の漏水対策工	導水樋工
					溝切り工
					止水注入工(ひび割れ注入)
					止水充填工(Vカット充填)
				面状の漏水対策工	防水パネル工
					防水シート工
					防水塗布工
				地下水位低下工	水抜きボーリング, 水抜き孔
					排水溝
	○		凍結対策	断熱工	断熱材を適用した線状・面状の漏水対策工
					表面断熱処理工
○			覆工背面の空洞充填対策	裏込め注入工	
○	△		地山への支持対策	ロックボルト工	
○	△	△	覆工改築対策	覆工改築工	部分改築工, 全面改築工
				インバート工	インバート新設または改築

注1) ○:対策の主目的として効果を期待するもの, △:対策を行うことで同時に効果が期待できるもの

ロックボルト工は，ロックボルトを地山に設置し，覆工コンクリートを周辺地山と一体化させる工法である．

　インバート工は，盤ぶくれ等の変状補強対策として，インバートを設置し，トンネルを構造体として閉合する工法である．

　裏込め注入工法は，矢板工法で建設された山岳トンネルにおいて見られるトンネル背面の空洞を充填し，地山と一体化した構造物とすることによって，変状の進行を抑制する工法である（図3.7.6）．

　外力対策工を施工する時には，トンネルおよびその周辺が不安定な状況となりやすいため計測等による監視を継続して行うことが望ましい．

図3.7.6　裏込め注入工

図3.7.7　繊維シート補強工

(4) はく落防止対策工

　はく落防止に関する対策工は，表3.7.11に示すはく落防止にマークがついている工法である．はく離部の事前除去対策としてのはつり落とし工，はく落部除去後の処理対策としての断面修復工，覆工の一体性の回復対策としてのひび割れ注入工，支保材による保持対策としての，金網，ネット工，当て板工，補強セントル工に分類される．

　はつり落し工は，はく落のおそれのある覆工の一部を除去する工法である．

　断面修復工は，断面欠損箇所にポリマーモルタル系材料を充填・塗布することによって断面修復を行い，元の断面形状に復元する工法である．

　ひび割れ注入工は，はく落するおそれのあるひび割れ箇所に注入材料を注入する工法である．

　金網・ネット工は，ひび割れや目地切れ，部分的な材質劣化やコールドジ

ョイントなどにより覆工片が落下するおそれのある場所に，金網やネットを固定し，覆工片の落下を防止する工法である．

当て板工は，形鋼やパネル系のもの，繊維シート系（図 3.7.7，図 3.7.8）のものがある．

補強セントル工は，鋼アーチ支保工を覆工内面に建て込む工法である．

図 3.7.8　FRP ネット工

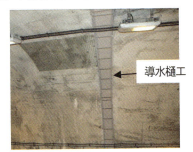
図 3.7.9　導水樋工

(5) 漏水対策工

漏水対策に関する対策工は，表 3.7.11 に示す漏水対策にマークがついている工法である．線状の漏水対策工，面上の漏水対策工，地下水位低下工，凍結対策としての断熱工に分類される．

目地等の線状の漏水対策としては，導水樋，溝切りによる線導水や漏水に沿った止水注入などが用いられる（図 3.7.9）．漏水箇所が面状に広範囲にわたる場合には，防水パネル等が用いられる．地下水位低下工は，覆工の背面の水を排水する水抜き孔と，地山から水を抜く水抜きボーリング工がある．

断熱工は，寒冷地での線状や面状の漏水対策工の漏水の凍結を防止する工法であり，発泡ポリエチレン等の断熱材が用いられている．

(6) 通行制限および監視

通行制限は，やむをえず対策を実施できない場合の対策として，一定期間にわたって通行規制や通行止めを行うことである．

監視は，応急対策を実施した箇所，健全性診断の結果，応急対策や本対策の適用を見送ると判断された箇所に対し，変状の挙動を監視することである．

3.7.6 トンネルのメンテナンス事例

(1) トンネルにおけるメンテナンスサイクル

トンネルにおいても他の構造物と同様に,メンテナンスサイクル(点検,診断,措置,記録)を定められた期間で確実に実施することが重要である.一例として道路トンネルの定期点検を対象としたメンテナンスサイクルの基本的なフローを図3.7.10に示す.

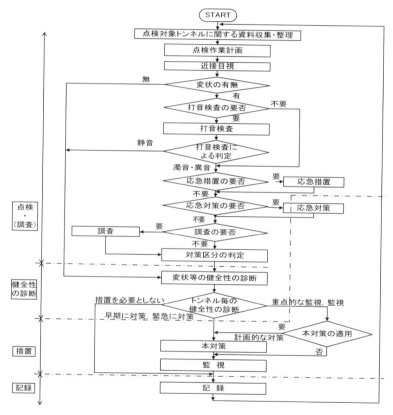

図3.7.10 道路トンネルにおけるメンテナンスサイクル例(文献[6]を加筆修正)

(2) トンネルにおけるメンテナンスの実態

トンネルの変状進行は,外力による変状や局所的な覆工はく落など利用者

被害を誘発させるような変状を除けば，緩慢とされている．このため，従来，覆工はく落等の変状が発生するたびに，対症療法的に事後対策を行う事例が多く見られた．現在では，過去の実績から構造性能や利用者に対する安全性を確保しうる定期点検頻度を定め，その結果に基づき計画的に措置を行うメンテナンスへ移行している．

(3) トンネルにおけるメンテナンスのあり方と課題

トンネルに代表される地下構造物に作用する外力はトンネルが施工される地盤の力学特性や水理特性に依存する．その地盤特性は土質，岩盤に関わらず，非線形特性，不均一性を示し，問題をより複雑にしている．さらにトンネルの施工方法には山岳工法，開削工法，シールド工法，沈埋工法等様々なものがあり，その方法によってトンネル周辺の地盤に与える影響は異なる．このように劣化・損傷の原因が構造物の老朽化以外に，地質変化などの影響も受けることから，トンネルが現在どのような状態にあり，今後劣化がどのように進行するかを予測することは極めて困難である．劣化予測としては，時間依存性を考慮した変状解析による手法，確率過程（マルコフ理論）を用いた手法，点検履歴から確率過程を用いた方法が，覆工コンクリートの劣化予測手法の代表的なものとして挙げられるが，いずれも研究レベルであり，実用性を高めるためには，今後，劣化予測と実際の劣化度を比較し，その結果を劣化予測手法へフィードバックすることにより精度向上を図っていく必要がある．

一方，現在多く用いられる定期点検結果に基づくメンテナンスにおいても，メンテナンスサイクルを繰り返す中で，点検や措置の頻度について適宜検証していくことが望まれる．

なお，トンネルは地中に存在し，地震時には地盤とともに挙動するため，一般的に高い耐震性を有するとされているが，小土被り，不良地山，断層等の地層境界，矢板工法で施工されたトンネルの背面空洞箇所においては地震で被災している事例がある．これらの実績を踏まえ，地震対応も踏まえた対策工検討にも配慮していく必要がある．また，耐震性向上に加え，目地部等の施工品質上の弱点が発生しやすい箇所を含め，新設時の事前補強等につい

ても費用対効果を踏まえた検討が望まれる．

（4）記録

　定期点検及び診断の結果並びに措置の内容等については，メンテナンスを行うための基礎資料であり，加えて維持管理計画を立案する上で参考とする重要な情報となる．トンネル点検の記録にあたっては，当該構造物に求められる性能，機能を踏まえ，記載様式を定める必要がある．道路トンネル，鉄道トンネルにおける記録項目としては，トンネル諸元，非常用施設諸元，変状展開図・詳細図や写真，診断結果の他，過去の調査・措置の履歴等が挙げられる．なお，特に山岳トンネルにおいては，前述のように周辺地山がトンネル構造を支える役割を担うため，施工管理や品質管理に関する記録や竣工図については，当初の整備時だけでなく，補修等が行われた場合も含め，当該構造物の供用期間中は保存し，メンテナンスサイクルに反映することも重要である．

参考文献

1) 土木学会：トンネルの維持管理，トンネルライブラリー14，2005
2) 土木学会：トンネルの変状メカニズム，2003.9
3) 土木学会：山岳トンネル覆工の現状と対策，トンネルライブラリー12，2002
4) 太田裕之：補修・補強対策の変化・変遷，土と基礎，Vol.54，No.11，pp.30-32，2006
5) 国土交通省道路局：道路トンネル定期点検要領，2014.6
6) 国土交通省道路局国道・防災課：道路トンネル定期点検要領，2014.6
7) 日本道路協会：道路トンネル維持管理便覧【本体工編】，2015.6
8) 国土交通省鉄道局監修／鉄道総合技術研究所編：鉄道構造物等維持管理標準・同解説（構造物編），トンネル，丸善，2007.1

第4章　自然公物の管理

4.1　対象とする自然公物

　社会インフラの機能を発揮させるためには，人工公物である構造物のメンテナンスを確実に行うだけでなく，自然公物の管理も怠ってはならない．ここで，自然公物とは，地盤，岩盤，斜面，河道，海浜といった自然地形のうちで，市民の生活や社会経済活動のために直接的，あるいは，間接的に利用されているものである．海水浴場としての海浜のように，直接利用する場合には，その管理の重要性が高いことは言うまでもない．一方で，地盤，岩盤，斜面のように，直接的に何かの目的のために利用しているわけではない自然公物でも，ひとたび自然公物に異状が発生した場合，自然災害という形で市民生活の安全性が脅かされたり，周辺にある構造物を損壊させたりすることがある．

　このように自然公物の管理は，自然災害に対して市民生活や構造物の安全性を確保するために，あるいは，自然公物の安全で円滑な利用を図るために，構造物のメンテナンスと同様に重要である．

　自然公物の管理では，対象の自然地形の状態に変化がないように，自然地形自体を点検，監視し，必要な対策を施すだけでなく，自然地形の状態を守るために，必要な施設を整備することもある．例えば，地盤，岩盤，斜面の管理では，土石流対策施設，落石対策施設，地すべり対策施設などを整備することがある．これらの施設は人工公物であるため，第3章で述べた構造物のメンテナンスが必要であるが，その場合にも，想定する自然災害の特性や被災メカニズムを十分に理解しておくことが肝要である．

　ここでは，自然公物の管理に必要な変状の発生・進展メカニズムや基礎理論について概説するとともに，管理のための対策として，施設整備，自然物の改変，ソフト対策などの代表例を紹介する．なお，自然公物の管理では，対策を施すだけでなく，日頃からの点検や監視といった，いわゆる「メンテナンス」が重要であり，これを怠ると，いざというときに，機能を発揮でき

ずに，大きな災害を引き起こす可能性があることに留意する必要がある．

　本章では，代表的な自然公物として，地盤・斜面・岩盤，河川・河道，海岸・海浜を取り上げている．他の自然公物の管理にあたっても，関連する自然現象をよく理解したうえで，日頃からの点検・監視を確実に行うとともに，必要な対策を行う必要がある．

4.2 地盤・斜面・岩盤

4.2.1 斜面崩壊

(1) 表層崩壊と深層崩壊

斜面崩壊は，崩壊の深さから「表層崩壊」と「深層崩壊」に大別される．表層崩壊は，斜面の基盤岩を被覆する表土層や風化して土砂化した岩盤の層が下位の傾斜した基盤岩の上を崩落するもので，崩壊の深さは1m～数m程度で薄い．深層崩壊は，重力の影響で長い時間をかけて変形した岩盤が，岩盤中の地層境界や弱面を伝って崩落するもので，崩壊の深さは10m～数10m程度である．深層崩壊は，面的な規模や深度の点で地すべりと似ているが，時速100km以上の高速で移動することが知られており，移動速度の点では地すべりと大きく異なる．

(2) 表層崩壊
(a) 概要

表層崩壊は，降雨に伴って表土層に浸透した地下水により土の重量が増すこと，土粒子の結合力が減少すること，間隙水圧がすべり面に作用することで，表土層が不安定化して崩落することである．崩壊土量は数 $10m^3$～数 $100m^3$ 程度と比較的小さく，点検で見逃されることが多い．しかし，表層崩壊の発生数は多く（図4.2.1），死亡事故の原因となることもある．

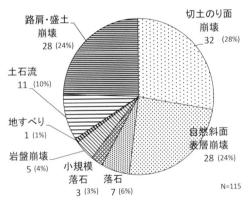

図4.2.1 直轄国道における災害形態の割合（H20～H23）（文献[1]に加筆）

(b) 調査

表層崩壊は，降雨を集めやすい集水地形で，表土層が周囲より厚く堆積している箇所で発生しやすい．特に上方が緩傾斜，下方が急傾斜となっている

斜面（傾斜が急になる箇所を遷急線という）では，斜面上方から浸透した地下水が遷急線付近で表土層の厚さが薄くなることで，間隙水圧が上昇して，崩壊を誘発する．表層崩壊発生跡の小崖下部には，地下水が噴出してできたパイピングホールと呼ばれる穴が開いていることが多い．表層崩壊の発生しやすい箇所は，現地調査で地形や表土層の分布を詳細に観察することで抽出することが可能である．航空レーザ計測で作成した精度の高い地形図を用いて判読調査を実施し，危険箇所を絞り込んだ上で現地調査を実施すると合理的である．表土層厚さの調査には，簡易貫入試験器や土層強度検査棒（図4.2.2）が用いられる．特に土層強度検査棒は持ち運びが容易で急斜面での調査に適している．土層強度検査棒の貫入深度は表層崩壊の土層厚さと一致することが知られている（図4.2.2）．

図4.2.2　土層強度検査棒（左）と急斜面での調査状況（右）

(c) 対策

　対策には，発生源対策と待ち受け対策がある．発生源対策では，表土層中の間隙水圧の上昇を抑制するために，不安定な表土層の厚い斜面下部へのフトンカゴの設置や表土層への暗渠の設置が有効である．待ち受け対策の場合には，崩壊土砂量を調査した上で対策工法を考慮する必要がある．例えば，崩壊土砂量が小さい場合には落石防護柵で防護可能である．崩壊土砂が大き

い場合には高エネルギー柵が有効な場合がある．

(3) 深層崩壊
(a) 概要

深層崩壊という用語が広まったのは比較的最近で，2009年の台湾の小林村での深層崩壊，2011年9月の台風12号による紀伊山地での災害により注目されるようになった．この紀伊山地の災害では，多数の深層崩壊が発生した．この災害では天然ダムが10カ所以上で形成され，住民が避難するなどの緊急対応が実施された．2012年2月には特定研修集会「深層崩壊の実態，予測，対応」が開催され，最新の研究成果がまとめられた．千木良[2]は深層崩壊が新しく脚光を浴びることになった原因について，第一には，その発生場所と発生時期に対する予測手法が確立していないこと，第二には，それを引き起こす極端な気象が地球温暖化と関連して増加することが懸念されていること，第三には，深層崩壊の多くが我が国の砂防三法や土砂災害防止法の枠組みから漏れていることを指摘している．

(b) 調査

紀伊山地での深層崩壊の発生箇所について，井口ら[3]は，1/3〜半分程度は地すべり地形分布図[4]で判読された地すべり地形で発生しているとしている．また，千木良ら[5]は，崩壊前後の1mメッシュのDEMから作成した傾斜図と地形断面図を中心として解析した結果，ほとんどの崩壊は発生前に斜面上部に小崖を有していたことを示している．こうした地形に現れる変形は，長期間にわたる隆起と浸食に伴って形成されたと考えられている[6]．

(c) 対策

深層崩壊に対する対策としては，地下水排除工が有効であると考えられる．しかし，規模が大きく，普段は動きが認められないことから，事前に対策範囲を特定することや，対策工を施工することが難しい．そのため事前にハザードマップを作成し，豪雨時の避難計画を作成するなどのソフト対策を行うことが有効である．

4.2.2 地すべり

(1) 概要

地すべりは,特定の地質または地質構造のところに多く発生し,主として粘性土をすべり面として,その上部の土塊がゆっくりと移動する現象である(図4.2.3).斜面崩壊と比べて,すべり面の勾配は5～20度と緩く,規模が大きい.多くの場合,元々地すべり地形を呈して,継続的に移動しているか,何らかの誘因で再発生したものが多い.一方,人為的な切土などにより初めて発生したものは初生型地すべりと呼ばれている.地すべりは,「岩盤地すべり」,「風化岩地すべり」,「崩積土地すべり」および「粘質土地すべり」の4つに分類される[7].地すべりの移動現象には地下水が影響している場合が多く,降雨や融雪が誘因となることが多い.

(a) 地すべり頭部滑落崖

(b) 切土部の変状
〔(a)の地すべり末端部〕
図4.2.3 地すべりの事例

(2) 調査と対策

地すべり調査の目的は,地すべりの範囲や活動状況を把握することと,地すべり機構を解明することである.主な調査項目は下記のとおりであり,具体的な調査方法は参考文献8)や9)が参考となる.

1) 机上調査:既存資料,地形・航空写真判読など
2) 現地踏査:地表面変状,傾斜変換点,湧水,植生状況など

3) ボーリング調査：コア観察，標準貫入試験など
4) 変動計測調査：孔内傾斜計，パイプひずみ計，地表面伸縮計など
5) 地下水調査：孔内水位計，トレーサー試験，水質分析など
6) 室内試験：一面せん断試験，リングせん断試験，X線分析など

　地すべりの変動計測の結果より得られる変動の速度により，安定度が評価される．この安定度と地すべり規模に応じて，ある程度対策が絞り込まれる[7),10)]．

　地すべり対策には大別して抑制工と抑止工がある．抑制工は地すべり地形，地下水の状態などの自然条件を変化させることにより，地すべりの運動を停止または緩和させる工法であり，抑止工は構造物を地すべりブロック内に構築し，構造物のもつ抑止力を利用して，地すべり運動を停止させる工法である．それぞれの代表的な工法は下記のとおりであるが，多くの場合これらの工法を組み合せて用いる．しかしながら，これらの工法には限界があり，地すべりの規模によっては，ルート変更や縦断変更などの計画の見直しが必要な場合もある．

1) 抑制工：地表水排除工，地下水排除工，排土工，押え盛土工など
2) 抑止工：杭工，グラウンドアンカー工など

(3) 応急調査と応急対策

　インフラが建設される段階で，地すべりに関する調査や対策がなされるが，供用してから新たに地すべりが発生することもある．その場合には，インフラの利用者や周辺住民の安全を確保するとともに，早期にインフラの機能を回復させなければならない．ここでは，そのための応急調査と応急対策について述べるが，応急的に安全を確保し，機能が回復した後に，前述の本格的な調査と対策を行う．

　応急調査では現地踏査により地盤や構造物の変状状況を調査し，地すべり規模を把握するとともに，地すべりの変動状況を把握するための計測を行うことが多い．計測には地盤や構造物の亀裂や段差部に抜き板や伸縮計を設置して，開きや段差量の変化を計る方法や，地盤に移動杭を設置し，光波測量により移動状況を計測する方法などがよく用いられる．

計測結果からは，避難や通行規制，調査や対策工事の安全確認のための管理基準を定めるのが一般的である．管理基準値は地すべりの形態にもよるが，参考文献 7)や9)などを参考にするとよい．

応急対策としては，まず地盤の亀裂箇所のシート養生など，雨水の浸透を防ぐ対策を行う．その上で，地すべりの運動を停止させるために，押え盛土，頭部排土，水抜きボーリングなどの抑制工を主体とした対策を行う（図 4.2.4 および図 4.2.5）．

図 4.2.4 伸縮計の設置および頭部排土（応急対策）

図 4.2.5 押え盛土（応急対策）

（4）地すべり対策構造物の維持管理

建設時および供用後に設置した地すべり対策のための構造物は，その機能が低下すると地すべりが発生・再発する可能性があるため，維持管理が必要である．し

図 4.2.6 グラウンドアンカーの変状例

たがって，点検の強化や計測による重点監視を行っておく必要がある．

特に維持管理が必要な構造物として，グラウンドアンカーと地下水排除工が挙げられる．グラウンドアンカーは，定期的に点検を行い，必要に応じて健全度調査が必要とされている[11]．また，1988 年に土質工学会（現 地盤工

学会)が基準12)を制定する以前のアンカーは防食性能が不十分なため,老朽化による変状が顕在化しており(図4.2.6),大規模な修繕が必要とされている13).地下水排除工では水抜きボーリングの目詰まりによる排水機能の低下が懸念されるため,定期的に孔内洗浄を行うなどのメンテナンスが必要である.それでも機能低下が認められる場合には,追加ボーリングなどの対策が必要である.その他,排水トンネルにおけるトンネルの老朽化や変状,集水井における部材の老朽化や変状なども注意する必要がある.また,地すべりそのものの計測では,計測器の老朽化の問題があり,必要な場合には計測器の更新も行っていかなければいけない.

4.2.3　土石流

(1) 概要

土石流は,土石等が一体となって渓流を流下し,扇状地など緩傾斜地に堆積する現象であり(図4.2.7),その発生形態は次の4つに分類される.

1) 渓流堆積土砂礫の流動化
2) 山腹崩壊土砂の流動化
3) 天然ダムの崩壊
4) 地すべり土塊の流動化

図4.2.7　土石流による被害の事例14)

土石流の発生には,急な勾配,十分な水,移動しうる土砂の三つの要素を同時に満足することが必要である.土石流の多くは15度以上の渓床に発生し,大半は渓床勾配10度以下の区間に停止堆積するが,細粒の土砂はさらに緩勾配の区間まで到達することがある.

1999年の広島災害を受けて,2001年に「土砂災害警戒区域等における土砂災害防止対策の推進に関する法律(一般に「土砂災害防止法」と呼ばれる)」が施行された.これにより,土砂災害警戒区域の指定を都道府県が行い,市町村が避難指示などの住民の警戒避難体制を地域防災計画に定めることに

なっている.したがって,これらの機関と情報共有など連携を密に行い,ハード対策を行うとともに,インフラの利用者の安全を確保するために,モニタリングや通行規制などのソフト対策を行っていくことも重要である.

(2) 調査

土石流調査対象の渓流は,最急渓床勾配10度以上で,対象箇所より上流の集水面積が1ha以上としているのが一般的である.調査では,まず机上で地形図や空中写真で概査した後,現地踏査により,地形・地質,湧水,崩壊履歴などより土石流発生の可能性を評価する.近年,これらの調査に数値標高データ (DEM : Digital Elevation Model) が活用されつつある.また,土石流発生時に浸食が予想される渓床幅,渓床堆積土砂の深さ,立木の状況を調査し,土石流が発生した場合の総流出土砂量など土石流の規模を推定する.なお,総流出土砂量は,流出土砂量と立木量の和である.なお,詳細については参考文献7), 15)〜17)を参考にするとよい.次に,インフラに対す

図4.2.8 堰堤による土石対策事例(建設中)

る影響について評価を行う.例えば,渓流を橋梁やボックスカルバートで横過する場合は,十分に土石流が通過できるか,盛土構造の場合は,総流出土砂量に対して十分なポケットがあるかなどである[18),19)].以上のように,土石流の発生の可能性と規模および発生した場合の影響を総合的に判断して対策の必要性について検討を行う.

(3) 対策(ハード対策・ソフト対策)

土石流対策には,山腹崩壊を防止する山腹工,渓床堆積土砂の移動を防止する床固め工および移動土石等を堆積する堰堤などがある.また,ボックスカルバートの立木による閉塞を防止する立木止めや道路上を流下させる土

石流覆工などもある．なお，これらの工法には用地の制約などで完成までに時間を要することから，最近，応急的に土石等を止める対策として，高エネルギー吸収型の防護柵・ネットを採用するケースがみられる．

　土石流対策施設と併せて，ソフト対策として通行規制等の立入り制限や避難により安全を確保することも重要である．モニタリングは，土石流が急激に流下することを考えると，どの程度有効か定かではないが，対策施設と併用することにより有効性は増すと考えられる．

　また，土石流対策施設を設置した場合には，構造物の劣化状況とともに土砂等の堆積状況を把握するための点検を行うとともに，必要に応じて構造物の補修や堆積土砂等の撤去を行い，機能を維持しておく必要がある．

4.2.4　岩盤崩壊，落石

(1) 概要

　岩盤崩壊と落石の区別はあまり明確ではなく，道路分野における「落石対策便覧」[20]，鉄道における「落石対策技術マニュアル」[21]などの技術資料においては，概ね次のとおりの定義となっている．

　　　岩盤崩壊　…　斜面を構成する岩盤がある程度の規模で
　　　　　　　　　　一体となって落下する現象
　　　落　　石　…　斜面から個数を数えられる程度の岩塊が，
　　　　　　　　　　剥離あるいは浮き出して落下する現象

　自然公物は，他の項目でも取り上げられているとおり，顕著な変状が現れにくい，また変状があっても進行が非常に遅い，管理すべき対象が多種多様で，広範囲に存在するなど，他の土木構造物に比べメンテナンスが困難であるといわれている．

　その中でも，岩盤崩壊や落石は，素因や誘因が様々であり，しかもそれらが複雑に影響し合って発生するため，発生のメカニズムが十分に解明されていないなど，予知・予測が特に難しい災害である．また落石などの発生は，局所的，散発的であることが多く，その被害も限定的であることが多い．そのため，対処療法的な対策が中心となり，安全確認後の復旧を急ぐといった

実務上の要請から，事象や原因の詳細調査が行われることも少なく，これまで研究対象として体系化されにくい一面もあった．

そこで自然公物を管理する事業者は，岩盤崩壊や落石に対して，発生の恐れがある注意箇所を特定し，定期的に点検を行うとともに，その点検結果に応じた必要な措置を講じることで，これらの被害を最小限に抑えるよう努力しているのが実状である．

本項では，前出の技術資料[20],[21]が主として取り扱っている落石について，その発生形態，素因と誘因，点検の概要と新しい点検手法開発の取組み，対策工などについて述べる．

(2) 落石の発生形態と素因・誘因
(a) 落石の発生形態[20],[21],[22]

落石の発生形態は，発生源における運動形態による分類で，転落型落石（図4.2.9）と剥落型落石（図4.2.10）がある．

図4.2.9　転落型落石の発生形態 [22]より転載

不連続面が流れ盤となっている斜面　　不連続面が水平から受け盤となっている斜面　　不連続面が高角度に入っている斜面　　不連続面のない岩盤斜面

図 4.2.10　剥落型落石の発生形態[22]より転載

　転落型落石は，岩塊より軟質な物質（マトリックス）中に岩塊が埋まっている地山で，マトリックス部が選択的に風化侵食されて岩塊が浮き出し，落下するタイプである．また剥落型落石は，節理，層理，片理などの岩目から岩塊が剥離し，落下・滑落するタイプ，および硬・軟互層をなす地層で，軟質部が選択的な風化侵食作用を受けて硬質部がオーバーハングし，この部分が破断して落下するタイプがある．

(b) 落石の素因と誘因[20),21)]

　素因とは斜面の性質のことで，地形条件と地質条件である．
　転落型落石が発生し易い地形・地質の条件は，転石の堆積する崖錐，段丘礫層，砂礫岩，火山礫，火山岩塊を含む火山噴出物，破砕帯の地域に多く，岩塊下あるいはその周辺部の風化，侵食に対する抵抗力が弱い場合である．また剥落型落石が発生し易い地形・地質の条件は，古生層，中生層，花崗岩，火山岩，変成岩の地域に多く，岩目が発達し，かつ岩目が密着しておらず剥離し易い方向の岩目が顕著な岩盤の場合である．
　誘因とは，落石を引き起こす要因となるもので，降雨，積雪，凍結融解，強風，地震，小動物や人為的なものが考えられる．
　落石は，これら素因と誘因とが複雑に絡み合って発生する事象であり，発生の原因を特定することは難しい．なお JR 西日本管内（西日本地区 2 府 16 県）において，2005 年度から 2009 年度の 5 ヵ年に発生した鉄道運行に影響（列車の運休または遅延）のあった落石（計 113 件）で，現場技術者により発生源と発生原因が特定あるいは推定できた誘因の調査事例を図 4.2.11

に示す.

　岩塊の経年風化, 降雨, 倒木, 木根の成長による亀裂進展などに加えて, 獣害すなわち獣による斜面や転石の掘り起こしなどが落石の大きな誘因となっていることが分かる.

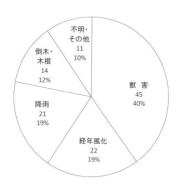

図 4.2.11　落石の誘因の調査事例 (件数, 割合)

(3) 点検

　斜面などの自然公物を他の土木構造物と同等に扱うことは厳密には難しい面もあるが, 点検→健全度判定→措置という一連の維持管理業務の中で, 自然公物も土木構造物に準じた取扱いをすることが多い. そこで落石対策のための斜面の点検は, 例えば鉄道においては, 鉄道構造物等維持管理標準・同解説[23]などの省令や解釈基準, 落石対策技術マニュアル[21]などの技術資料に基づいて, 通常全般検査, 個別検査, 随時検査などを行うこととしている (これらの検査の種類や体系については, 5.1.2 を参照のこと).

　通常全般検査では, 目視を主体とした検査が中心となるため, 落石に対する健全度の判定は, 現場技術者の経験や技量に依存した経験的な方法になりがちである. このため, 落石に対する客観的・定量的な判定方法の開発が求められており, 新しい検査手法の取組みとして, 道路と鉄道における開発事例について紹介する.

(a) 新しい点検・検査手法の開発 (道路分野における事例[24],[25])

　高速道路総合技術研究所が開発した点検手法で, 落石危険度振動調査法と

呼ばれている（図 4.2.12）．斜面上の不安定な転石部と安定な基盤部にそれぞれ振動計を設置し，付近を走行する自動車等を振動源として測定される転石部と基盤部の2つの振動特性から転石の安定性を評価する方法である．

転石と基盤を1質点1自由度系モデルとみなし，2つの振動波形からRMS（Route Mean Square：2乗平均平方根）速度振幅比を計算するとともに，モデルの卓越周波数と減衰定数を逆算して，これらのパラメータから落石の危険度を判定する（図 4.2.13）．

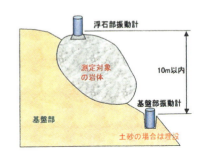

図 4.2.12　落石危険度振動調査法 [24]

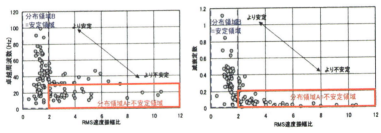

図 4.2.13　RMS 速度振幅比と卓越周波数・減衰定数による危険度の判定 [24]

(b) 新しい点検・検査手法の開発（鉄道分野における事例 [26],[27],[28],[29]）

転落型落石を対象として，斜面上にある転石の頂部に小型加速度計を取り付け，ハンマー打撃時に得られる加速度波形から転石の固有振動数を特定する．地表に露出している転石の大きさとこ

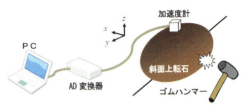

図 4.2.14　振動を利用した転石型落石の健全度判定方法の概要

の固有振動数から転石の根入れ深さを推定している（図 4.2.14）．また，斜

面における転石の力学的安定性を直接的に算定する方法も提案されており，現場での実証研究を経て，実用化に向けた取組みがなされている．

斜面上転石の根入れ深さと転石周辺の地盤の諸定数を把握することで，落石を滑動タイプと転倒タイプにモデル化して，それぞれの力学的安定度を定量的に計算することができる（図4.2.15）．

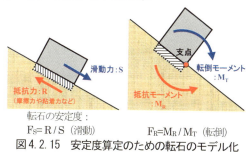

図4.2.15　安定度算定のための転石のモデル化

(4) 対策工

(a) 予防工

予防工は，主として岩盤崩壊や落石の発生源対策であり，不安定な岩盤や岩塊の安定化を図るものである．工法としては，斜面切取，浮石整理，根固工（図4.2.16），ロックアンカー，表面被覆，ワイヤーロープ掛工などがある．

(b) 防護工

防護工は，発生源から道路や線路に至る中間地帯における対策である．待ち受けのための工法としては，多段式落石柵，落石誘導柵，落石防止網，落石防止壁，落石止柵（図4.2.17），落石覆，落石止土堤などがある．

図4.2.16　予防工の例（根固工）

図4.2.17　防護工の例（落石止柵）

(c) ソフト対策

鉄道などでは落石検知装置と信号システムを連動させることにより，落石を検知した場合，速やかに列車を停止させるためのソフト対策をとることもある．

(5) 課題

落石の発生場所の把握については，高精度の地形データを用いた地形判読や，落石シミュレーションなどによるハザードマップ作成の取組みが進められている^{例えば}[30),31)]．一方，落石の発生時刻の予測などについては，岩塊の長期的な挙動監視や発生メカニズム解明など，多くの課題がある．

参考文献

1) 佐々木靖人，浅井健一：点検・災害データの蓄積と活用による道路のり面・斜面管理の高度化への取組み，土木技術資料，Vol.55, No.8, pp.304〜311, 2013
2) 千木良雅弘：はじめに，京都大学防災研究所特定研究集会「深層崩壊の実態，予測，対応」, pp.i-ii, 2012
3) 井口隆，土志田正二，清水文健，大八木規夫：地すべり地形分布図で見る深層崩壊の実態−2011年台風12号による紀伊半島の深層崩壊を対象として−，京都大学防災研究所特定研究集会「深層崩壊の実態，予測，対応」, pp.35-42, 2012
4) 清水文健，井口隆，大八木規夫：5万分の1地すべり地形分布図第23集「和歌山・田辺」，防災科学技術研究所研究資料，第271号，2005
5) 千木良雅弘，ツォウ・チンイン，松四雄騎，平石成美，松澤真：台風12号による深層崩壊発生場−発生前後の詳細DEMを用いた地形解析結果−，京都大学防災研究所特定研究集会「深層崩壊の実態，予測，対応」, pp.24-34, 2012
6) 平石成美，千木良雅弘，松四雄騎：紀伊山地における深層崩壊の発生場−地形発達過程からの検討−，京都大学防災研究所特定研究集会「深層崩壊の実態，予測，対応」, pp.53-55, 2012
7) 日本道路協会：切土工・斜面安定工指針，2009
8) 地盤工学会：地盤調査の方法と解説，2013
9) 東日本高速道路，中日本高速道路，西日本高速道路：土質地質調査要領，2012

10) 東日本高速道路,中日本高速道路,西日本高速道路:設計要領第一集,2014
11) 土木研究所,日本アンカー協会:グラウンドアンカーの維持管理マニュアル,pp.74-75, 2008.
12) 土質工学会:グラウンドアンカー設計・施工基準,同解説,1988
13) 東日本高速道路,中日本高速道路,西日本高速道路:高速道路資産の長期保全及び更新のあり方に関する技術検討委員会報告書,2014
14) 田久勉,田山聡,大江伸司,福間敏夫:2012年8月近畿豪雨による京滋バイパス土石流災害の分析,地盤工学会誌,Vol.61, No.9, pp.22-25, 2013
15) 建設省河川局砂防部砂防課:土石流危険渓流および土石流危険区域調査要領(案),1999
16) 国土交通省河川局砂防部:砂防基本計画策定指針(土石流・流木対策編)および同解説,2007
17) 国土交通省国土技術政策総合研究所危機管理技術センター砂防研究室:砂防基本計画策定指針(土石流・流木対策編)解説,国土技術総合研究所資料,2007
18) 村上豊和,下野宗彦,櫻谷慶治,中田幸男:資料調査に基づく高速道路に影響を及ぼす渓流評価手法の概要,土木学会第65回年次学術講演会講演概要集,第III部門,pp.59-60, 2010
19) 村上豊和,下野宗彦,櫻谷慶治,中田幸男:現地調査に基づく高速道路に影響を及ぼす渓流評価手法,土木学会第66回年次学術講演会講演概要集,第III部門,pp.619-620, 2011
20) 日本道路協会:落石対策便覧,2000.6
21) 鉄道総合技術研究所:落石対策技術マニュアル,1999.3
22) 地盤工学会:講座 落石対策 2.落石対策の概要,土と基礎,Vol.50, No.1, p.42, 2002.1
23) 国土交通省鉄道局 監修/鉄道総合技術研究所 編:鉄道構造物等維持管理標準・同解説(構造物編),土構造物(盛土・切土),2007.1
24) 緒方健治,松山裕幸,天野淨行:振動特性を利用した落石危険度の判定,土木学会論文集,No.749/VI-61, pp.123-135, 2003.12
25) 竹本将,藤原優,横田聖哉,三塚隆,甲斐国臣,岡本栄:落石危険度振動調査法を用いた現地調査および判定システムの開発-落石の危険度を現地で判定する

システムの開発－，土木学会第 65 回年次学術講演会講演概要集，第 III 部門，pp.75-76，2010.9
26) 深田隆弘，橋元洋典，澁谷啓：転石を模擬した剛体の振動特性による根入れ深さの推定方法，土木学会論文集 A2（応用力学），Vol.68，No.2（応用力学論文集 Vol.15），pp.I_337-I_344，2012.9
27) 深田隆弘，谷口達彦，澁谷啓：振動計測に基づく斜面上転石の落石危険度評価方法の提案，土木学会論文集 C（地圏工学），Vol.69，No.1，pp.140-151，2013.3
28) 深田隆弘，髙馬太一，谷口達彦，澁谷啓：転石型落石に対する健全度判定基準の提案と振動計測に基づく落石危険度判定の精度向上に関する考察，第 48 回地盤工学研究発表会（富山），pp.2039-2040，2013.7
29) 深田隆弘，澁谷啓：振動計測に基づく落石危険度判定方法とその適用事例，基礎工，Vol.41，No.9，pp.84-86，2013.9
30) 土木研究所：GIS を利用した道路斜面のリスク評価に関する共同研究報告書，道路防災マップ作成要領（案），2006.8
31) 深田隆弘，森泰樹，澁谷啓：線路への影響評価に基づく落石リスクマップの作成手法，土木学会論文集 C（地圏工学），Vol.68，No.1，pp.199-212，2012.3

4.3 河川・河道

4.3.1 河川管理の必要性[1)2)]

　我が国の地形の特徴を河川の観点からみると，列島中央を山地が走り，山地から海に到達するまでの距離が短いため河川の延長が諸外国の河川に比べ短い．そのため，河川の中〜上流部は急勾配で，下流域に河川氾濫に伴って形成された平坦な沖積平野が広がり，ここに多くの都市が形成されている．関東平野や濃尾平野では地盤沈下などもあり，広いゼロメートル地帯が河川下流域に広がっている．これらの河川の洪水想定氾濫区域（計画高水位よりも標高が低い地域：想定氾濫区域ともいう）に多くの人口，資産が集積しており，洪水氾濫が発生した場合，我々の生活や経済活動に大きな影響を与える．

　河川は古来より扇状地や氾濫平野などで自由奔放に乱流していた．そのため，為政者にとって，洪水による被害を減らし生活基盤，生産基盤を守るために河道改修をはじめとする河川の管理を行うことは国づくりのための重要課題であった．

　河川の主要な構造物である堤防は元々形成されていた自然堤防上に人間が盛土したものである．日本最初の堤防は西暦324年頃に築造された茨田の堤（大阪府門真市）で，集落の上流（河川）側のみに堤防を築いた尻無堤である．戦国時代になると城下町が形成され　沖積平野に多くの人口が集まるようになり都市を守るためのさまざまな治水対策が講じられるようになった．本格的な堤防の整備が始まったのはこの頃である．武田信玄が甲府盆地を水害から守るために釜無川に信玄堤を築いたり，安土桃山時代に佐々成政が富山市を水害から守るために常願寺川に石堤分水路である佐々堤を築いた．その後，江戸時代に入って，広大な低湿地の開発が始まり，それに伴う大規模な河川の改修が行われた．平野部で合流する河川を分離することで洪水を分散したり，新しい河道を開削して洪水を分流させるといった工事が利根川，木曽川，淀川などで行われた．多くの河川で，今の連続堤の原型となる村囲いの堤防が築造された．近世の大規模な河川の改修は治水だけではな

く，利水，舟運路の確保・安定化等もその目的であった．

日清戦争（明治27～28年）後，主要な河川に関しては国による改修が進められることとなった．その後，第二次世界大戦後の昭和20～36年までの15年以上の期間は，毎年のように連続して大きな水害が発生し，これに対して災害復旧，さらには治水計画を見直して河川改修を実施し，洪水に対する安全度の向上を図ってきた．

近年，戦後に整備された樋門・樋管，水門，排水機場等の河川管理施設の老朽化が問題となってきたことや，降雨の局地化・集中化・激甚化に見られる水害の新たなステージへの対応など，国民が安全で安心な生活ができる社会を守っていくために，自然公物である河川の適切な管理の重要性が従来にも増して認識されてきている．

4.3.2　河道の特性の把握[3]

河川は自然公物であることから，対象とする河川の特徴を把握してそれぞれの河川に応じた管理をする必要がある．個々の河川の特徴は，河川を取り巻く環境の違いを反映しており，与えられた自然的，人工的環境に対応する．そして，その河道特性は以下のような項目に現れる．

1) 洪水時の水理量（洪水時の流速，掃流力）
2) 河道のスケール（河道の川幅，水深，勾配）
3) 規模河床波の形態と流れの抵抗（流量変化と小規模河床波の応答・粗度変化）
4) 土砂の運動形態とその量（粒径集団ごとの輸送形式とその河道形成に及ぼす役割）
5) 氾濫原（高水敷）の特性（高水敷堆積物，洪水時の高水敷の挙動，高水敷の植生と粗度）
6) 河道の平面形状特性（蛇行形態，砂州と平面形状の関係，河岸侵食位置と侵食速度，島の形状・発生形態）
7) 河道の横断形状（砂州・湾曲と横断形状の関係，深掘れ深，洪水による横断形状変化）

8) 位況と水面幅（流況と位況の関係，水面幅，左右岸水位差）
9) 河道の縦断形変動形態（変動速度，アーマリング形態，縦断形変化と河床材料の変化）
10) 河川の生物（植物群落及び動物群落の縦断及び横断方向変化，河床材料・水質と生態系，生物相の遷移）
11) 河川の景観（河道景観の縦断方向変化）
12) 人的作用による河道特性の変化形態
13) 大洪水による河道の応答

　これらの項目は，相互に密接に関連しあっており，河道という一つの有機的（連関的）構造体を形成している．

　河道特性を把握するに当たっては，河道をセグメントという区間に分けてそれぞれの区間毎にその特性を把握する．すなわち，山間部を含めて河川の縦断形は，ほぼ同一勾配を持ついくつかの区間に分かれていると見ることができる．このような河床勾配がほぼ同一である区間は，河床材料や河道の種々の特性が似ており，これをセグメントと呼んでいる．セグメントの定義と特徴を表4.3.1に示す．セグメントの空間スケールにおいて種々の河道特性を分析するには，平均年最大流量，河床材料の代表粒径，河床勾配の3因子を用いることが適切と見られている．各セグメントにおけるこれらの3因子から，上記の河道特性を表す項目を推測し，河道計画，河川環境管理計画，河道の維持管理，河川構造物の設計などの技術的検討を行う．

　例えば，河岸侵食や横断工作物の破壊の原因になる深掘れについて見てみる．洪水時に深掘れを生じさせる要因としては，①砂州によるもの，②水路の曲がりによるもの，③川幅の変化によるもの，④小規模河床波によるもの，⑤構造物によるものなどがある．河川ではこれらの要因が重なって深掘れが生じ，河岸侵食あるいは護岸や横断工作物の破壊の原因となる．深掘れ深の評価に当たっては，これらの要因が相互に影響しあうため各要因別に深掘れ量を求め，それらを線形的に和しても深掘れの深さを正確に求められるものではないが，第一近似として，それぞれの要因別の深掘れ量を評価して和することは妥当である．現在，これらの要因ごとの深掘れ量については，ある程度定量的に評価し得るようになってきている．

表4.3.1 各セグメントとその特徴[3]

セグメント	M	1	2-1	2-2	3
地形区分	←山間地→	←扇状地→ ←谷底平野→ ←自然堤防帯→			←デルタ→
河床材料の代表粒径 d_e	さまざま	2cm以上	3cm〜1cm	1cm〜0.3mm	0.3mm以下
河岸構成物質	河床河岸に岩が出ていることが多い	表層に砂,シルトが乗ることがあるが薄く,河床材料と同一物質が占める	下層は河床材料と同一,細砂,シルト,粘土の混合物		シルト,粘土
勾配の目安	さまざま	1/60〜1/400	1/400〜1/5000		1/5000〜水平
蛇行程度	さまざま	曲がりが少ない	蛇行が激しいが,川幅水深比が大きいところでは8字蛇行または島の発生		蛇行が大きいものもあるが,小さいものもある
河岸侵食程度	露岩によって水路が固定されることがある。沖積層の部分は澄しい	非常に激しい	中:河床材料が大きいほうが水路はよく動く		弱:ほとんど水路の位置は動かない

なお,実河川の河岸浸食形態や局所洗掘形状を見ると,河床材料,川幅,平面形状,水深,洪水流の情報だけでは,その形態が生じた原因を推察できないことが多々ある.日本の沖積地河川は,現在,河床低下の傾向にあるところが多く,局所洗掘には河床下の堆積物や地質が大きく関係している.基岩や洪積層が露出したり,あるいは沖積粘土層が現れたりして,河床洗掘形状に影響を与えるのである.洗掘深の予測に当たっては,河床及び河岸物質,高水敷表層下,河床下の土質の層序構造を把握しておく必要がある.

4.3.3 河川の周辺の土質や堤防の構造の複雑さ[4]

典型的な河川は,上流の山間部を経て平野に出た所で扇状地を形成し,勾配がゆるくなった所で氾濫平野となり,河口付近で三角州を形成する.

特に氾濫平野では氾濫によって流路が変わり,氾濫した土砂は河道沿いに堆積し自然堤防を形成する.自然堤防が発達すると氾濫水や内水が排水されにくくなり,自然堤防の背後に後背湿地が形成される.また,水が流れなくなった旧河道なども見られる.氾濫平野を構成する土質は軟弱な沖積層であ

り，その表層部は河川の氾濫や流路変化の影響を直接的に受けているために極めて複雑なことが特徴である．このように，河川は上流から下流まで様々な様相を呈しており，主要な都市が形成され管理上重要な区間である氾濫平野をみても，その地形，土質も複雑に構成されている．

　河川に沿って設けられている長大な延長を有する堤防は，河川を管理する上で主要な施設であるが，このような複雑な自然の基礎地盤の上に築造されている．その堤体は，洪水による災害を被るたびに従来からある堤防を活用して嵩上げや拡幅等の補強が繰り返され，現在に至ったものが多く，材料そのものは河道の浚渫土や高水敷の掘削土等の現地発生材料を主体としてきた．したがって，土質（築堤材料）や施工法（締め固め方法等）は，その時代の技術力あるいは経済力を反映して様々であり，極論すれば一つとして同じ中身のものはないといえるものである．ちなみに，図 4.3.1 は，堤防開削調査により明らかになった堤体の土質構成の複雑さを示す堤体の一例を示したものである．また，図 4.3.2 は，数多くの開削調査によって明らかになった既設堤防の土質分類とその工学的な性質を整理した事例であり，築堤材料としてすべての土質分類の土を含むこと，また，同一土質分類の土であっても工学的な性質に大きなバラツキがあることが分かる．締固め度については，平均で 90％との近年の規定もあるが，同図を見るとこれを大きく下回る事例も少なくない．締固め度は，図 4.3.3 に例示するように土の透水性や強さと深く関係し，同一の土質であっても締固め度が 10％違えば透水係数は1オーダー程度異なり，また，土の強さも大幅に変化することが確認されている．

　このように，歴史的な経緯の中で堤防は土質（分類）の多様さに加え，工学的にみても極めて複雑で不均質な状態にあり，さらにそのような堤体土質の情報そのものが限られることも一つの特徴ということができる．

4.3.4　河川の管理の特質[7)][8)]

これまで述べてきたように，河道は与えられた自然的，人工的環境に対応して個々の河川毎にその特徴が表れている．また，主な施設である堤防は人

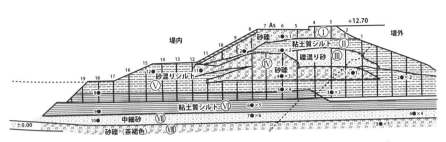

図 4.3.1 堤防開削調査により明らかにされた堤体の土質構成の例[4]

		含水比 w (%) 20 40 60 80100	間隙率 n (%) 20 40 60 80100	湿潤密度 ρ_t (g/cm³) 1.2 1.4 1.6 1.8 2.0	乾燥密度 ρ_d (g/cm³) 0.6 1.0 1.4 1.8 2.2	飽和度 Sr (%) 20 40 60 80100	締固め度 Cr (%) 60 70 80 90100	透水係数 Ks (cm/sec) $10^{-7}10^{-5}10^{-3}10^{-1}$
礫粒土	(GW) きれいな礫							
	(GP) 粒度の悪い礫							
	(G-M) シルト混り礫							
	(G-C) 粘土混り礫							
	(GM) シルト質礫							
砂粒土	(SP) 粒度の悪い砂							
	(S-M) シルト混り砂							
	(S-C) 粘土混り砂							
	(SM) シルト質砂							
	(SC) 粘土質砂							
細粒土	(ML) シルト (低塑性)							
	(MH) シルト (高塑性)							
	(CL) 粘質土							
	(CH) 粘土							
	(VH.) 火山灰質粘土							

注)河川堤防の開削調査結果にもとづき、堤体の土質分類別にその性状(土質定数)の範囲を整理したものである

図 4.3.2 既設堤防の土質性状[5]

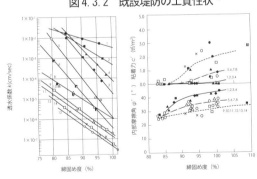

b) 締固め度と透水係数の関係　　b) 締固め度と強度定数 c, φ の関係

注)図中の数字は試料番号で、これが小さいほど細粒分が少なく、大きいほど細粒分が多い

図 4.3.3 土の締固め度と工学的性質の関係を示す事例[6]

工構造物であるが，複雑な自然の基礎地盤の上に構築され，堤体は歴史的な経緯の中で極めて複雑で不均質な状態となっており，長年の出水時の経験等に基づいて安全性を確認してきた構造物である．自然公物でありかつ出水等によって変状を生じる河川，さらに主たる河川管理施設であり歴史的な築造の経緯を有する堤防等を対象とする河川維持管理（日常及び出水時の対応）は，河川整備と相まって，治水上の安全性を確保するよう現地での変状等に対応し，長年にわたって経験を積み重ねながら実施されてきた．

　したがって，現状の河川維持管理の実施内容あるいはその水準は，河川巡視，点検による状態把握，維持補修等を繰り返してきた中で培われてきた．

　2013年4月の社会資本整備審議会からの「安全を持続的に確保するための今後の河川管理のあり方について」の答申では，河川維持管理の技術的な特徴を次のように記している．「河川の管理の主要な対象である河道や堤防は，長大な延長と区間・箇所ごとに異なる特性を有し，洪水という特異な事象によって箇所ごとに顕在化する変化等を捉えて管理する必要があることから，様々な条件下で生じた過去の変状・被災，それらに対する災害復旧や維持修繕等の履歴から得られる知見を蓄積し，それらの経験に基づいた管理を行ってきた．このように河道と堤防を主たる対象にする河川の管理は，人工構造物を管理の中心とする他の社会資本施設の管理とは本質的に異なるものである．一方，堤防を除く河川構造物は，コンクリート構造物等からなる土木施設部分，機械設備，電気通信施設等から構成され，初期の状態や所要の機能に生じる劣化に対して，点検・補修等の一連の管理を行ってきた．以上のように河川の管理は河川を構成する種々の要素の特性に応じて行われてきたものである．」

　河道や河川構造物の被災箇所とその程度はあらかじめ特定することが困難である．河川維持管理はそのような制約のもとで，河道や河川構造物において把握された変状を分析・評価し，対策等を実施せざるを得ないという性格を有している．実際，河川管理では，従来より河川の変状の発生とそれへの対応，出水等による災害の発生と対策や新たな整備等の繰り返しの中で順応的に安全性を確保してきている．そのため，河川維持管理に当たっては，河川巡視，点検による状態把握，維持管理対策を長期間にわたり繰り返し，

それらの一連の作業の中で得られた知見を分析・評価して，河川維持管理計画あるいは実施内容に反映していくというPDCAサイクルの体系を構築していくことが重要である．

河川維持管理に必要とされる主要な事項を定め，もって適正な河川管理に資することを目的とし，河川砂防技術基準維持管理編（河川編）が定められている．この基準では，河川の状態変化を把握し，その分析・評価を繰り返すことにより工学的な知見を積み重ね，経験を中心とした技術から工学的な技術体系への転換を図りながら，その改定に努めていくことが重要とされている．

参考文献

1) 末次忠司：総合河川学から見た治水・環境，河川技術ハンドブック，鹿島出版会，2010
2) 水防ハンドブック編集委員会：実務者のための水防ハンドブック，技報堂出版，2008
3) 山本晃一：沖積河川－構造と動態－，技報堂出版，2010
4) 国土技術研究センター：河川堤防の構造検討の手引き（改訂版），2012
5) 三木博史，中山修，佐古俊介，堀越信雄：河川技術に関する論文集，第6巻，2000
6) 久楽勝行，三木博史，関一雄：土木技術資料，Vol.24, No.3, 1982
7) 国土交通省：河川砂防技術基準 維持管理編（河川編），2015
8) 社会資本整備審議会：安全を持続的に確保するための今後の河川管理のあり方について〔答申〕，2013

4.4 海岸・海浜

4.4.1 自然海岸とその変状

　海岸とは，波（暴風時）の影響が海底に伝わり始める沖側の境界から，岸に向かって伝搬した波が遡上した陸側の限界までの領域とされている．さらに，構成物の違いにより，海岸は岩石海岸，海浜，サンゴ礁海岸に分類される．我が国の海岸線の総延長約 35,000km のうち，約 60%が岩石海岸，残りの大半が海浜となる．海浜に関しては，さらに浜を構成する底質の粒径の違いにより，砂浜，泥浜，および礫浜に分類される．

　海岸においては，波や流れなどの自然外力の作用による地形の変化が生じるため，このような自然公物の維持管理においては，地形変化の特徴について理解しておくことが重要である．そこで本節では，主に砂浜域を対象として，海浜の地形変化に関する基本事項（波や流れ等の自然外力，底質移動と地形変化，海岸構造物周辺での地形変化）について述べた後に，その諸機能の維持管理とモニタリングの必要性について述べる．

4.4.2 海浜域の特徴

(1) 海浜断面および平面形状の特徴

　海浜における岸沖方向の断面地形に対して，その水深帯に応じた分類（呼称）がいくつかあるが，ここでは文献1)に基づいて説明する．図 4.4.1 に示すように，まず，沖から入射する波浪が砕け始める地点（砕波点）を境にして，それよりも沖側の沖浜，岸側の砕波帯に区分される．ただし，砕波点や砕波帯の岸側境界は，入射波浪の波高・周期，および潮位条件に依存して変化するものであり，時空間的に固定されるものではない．海浜の陸上部分は，静穏時の波浪の遡上波が作用する範囲を前浜と呼び，前浜の陸側境界から荒天時における波浪の到達限界までの範囲を後浜と呼ぶ．海底部分には海岸線に平行して，細長い高まりがみられる場合があり，これを沿岸砂州（あるいはバー）という．

一方，海浜の平面形状に関しては，図4.4.2に示すように，河口や岬，島などの地形条件や，海浜の砂の動き（漂砂）によって多様な形状が出現する．例えば，沿岸方向の漂砂が卓越する海岸で，河口や湾口のように海岸線が急に屈曲する場所に到達した際に，移動してきた土砂が河口や湾口をふさぐように堆積し，砂嘴（さし）という地形が形成される．陸の近くに島があると，島の陸側部分では，陸から島に向かう舌状の砂州が形成され，陸と島が連結した場合にはトンボロ地形と呼ばれる．

　このような海岸線の平面地形が維持されるためには，沿岸漂砂の収支バランスが保たれていることが重要であり，そのバランスが崩れ漂砂上手側からの供給が減ると汀線の後退（侵食）が，供給が増えれば汀線の前進（堆積）が生じることになる．収支バランスが崩れる要因としては，河川などから海岸へ供給される土砂量の減少や，海岸への防波堤等の構造物の設置に伴う沿岸漂砂の遮断の影響などがある．海浜の維持管理において，侵食問題をはじめとする海浜地形の変化を把握することが最も重要な課題であり，土砂の収支バランスの変化には十分に留意する必要がある．そのほか，海浜地形の変化要因として地盤沈下や隆起などの地盤変動や，平均海面の上昇・下降もある．これらの影響については，漂砂現象による地形変化に比べて長い時間スケールで評価する必要がある．

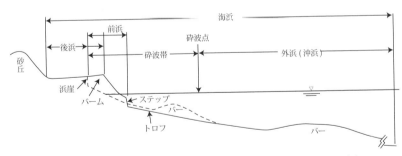

海浜プロファイル（実線は静穏時，破線は暴浪時を示す）：区分と代表的な地形

図4.4.1　海浜断面の地形の特徴[1]

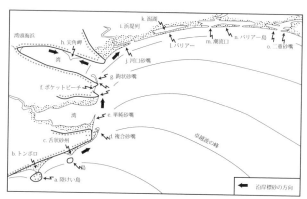

図4.4.2 海浜の平面地形の特徴[1]

(2) 基本外力

海浜地形の変化を生じさせる主要な外力となる，波浪と海浜域での流れの特徴について概説する．

まず，海岸付近での波の伝搬における運動学的な特徴の一つとして，水面下の水粒子については，ほぼ同じ場所を円または楕円軌道上を周回していること，さらに水粒子の運動範囲は，水面から海底に向かうにしたがって減少していくことが挙げられる．その影響範囲は，水深（h）と波長（L）の比に依存する（図4.4.3）．

例えば，水深と波長の比（h/L）が0.5よりも大きい深海波の場合，波浪運動による水粒子の運動は海底まで伝わらず，波による海底堆積物の移動は生じない．一方，h/Lが0.5よりも小さく（水深が浅く，あるいは波長が長く）なるに従い，表面波による水粒子の運動が海底面まで達するようになり，やがてその程度に応じて底質を動かすようになる．また，沖から波が岸に伝わる際には，水深が浅くなるほど波高が増大し（浅水変形という），岸付近で砕波した後，汀線（波打ち際）に向かって減衰する．

一方，図4.4.4に示すような，平面的な波の変形現象も地形変化を生じさせる重要な因子となる．波の伝搬速度（波速）は水深が浅くなるほど遅くなる性質により，等深線に斜めに入射した波は等深線に対して直角の方向に近づくように波向きを変え（屈折）ながら岸まで到達する．また，防波堤など

の構造物が,波の進行途中に存在する場合,その背後に波が回り込む(回折)ことになる.海浜付近における波向きの変化は,汀線付近の地形変化とも密接に関係するため,汀線に向かって波がどの方向から入射するかを知ることは非常に重要である.

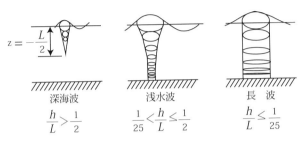

図4.4.3 波高・水深比の変化によって異なる水粒子運動の変化[1]

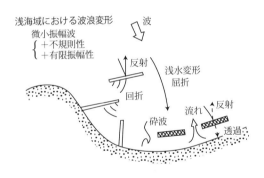

図4.4.4 波の変形[1]

　海岸付近の流れとして,黒潮や親潮などの海流,潮汐波による潮流のほか,波浪が誘引する海浜流がある.このうち,海浜の底質移動や地形変化現象に対しては,海浜流が主要な外力のひとつとなる.ただし,潮位差の大きな内湾では,潮流の作用も海浜変形を評価するうえで無視できない場合もある.
　海浜流は概念的に図4.4.5のように示され,波による質量輸送,海岸線と平行に流れる沿岸流,さらに岸から沖合に向かう離岸流により構成される.

波による質量輸送は，水粒子の円運動の軌道が完全に閉じているわけではなく，少しずつ波の伝搬方向に水塊が移動することにより生じる．沿岸流は波の運動によって生じる過剰運動量流束（ラディエーション応力）の空間分布と流れによる底面摩擦がつり合うように生じ，波が斜めに入射するときに発達する．一方，離岸流は海岸に直角に波が入射するときに，砕波帯を横切って沖に向かうように流れる．これらの流れは，いずれも波の周期の数倍以上の時間スケールを持った現象であり，波により浮遊した砂の移動において重要な外力となる．

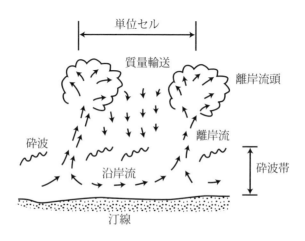

図4.4.5　海浜での流れ[2]

4.4.3　底質移動と海浜変形

(1) 底質の移動

海浜を形成する土砂は，主に河川からの流下土砂，海岸背後の砂丘，および海食崖により供給される．海浜砂の鉱物組成として，代表的なものは石英（比重：2.65）や長石（同：2.6〜2.7）などの軽鉱物のほか，磁鉄鉱（同：5.2）や輝石（同：3.3）などの重鉱物がある．堆積物は，その粒径に応じて大きいものから，礫，砂，シルト，粘土と分類される．

このような底質が，海浜域の波により生じる移動を模式的に示したものが

図4.4.6である．沖から入射する波は，前項で述べたように十分水深が大きい沖合では，波の運動が海底に伝わらないため，波による底質の移動は生じない．水深が浅くなるにつれて，波の運動による水粒子の動きによる底面摩擦力が底質粒子の抵抗力を超えるようになると，底面に沿った底質の移動（掃流砂）が生じる．このときの水深を移動限界水深と呼び，水粒子の往復運動によって砂漣（されん）と呼ばれる砂の凹凸ができ始める．また，砂漣の周りに渦が生じるようになると，砂が浮遊した状態で移動する浮遊砂も発生する．さらに水深が浅くなり，水粒子の運動による底面摩擦が増大すると砂漣は消滅し，底層近傍を高濃度で移動するシートフローが生じる．一方，砕波帯では砕波による乱れの影響により，海底砂が巻き上げられ大量の浮遊砂が発生し，沿岸流などの流れにより移動する．

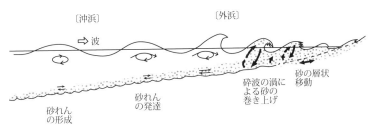

図 4.4.6　波による底質の運動の模式図[3]

海底砂の移動が始まる状態に応じて，種々の移動限界条件の定義がある[4]．例えば，どの水深から底質の移動が生じるかを示す指標となる移動限界水深 (h_i) は，式(4.4.1)により表される[2]．

$$\frac{H_0}{L_0} = \alpha \left(\frac{d}{L_0}\right)^n \left(\sinh \frac{2\pi h_i}{L}\right)\left(\frac{H_0}{H}\right) \tag{4.4.1}$$

ここに，H_0, L_0：沖波波高および波長，d：底質粒径，H, L：移動限界水深での波高および波長，である．係数 α と n の値については，移動限界をどのような状態と捉えるかにより異なり，例えば底質表層で砂の移動が始まる表層移動限界には $\alpha = 1.35$, $n = 1/3$, あるいは水深変化が生じ始める完全移動限界には $\alpha = 2.4$, $n = 1/3$, となることが実験および現地観測の結果から求められて

いる[5].

(2) 海浜地形の変化

海浜の形状変化は，前項で述べたような底質移動の結果として生じる．岸沖方向に生じる砂の移動を岸沖漂砂といい，高波浪時の海浜断面の変化など，比較的短期間に生じる地形変化をもたらす．図4.4.7に模式的に示すように，荒天時には前浜付近で侵食された砂が，砕波帯内の戻り流れにより沖向きに輸送され，砕波点付近に集積して沿岸砂州（バー）が形成される．これに対し，静穏時になると岸向きの掃流砂が卓越し，荒天時に形成された沿岸砂州から砂が岸向きに移動し，荒天時前の地形に戻っていく．このような変化について，現地海岸の汀線位置の観測記録により示したものが図4.4.8である．荒天時に2，3日程度の期間で急激な汀線の後退が生じ，元の位置に戻るのに2～3週間の期間を要していることがわかる．

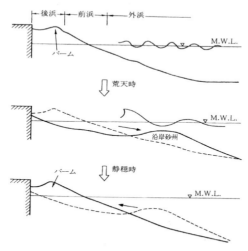

図4.4.7　入射波高に応じた海浜断面変化[1]

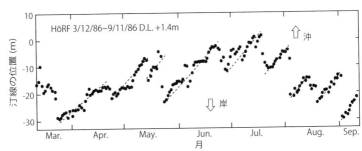

図4.4.8　汀線位置の変化（荒天時の後退および静穏時の前進）[6]
（国立研究開発法人港湾空港技術研究所提供）

　一方，より長期的な海浜変形は底質の沿岸方向の移動（沿岸漂砂）によって生じ，海岸の侵食や港湾の埋没に深く関与する．沿岸漂砂は，波が汀線に対して斜めに入射することにより，岸と平行な流れ（沿岸流）の発生により引き起こされる．したがって，その卓越方向は波向きに依存するため，季節ごとに異なる方向になることもある．沿岸方向の漂砂が生じている場合，底質が移動してくる側（漂砂の上手側）からの土砂流入量と，底質の移動していく側（漂砂の下手側）への土砂流出量の収支バランスの変化により海浜地形の変形が生じる[7]．その原因の一つとなる，海岸に構造物等を設置した場合について，沿岸漂砂の阻止により生じる海岸地形への影響について次項で詳述する．

4.4.4　構造物周辺での地形変化

(1) 構造物の設置に伴う地形変化
　自然海浜の状態で地形が安定していても，沿岸漂砂が卓越する海岸では，構造物の設置に伴い海浜の平面形状が変化する．このときの地形変化は，おおむね以下の3つの原則にしたがうものとなる[3]．
1) 海浜から構造物を突き出すと，その上手側で汀線の前進（堆積）が生じ，下手側では汀線の後退（侵食）が生じる．
2) 岬・岩礁などに挟まれ，弧状にへこんだ安定な形状を有する自然海岸の中間に海浜から突き出た構造物を建設すると，構造物を新しい岬とみな

して，従来の岬との間に弧状の海浜が形成される．
3) 海浜の沖合にある島などの陰では，ラディエーション応力の平面的な変化による海浜流の循環が生じ，底質は波の遮蔽域の中央に引き寄せられる．

(2) 構造物周辺で生じる主な地形変化パターン

港湾等の築造により生じた海浜地形の変化を類型化した研究[8]を参考に，代表的な構造物の周辺で生じる地形変化の特徴を以下に述べる．

(a) 突堤

主に砕波帯内の沿岸漂砂が突堤に捕捉されることにより，突堤の漂砂上手側では汀線前進，下手側では汀線後退がそれぞれ生じる（図4.4.9）．ただし，突堤が長くなると，波の遮蔽効果により突堤の下手側でも堆積を示す場合がある．また，突堤先端部では上手側からの突堤を回り込んだ漂砂の堆積により浅瀬が形成される場合もある．

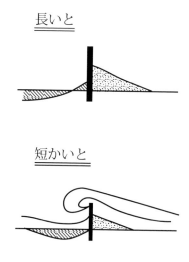

図4.4.9 突堤前後での汀線位置の変化[8]
(国立研究開発法人港湾空港技術研究所提供)

(b) 離岸堤背後の地形変化

離岸堤背後に生じる循環流の影響により，離岸堤よりも岸側の静穏域に砂が堆積し，汀線が沖に張り出したトンボロ地形が形成される（図 4.4.10）．静穏域の両側では汀線の侵食が生じる．沿岸漂砂の卓越する海岸でトンボロが発達すると，それ自体が突堤として機能することになり，下手側で侵食が生じる．

(c) 防波堤背後の地形変化

直線部と屈曲部から先の斜部で構成される防波堤では，その背後の静穏域で底質の堆積が生じ，外側の海浜が侵食される．防波堤の延伸とともに堆積域は広がり，侵食域は構造物から離れていく．この地形変化は，防波堤背後の波の遮蔽域で生じる循環流の影響によるもので，上述のトンボロ形成メカニズムと同様であることから片トンボロともよばれる．

トンボロが十分発達すると

図 4.4.10　離岸堤背後での汀線位置の変化[8]
(国立研究開発法人港湾空港技術研究所提供)

図 4.4.11　防波堤背後での汀線位置の変化[8]
(国立研究開発法人港湾空港技術研究所提供)

このような防波堤背後の航路・泊地内への土砂堆積と，外側の海浜での侵食を軽減するため，防砂堤を設置する場合が多い（図 4.4.11）．この場合，防砂堤に沿って汀線が徐々に前進し，防砂堤先端部で砂が堆積することによる航路埋没が生じる場合がある．また，沿岸漂砂が卓越する場合には，防波堤先端部を回り込む砂の堆積により砂州が形成され，やはり航路埋没の原因となる場合もある[8]．

4.4.5 海浜の機能維持とモニタリング

海浜の主たる機能の一つは，海岸の防護である．前述のとおり自然の砂浜では，荒天時の高波により前浜が侵食されても，その後の静穏時の波の力による前浜での砂の堆積により海浜地形が回復する．しかし，後浜に護岸等の構造物を設置した場合には，護岸の基部まで一旦侵食が進んでしまうと，反射波の発生により砂浜の回復が妨げられ，砂浜の防護機能は失われ護岸等の構造物の被災にもつながる場合もある．このため，砂浜の防護機能の維持管理においては，海浜地形のモニタリングにより，どれだけ浜幅が維持されているかを把握することが重要となる．モニタリング内容としては，地上部（汀線から後浜頂部）の地形測量や，海中部を対象とした定期的な深浅測量が基本となる．ただし，海浜地形の季節変化が見られる場合には，毎年同じ時期に測量を行うなど，調査時期には注意が必要である[9]．一方，測量調査以外の方法として，航空写真による汀線の変化傾向を把握する方法もある[10]．

また海浜は，防護機能以外にも環境や利用の機能も有しており，その機能の維持管理が求められる場合もある．これらの環境や利用面の維持管理においては，重視すべき環境項目（水質，底質，生態系など）や求められる利用形態に応じて，関連するマニュアル等を参照して，調査項目や管理目標を適宜選定することが望ましい[11][12]．

参考文献

1) 土木学会海岸工学委員会海岸施設設計便覧小委員会：海岸施設設計便覧，2000
2) 堀川清司：新編・海岸工学，東京大学出版会，1991

3) 合田良実：海岸・港湾（二訂版），彰国社，1998
4) 椹木亨編著：波と漂砂と構造物，技報堂出版，1991
5) 佐藤昭二：漂砂，1966年度水工学に関する夏期研修会講義集，B海岸・港湾コース，pp.19-1-19-2，1966
6) 加藤一正，柳嶋慎一，村上裕幸，末次広児：汀線位置の短期変動特性とそのモデル化の試み，港湾技術研究所報告，Vol.26，No.2，pp.63-96，1987
7) 宇多高明：日本の海岸浸食，山海堂，1997
8) 田中則男：日本沿岸の漂砂特性と沿岸構造物築造に伴う地形変化に関する研究，港湾技研資料，No.453，1983
9) 海岸保全施設技術研究会編：海岸保全施設の技術上の基準・同解説，2004
10) 栗山善昭：海浜変形「実態，予測，そして対策」，港湾空港技術振興会，技報堂出版，2006
11) 海洋調査協会：海洋生態系調査マニュアル，2013
12) 日本マリーナ・ビーチ協会：ビーチ計画・設計マニュアル（改訂版），2005

第5章　社会インフラ部門別のメンテナンス

　社会インフラのメンテナンスのうち，第3章では構造物のメンテナンスを，第4章では自然公物の管理を対象として，その基本的な考え方や標準的な方法などを説明した．しかし，実際に行われている社会インフラのメンテナンスは，コンクリート構造物や鋼構造物といった使用材料に着目して行われてはいないし，構造物と自然公物を分けたメンテナンスが行われているわけではない．

　実際には，道路，河川，港湾といった社会インフラの機能ごとにメンテナンスが実施されている．そこで本章では，道路，河川，港湾などの社会インフラ部門ごとに，現状で行われているメンテナンスの現状について概説する．社会インフラ部門別のメンテナンスの詳細については，本書の「Ⅲ.部門別編」を参照されたい．

　本章で対象とする社会インフラ部門は，次の14種類である．すなわち，①ダム，②砂防，③河川，④海岸保全施設，⑤農業水利施設，⑥上水道，⑦下水道，⑧電力施設，⑨ガス施設，⑩通信施設，⑪道路，⑫鉄道，⑬港湾，⑭空港である．当然のことながら，ここで挙げた14部門以外にも重要な社会インフラは存在する．これらのメンテナンスについては，本書で示したメンテナンスの思想を踏まえて，個別の実情を考慮してメンテナンスを実行していく必要がある．

　また，ここで示した14部門の社会インフラについても，基本的には，比較的大型の土木施設を中心に概説しており，実際に社会インフラの機能をいかんなく発揮させるためには，比較的小規模の施設・設備についても適切なメンテナンスが不可欠であり，土木施設以外の電気施設や機械施設についても十分な配慮が必要である．例えば，電気や水道の各戸内の配管等についても，利用者の利便性を考慮すると，そのメンテナンスが重要であることは言うまでもない．

5.1 ダム

5.1.1 ダムの種類

ダムとは，流水を貯留することを目的として建設された構造物で，高さ15m以上のものをいう．我が国の河川は年間を通じて流量の変動が大きいことから，洪水など流量の豊富な時期の流水を貯留して，渇水時にこれを放流して利用できるダムが，これまで多数建設されてきた．ダムの目的には，洪水調節，流水の正常な機能の維持のほか，水道用水・工業用水・かんがい用水の供給，発電などがあり，複数の目的を有するダムを多目的ダムと呼んでいる．

ダムは，堤体を構成する材料によってコンクリートダムとフィルダムに分類される．さらに，コンクリートダムは重力式ダム(図5.1.1)，アーチ式ダム(図5.1.2)などに，フィルダムはロックフィルダム(図5.1.3)，アースダム(図5.1.4)などに区分される．第二次世界大戦前までは，かんがい用のアースダムが盛んに建設されたが，近年は重力式コンクリートダムの施工数が多い．

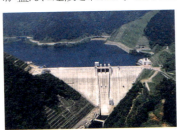

図5.1.1 重力式コンクリートダム
(宮ヶ瀬ダム)

図5.1.2 アーチ式コンクリートダム
(温井ダム)

図5.1.3 ロックフィルダム
(胆沢ダム)

図5.1.4 アースダム
(狭山池ダム)

5.1.2 ダムの維持管理

(1) ダムの現状

 我が国には，平成25年3月末現在，約2,600のダムがある．型式別にみると，アースダムが46%，重力式コンクリートダムが38%，ロックフィルダムが11%であり，これら3つの型式で計95%と大半を占めている．
 竣工年度別のダム数を，図5.1.5に示す．

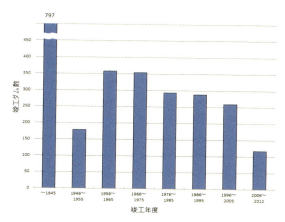

図5.1.5　竣工年度別のダム数

(参照：「ダム年鑑2015」(一財)日本ダム協会)

 平成27年現在，竣工後50年以上経過したダムが1,300余りあり，全体の半数を占めている．さらに，今後40年間は10年ごとに約350〜250ダムが竣工後50年以上となる状況が継続するため，ダムの高齢化は一気に加速する．

(2) ダムの維持管理における点検・検査

 国土交通省所管ダムにおける点検・検査の構成を，図5.1.6に示す．
 国土交通省所管ダムの点検・検査は，日常点検，臨時点検，ダム総合点検，定期検査から構成される．ダムの状態把握は，日常点検，臨時点検及び定期検査を基本として継続的に実施することにより，変状の発生を初期段階で検出して，必要に応じて対策を講じてきた．平成25年度以降は，これらに加えて，長寿命化を図るために，長期供用に向けた維持管理の観点を導入した

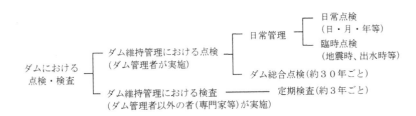

図5.1.6 ダムの維持管理における点検・検査の構成

ダム総合点検を実施することとなった．各々の点検・検査の基本的な内容を以下に示す．

① 日常点検（日・月・年等）

　日常点検は，ダム管理者がダム施設等の状態を把握するために行う基本的な点検であり，定期的な巡視及び計測装置等の計測により行われる．日常点検項目は，対応する法令・指針・要領等ならびにダム施設等の状態に応じて設定し，当該ダムの管理期区分や健全度に応じた適切な方法及び頻度で実施する．

② 臨時点検（地震時，出水時等）

　臨時点検は，ダム管理者が一定規模以上の地震や出水またはそれ以外のダム施設等に損傷等を及ぼすおそれのある事象が生じた場合に，ダム施設等の異常発生の有無を確認するために実施する．

　臨時点検は，発生した事象に応じてあらかじめ設定した点検項目・頻度・巡視ルートで点検を行う．その結果，何らかの異常が認められた場合は健全度の評価を行い，対応の必要性を判断する．臨時点検は，ダムに生じた異常の早期発見とその拡大の防止のために不可欠な行為である．

③ 定期検査（約3年ごと）

　定期検査は，ダム管理者以外の者（専門家等）が，管理体制及び管理状況，資料・記録の整備保管状況，施設・設備状況について，概ね3年に1回以上の頻度で定期的に確認することで，ダム施設及び貯水池の機能が良好な状態に保持されているかを確認するために実施する．定期検査の結果を踏まえ，必要に応じて，日常点検における点検項目や頻度，管理基準値，臨時点検に

おける経路や計測項目等について，見直しが行われる．
④ダム総合点検（約30年ごと）
　ダム総合点検は，ダム管理者がダムを構成する土木構造物の管理状況，劣化具合等に対して，技術的知見による総合的な現状調査や健全度の評価等を行うために実施する．ダムを構成する土木構造物以外の機械設備，電気通信設備，その他のダム施設等については，各設備に対応する要領・マニュアル等により健全度評価等を行った結果の要点を整理し，それらの評価結果をまとめて総合的に維持管理方針としてとりまとめる．ダム総合点検は，管理開始後30年までに着手し以降30年程度に1回の頻度で実施することが基本であるが，30年程度の経過によらず経年劣化の著しい進行や大きな外力の作用によりダム機能が損なわれるおそれがあると判断した場合には，ダム総合点検を実施する．

5.1.3　ダムの長寿命化と有効活用

　ダムの長寿命化を進め，ダムを有効活用するための主な取組みを以下に示す．

(1) 法制度と技術基準類の整備
- 平成25年12月に施行された改正河川法に基づき，ダムを含む河川管理施設等を良好な状態に保つよう維持・修繕するために，共通して順守すべき技術的基準が河川法施行令に規定された．
- 平成25年10月に，長期にわたってダムの安全性及び機能を保持していくため，30年程度のサイクルで実施するダム総合点検が制度化された．
- 平成26年4月に，ダムの維持管理水準の維持・向上を図るため，河川砂防技術基準維持管理編（ダム編）が策定された．

(2) ダム再生
　ダムは，適切な維持管理を行えば耐用年数が長期に及ぶため，時代の要請にあわせてダムを有効に活用していく必要がある．たとえば，ダム完成後50

年以上が経過している鶴田ダムでは，図5.1.7に示すように，洪水調節機能を強化するため，堤体を削孔して放流管を増設するダム再生が実施されている．

図5.1.7　ダム再生事例（鶴田ダム）

ダム再生は，ダムを新設する場合に比べて，短期間で効果が発現できること，自然・社会環境に及ぼす影響を低減できること，より経済的に目的を達成できることなどのメリットがあるため，今後ニーズがさらに高まるものと考えられる．

参考文献
1) （一財）日本ダム協会：ダム年鑑 2015

5.2 砂防

5.2.1 砂防関係施設の構成

砂防関係施設は，砂防設備，地すべり防止施設，急傾斜地崩壊防止施設及び雪崩防止施設に大きく分類される．

砂防設備は，主な機能からは山腹における土砂生産抑制，渓床・渓岸における土砂生産抑制，渓流・河川における土砂流送制御に整理され，主な構造物としては砂防堰堤や床固工がある．

地すべり防止施設は，主な機能からは抑制工，抑止工に整理され，主な構造物としては集水井工やアンカー工がある．

急傾斜地崩壊防止施設は，主な機能からは抑制工，抑止工に整理され，主な構造物としては擁壁工や法面保護工がある．

雪崩防止施設は，主な機能からは予防工，防護工に整理され，主な構造物としては柵工や誘導工がある．

5.2.2 砂防関係施設のメンテナンス

(1) 砂防関係施設の現状

現在のような砂防事業は，明治時代に入って西洋技術の導入と砂防法の整備により体系化された．昭和に入り，地すべり等防止法や急傾斜地法が整備され，各地で砂防，地すべり防止対策，急傾斜地崩壊対策が国や都道府県により実施されるようになった．建設されてから100年程経過した施設もあるが，砂防関係施設の多くは他のインフラ同様，第二次世界大戦後に急速に整備されている．『国土交通省インフラ長寿命化計画（行動計画）』（平成26年5月，国土交通省）によると，平成25年12月時点で，全国の砂防堰堤，床固工の施設数は95,675基，そのうち建設後50年以上経過する施設の割合は，平成25年3月で3％，10年後に5％，20年後に21％になるとされている．

砂防関係施設は，出水や地震などよる損傷や，時間経過に伴う劣化が生じる．一方，これら施設が立地する場の条件は，流水量の大小や土石流・崩壊

の規模・頻度，地形・地質・土質など千差万別である．施設の設置以降に，例えば，出水・地震等に伴う崩壊・土砂流出の発生や風倒木の発生により，施設周辺の状況が変化することも多い．さらに，施設を構成する材料はコンクリートだけでなく，鋼材，ブロック，砂防ソイルセメント，石，土砂など多種であり，材料の損傷や劣化の特性は様々である．加えて，大半の施設は山間部や島しょ部などに立地しており，渓流の上流部など進入が難しいなどの理由で，維持修繕作業のみならず，点検が困難な場合も多い．このほか，維持管理の実施体制，維持管理予算の確保など，砂防関係施設の維持管理には多くの課題が残されており，「施設の機能及び性能を維持・確保する」という目標に対して，今後の一層の取組み強化が必要となっている．

(2) メンテナンスの目的

砂防関係施設のメンテナンスの目的は，保全対象を守る観点から既存の砂防関係施設の健全度等を把握し，長期にわたりその機能及び性能を維持・確保するため，施設の点検・評価を通じ維持，修繕，改築，更新の対策を適確に実施することである．

(3) 点検

砂防関係施設の機能や性能の低下などの状況を把握するために行う調査のこと．定期点検，臨時点検，及び詳細点検から構成される．定期点検は点検計画に基づき実施され，臨時点検は出水時や地震時などの事象の発生直後の出来るだけ早い時期に実施され，詳細点検は必要に応じて実施される．

(4) 評価

点検結果に基づき，砂防関係施設の健全度を的確に把握すること．

(5) 維持

砂防関係施設の機能や性能を確保するために行う軽微な作業のこと．

(6) 修繕

既存の砂防関係施設の機能や性能を確保，回復するために，損傷または劣化前の状況に補修すること．

(7) 改築

砂防関係施設の機能や性能を確保，回復するとともに，さらにその向上を図ること．

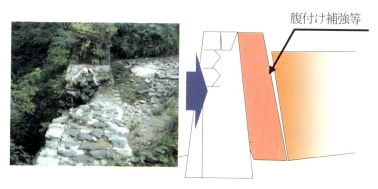

図5.2.1 砂防堰堤の改築イメージ

(8) 更新

既存の砂防関係施設を用途廃止し，既存施設と同等の機能及び性能を有する施設を，既存施設の代替として新たに整備すること．

5.2.3 砂防関係施設の長寿命化対策

砂防関係施設の長寿命化対策を進めるための主な取組みを以下に示す．

(1) 砂防関係施設の長寿命化計画の策定

長寿命化計画の策定にあたっては，施設点検等により機能の低下，性能の劣化状況を把握し，施設の健全度を評価するとともに，個々の砂防関係施設の上流地域及び周辺の荒廃状況，保全対象との位置関係，施設の重要度，過

去の災害履歴など防災上の観点，対策に係るコスト等をよく勘案して対策の優先順位を検討する必要がある．

(2) 基準類の整備

メンテナンスに必要な基準類は，施設の特性を踏まえ，新規整備から日常的な維持管理，定期的な点検・診断，修繕・更新に至る各段階で整合性を図りながら，体系的に整備する必要があり，砂防分野の取組みとしては，以下の基準を策定している．

- 砂防関係施設の長寿命化計画策定ガイドライン（案）（平成26年6月）
- 砂防関係施設点検要領（案）（平成26年9月）

(3) 体制の構築

厳しい財政状況や，人口減少，少子高齢化が進展する将来を見据え，メンテナンスを着実に推進するために必要となる人材・体制を整備する必要がある．砂防分野における点検・診断に係る人材育成を促し確保するため，点検・診断業務に必要となる知識・技術を明確化し，適合する既存の民間資格を公募して，平成27年1月には，公募された資格を評価し，技術者資格登録した．

(4) 新技術の導入

新技術の適用条件等を適切に把握して導入に取り組み，各事業における取組みを整理，周知することで広く普及を図る．

(5) 予算管理

長寿命化計画（個別施設計画）に基づくメンテナンスを確実に推進し，必要な予算の安定的な確保に向けた取組みを進める．

5.3 河川

5.3.1 河川と維持管理

　河川は，雨等の降水が流出して流れる凹地である河道（特に流水に接する部分は河床と呼ばれる）と流水により構成される自然地形であり[1]，公物の分類では自然公物である．河川は古くからかんがいや舟運等に利用されてきたが，近代における沖積平野の発展の過程で治水工事や水利用等のため河川を公物として管理する必要が生じ，明治29年に旧河川法が，昭和39年に新河川法が制定され，現在，国土保全または国民経済，公共の利害の重要性に応じて一級河川，二級河川，準用河川の区間を指定し，それぞれ国（指定区間は都道府県），都道府県等，市町村が管理している．

5.3.2 河川の維持管理

(1) 対象

　自然地形として存在する河道に加え，治水，利水または環境の機能の維持また増進のために設けられた堰，水門，堤防，護岸，床止め，ダム等の河川管理施設が維持管理の対象である（図5.3.1参照）．

(2) 現状と課題

　維持管理の対象となる河川延長や河川管理施設数は表5.3.1のとおりである．

　河川管理施設の経年をみると多くが高度経済成長期に設置されていることから，今後，コンクリート・鋼構造物や機械設備等の老朽化に伴い大規模な修繕や更新が必要となると考えられる（図5.3.2）．

　河川や河川管理施設では，経年による老朽化のみならず洪水の作用に対して河積や構造物の機能を確保し，災害の発生を防止することが重要となる．河積や構造物の機能は，河床低下や土砂堆積，局所洗掘，樹木繁茂等の河道の状態に深く関係することから，変化する河道の状態を適切に管理すること

が重要な課題である(図5.3.3, 図5.3.4).

図5.3.1 河川管理施設[2]

表5.3.1 河川管理の対象となる河川,堤防の延長及び河川管理施設数[3]

	一級河川		二級河川（都道府県等管理）	準用河川（市町村管理）	合　計
	直轄管理区間	都道府県管理区間			
河川延長(km)	10,582	77,485	35,858	20,065	143,991
堤防(km)	13,400	40,920	19,128	N/A	
堰	117	68	78	N/A	
床止め	309	0	0	N/A	
水門	327	328	473	N/A	
樋門・樋管	8,312	9,870	6,638	N/A	
陸閘門	762	228	954	N/A	
揚排水機場	479	261	160	N/A	
管理橋	111	109	27	N/A	
浄化施設	59	75	15	N/A	
その他	13	154	66	N/A	

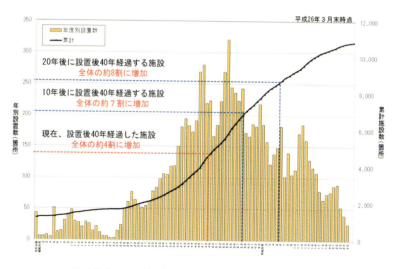

図5.3.2 河川管理施設の年度別設置数と累積施設数

また，気候変動に伴う洪水外力の増大が懸念されており，施設の機能を上回る洪水等による災害の頻発が維持管理上の課題になると考えられる．

図5.3.3 砂州と水衝部の形成

図5.3.4 河床低下による取水機能の低下

(3) 状態把握と分析評価

河川の変状の把握は，これまで，定期点検が定められている機械設備や電気通信施設を除き，河川管理施設や河川利用や自然環境，不法行為，迷惑行為等の異常・変状を概括的に把握するため日常的に実施する河川巡視において，地方整備局等が定める河川巡視規程等に従い行われてきた．最近は，以

下のように河川巡視と区別して点検を実施することとなっている.
・平成 23 年に策定された河川砂防技術基準維持管理編河川編では, 出水期前・台風期・出水後等において点検を実施することが規定された
・平成 25 年に施行された改正河川法では, 河川管理者が河川管理施設を良好な状態に保つよう維持, 修繕することが明確化され, 同法施行令ではダム, 掘り込み河道以外の堤防, 同堤防区間にある可動堰, 樋門等の堤防機能を有する河川管理施設では, 1 年に 1 回以上の頻度で点検を実施することが規定された.

　洪水時における河道や河川管理施設の機能を確保するためには, 目視等による点検結果のみならず, 常に変化する河道の状態や材質や特性の不明な土堤, 基礎地盤の状態, 洪水時に作用する外力等を分析するための計測や測量等の基本データの収集が必要となる. 河川の維持管理ではこれらを状態把握と呼び, 状態把握の結果を分析・評価し, 維持・修繕等の対策を講じる PDCA サイクルにより維持管理が行われる.

参考文献
1) 高橋裕ほか: 川の百科事典, 2009
2) 国土交通省水管理・国土保全局基本情報・パンフレット・事例集　河川　河川に関する用語 HP
   http://www.mlit.go.jp/river/pamphlet_jirei/kasen/jiten/yougo/05_06.htm
3) 国土交通省水管理・国土保全局基本情報統計・調査結果 HP
   http://www.mlit.go.jp/river/toukei_chousa/

5.4 海岸保全施設

5.4.1 海岸保全施設とは

　海岸保全施設とは，海水の侵入又は海水による侵食を防止するため，海岸保全区域内に設置された「堤防」「護岸」「胸壁」「突堤」「離岸堤」等の施設である（図5.4.1）．

　海岸保全施設が本格的に整備され始めたのは，1953年の台風13号によって大きな海岸災害が発生し，国土保全の重要性が強く認識され，この災害が契機となって，1956年に海岸法が制定されてからである．この時に定められた海岸保全施設築造基準は，その後幾度かの改訂がされ，2004年に海岸保全施設の技術上の基準・同解説が発刊された．2014年現在，設置されている海岸保全施設の大部分はこれらの基準に基づくものとなっている．

　国土保全として海岸を防護する代表的な海岸保全施設である「堤防」と「護岸」については，近年全国的な海岸侵食の影響を受け，堤体前面での砂浜の消失や，水深増加に伴う波力の増大などによる堤体の崩壊という事例が頻発した．このため面的に海岸防護を図る必要性が生じ，沿岸漂砂の制御機能や消波機能を有した「突堤」や「離岸堤」などと組み合わせて整備されているものも多くなっている．

図5.4.1　海岸保全施設

5.4.2 海岸保全施設のメンテナンス

(1) 海岸保全施設の現状

海岸保全施設は，高度成長期等に集中的に整備されたものが多く，2014年現在，全国の海岸堤防・護岸等のうち建設後50年以上を経過しているものが約4割であり，2030年にはこれが7割に達するなど施設の老朽化が喫緊の課題となっている（図5.4.2）．

しかしながら，海岸保全施設の管理は，これまで海岸管理者である都道府県知事等の裁量や自主的努力により行われてきたため，老朽化に対する対応は必ずしも十分ではなかった．そこで，2014年の海岸法の一部改正によって，海岸保全施設の機能を持続的に確保すべきことが海岸管理者の責務として明確化されるとともに，海岸保全施設の維持又は修繕に関し，海岸管理者が共通して遵守すべき技術的な基準が定められたところである．

図5.4.2　海岸保全施設の老朽化

(2) 維持または修繕の実施のために留意すべき海岸保全施設の特徴

維持または修繕の実施に際し，面的な海岸防護の観点から，次のような海岸保全施設の特徴に十分留意して進めることが必要である．即ち，海岸保全施設が陸上に設置される他の構造物と異なる点は，イベント的に生じる波浪や津波の作用を受けること，設置地点前面における海岸侵食の影響も受けることである．海岸侵食は供給される漂砂よりも流出する漂砂の方が多くなる

ことによって発生し，時間と波浪イベント等に応じて進行していく性質を持つため，中長期的に動向を監視する必要がある．海岸侵食が生じると前面地盤高が設計・設置時点に前提としていたよりも低下することで堤防や護岸の基礎が露出する．また，前面水深が大きくなるため，波浪が減衰しにくくなり，越波・越流が起こりやすくなるとともに，海岸保全施設に直接作用する波力が増大する．これらの現象に伴い，波浪が作用する際に砂礫が堤防・護岸に衝突すること等で生じるコンクリートの磨耗等による劣化よりも施設自体の機能低下が進行することも考えられる．

(3) 維持

維持は海岸保全施設の機能を保持するための行為であり，具体的には，巡視，点検，清掃等である．巡視・点検については，海岸保全施設の構造または機能の確保状況，背後地や前面の砂浜の状況，高潮の発生頻度，海岸利用等を勘案して適切な時期に行う．「海岸保全施設維持管理マニュアル[1]（平成26年3月）」では，巡視を数回／年，点検を1回程度／5年としている．例えば，侵食海岸における面的防護施設においては，沖合の離岸堤の沈下が起こることが多いので離岸堤の天端高を重点的に巡視・点検することが考えられる．このように，個々の施設の関係性を十分把握した上で，変状が懸念される箇所についてより綿密に実施することが必要である．

(4) 修繕

修繕は機能が低下した海岸保全施設について当初築造されたときの機能まで回復させるための行為である．修繕を行う時期と方法については，施設の劣化速度に深く関係してくるため，巡視・点検によって発見した変状等を的確に診断・評価し，適切に計画することが重要である．

(5) 今後の海岸保全施設の維持・修繕のあり方について

老朽化が進む海岸保全施設の機能を限りある予算の中で確保していくためには，更新などの大規模な対策を回避しライフサイクルコストの縮減を基本的な考えとして，点検に関する計画，健全度評価・機能低下予測に基づい

た修繕に関する計画により構成された『長寿命化計画』を策定し計画的に維持・修繕を実施していくことが重要である（図5.4.3）．

『長寿命化計画』を策定するためには，海岸保全施設の特徴を理解した上で，適切な点検時期・間隔，海岸保全施設を構成する部材の劣化状況と施設の機能低下との関係性の明確化，最適な修繕時期と修繕方法等の課題を解決していかなければならない．その基礎資料として，点検・診断・修繕といった一連の流れに係る記録を蓄積していく必要がある．また，代表的な海岸保全施設である堤防・護岸を巡視・点検する際には，面的に防護するために砂浜や離岸堤，突堤といった周辺施設の変状や周辺地形の変化等との関係性を確認することが重要である．そして，これらの課題を解決し，適切な維持・修繕を行うためには，個々の海岸の特性や海岸保全施設の技術的特性等を理解した人材の確保も重要である．

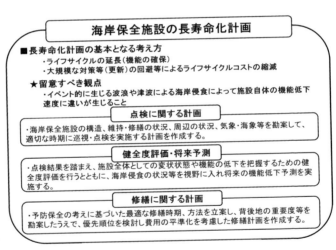

図5.4.3　海岸保全施設の長寿命化計画

参考文献
1) 農林水産省農村振興局防災課, 農林水産省水産庁防災漁村課, 国土交通省水管理・国土保全局海岸室, 国土交通省港湾局海岸・防災課：海岸保全施設維持管理マニュアル（平成26年3月），2014

5.5 農業水利施設

5.5.1 農業水利施設の構成と機能

　農業水利は，水田や畑地の用排水状況を整える最も基本的な農業生産活動であり，我が国の食料供給と農業・農村の多面的機能の発揮に不可欠な国民的資産である．この農業水利の基盤となるものが，貯水池（ダム，ため池），頭首工（取水堰），用排水機場及び用排水路等から構成される農業水利施設であり，農業生産のためのインフラである．農業用水の安定供給と用排水管理の効率化のため，これまでに，基幹的な農業水利施設だけでも約5万kmの水路（末端を含めれば40万km以上）や約7千カ所以上に及ぶダム，頭首工，用排水機場等のストックが形成され，平成21年度末で基幹的施設の資産価値は18兆円に達している．しかし，この時点で，既に標準耐用年数を超過した基幹的な施設は，再建設費ベースで全体の2割（約3.1兆円相当）に達し，その老朽化が進行している[1]．農業水利施設（図5.5.1）は，土，コンクリート及び鋼等，多様な材料・機器等から構成され，さらに，水路工を

・河川に設置された頭首工

・河川から取水する用水機場 →

・幹線水路（開水路）　→

→・パイプライン加圧機場 →・水田パイプライン（給水栓）

・水管理制御設備（操作卓）

図5.5.1　各種農業水利施設と用水の流れ（イメージ）

例にしても開水路，管水路，水路トンネル，水路橋及びサイホン等多様な構造物があり，メンテナンスの技術分野も広範囲である．

農業水利施設は，一般に水理機能（通水性，水密性等），水利用機能（送配水性，保守管理・保全性等）及び構造機能（耐久性,使用性等）から本来機能が構成され，これらに加え，安全性・信頼性や経済性等の社会的機能が必要とされる．なお，農業水利施設の整備や保守管理は，昭和24年に制定された土地改良法に基づく国や県等の土地改良事業や農家等を組合員とする法人である土地改良区が中心になって実施されている．

5.5.2 農業水利施設の機能保全

(1) 機能保全の目的と手順

今後，農業水利施設が，老朽化していく中で，これらの機能の予防保全等が重要な課題となっている．農業農村工学分野では,このマネジメントを「ストックマネジメント（機能保全)」といい，「定期的な機能診断及び継続的な施設監視に基づく適時・適切な機能保全対策を通じて，リスク管理を行いつつ，施設の長寿命化とライフサイクルコスト（LCC）の低減を図る技術体系及び管理手法の総称である」[2]としている．当分野では，農林水産省が中心になり，関連する基本的事項を取りまとめた手引きを平成19年3月に公表し，その後，機能保全を取り巻く諸情勢の変化を踏まえた改訂[2]が平成27年4月に実施された．保全管理の手順は，①日常管理における点検と補修，②定期的な機能診断，③診断結果に基づく劣化予測，対策工法の比較検討，

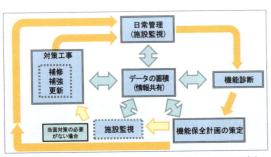

図5.5.2　機能保全（ストックマネジメント）の流れ

機能保全計画の策定，④施設監視，⑤対策工事の実施，⑥調査・検討の結果や対策工事に係わるデータの蓄積等であり，関係機関の情報共有と役割分担により，段階的・継続的に実施する取組みが必要とされている．

(2) 機能診断調査と健全度評価

施設の立地条件や重要度に応じ，原則として専門的技術者が事前調査，目視を中心とした現地踏査及び計測と試験等による定量的な現地調査の 3 段階で機能診断調査を定期的に実施する．なお，農業水利施設は，その周辺に主要道路や鉄道及び人家等があり，かつ多量の用水や排水を貯留・搬送する線的施設が主体であることから，リスク管理の視点も考慮した重要度区分に応じた診断調査の内容等の検討が必要である．その評価の要素は，人的被害の想定の有無や経済的被害の大小等である．診断調査の結果に基づき，施設の劣化要因の推定と健全度の判定を行う．その際には，構造機能に関する性能を中心に施設の変状の程度により，表5.5.1 に定義される施設の劣化進行をランク分けした健全度指標（S-1 から S-5）をもとに評価を行う[2]．

表5.5.1 健全度指標の概要

健全度指標	健全度指標の定義	対策の目安
S-5	変状がほとんど認められない状態．	対策不要
S-4	軽微な変状が認められる状態．	要観察
S-3	変状が顕著に認められる状態．	補修（補強）
S-2	施設の構造的安定性に影響を及ぼす変状が認められる状態．	補強（補修）
S-1	施設の構造的安定性に重大な影響を及ぼす変状が複数認められる状態．	改築

(3) 機能保全計画の策定

機能保全計画の検討に先立ち，リスク管理の視点も考慮して施設ごとの重要度評価等に応じた管理水準を設定する．そして，対策工法の効率的な比較検討のために評価結果や対策を同じくする施設群を分類してグルーピング

を行う.機能保全計画では,検討対象期間(40年を基本)で策定するものであることから劣化予測が重要となる.劣化予測は,経験式や標準的な劣化曲線等を用いて行う.グルーピングされた施設に応じた対策工法を選定し,対策シナリオを複数作成して機能保全コストを算定する.これを比較検討し,施設管理者等の意向も考慮して最適な計画を策定する.あわせて,適時適切な時期に対策を行う観点から施設監視計画も策定する.なお,機能保全計画に基づく対策を実施するための事業化に向けた対策工事を検討・実施しようとする場合,関係者間で情報を共有し,対策工事の実施時期や対策方策について合意形成を図り調整を進めておくことが必要である.

5.5.3 農業水利施設の機能保全のための制度

(1) ストックマネジメントの制度[3]

戦略的な保全管理を推進するために,一連の農業水利施設に対するストックマネジメントの制度体系が,平成19年度より本格的に整備された.国営造成施設を例にすれば,機能診断については国営造成水利施設保全対策指導事業(平成15年創設,19年再編)が,機能保全対策等については国営施設機能保全事業(平成23年創設)及び国営施設応急対策事業(平成24年創設)等が整備されている.現在,すべての農業水利施設が国の直轄事業や補助事業の対象となっている.さらに,実践を通じた技術的な課題の解決を行うストックマネジメント高度化事業も平成20年に創設されている.

(2) 情報の保存・蓄積・活用[4]

現在までに造成された農業水利施設数は膨大であり,継続的に行われる機能診断や機能保全の成果を蓄積し,各検討の場面でその活用を図ることが必要である.このため,国営造成施設を中心とする基幹的農業水利施設を対象に,施設の関連情報の一元化と共有化を図るために「農業水利ストック情報データベースシステム」が導入されており,農林水産省により2007年度から本格的にシステムの運用が行われている.

参考文献

1) 農林水産省農村振興局:農業水利について(食料・農業・農村政策審議会農業農村振興整備部会報告),2013
2) 食料・農業・農村政策審議会農村振興分科会農業農村整備部会技術小委員会:農業水利施設の機能保全の手引き(平成27年4月),2015
3) 農林水産省水資源課:土地改良施設管理に関する事業の概要,2015
4) 中達雄,高橋順二:農業水利施設のマネジメント工学,養賢堂,pp.169-174,2010

5.6 上水道

5.6.1 水道施設の概要

水道のための施設は,その機能から図5.6.1に示すように,「貯水施設」「取水施設」「導水施設」「浄水施設」「送水施設」「配水施設」「給水装置」に区分され,給水装置以外のそれぞれが備えるべき要件は,水道法第5条1項に定められている.

これらの施設のうち,水を輸送するための施設である全国の導・送・配水管の延長は65万3,616km(平成25年度現在)であり,これは地球約16周の長さに相当する.

また,年間給水量は153億4323万8千m^3(平成25年度現在)であり,一日当たりの給水量は約4203万6千m^3(東京ドーム約34杯分)である.

なお,水道施設で使用する年間の電力量は75億kWh(平成25年度現在,国内消費電力量の約0.8%)である.

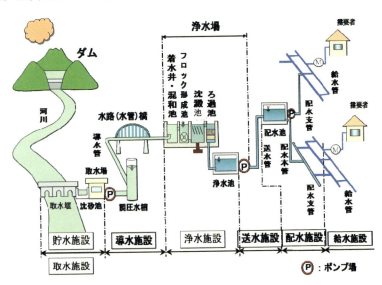

図5.6.1 水道施設の構成例[1]

①貯水施設：豊水期の水を貯留し，取水の安定を図るための施設．
②取水施設：水道の水源である河川，湖沼，地下水等から水道の原水を取り入れるための施設．
③導水施設：取水施設で取り入れた水を浄水施設へ導くための施設．
④浄水施設：原水を人の飲用に適する水として供給し得るように浄化処理するための施設．
⑤送水施設：浄水施設で処理した浄水を配水施設に送るための施設．
⑥配水施設：一般の需要に応じ必要な水を供給するための配水池，配水管及び配水ポンプ等の設備及び付属設備．
⑦給水装置：需要者に水を供給するために，配水管から分岐して設けられた給水管及び給水用具．

5.6.2 水道施設の維持管理

水道施設の維持管理の良否は，水道水の安全性・安定性を直接左右するものであることから，適切かつ効率的・合理的に行う必要がある．主な維持管理項目を図5.6.2に示す．

図5.6.2 主な維持管理項目

水道施設の日常的な維持管理は，運転管理と保全管理とに大別される．
このうち，運転管理は，5.6.1の各施設あるいは設備を安全かつ正常に運転することはもちろん，システム全体として効率的な運転を行い，24時間365日止めることなく，清浄にして豊富，低廉でおいしい水を作り続けることを目的としている．

保全管理は，5.6.1 の各施設あるいは設備が常に正常な状態で運転できるようにその機能を保持することを目的としている．なお，保全管理には予防保全と事後保全がある（図 5.6.2 参照）．

予防保全は，故障発生前に危険因子を予測し予防する処置である．個々の機能確認，故障・事故防止のため，消耗品等の定期交換を行い，機能を維持するものである．予防保全には予備機等を整備・点検することも含まれる．

また，事後保全は，運転中の機器に異常が発生した場合，予備機等に切換えた後，当該機器等を調査，修理・復旧，異常原因の除去を行うことである．

5.6.3 水道施設の更新

現在の水道施設は，昭和 30 年代から高度経済成長期にかけて集中的に形成されたことにより，多くの施設が老朽化に伴い更新の時期を迎えている．
そのため，水道に対する社会的ニーズの高度化（安全，強靱，持続）などの時代の要請に応えながら，合理的な管理と計画的な更新を行い，水道システム全体の機能向上を効率的に図っていくことが重要な課題となっている．

水道施設の更新は，新規需要に対応する拡張事業と異なり，収益増を伴うものではなく，事業の効果や意義が一般にわかりにくいという特徴がある．そのため，法定耐用年数を過ぎていても，当面の施設運用に影響がなければ，全面更新せずに，許容できる予算の範囲内で補修や改良で延命措置をとられることが多い．

一方，本来行うべき更新を怠ると，図 5.6.3 に示すような配水管の破損や，ボルト・ナットの腐食による管の接続部からの漏水など，事故の多発や社会的損失の発生，補修・復旧費用の増大など安定給水と水道事業経営に大きな支障を来す．

水道施設の更新にあたっては，水道システム全体を見たうえで，システム管理上重要かつ更新効果が上がる施設を優先して整備を行うことが望ましい．施設更新の検討においては，更新する場合と更新しない場合のそれぞれについて初期投資と維持管理費を合わせたトータルコストを算出し，リスク管理を含めて費用対効果分析を行う．

なお，長期的な視点に立った計画的な施設更新・資金確保に関する取組みについては，「水道事業におけるアセットマネジメント（資産管理）に関する手引き」（平成21年厚生労働省健康局水道課）が作成されているため，これを活用し施設更新計画の策定を行う．

配水管の破損

腐食したフランジ短管
（ボルト・ナットは破断）

図5.6.3　水道管の事故事例[2]

参考文献

1) 公益社団法人日本水道協会：はじめての水道設備～水道設備研修用テキスト～，2013
2) 公益社団法人日本水道協会：実務に活かす上水道の事故事例集，2008

5.7 下水道

5.7.1 下水道施設の概要

(1) 下水道とは

　下水道は，都市の健全な発達，公衆衛生の向上及び公共用水域の水質保全に資するなど，日常生活や社会経済活動の基盤となる施設である．下水道の役割は時代とともに変遷してきたが，現在では，従来からの汚水の排除・処理による生活環境の改善，雨水の排除による浸水の防除，公共用水域の水質保全（下水道法第1条）に加えて，下水汚泥，下水処理水の資源利用などによる循環型社会，低炭素社会への貢献といった役割も担っている．

　これまでの下水道の役割と下水道政策に係る法改正の変遷を図5.7.1に示す．

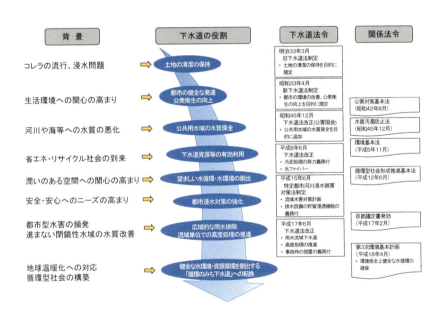

図5.7.1　下水道の役割と下水道政策に係る法改正の変遷[1]

(2) 下水道の種類と役割・機能

下水道施設は，①管路施設，②ポンプ場施設，③処理場施設に分類される．
① 管路施設：家庭や工場から排出された汚水ならびに雨水を収集し，ポンプ場・処理場施設又は放流先まで送水する施設．
② ポンプ場施設：管路施設で集められた下水を処理施設へ送水し，また，雨水を河川流域等に放流する機能を持つ施設．
③ 処理場施設：下水を最終的に処理して，河川・海域等の公共用水域に放流する機能を持つ施設．

5.7.2 下水道施設の現状

(1) 現状

下水道は，昭和 40 年代から平成 10 年代に集中的に整備され，2013 年度（平成 25 年度）末現在で下水道人口普及率は 77%，管路整備延長：約 46 万 km，処理場施設：約 2200 箇所に達し，他の公共インフラと同様に，「施設整備」から「維持管理」の時代に入っている．

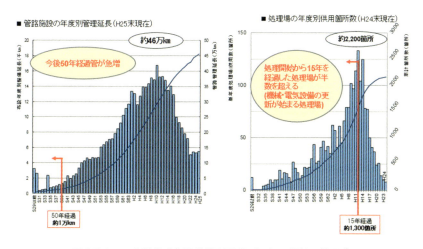

図 5.7.2　下水道管路施設整備延長並びに処理場数の推移[2]

(2) 事業主体

下水道の事業主体は地方公共団体である．下水道事業の維持管理業務は，土木・建築・機械・電気・水質と広範囲にわたっており，維持管理活動を効率的・効果的に行うためには，業務全体をマネジメントできる執行体制の構築が重要である．

下水道事業の維持管理業務は，専門技術やマネジメント能力を有する人員の確保が困難なことや，定型的業務や単純業務が相当の部分を占めていること等の理由から，昨今は民間活力との連携が主流となっている．ただし，下水道法上民間活力との連携が可能な業務は，施設の運転，保守点検等の事実行為のみで，公権力の行使に係る事務等については委任することができない．

5.7.3 下水道施設の維持管理

下水道施設の維持管理では，目標を見据えた維持管理計画の策定（Plan），管路施設・ポンプ場・処理場施設の維持管理（Do），維持管理成果に対する評価と見直し（Check&Action），並びに維持管理活動に関連する各種情報の管理等が必要である．

計画的維持管理の目的としては，①事故の未然防止，②施設機能の維持，③ライフサイクルコストの低減と事業の平準化等がある[3]．

下水道施設は，生活や環境を支え守るインフラとして，また，社会経済の持続的発展を支えるインフラとして重要な施設であり，代替手段がないことから，常時だけでなく，大規模地震等の災害時にも可能なかぎり機能を確保しなければならない．

(1) 管路施設

管路施設は，管きょ，マンホール，雨水吐，吐口，ます及び取付け管等の総称であり，下水道施設における送水機能である．管路施設の大部分は道路等の地下に埋設されており，容易にその状況を確認することができないため，計画的に維持管理していく必要がある．管路施設の計画的維持管理では，維持管理計画に基づいて，これら施設の状態を適切に巡視・点検し，その情報

をもとに清掃, 調査又は修繕・改築を実施し, 管路施設を目標とする管理水準に保つことが必要である.

(2) ポンプ場・処理場施設

ポンプ場施設は, 管路施設で集められた下水を処理場施設に送水し, また雨水を公共用水域に放流する機能を持つ重要な施設である. 処理場施設は, 下水を処理し, 法令等の基準に適合する水質を確保し, 河川・海域等の公共用水域に放流する機能を持つ重要な施設である.

ポンプ場・処理場施設のこれらの機能を低下・停止することなく, 持続的に維持するためには, 保全管理と運転管理を適切に実施するとともに, 密接に連携する必要がある. 保全管理では, 保守点検, 調査, 修繕及び改築等を実施し, 運転管理では, 運転操作による水質管理, エネルギー管理及び廃棄物管理等を実施し, ポンプ場・処理場施設を目標とする管理水準に保つことが必要である.

参考文献

1) 公益社団法人日本下水道協会:平成26年度下水道白書「日本の下水道」, 2015
2) 国土交通省水管理・国土保全局下水道部:計画的な改築・維持管理
　　http://www.mlit.go.jp/mizukokudo/sewerage/crd_sewerage_tk_000135.html
3) 公益社団法人日本下水道協会:下水道維持管理指針 総論編-2014年版-, 2014

5.8 電力施設

5.8.1 電力施設の構成

現代社会の暮らしの中で欠かすことのできない必需品である「電気」，この電気を各地に供給するための電力施設は発電設備から流通設備まで多岐にわたっており，我が国の社会インフラとして重要な役割を担っている．

(1) 発電設備

発電設備は，1963年度に初めて火力発電が水力発電を上回り，1973年度の第一次オイルショックを契機として，原子力発電，石炭火力発電，LNG火力発電等の石油代替電源の開発が進められ，電源の多様化が図られてきた．

水力発電は，水利用の観点から流れ込み式，調整池式，貯水池式，揚水式に分類され，また構造的な観点からはダム式，ダム水路式，水路式に分類される．いずれの発電形式においても，主な発電設備はダムまたはえん堤，取水口，導水路（開渠，トンネル，水路橋等），水槽，水圧鉄管，発電所，放水路，放水口で構成されている．写真5.8.1に水力発電の事例を示す．

火力発電は，燃料種により石油，LNG，石炭等に分類されている．主要な土木設備は，復水器等の冷却水のための取放水設備と付帯設備として燃料の受け入れ桟橋や護岸等の港湾設備，燃料貯蔵タンク（重原油，LNG），貯炭場，灰捨場等である．日本の火力発電所は沿岸立地が基本であり，発電所

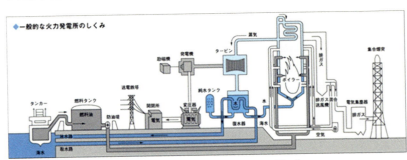

図5.8.1 発電設備の例（火力発電）[1]

建屋，煙突等の軟弱地盤対策も重要である．図5.8.1に一般的な火力発電の仕組みを示す．

原子力発電は，ウランを核分裂させて熱エネルギーを得て，これで水を沸騰させ蒸気タービンを回転させて電気を発生させている．一般的には堅固な岩盤上に建設されることから軟弱地盤対策は必要ないが，地震のほか津波や竜巻，火山噴火等の大規模な自然災害に対する安全確保が重要な課題となっている．主要な土木設備は大量の冷却水を使用するための取放水設備と港湾設備等の付帯設備であり，火力発電と同様であることから維持管理について共通する部分が多い．写真5.8.2に原子力発電の事例を示す．

関西電力㈱奥多々良木揚水発電所[2]
写真5.8.1　水力発電所の事例

東京電力㈱柏崎刈羽原子力発電所[3]
写真5.8.2　原子力発電所の事例

(2) 流通設備

発電所で作られた電気は，送電線，変電所，配電線等の流通設備を通じて，工場，ビル，家庭等の各需要家に供給されている．発電所に併設された変電所で超高圧（275〜500kV）に昇圧された電気は送電線に送られ，変電所にて段階的に6600Vまで降圧され，配電線から電柱の上にある柱上変圧器で100Vまたは200Vに変圧され引込線から各家庭に送られる．

送電設備と配電設備には，電線を碍子で絶縁し鉄塔で支持する架空線方式と電力用ケーブルを洞道や管路等で地中に埋設する地中化方式があり，主な土木設備として鉄塔基礎や地中線洞道がある．変電設備は屋外変電所，屋内変電所，地下変電所があり，土木設備としては変電所基礎がある．

5.8.2 電力施設の現状

近年,我が国における電力施設は,発電所等を新たに建設する事例は少なく,既設の発電所の維持管理体制をより強化し,補修・補強やリプレース等によって,高経年化への対策を実施する例が多い.したがって,経済合理性も勘案した維持管理技術(アセットマネジメント)の導入が望ましい.

2012年度末の発電設備容量(10電力計(受電含む))の電源構成は,原子力18.7%(4,615万kW),LNG火力27.1%(6,696万kW),石炭火力15.7%(3,880万kW),石油等火力18.8%(4,634万kW),水力19.2%(4,747万kW)となっている.また,2010年度末の全国の送電設備と配電設備の電線路こう長(電線を敷設する際の2点間の距離)は,架空で約1,342,000km,地中で約58,000kmとなっている.いずれの電力施設も1970年代の高度成長期を経て着実に増大してきており,表5.8.1に示すような高経年化による劣化事象が報告されている.

表5.8.1 劣化要因/事象[4]

施設/構造物		劣化要因/事象(一部,機能更新)
水力	ダム本体	コンクリート劣化(摩耗,凍害,ひび割れ),漏水,余水吐ゲート損傷
		機能更新(嵩上げ,堆砂対策,堤体への放流管増設)
	取・放水施設	コンクリート劣化(摩耗,アルカリ骨材反応,凍害,ひび割れなど),洗掘,取水ゲート損傷
	水路トンネル	コンクリート劣化(摩耗,中性化,塩害,ひび割れなど),漏水,空洞,洗掘,剥落,荷重増加
	発電所施設	コンクリート劣化(凍害,ひび割れなど),漏水,空洞,鋼材腐食
		機能更新(発電機取替)
火力/原子力	取・放水施設	コンクリート劣化(塩害,化学的侵食,アルカリ骨材反応,ひび割れなど),生物付着,洗掘
	機械等基礎	コンクリート劣化(塩害,化学的侵食など),液状化,熱・温度作用,沈下,耐震対策
	煙突,サイロ,タンク	コンクリート劣化(塩害,ひび割れ,化学的侵食など),熱・温度作用,液状化
送電設備	鉄塔基礎	コンクリート劣化(塩害,凍害,ひび割れなど),杭の破損,耐震対策
	洞道	コンクリート劣化(塩害,アルカリ骨材反応,ひび割れなど),漏水

5.8.3 電力施設の維持管理

電力施設の維持管理については,これまで以上に日常点検の重要性が増し

ており，アセットマネジメントの導入と合わせて，劣化予測手法や補修・補強工法の高度化が求められている．電力施設では，法律で規定されている定期点検（半年～数年に1回程度）および定期自主点検（定期点検の合間に行う消耗品等の交換）を実施している．

(1) 水力発電の取組み

水力発電の維持管理に関する最上位指針は，「発電用水力設備に関する技術基準」（経済産業省）および「発電用水力設備に関する技術基準の解釈および解説」（旧原子力安全・保安院）であり，電力各社の防災計画等も，これに則って策定されている．

(2) 火力発電の取組み

火力発電所の土木設備は，「発電用火力設備に関する技術基準」および「電気設備に関する技術基準」に適合していること，ならびに保安上支障のないことを確認するために，維持管理（巡視，点検，検査ならびに工事）を行っている．

(3) 原子力発電の取組み

原子力発電所関連の土木施設は，屋外重要土木構造物と総称され，その保安活動の品質保証は，「原子力発電所における安全のための品質保証規定JEAC4111」（日本電気協会）および，これを補完する「原子力発電所屋外重要土木構造物の構造健全性評価に関するガイドライン」（土木学会）に基づき実施されている．

参考文献

1) 電気事業連合会ホームページ：http://www.fepc.or.jp/enterprise/index.html
2) 関西電力株式会社ホームページ：http://www.kepco.co.jp/
3) 東京電力株式会社ホームページ：http://www.tepco.co.jp/index-j.html
4) 一般社団法人日本建設業連合会電力工事委員会：電力土木構造物における健全性調査・診断および補修技術（増補改訂版），2015

5.9 ガス施設[1]

5.9.1 都市ガス事業とは

　一般的にガス導管により需要地点へ都市ガスを供給する事業をいう．これに対し，ガス導管で接続されていない需要地点にボンベやバルクといった貯槽を設置し，液化石油ガスを気化させ供給する液化石油ガス事業がある．

(1) ガス事業の種類

　「ガス事業法」によると，ガス事業は一般ガス事業，簡易ガス事業，ガス導管事業ならびに大口ガス事業の4つに分類される．一般ガス事業とは，一般の需要に応じ導管によりガス供給する事業をいう．

(2) ガス事業法

　「ガス事業法」は，「ガス事業の運営を調整することによって，ガスの使用者の利益を保護し，ガス事業の健全な発達を図るとともに，ガス工作物の工事，維持および運用ならびにガス用品の製造および販売を規制することによって，公共の安全を確保し，あわせて公害の防止を図ること」を制定の目的としている．

(3) 都市ガスの種類

　都市ガスの原料は，現在は石炭・石油等を精製するものから天然ガス系原料のよるものが主流となってきている．そのうち，国産の天然ガス系原料によるものと海外から輸入してくるLNG（液化天然ガス）がある．天然ガスは炭化水素のメタンが主成分である．これに対し，液化石油ガスはプロパン・ブタンなどの炭化水素を主成分とする．

5.9.2 都市ガス供給方式

(1) 供給（輸送）方式の種類

わが国では，新潟県，北海道，千葉県，秋田県，福島県などで天然ガスが採掘されている．国産天然ガスは井戸元にある各製造所にて成分や圧力の調整が行われた後，高圧または中圧のガス導管により需要地点へ供給される．

一方，LNGの供給方式は，一次受入基地（海外からのLNG受入基地）においてLNGをガス化し，国産天然ガスと同様にこれをガス導管により需要地点まで輸送・供給するのが一般的である．各供給方式を図5.9.1に示す．

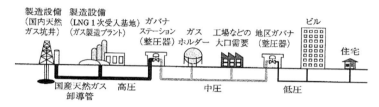

図5.9.1　都市ガス供給方式の概念図

5.9.3　ガス供給システムに関するメンテナンス

(1) 一般ガス事業者概要

ガス事業におけるメンテナンスを論じるにあたり，ライフラインとして他事業者（電力・通信・上下水道等）との関連や共通性を考慮し，ここでは一般ガス事業における供給施設，主にガス導管に関するメンテナンスについて述べることとする．全国の一般ガス事業者数[2]，ガス導管延長[2]は表5.9.1および表5.9.2の通りである．

表5.9.1　ガス事業者概要（平成25年3月末現在）

事業区分	一般ガス事業	簡易ガス事業
事業者数	209	1,452
需要家数	約2,900万件	約140万件

表5.9.2　一般ガス事業者の保有する導管延長（平成25年度末現在）

圧力	1.0MPa以上	0.3MPa～1.0MPa未満	0.1MPa～0.3MPa未満	0.1MPa未満	計
延長(km)	2,383	14,432	18,462	217,899	253,177

(2) ガス事業法，ガス工作物の技術上の基準

ガス事業法では，ガス事業者に対しガス工作物を省令で定める技術基準に適合するよう維持することを義務付けており（法第28条），この技術基準を「ガス工作物の技術上の基準を定める省令」で定めている．この技術基準については，自主保安の推進を図るとともに，技術的知見の進歩への迅速な対応及びJIS規格・国際規格等の活用促進のため，平成12年に，それまでの詳細仕様を規定するものから，ガス工作物に求められる安全確保のために必要な性能を示す性能規定に改正し，ガス事業者は技術基準に適合する仕様等を自己責任で選択することができることとなった．

「ガス工作物技術基準の解釈例」は，ガス事業者が技術基準に適合すると考えられる複数の技術的仕様の中から，実際に採用する仕様を選択する際の目安とし，技術基準に規定された性能を満たす一例を示すものである．

一般社団法人日本ガス協会は，さらなる保安レベルの向上や性能規定化された技術基準との整合等を図った技術指針を発刊し，ガス事業者等関係者のより一層の保安の確保に利用されている．

(3) ガス安全高度化計画

経済産業省は平成23年に総合資源エネルギー調査会都市熱エネルギー部会ガス安全小委員会において，平成32年を目標とした都市ガスの保安対策の方向性を示すガス安全高度化計画を取りまとめた．

供給・製造段階における保安対策としては，他工事対策，ガス工作物の経年化対応，自社工事対策，特定製造所での供給支障対策が掲げられた．

(4) 業界としての取組み

ガス安全高度化計画の完成・公表を受け，日本ガス協会としての実行計画とガス事業者において推進を求める目標と対策の概要をまとめ，かつガス安全高度化計画にて，より高い水準で設定された安全高度化指標の達成に向け，業界一体となって保安活動を実施していく「保安向上計画2020」を策定した．

安全高度化目標の達成に向け，国とガス事業者が一体となって様々な取組

みを推進してきたが，特に経年管対策については，平成20年に経済産業省により改定された「本支管維持管理対策ガイドライン」においてリスクマネジメント手法やマッピングシステムを活用した維持管理対策が追加された．これを受け日本ガス協会では平成21年に「本支管維持管理対策ガイドラインの手引き」を策定し，対策の全国的な普及・定着をさらに推進し，経年本支管の安全レベルの向上に貢献している．

5.9.4 メンテナンスにおける具体的取組み

ガス事業者におけるメンテナンス上の課題と対策について，各取組みの具体例を紹介する．

(1) 経年管（ねずみ鋳鉄管）対策

機械的強度が低く脆性の高いねずみ鋳鉄管は，亀裂・折損による漏えいが発生した場合，設置環境によっては重大事故につながるリスクが高いことから，埋設年・土壌環境・製造方法や口径によりその故障発生確率に差があることを踏まえて，優先度を区別し対策を講じている．ねずみ鋳鉄管の残存物量の推移[3]を表5.9.3に示す．

表5.9.3 ねずみ鋳鉄管の残存物量（実績と計画）

H23	H24	H25	H26	H27	H32
3,857	3,489	3,120	2,813	2,525	1,559

表は各年度末の残存物量を表す（平成26年度末現在），単位：km

(2) 他工事事故対策〜道路管理センターの活用

ガス事業者以外の掘削工事等において，ガス管損傷など影響を与える事故は後を絶たない．ガス事業者は他企業者へ工事の事前照会を行うなど，周知・啓発活動を継続実施している．一方，各ライフライン等公共公益物件は道路を収容空間として利用（占用）している．特に都市部における道路地下埋設物件の多様化，大量化が進んでいる現在，道路占用物件の管理業務の高

度化が求められている．これに対応するため，コンピューターマッピング技術を導入した道路管理システムが構築され，運用されている．本システムは，道路管理者（日本国内 13 者）のみならず占用企業者（14 企業者）が出捐団体となり，日本全国に 12 支部を設立し，道路占用等申請業務の効率化だけではなく，埋設物の有無・位置関係等の情報提供サービスを行うなど，新たに道路占用を行う際の設計，掘削による他企業占用物への損傷防止等に役立っている．

参考文献
1) 社団法人土木学会，都市ライフラインハンドブック，2010
2) 一般社団法人日本ガス協会，ガス事業便覧平成 26 年版，2015
3) 経済産業省資源エネルギー庁ガス市場整備課商務流通保安グループガス安全室，経年管対策の現状と評価（案），2015

5.10 通信施設

5.10.1 通信土木設備の概要

(1) 通信土木設備の役割

通信土木設備は，高度情報化社会を支える通信用地下ケーブルを収容する重要な社会インフラであり，多様化が進む情報通信サービスの種別に左右されない恒久的な設備として，電気やガス等の他のライフライン設備と同様に道路等の公共の地下空間に占用許可を受けて建設されている．通信土木設備が果たすべき基本的な役割としては，

① 道路等の安全確保及び通信ケーブルの防護
② 通信ケーブルの日常保守および増設工事を円滑に実施するための作業空間の確保
③ 設備建設時の環境負荷の軽減

などが挙げられる．

(2) 通信土木設備の構成

通信ケーブルは通信事業者のビル間を結ぶ中継系ケーブルと通信センタビルとユーザーを結ぶ加入者系ケーブルに大別される．加入者系については通信センタビルから一定数のユーザーエリアまでを結ぶき線ケーブルとそこからユーザーに引き込む配線ケーブルに分かれる．このうち中継系ケーブル及びき線ケーブルは地下に敷設されており，配線ケーブルは電柱に敷設される場合と地下に敷設される場合がある．通信土木施設は地下ケーブルを収容・保護する設備である．通信ケーブル条数によって，とう道設備，中口径管路設備，管路設備の3種類があり，河川横断区間は橋梁添架設備または通信の専用橋で対応する．

配線ケーブルの地下化は，欧米に比較して遅れているが，地域環境整備地区や東京を中心とした都市部では地下化が進んでおり，昨今においては，ニュータウン構築時における配線ケーブルの地下化も進んできている．

5.10.2 通信土木設備の維持管理

(1) 通信土木設備の現状
① 管路・マンホール設備

　管路・マンホール設備は，その大半が地下空間を占用しており，土圧，地下水圧，路面荷重及び自動車荷重等の外圧に長期間耐えうる強度とケーブル布設のための空間を有しケーブル布設，撤去が容易に実施できることが要求される．NTT グループが保有する設備量は，管路が延長約 62 万 km，マンホールおよびハンドホールが約 83 万個と膨大であり，高度経済成長期に建設された 30 年以上を経過した設備が多く，老朽化による設備劣化が顕在化しはじめている．

② とう道設備

　とう道は都市内の幹線ルートとして多条数の通信ケーブルを収容する設備であり，その内部でケーブルの布設，維持管理ができる空間を持った構造物である．NTT グループは全国で約 650 km と膨大な量のとう道設備を保有しており，その多くは 1985 年までに建設されている．とう道は都市部のネットワークを支える高信頼性の設備として将来にわたって使用していく必要があるが，建設後の経過年の増加に伴い様々な要因による劣化が顕在化し，補修・補強工事を必要とする事例も発生してきている．

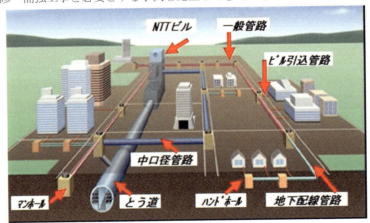

図 5.10.1　通信土木設備

(2) 通信土木設備の維持管理方法
①管路・マンホール設備

　管路・マンホールの崩壊は，通信サービスの停止のみならず，道路陥没等の原因となるため，点検時に異常を発見すればタイムリーに補修あるいは更改することが求められる．しかし，道路は都市構造の高度化に伴い「路上工事の増大」や「道路地下空間の枯渇」などの問題が深刻化しており，掘削による設備補修及び更改は難しい状態になってきている．これらの問題に対応し，設備の延命化と有効活用を図るため，効率的な設備管理及び計画的な補修・更改が必要となる．効率的に劣化設備の解消を図るため，劣化程度及び危険性により優先順位を付けて計画的に対策を講じている．

②とう道設備

　とう道は，管路設備と違い，とう道内部からの目視点検が可能である．とう道入溝時に実施する日常点検，3～5年周期で実施する定期点検，劣化事象や劣化原因を究明するために実施する精密点検，緊急に状況を把握する必要が生じた場合実施する特別点検に区分して点検を行っている．点検結果については，とう道本体が時系列的にどの様な変化をしているかを適切に判断するため補修工事を含めてデータベース化し，履歴管理を実施している．このように点検から補修までを適切に行うことにより，ライフサイクルコストのミニマム化を図ることができる．とう道内でケーブルの布設・保守を実施するためには，作業員の安全確保と作業空間の環境保全が重要である．そのためにとう道内には各種付帯設備が整えられている．とう道内でケーブルを布設するための金物設備，突発的な災害に対応するための防災設備，とう道内作業に必要な照明，換気等の電気設備，その他標識や給水設備等を備えている．これらの付帯設備の点検・保守の考え方は基本的には構造物本体と同様であるが，電気設備や防災設備で関係法令に定めのある項目等については，法令を順守して実施している．

(3) 設備事故防止

　通信土木設備の多くは，他のライフライン設備と同様に道路等を占用して構築されている．そのため，通信土木設備の近くで工事が実施される場合に

は，工事を実施する事業者，道路管理者，警察等と協議などを行い，設備状況，工事規模等に応じた立会・防護の実施により，設備事故を未然に防止し，通信サービスへの影響を回避している．

① 設備立会業務

近接工事による設備事故防止は，社外工事情報を把握することが重要となる．通信土木施設に近接して工事が実施される場合は，関係法令（道路法施行令第13条6，建設工事公衆災害防止対策要綱第5章34等）で現場立会が義務付けられている．事前協議では，近接工事による通信土木施設への影響の有無，立会・防護の必要性を双方で確認するとともに，今後の立会計画を作成する．立会は近接工事の設計段階から工事完了まで，それぞれの機会をとらえ効率的に実施する．

② 近接施工協議

近接施工があった場合には近接度合いを判定して，要対策範囲（近接工事施工により変位，変形等の有害な影響が生じると考えられる範囲）と要注意範囲（近接工事施工により変位，変形等の有害な影響が稀に生じると考えられる範囲）に区分する．

管路に近接して掘削が行われる場合に影響を受ける危険性は，土質，掘削規模，埋戻し方法，土留材撤去の有無等の条件によって異なる．影響範囲は掘削深さ，土の内部摩擦角および離隔距離によって決まるが，特に開削工事の場合には，離隔距離によって防護対策を変えることとしている．

とう道については，近接工事との位置関係を示す図面に近接工事の規模および土質条件（地盤の内部摩擦面，粘着力の大きさ）に基づく判定線を記入し，近接工事がどの範囲に入るか判定する．とう道は事故があった場合に復旧が難しいことから，近接工事の影響を定量化し，防護の必要性を検討するため影響解析を実施する．

5.11 道路

5.11.1 道路の構成

道路を構成する構造物は，土工，橋梁，トンネルに大きくは分類される．土工部の道路は，地盤と舗装から構成され，丘陵地などの起伏のある地形では，切土・盛土構造となり斜面を有する構造となる．

橋梁は，上部工の使用材料別にコンクリート橋，鋼橋，石橋，木橋等に分類され，主に鉄筋コンクリートやプレストレストコンクリート，鋼等により構成される．橋梁の支持機構は，基礎構造と地盤の支持力により成立する．

トンネル，特に山岳トンネルは，地山を掘削し，地山の強度を期待し吹付コンクリートや覆工等を構築することにより築造される．地山とコンクリート等の材料などが一体となった構造物である．

そして，舗装には主にアスファルトやコンクリート等の材料が使用される．

また，道路の機能維持・サービス提供のため，ガードレール，標識，道路照明，植栽などの様々な道路附属物が道路管理者によって設置され，信号機などが交通管理者によって設置されるほか，道路空間には，電気，ガス，水道，下水道などのライフラインが収容されている．

図5.11.1　道路の多様なメンテナンス対象

5.11.2 道路のメンテナンス

(1) 道路の現状

我が国の全道路延長約120万kmの内訳を，道路管理者別に整理したものを図5.11.2に示す．高度経済成長期に集中的に建設・整備された構造物が，今後，一気に高齢化の時代を迎え，老朽化の問題が顕在化する可能性がある．図5.11.3のように，我が国では，建設後50年を経過した橋梁の割合は約18%（H27時点）であるが，10年後には約42%と急激に増加する．実際に，地方公共団体が管理する橋梁（橋長2m以上）では，平成20年からの6年間で通行規制を行っている橋梁数が，約1,000橋から2,200橋と倍以上に増加している．

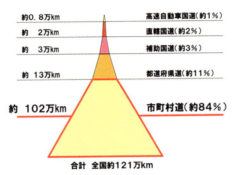

図5.11.2 道路管理者ごとの管理延長の割合

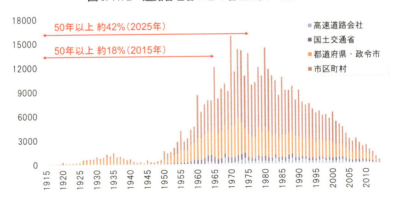

図5.11.3 道路管理者ごとの管理延長の割合

(2) メンテナンスの目的とその内容

道路のメンテナンスは，ある一定のサービス水準を維持し，利用者へのサービス提供を目的とする．その内容は，図 5.11.4 および表 5.11.1 に示すように，維持と修繕（補修）等に分類される．

図 5.11.4 道路の維持・修繕（補修）等の概要（文献 1)に加筆修正）

表 5.11.1 道路の維持・修繕（補修）・改良（補強）の項目と内容

維持管理の分類	項目	内容
維持	道路巡回	通常巡回：主に道路パトロールカーの車内より，道路の異常，道路利用状況等を目視で確認（1回／1~3日程度の頻度）
	清掃	路面清掃，歩道清掃，排水構造物清掃
	除草／剪定	建築限界内の障害発生防止，通行車両からの視認性確保
	除雪	新設除雪，路面整正，運搬排雪，歩道除雪，凍結防止剤散布
	施設点検	電気通信施設及び道路管理施設(機械施設)の点検
	軽微な修理	舗装のパッチング，表面処理，街路樹の補植など
修繕（補修）	構造物点検	橋梁，トンネル，附属物等の定期点検（橋梁・トンネルは5年に1回の近接目視点検）
	補修	点検で見つかった損傷に対して補修等の措置
改良（補強）	補強	耐震補強，床版補強など，機能向上や要求性能の変更に伴い実施

維持は，道路の機能を保持するための行為であり，道路巡回，清掃，除草，剪定，除雪，施設点検，または軽度な修理などの作業がある．

修繕（補修）等は，日常の手入れでは及ばないほど大きくなった損傷部分の修理および施設の更新をいう．在来の施設の機能を，当初築造された時の機能まで回復させ，あるいは若干の機能増を伴う場合までを含んでいる．

5.11.3　道路構造物の長寿命化対策

道路の老朽化対策を進めるための主な取組みを以下に示す．

(1) 制度の確立（道路法の改正等）

- 「道路法の一部を改正する法律」（平成25年6月5日公布）により，政令で定める道路の維持・修繕の技術基準に，道路の修繕を効率的に行うための点検に関する基準が含まれるべきことが新たに規定された．
- 定期点検に関する省令・告示（平成26年3月31日公布）により，5年に1回の点検が義務付けられ，平成26年7月1日から施行された．

(2) 義務の明確化（メンテナンスサイクル「点検・診断・措置・記録」）

- 点検：　橋梁，トンネル等の点検は，国が定める統一的な基準により，5年に1度，近接目視による全数監視を実施．
- 診断：　統一的な尺度で健全度の判定区分を設定し実施（表5.11.2参照）．
- 措置：　点検・診断結果に基づき計画的に修繕を実施．すぐに措置が必要と診断された施設について，予算や技術的理由から，必要な修繕ができない場合は，通行規制・通行止め．
- 記録：　点検・診断・措置の結果をとりまとめ，公表．

(3) メンテナンスサイクルを回す仕組みづくり

メンテナンスサイクルを回すためには，市町村等の道路管理者に対し，予算・体制・技術面での支援が必要である．平成26年度から都道府県ごとに「道路メンテナンス会議」が設置され，点検・措置状況の集約・評価・公表や地域一括発注等の点検業務の発注支援等を行う体制が整備されている．

国の職員等による直轄診断や修繕代行事業も実施されており，地方公共団

体等の職員を対象とした技術レベルを合わせた研修も実施されている.

表5.11.2 橋梁ごとの判定区分[2]

区分		状態
I	健全	構造物の機能に支障が生じていない状態.
II	予防措置段階	構造物の機能に支障が生じていないが,予防保全の観点から措置を講じることが望ましい状態.
III	早期措置段階	構造物の機能に支障が生じる可能性があり,早期に措置を講ずべき状態.
IV	緊急措置段階	構造物の機能に支障が生じている.または生じる可能性が著しく高く,緊急に措置を講ずべき状態.

参考文献

1) 国道(国管理)の維持管理等に関する検討会(第1回):資料3(国道(国管理)の維持管理等の現状と課題について),2012.8
2) 国土交通省道路局:道路橋定期点検要領,2014

5.12 鉄道

5.12.1 鉄道の構成

鉄道を構成する構造物は，土工，橋梁，トンネル，軌道に分類される．

土工部は，自然物である地盤と人工物である軌道から構成される．平坦な地形では平面土工部となるが，丘陵地などの起伏のある地形では，切土・盛土構造となり斜面を有する構造となる．

橋梁は，主にコンクリート橋と鋼橋に分類される．数は少ないがレンガ積み橋や石積み橋も使用されている．橋梁を支える基礎構造物は人工物であるが，それを支えるのは強固な地盤である．

トンネルは地山を掘削し，地山の強度を期待し吹付コンクリートや覆工コンクリート等を打設することにより構築される．自然物である地山と人工物であるコンクリート等が一体となった構造物である．

軌道はレール，マクラギ，道床とそれら付属品で構成され，列車が安定して抵抗なく走行できるレール面を提供する構造物である．

鉄道には，上記構造物の他，列車を安全に走行させるための設備として，信号・通信設備や電力設備も必要である（図5.12.1）．

図5.12.1　鉄道の構成と管理区分（トンネルの例）

5.12.2 鉄道のメンテナンス

(1) 鉄道の現状

明治5年(1872年)新橋・横浜間に日本の最初の鉄道が開通して以来,我が国の主な鉄道の路線延長は延び続け,旅客営業キロではJRが20,127km,大手私鉄が2,917km,地下鉄が735kmとなっている.このうちJR東日本の路線を構造物別に整理したものを表5.12.1に示す.

JR東日本の路線の骨格は戦前に概ね形成されており,橋梁やトンネル等の構造物の平均経年は在来線56～74年,新幹線で24～32年となっている.

表5.12.1 構造物別路線延長（JR東日本）

高架橋	678km
橋りょう	415km
トンネル	927km

(2) 維持管理に関する法律

運輸体系および鉄道施設,運転の安全確保などに関することは鉄道営業法に定められており,維持管理に関する技術基準もここに規定され,以下の構成となっている.

(a) 鉄道に関する技術上の基準を定める省令

新設した施設の検査や,施設の定期検査を実施することが定められている.

(b) 施設及び車両の定期検査に関する告示

検査周期が表5.12.2に示すように定められている.トンネルについては,新幹線鉄道は十年を超えない期間ごと,新幹線鉄道以外は二十年を超えない期間ごとに詳細な検査を行うことが定められている.

表5.12.2　施設の種類別の検査期間

鉄道の種類	施設の種類	期間
新幹線鉄道以外の鉄道	軌道	一年
	橋りょう，トンネルその他の構造物	二年
新幹線鉄道	軌道（本線の軌間，水準，高低，通り及び平面性に限る．）	二月
	軌道	一年
	橋りょう，トンネルその他の構造物	二年

(c) 鉄道構造物等維持管理標準[2)]

　省令の解釈基準により定められている．標準では要求性能の設定から目視検査の実施，健全度に応じた措置・記録という維持管理の流れが体系化されている．

(d) 実施基準

　実施基準は，省令・告示において定められたことに関して鉄道事業者毎にさらに細かく内容を定めたものであり，国に届け出が必要である．

(3) JR東日本における検査の区分と周期

　鉄道における検査の区分は，「鉄道構造物等維持管理標準」に基づき，初回検査，全般検査，個別検査および随時検査とし，全般検査は，通常全般検査および特別全般検査に区分する．区分と周期を表5.12.3に示す．

表5.12.3　検査の区分と検査周期

検査区分		周期
初回検査		供用開始前
全般検査	通常全般検査	2年を基準期間
	特別全般検査	10年を超えない期間ごと
個別検査		個々の変状等の実態を踏まえ，必要の都度
随時検査		必要の都度

(a) 初回検査

　初回検査は，構造物の初期状態の把握等を目的に，新設工事，改築・取替を行った構造物の供用開始前に行う検査である．

(b) 全般検査

　全般検査は，構造物全般の健全度を把握するとともに，個別検査の要否，措置の要否について判定することを目的とする定期的な検査である．通常全般検査は変状等を抽出することを目的とし，2年毎に実施する．特別全般検査は，構造種別や線区の実態に合わせて必要に応じて行う検査であり，健全度の判定の精度を高めることを目的としている．

(c) 個別検査

　個別検査は，全般検査および随時検査において，健全度Aと判定された構造物等に対して実施する検査である．検査の目的は，詳細な調査により変状原因の推定，変状の予測，性能照査等を行って精度の高い健全度の判定を実施することである．

(d) 随時検査

　随時検査は，地震や大雨，融雪による異常出水等の災害による変状が発生した場合等，必要と判断された場合に行う検査である．

(e) 健全度判定

　各検査において構造物の性能を確認した後，健全度の判定を行うこととなる．判定は，変状原因や変状予測等に基づき，適切に行う．判定の区分を表5.12.4に示す．

表5.12.4　構造物の健全度判定区分

健全度		構造物の状態
A		運転保安，旅客および公衆などの安全ならびに列車の正常運行の確保を脅かす，またはそのおそれのある変状等があるもの
	AA	運転保安，旅客および公衆などの安全ならびに列車の正常運行の確保を脅かす変状等があり，緊急に措置を必要とするもの
	A1	進行している変状等があり，構造物の性能が低下しつつあるもの，または，大雨，出水，地震等により，構造物の性能を失うおそれのあるもの
	A2	変状等があり，将来それが構造物の性能を低下させるおそれのあるもの
B		将来，健全度Aになるおそれのある変状等があるもの
C		軽微な変状等があるもの
S		健全なもの

(4) 組織と業務

　鉄道の維持管理を実施する組織と業務は，事業体により異なる．ここでは，JR東日本の例を紹介する．

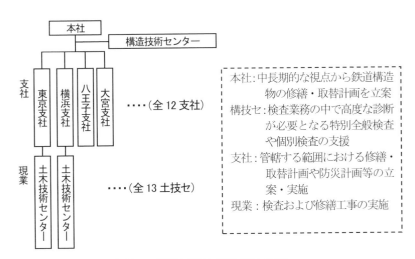

図 5.12.2 　組織と業務（JR 東日本の例）

5.12.3 　維持管理の効率化の取組み

維持管理業務でJR東日本が取り組んでいるシステム化の例を紹介する.

(1) 土木構造物管理システム

構造物の維持管理の質的向上と効率化のため，設備諸元，検査履歴，災害情報，工事履歴などのデータを全てサーバに登録し，一元的に管理できるシステムを構築している.

(2) 3D電子線路平面図，パノラマムービー

3D電子線路平面図は，設備諸元が記載された線路平面図に地形情報を加えたことで，現地を鳥瞰図表示することが可能となっている．パノラマムービーは，運転台目線で全方位（360度）の画像を撮影したもので，現地の周辺画像を確認することが可能となっている.

参考文献

1) （一財）運輸政策研究機構：数字で見る鉄道 2014，2014
2) 国土交通省鉄道局監修／鉄道総合技術研究所編：鉄道構造物等維持管理標準・同解説（構造物編），2007

5.13 港湾

5.13.1 港湾とは

(1) 港湾の種類と数

周囲を海に囲まれている日本において,港湾は海上輸送と陸上輸送の結節点となる重要な交通インフラであり全国に配置されている.

港湾は,国際海上コンテナ運送の拠点として国際競争力の強化を重点的に図る国際戦略港湾,国際海上貨物輸送網の拠点となる国際拠点港湾,海上輸送網の拠点またその他の国の利害に重大な関係を有する重要港湾,それら以外の地方港湾に分類され,その数は,表5.13.1 に示すとおりである[1].

表5.13.1 港湾の種類と数

港湾の種類	総数
国際戦略港湾	5
国際拠点港湾	18
重要港湾	102
地方港湾	808
計	933

(2) 港湾を構成する施設

港湾は,図5.13.1 に示すような,水域施設(航路,泊地,船だまり),外郭施設(防波堤,防潮堤,護岸等),係留施設(岸壁,桟橋,物揚場等)等により構成される.

(3) 整備・管理主体

図 5.13.2 に示すとおり,港湾を構成する施設には,国や港湾管理者(地方公共団体)が公共的な利用のために整備・管理する公共施設と民間企業等が自らの利用のために整備・管理する専用施設がある.基本的には,国で整備された施設は港湾管理者に管理委託され,港湾管理者が公共施設を一括して管理する.

平成27年度末時点で，港湾管理者が管理する公共施設のうち係留施設は全国で約14,000施設，外郭施設は約21,000施設となっている．

図5.13.1　港湾を構成する施設

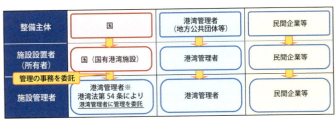

図5.13.2　港湾施設の整備・管理主体

5.13.2　港湾施設のメンテナンス

(1) 港湾施設の老朽化の進展

港湾は，日本の経済成長とともに整備されてきた．特に昭和30〜40年代の高度経済成長期に整備された施設が多い．

係留施設を例にとると，図5.13.3に示すとおり，水深4.5m以深の全国の

公共岸壁約5,000施設のうち建設後50年以上経過する施設が，平成26年3月の約10%から平成46年3月には約60%に急増する．将来に向けて適切なメンテナンスがこれまで以上に重要となっていく．

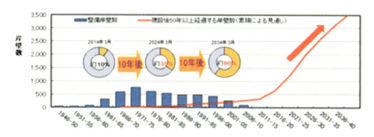

図5.13.3　供用後50年以上経過する水深4.5m以深の公共岸壁の割合

(2) 港湾施設の置かれた環境

　港湾の施設は，塩害などの厳しい環境下に置かれることや，海中部等目視では容易に劣化・損傷状況を把握できない部材も多い．このため，図5.13.4の例のように，海中部の鋼矢板や鋼管杭，桟橋床板の裏側などの劣化・損傷が見逃され，大事故に繋がりかねない事態も発生しているため，計画的に点検診断を行うことが重要である．

裏込め土の吸出しによるエプロンの陥没
（鋼矢板式係船岸）

鉄筋の腐食によるコンクリートの剥離
（桟橋床版下面）

図5.13.4　係留施設の劣化・損傷事例

5.13.3 港湾施設のメンテナンスの仕組み

(1) 制度の確立（維持管理に関する法令の整備）

平成25年度に港湾法が改正され定期的な点検を行うことが明確化されるとともに，技術基準省令や告示が改正され点検基準等が明示された．

(2) メンテナンスの目的

港湾施設のメンテナンスは，施設の供用期間にわたって要求される性能が満足されることを目的としている．そのためには，供用期間を見据えつつ計画的に点検診断，補修等を行う必要がある．

(3) 港湾施設のメンテナンスサイクル

港湾施設のメンテナンスは図5.13.5に示すような流れで実施されている．このメンテナンスサイクルを適切に回していくために，関係法令の整備とともに維持管理計画策定や点検診断のための各種ガイドライン[2),3)]が整備されている．

また，予算・体制・技術者の確保，技術の開発等が重要である．

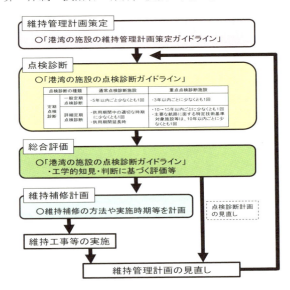

図5.13.5 港湾施設のメンテナンスサイクル

(4) 施設毎の維持管理計画と港単位のストックマネジメント

港湾施設のメンテナンスは，図 5.13.6 に示すように，施設毎の維持管理を適切に行うための維持管理計画と港単位のストックマネジメントを戦略的に行うための予防保全計画の両輪からなっている．

施設毎の維持管理計画は，施設を適切に維持するため，点検診断の時期及び方法や維持補修計画等について定めた計画のことをいう．

港単位の予防保全計画は，施設毎の維持管理計画等を踏まえつつ，各施設の維持管理・更新に関する優先度等を定め，費用の平準化を図るための計画である．あわせて，社会経済情勢の変化に応じ，施設の集約や利用転換，質的な向上など，港単位のストックマネジメントを戦略的に行うことも予防保全計画の役割である．

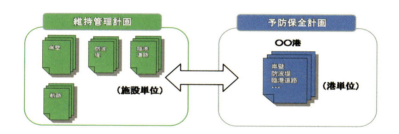

図5.13.6 維持管理計画と予防保全計画の関係性

参考文献

1) 公益社団法人日本港湾協会：数字でみる港湾，2015
2) 国土交通省港湾局：港湾の施設の点検診断ガイドライン，2014
3) 国土交通省港湾局：港湾の施設の維持管理計画策定ガイドライン，2015

5.14 空港

5.14.1 空港の構成

(1) 空港の種類と数

平成 27 年 3 月現在，我が国には大都市圏，地方都市，或いは離島など全国各地に 97 の空港が供用している．空港法では，「国際航空輸送網又は国内航空輸送網の拠点となる空港」と「国際航空輸送網又は国内航空輸送網を形成する上で重要な役割を果たす空港」に区分した上で，その設置及び管理は，前者については国土交通大臣，後者については地方公共団体が行うこととしている．ただし，拠点空港のうち成田，関西，大阪，中部については個別法に基づき会社が設置及び管理することとされ，また，旭川，帯広，秋田，山形，山口宇部の 5 空港については，「特定地方管理空港」として，所在する県または市が管理する空港となっている．

(2) 空港を構成する施設

空港は航空機を安全に離着陸させ航空旅客の乗降や航空貨物の積み下ろしを行う施設であるが，様々な機能と形態を持った施設群から成り立っており，全体で空港として所期の役割を担っている．

まず基本施設と呼ばれるのが滑走路とそれを包含する形の着陸帯，誘導路とエプロンであり，直接航空機が走行又は駐機し，その荷重を受け持つ，あるいはそのための空間を確保するための施設である．また，航空機の離着陸のためには各種の航空照明施設が配置され，さらに空港全体を管理するため場周柵や道路，排水施設，消防水利施設なども必要となる．

一方，旅客や貨物の積み下ろしのためには旅客ターミナルビル，貨物ターミナルビル，それぞれに付帯した道路・駐車場，給油施設，管理施設などがある．管理施設の中には航空機の飛行をコントロールするための管制塔やレーダーを始めとした各種の無線施設や消防基地なども含められる．また，大規模空港では鉄道駅や集中冷暖房施設，ホテルといった都市施設も含まれる．さらに空港立地によっては護岸，切盛土の法面，調整池が必要な場合もある．

このように空港は様々な種別，技術分野，形状，目的を持った施設の集合体であり，そのことが空港の特徴ともなっている．

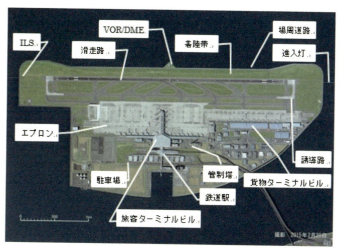

図5.14.1　空港内施設の概要（中部国際空港）

5.14.2　空港のメンテナンス

(1) 空港内の施設の現状

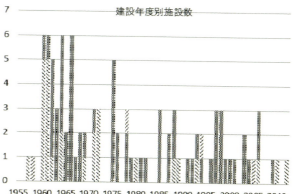

図5.14.2　国，地方，会社管理空港の設置年数

建設後50年以上経過する空港が，平成27年3月の約30％から20年後の平成47年3月には60％に倍増し，将来に向けて適切なメンテナンスがこれまで以上に重要となっている．

空港のメンテナンスの特徴としては，滑走路等の空港舗装の点検・補修は，通常空港が運用されていない夜間などの限られた時間で行われ，航空便の運航時間帯の延長，深夜便の就航などにより，点検・補修にかけられる時間が短くなってきている．そのような環境下で空港舗装の補修を行う場合，舗設作業を速やかに行うだけでなく，舗設後できるだけ早期に交通開放できる方策も重要である．

(2) 維持管理における法令等の体系

空港等の設置者は，航空法第47条第1項により，航空法施行規則第92条で定める保安上の基準及び空港法第3条第1項で定める「空港の設置及び管理に関する基本方針」に従って管理しなければならないとされている．

航空法施行規則第92条では，①空港等を同規則第79条で規定された設置基準に適合するように維持すること，②点検，清掃等により，空港等の設備の機能を確保することなどが規定されている．

更に，国土交通省航空局では，空港土木施設の管理について標準的な点検頻度，方法等を示した「空港内の施設の維持管理指針」（平成26年4月）を策定し，また，具体の調査，評価及び修繕方法については，より詳細な内容を記載した「空港舗装補修要領」が整備されている．

(a) 維持管理・更新計画

空港は，「空港内の施設の維持管理指針」に基づき，空港毎に長期的視点に立った維持管理・更新計画を策定し，見直しを行っていくことにより，戦略的な維持管理・更新を実施することとしている．

(b) 空港土木施設の点検の枠組み

空港土木施設の維持管理において，維持管理点検は最も基本となる業務であり，その内容は以下のとおり整理される．これらの点検の結果を踏まえ，適宜修繕工事，場合により応急復旧工事を行うなどにより，空港施設の機能を維持し安全を確保している．

1) 巡回点検

空港土木施設が正常に機能を果たしているか調べるもので，徒歩又は車輌による点検を行う．巡回点検の方法は，目視で行うことを基本とし，舗装路面の異常箇所の確認等を行う場合には，打音調査，赤外線カメラ調査等を組み合わせて実施している．

　例）国管理空港における舗装の標準点検回数
　　・徒歩による点検　3回/年
　　・車両による点検　1回/月
　　※上記回数は，現場状況，既往の点検結果，修繕実績等から適宜変更することができる．

2) 定期点検

施設の立地条件，利用状況，構造，材料特性等を考慮し，施設の損傷の程度，時間経過に伴う劣化の進行状況等を定期的に点検，評価している．

　例）国管理空港における舗装の点検項目と標準点検回数
　　・すべり摩擦係数測定調査　　　　1回/年
　　・路面性状調査（ひび割れ率等）　1回/3年
　　・定期点検測量　　　　　　　　　1回/3年
　　※上記回数は，現場状況，既往の点検結果，修繕実績等から適宜変更することができる．

3) 緊急点検

地震，台風等による自然災害，航空機事故等による人的災害の発生に伴う施設の被害状況の把握，異常の有無及び供用の適否について，速やかに点検している．

4) 詳細点検

巡回点検，緊急点検及び定期点検で確認した異常の原因等を，より詳細に調査し，対策の必要性，対策方法等を検討するために必要な情報を得ることを目的として実施している．

社会インフラ部門別編のメンテナンスでは，代表的な14部門のインフラについて概説したが，14部門以外にも重要なインフラはある．ここでは，防災機能上，重要な役割を担う都市部の公園の事例について紹介する．

(コラム) 災害に備えた公園の整備と維持管理～東京都中央区の事例～

公園は，人々の憩いや安らぎの場，子どもたちの遊びの場，スポーツ・レクリエーションの場であるとともに，ヒートアイランド現象の緩和，雨水の浸透・貯留，災害時の避難場所などの防災機能をも有する重要なインフラである．

特に，防災機能としては，関東大震災や阪神・淡路大震災で樹木による延焼防止が実証されている．また，平成23年3月に発生した東日本大震災において，東京では大規模な火災や建物倒壊等の被害は生じなかったものの，公園が多くの住民・在勤在学者や帰宅困難者の一時避難場所となった．さらに，公園は救出や救助等各種活動の拠点，復旧・復興時の仮設住宅建設地やがれきの仮置き場などの役割も担うため，災害対策面からも適切に評価し，防災力の向上に取り組む必要がある．

東京都中央区は人口14万人，東京の陸の表玄関である八重洲や日本橋，銀座，築地，さらに2020年東京オリンピック・パラリンピック競技大会の選手村が建設される晴海などからなる面積約10平方キロメートルの小さな自治体である．区内には54か所の都市公園を有し，その9割を1ha未満の街区公園が占める．

本区は都心に位置することから，広大な敷地の確保等新たな公園の整備は難しい状況にあるが，施設の老朽化や樹木の繁茂による利用度の低下のほか，近年は子どもの急増による遊び場確保などの要因から計画的に公園の改修を実施している．そして，こうした機会等を捉え，防災機能を有した施設を導入し質的向上を図っている．

主な施設として，災害時にかまどとして利用できるベンチ（かまどベンチ）や停電時にも明かりが確保できる照明（ソーラー照明）を29公園に設置済みである．また，公園改修などに合わせて公園内の公衆便所整備も実施しており，給排水が使えなくなった場合の床下ピットを便槽として利用できる災害時対応型のトイレは，全83公衆便所中37か所において，延べ477,750人分を備えている．その他，防災パーゴラや井戸を利用したマンホールトイレ，防火水槽，防災井戸や応急給水槽の設置，また，水防用の土砂採取場所としても公園が指定されている．

今後も，中央区では，緑豊かで快適な都心居住環境の実現のため，日常の維持管理を行うとともに，災害などの備えとして，計画的に防災施設を配置するなど，災害時の活用を考慮した公園の整備・充実を図っていく．

(東京都中央区環境土木部　溝口薫)

かまどベンチとソーラーパネル

　かまどベンチ　：上のベンチ面をはずしてかまどとして利用
　ソーラーパネル：太陽光で蓄電，街路灯として使用
　　　　　　　　　（一日の太陽光の蓄電で，4日程度は使用可）
　　　　　　　　　災害による停電時に照明として使用可能．かまどベンチのある場所に設置する例が多い．

第6章　インフラメンテナンスの重要事例

　本章では，社会インフラのメンテナンスを理解する上で重要な，過去のメンテナンスに関わる重大事故の事例や最近の技術開発によるイノベーションの事例を紹介する．具体的には，次の項目について取り上げている．
・道路橋の車両大型化に対する対応
・兵庫県南部地震を受けた耐震設計の見直し
・豊浜トンネル崩落事故とトンネルのメンテナンスのための教訓
・山陽新幹線におけるコンクリート剥落と品質確保に向けた取組み
・笹子トンネルにおける天井板落下事故と附帯設備のメンテナンスの重要性
・鋼橋の落橋事故から学ぶ維持管理の重要性
・計画・マネジメント技術によるイノベーション
・機械化・自動化技術によるイノベーション
・ICTによるイノベーション
・大規模計算・ビッグデータ処理によるイノベーション

6.1 道路橋の車両大型化に対する対応

(1) はじめに

　道路橋の設計に用いる活荷重が初めて規定されたのは，1886年（明治19年）に制定された日本初の道路構造の基準である「国県道の築造標準」である．その後，自動車交通の発展，それに伴う道路構造令の改定に従って基準の改定が重ねられ，今日の設計荷重体系に至っている．一方，道路橋では設計当時には想定されていなかった活荷重の大型化や交通量の増大に起因する損傷が多く報告され，特に輪荷重の影響を直接受ける床版においては，陥没に至るなど第三者被害を引き起こす可能性の高い重大な損傷も報告されており，その原因究明や対策の歴史とともに床版に関する規定も変遷してきた[1]．ここでは，道路橋の鉄筋コンクリート床版に着目し，活荷重の改定とともに床版設計規定の変遷を振り返る．

(2) 活荷重とRC床版設計基準の変遷[1]

　RC床版の設計に関する輪荷重，床版厚，配力鉄筋量，鉄筋の許容応力度，防水層に関する記述の変遷を表6.1.1に示す．

　床版に関する設計規定が現在に近い形として初めて整ったのは，1956年（昭和31年）の鋼道路橋設計示方書である．この示方書において，自動車荷重はT-13荷重からT-20荷重，輪荷重で51kNから78kNに大幅に引き上げられた．この時に最小床版厚が初めて規定され，「車道の鉄筋コンクリート床版の最小有効厚さは11cmとする」と条文で定められ，解説では鉄筋径とかぶりを考慮すると「最小全厚は14cmとなる」と記載された．1964年（昭和39年）の鋼道路橋設計示方書も床版に関する規定はほぼそのまま踏襲された．そのころ，1964年の東京オリンピック開催，1970年（昭和45年）の大阪万国博覧会開催を契機に，国内の道路交通網が急速に整備されていった．このときに整備された数多くの橋梁の床版はそれらの示方書に従って設計されたが，建設後わずか4〜5年で床版の一部が抜け落ちるという劣化問題が報告されるようになった．

　これを受け，昭和43年の建設省通達により最小床版厚が16cm以上に引

表6.1.1 設計輪荷重と主な床版設計基準の変遷

年	基準名称	輪荷重[kN]	配力鉄筋量	鉄筋の許容応力度[N/mm^2]	最小床版厚[cm]	防水層
1926年 大正15年	内務省細則案	44 (T-12) 22 (T-8) 22 (T-6)	規定なし	118	規定なし	規定なし
1939年 昭和14年	鋼道路橋設計示方書	51 (T-13) 35 (T-9)	規定なし	127	規定なし	規定なし
1956年 昭和31年	鋼道路橋設計示方書	78 (T-20) 55 (T-14)	主鉄筋の25%以上	118	14 (有効厚11)	規定なし
1964年 昭和39年	鋼道路橋設計示方書					規定なし
1967年 昭和42年	建設省通達		主鉄筋の70%以上	140		規定なし
1968年 昭和43年	道路協会暫定基準案					不明
1971年 昭和46年	建設省通達				3L+11 ≧16	不明
1973年 昭和48年	道路橋示方書					
1978年 昭和53年	建設省通達					
1980年 昭和55年	道路橋示方書		照査により決定	140 (余裕20)	3L+11 ≧16 大型自動車の交通量，支持桁の剛性を考慮	必要に応じて防水層を設ける．
1990年 平成2年	道路橋示方書					
1994年 平成6年	道路橋示方書					
1996年 平成8年	道路橋示方書					
2002年 平成14年	道路橋示方書	100				防水層等を設けるものとする．
2012年 平成24年	道路橋示方書					防水層を設けなければならない．

L:床版支間[m]

き上げられ，昭和48年の道路橋示方書に反映された．それでもRC床版の損傷は止まらず，昭和53年の建設省通達により大型車交通量，支持桁の不当沈下による付加モーメントを考慮する式が追加されるなどして，昭和55年の道路橋示方書以降，現在の設計の規定に近い形として整備された．

この間，活荷重の大幅な改定は行われなかったが，1996年（平成8年）に改定され，現在の形となった．貨物輸送の効率化，国際化の観点から，道路構造令が大幅に改定され，橋等の設計自動車荷重が20トン，14トンから一律25トンに引き上げられたためである．この改定によりそれまでのTL-14，TL-20荷重は廃止され，現在も使われているB活荷重とA活荷重が定められた．

(3) RC床版の損傷の実態と研究

　RC床版の損傷については，松井らを中心に移動輪荷重走行試験機を用いた研究が盛んに行われ[2]，損傷のメカニズムが明らかにされるとともに，その対策が検討され，前述の設計基準の改訂やRC床版の高耐久化に大きく貢献してきた．例えば，一連の研究では，水の影響により疲労寿命が乾燥状態と比較して1/40～1/300程度に短くなることが確認されているが，それらの成果を受け，表6.1.1に示すように現在の道路橋示方書では「防水層を設けなければならない」と条文で規定されている．

　過積載車の影響も非常に大きい．旧建設省の調査によれば[3]，軸重で最大300kN程度と，車両制限令で定められた軸重98kNの3倍にあたる値が観測されている．コンクリート床版の疲労が荷重の12乗に比例する[4]ともいわれていることを考慮すれば，これらの過積載車両は法定軸重車両の1000倍にも及ぶダメージをRC床版に与えていることになる．なお，鋼橋の鋼部材の疲労設計では，これらの過積載車両の影響も定量的に評価されている．

　その他，近年では大型車走行による疲労劣化の他に，塩害，凍害，ASRなどの材料劣化による損傷がRC床版にもみられるようになっている．これらの損傷は，床版上面の骨材化（土砂化）として現れることが多く，従来の疲労損傷のように床版下面からの目視点検のみでは確認が難しい．これらの損傷に対しては，舗装上面からの点検手法の検討の他，床版コンクリート材料の高耐久化を目的とした新しい取組みも行われており，今後のさらなる技術開発が期待される．

参考文献

1) 大田孝二：道路橋RC床版の設計と損傷，橋梁と基礎，Vol.47, No.11, pp.62-67, 2013.11
2) 松井繁之：床版研究の変遷と輪荷重走行試験機の役割，第5回道路橋床版シンポジウム講演論文集，pp.1-12, 2006
3) 藤原稔，岩崎泰彦，田中良樹：限界状態設計法における設計活荷重に関する検討，土木研究所資料，第2539号，1988.1
4) 松井繁之：道路橋床版，森北出版，p.51, 2007.10

6.2 兵庫県南部地震を受けた耐震設計の見直し

(1) 耐震基準のアップデート

　土木構造物の設計に関しては，道路橋，鉄道橋，河川，港湾，海岸等，分野別に個別に設計基準が設定されており，耐震設計も個別の設計基準に定められている．

　耐震設計法の改訂は大地震による被害の経験を踏まえた改訂という性格が強く，最近の各分野における耐震基準の大改訂は1995年兵庫県南部地震を経緯として行われた．1995年兵庫県南部地震の発生以前の多くの基準においては，1種類の設計地震動が設定され，許容応力度法をベースとした設計が行われてきた．1995年兵庫県南部地震によって多くの土木構造物に壊滅的な被害が発生したことを踏まえて土木学会より提言[1]が行われ，これに沿う形で，現在の土木構造物の耐震設計は，レベル1・レベル2の2段階の地震動を設計地震動として考慮する方法が採用されている．このうちレベル1地震動については，「設計供用期間内に数回程度発生する確率を有する地震動」，レベル2地震動は「対象地点において考えられる最大級の地震動」として一般的に定義されている．設計地震動の表現形式としては，係数，応答スペクトル，時刻歴波形等が用いられているが，多くの分野において用いられている応答スペクトルについては，大地震発生ごとに既存の設計応答スペクトルとの比較がなされ，必要に応じてその都度引き上げられてきたという経緯を持つ．これは，日本全国における最大級のスペクトルを設計地震動として設定しようとする考え方であるが，一方で，港湾のように，地点毎の地震動の増幅特性等を考慮して，site specificな設計地震動を設定している分野もある．

　性能照査法については，1995年兵庫県南部地震以前は上述のように許容応力度法が採用されており，構造物の応答を弾性範囲内に収めることを基本としてきた．2段階設計地震動が採用されたことにより，構造物の応答も使用性，修復性，安全性という3種類の性能が設定され，特にレベル2地震動に対しては構造物の損傷を一部許容する考え方が採用されるようになっている．

(2) 耐震補強の効果

　1995年兵庫県南部地震による橋梁の被災経験等を踏まえ，これまでに優先度を考慮しながら順次既設橋梁の耐震補強が進められてきている．そうした中，2011年に東北地方太平洋沖地震が発生し，耐震補強対策を施した橋梁が大きな地震の揺れを経験した．耐震補強がなされていた橋梁の状況とその効果については調査報告[2),3)]が公表されているが，ここでは，道路橋に対する調査の事例について紹介する．

　岩手県，宮城県，福島県の国道に架かる橋梁のうち，橋脚等の耐震補強が既に実施されていた299橋に対する地震後の点検結果を整理した報告[4)]によると，これらの耐震補強された橋梁のうち1割弱の橋梁では補強された部位以外の部位で損傷が確認されたが，落橋や倒壊等の致命的な被害に至った橋梁はなかった．また，残りの9割以上の橋梁では構造的な損傷も生じていないことが確認されている．

　次に，近接した2橋における損傷の比較から耐震補強効果を確認できる事例[5)]を紹介する．写真6.2.1(a)は，気象庁震度階で6弱を観測した茨城県水戸市に架かる橋梁のRC橋脚の被害状況を示したものである．昭和46年の設計基準が適用されて設計された橋梁であるが，本橋脚では耐震補強が未実施であり，地震の揺れによって，軸方向鉄筋の段落し位置において曲げひび割れから斜めひび割れへと進展する損傷が確認された．この損傷は，1995年兵庫県南部地震では橋脚の倒壊に至った事例もある形態であり，本橋梁は地震後に全面通行止めとなった．一方，写真6.2.1(b)は，写真6.2.1(a)の橋から約400m離れた位置にほぼ平行して架かる橋梁におけるRC橋脚の状況を示したものである．この橋脚では，RC巻立て工法により耐震補強がなされており，地震による損傷は生じておらず，地震後速やかに緊急車両の通行に供された．

　これらの2橋は，上部構造の幅員や橋脚の寸法等に違いはあるが，構造形式は概ね同様であり，振動特性も近似していると推測される．また，設置距離も非常に近く，設計図書に示されている土質柱状図や両橋梁における鋼管杭の長さ等から判断して地盤条件に大きな差はないと考えられること，橋梁が架かっている方向もほぼ同じであることから，両橋梁は同等な地震動の影

響を受けたものと推測される．地震後に橋梁としての機能の回復が速やかに行えたかどうかという耐震性能の観点から両橋梁を比較すると，橋脚に対して実施していた耐震補強の効果が確認できる事例と言える．

(a) 耐震補強未実施

(b) 耐震補強実施済

写真 6.2.1　近接した 2 橋梁における損傷の比較[5]

また，1978 年宮城県沖地震において RC 橋脚の軸方向鉄筋の段落し部に大きな損傷を受け，その後，補修ならびに耐震補強が実施された仙台市，名取市に架かる橋梁では，東北地方太平洋沖地震では大きな損傷が生じていないことも確認されている[5]．

東日本大震災では，太平洋側沿岸域において津波により甚大な被害が生じたところであるが，橋梁を耐震補強していたことにより被災地へつながる幹線道路の通行機能が速やかに回復できたことは，震災直後における救命活動や支援物資の輸送等に大きな役割を果たしたと言える．

参考文献

1) 土木学会：土木構造物の耐震基準等に関する提言「第三次提言」，2000．
2) 国土技術政策総合研究所，独立行政法人土木研究所：平成 23 年（2011 年）東北地方太平洋沖地震による道路橋等の被害調査報告，国総研資料第 814 号／土研資料第 4295 号，2014.12

3) 東日本旅客鉄道構造技術センター：特集東北地方太平洋沖地震と鉄道構造物, SED, Vol.37, 2011.11
4) Jun-ichi Hoshikuma, Guangfeng Zhang：Performance of Seismic Retrofitted Highway Bridges Based on Observation of Damage due to The 2011 Great East Japan Earthquake, Journal of JSCE, Vol.1, pp.343-352, 2013
5) 星隈順一, 張広鋒, 堺淳一：橋梁の耐震性の向上に向けて－東北地方太平洋沖地震における耐震補強された橋の挙動－, 土木技術資料, Vol.54-1, pp.8-11, 2012.1

6.3 豊浜トンネル崩落事故とトンネルのメンテナンスのための教訓

(1) 概要[1)]

平成8年2月10日(土)午前8時10分頃,北海道余市町豊浜から古平町沖町にある国道229号の豊浜トンネル(昭和59年竣功,延長1,086m)古平側坑口部付近で岩盤崩落が発生した.崩落規模は最大高さ約70m,最大幅約50m,最大厚さ約13m,体積約11,000m^{3}で,この崩落に伴い古平側トンネル部約26m,巻出し部約18mの計約44m区間が破壊した.また,同時刻にこの区間を通行中の路線バス1台と乗用車2台が被災し,20名が死亡,1名が負傷した.

2月10日には,この大規模岩盤崩落事故の原因究明と崩落箇所近傍の現道の安全性の検討を行うために,豊浜トンネル崩落事故調査委員会(委員長:芳村仁釧路工業高等専門学校長,北海道大学名誉教授)を設置し,可能な限りの必要な調査等を実施し,あらゆる観点から事故原因の究明と現道の安全性について検討を行った.また,同委員会において事故を教訓とした提言が行われており,急崖斜面のきめ細かな点検,地域防災体制の構築,関連する研究の推進などの対応に繋がっている.

(2) 崩落原因[2)]

崩落箇所の岩盤は海底火山活動によって形成された火砕岩からなっており,顕在化した亀裂は少ない.それゆえ,亀裂に起因する崩落は少ないが,一旦亀裂が進展し,崩落が発生すると大規模になると考えられる.また,工学的には比較的均質な軟岩でスメクタイトを含み,脆性的な性質や含水により強度が大きく変化するという物理特性を有している.

崩落の原因は,斜面に内在する亀裂が浸食による応力解放,地下水の浸透による風化により斜面表層部に達して開口亀裂を生じ,この亀裂と岩盤内部の不連続な亀裂に,地下水の浸透による風化,自重と地下水圧等が作用し,全体として亀裂が進展していったことにあると判断されている.さらに,外気温の影響を受ける亀裂では気温低下時の氷結圧,および岩盤の凍結融解に

よる岩質劣化があったと考えられる．このような状況のもと，平成8年2月10日には，数日前から気温低下に伴う凍結が進んでおり，地下水位の上昇による背面地下水圧の増加あるいは含水比の増加に伴う岩盤強度低下により，崩落岩体は安定を失い，落下するに至ったものと判断されている．

(3) 復旧対応[1]

崩落事故発生後，不通となった区間の早期交通回復を図るため，旧国道を迂回路として活用し，2月19日には片側交互通行により交通を確保した．交通は確保されたものの，片側交互通行であったため，地域の産業，経済，日常生活等に様々な影響を与えており，2車線交通の確保を図る応急復旧工事が必要とされた．

現地地形の制約上，応急復旧工法は現道を利用する以外にないことから，崩落箇所において所要の防災対策を行うこととし，豊浜トンネル復旧工法技術委員会（委員長：今田徹東京都立大学工学部教授）において，工事の安全性を確保しつつ，可能な限り早期供用を図るため，現道活用による工法が選定された．12月11日に応急復旧の工事が完了し，約10ヶ月ぶりに通行可能となった．

本復旧の工法は，豊浜トンネル復旧工法技術委員会の報告に基づき，防災面で十分な安全性を確保するとともに，短期間で本復旧を終えることを基本とした結果，崩落箇所を山側に迂回するバイパストンネル（1,260m）を掘削し，旧豊浜トンネルと旧セタカムイトンネルを接続する全延長2,228mの迂回ルート案を選定した．本復旧着工後，まず作業坑285mの掘削が開始され，約5ヶ月後の平成10年5月25日，作業坑掘削を終了した．本坑標準部の掘削は，早期供用を目指して大型掘削機械を導入し，作業効率を高め，平成13年6月9日，工事着手から3年6ヶ月の期間を費やし，全面供用された．

(4) 提言[2]

豊浜トンネル崩落事故調査委員会では，今回の事故を教訓とし，地域住民及び道路利用者が安全に安心して利用できる道路を提供するために，大規模

岩盤崩落も視野に入れた防災技術ならびに防災体制の確立を早期に図る必要があると考え，以下の6項目の提言を行っている．
　①岩盤生成過程や地形発達過程などの地球科学的な知識をより一層活用すること
　②変化する自然の姿を的確に捉えるために斜面の長期的な経時変化を追跡すること
　③軟岩で構成される急崖斜面に対してきめ細かな点検を実施すること
　④テストフィールドを選定して長期モニタリングを行うこと
　⑤予知予測に関する研究を一層促進すること
　⑥地域防災体制や道路防災情報システムを構築すること

参考文献

1) 国土交通省 北海道開発局：北海道開発局のあゆみ60年，第3章，第11節
　　http://www.hkd.mlit.go.jp/topics/archives/60-3/index60-3.html
2) 豊浜トンネル崩落事故調査委員会：豊浜トンネル事故調査報告書，1996

6.4 山陽新幹線におけるコンクリート剥落と品質確保に向けた取組み

(1) 概要

1964年の東海道新幹線開通に続いて山陽新幹線の建設が進められ，1972年に新大阪〜岡山間が，1975年に岡山〜博多間が開通した．この時期は高度経済成長期であり，いざなぎ景気と呼ばれる好景気と重なることから，資材や人材などの不足が深刻であった．また，建設の機械化などの新技術の導入により，施工法が大きく変わった時期でもあった．このような背景から品質確保が難しく，完成後の維持管理に問題を残すこととなった．1984年にコンクリートクライシスとしてその問題が顕在化し，1995年の兵庫県南部地震の被害対応を経て，1999年に発生した福岡トンネル事故を契機に再びこの問題が顕在化し社会問題となった．

山陽新幹線のコンクリート剥落事例は，高架橋とトンネルで生じているが，それぞれ原因と対策が異なることから，以下に順に述べることにする．

(2) 高架橋の事例

写真6.4.1 高架橋の劣化状況

山陽新幹線の高架橋は，写真6.4.1に示すように，建設後の比較的早い時期からコンクリートの剥落などを生じており，1999年に検討委員会が設置されて原因究明の調査と対策の検討が実施された[1]．

コンクリートの剥落は，コンクリート中の鉄筋の腐食により発生したものであり，その原因究明のための詳細調査が実施された．その結果，中性化残り（かぶりから中性化深さを差し引いた値）が少なくなると腐食度が大きくなることが明らかになり，鉄筋の腐食の主要因は中性化であることが確認された．また，鉄筋位置での塩化物イオン量を調査したところ，その値が大きいほど鉄筋腐食が進行する傾向が

見られた.そして,深さ方向に塩化物イオン量の分布を調べたところ,図6.4.1に示すように,中性化の進行とともに塩化物イオンが内部に移動していくことが確認された.これにより,中性化の進行とともに鉄筋近傍の塩化物イオン量が増加したため,中性化で生じた鉄筋の腐食をさらに促進させた原因となっていたと考えられる.

　一部の鉄筋では断面欠損を生じるほどの腐食となっていたため,鉄筋を抜き取って強度試験を実施し,断面減少量と強度低下の関係を把握した.また,高架橋スラブの鉄筋の断面減少量を調査して,スラブの耐力を検討した.その結果,現状では,曲げ耐力および疲労耐力のいずれにおいても,現在の高架橋設計の考え方に基づく耐力を上回っており,構造上の問題がないことが確認された.

　これらの調査結果より,十分な耐力を有している現状施設を,今後とも健全な状態で維持管理していくために必要な補修工法の適用の考え方が提案された.まず,鉄筋の腐食が進行している高架橋に対しては,全面断面修復工法により補修を優先的に実施することとした.そして,比較的塩化物イオン量が少なく,中性化残りの大きいものは予防保全的措置として全面表面処理工を計画的に実施することとした.また,中性化残りが少ないが鉄筋腐食が進んでいないものについては,電気化学的補修工法を技術開発の状況を見極めながら適用することとなった.

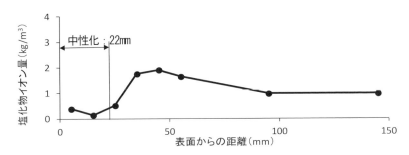

図6.4.1　深さ方向塩化物イオン量分布の例

(3) トンネルの事例

1999年は,鉄道トンネルにおいて覆工コンクリート片の剥落事故が続発した年であった.その中で6月27日に発生した山陽新幹線福岡トンネルの剥落事故は,走行中の新幹線に225kgのコンクリート塊が落下して車両を破損させる衝撃的なものであった(図6.4.2).剥落のメカニズムは,1)コンクリートの打込み中にコールドジョイントが発生,2)脱型時にコールドジョイント下側にひび割れが発生,3)供用後20年間に列車走行中の空気圧変動や振動等によってひび割れが進展,4)最終的に列車走行中に落下,と考えられた[2].その後,10月に同新幹線北九州トンネルで側壁迫め部の突起部が剥落する事象も発生したことを契機として,同新幹線の全トンネルを対象とした前例のない安全総点検(アーチ全面の打音調査)が実施された.また,11月28日には,室蘭線礼文浜トンネルにおいて,走行中の貨物列車が線路上に落下していた2トンのコンクリート塊に衝突し脱線するという更に深刻な事故も発生した.

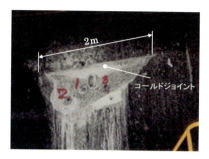

※「トンネル安全問題検討会報告書」(運輸省,2000.2.28)に加筆

図6.4.2　福岡トンネルの剥落※

一連の剥落事故は,1)局所的な問題であってトンネル全体の不安定化には直結しないこと,2)施工後早期にひび割れが生じその後徐々に進展し剥落したこと,3)検査で注意すべきと認識されていなかった部位で発生したこと,等の共通点があった.この点を踏まえ,鉄道トンネルの維持管理のあり方が根本的に問われ,次の点などを骨子とした「トンネル保守管理マニュアル」が,2000年2月に旧運輸省鉄道局により全鉄道事業者に通達された.

- 全トンネルを対象とした全般検査を,初回(完成直後),通常(2年毎),特別全般検査(新幹線では10年毎)の3つに分けて行う.
- 剥落に対する健全度判定(α,β,γ)を変状箇所毎に行い,αと判定された箇所には剥落対策を講じる.
- 調査は目視に加え打音によることとし,変状展開図に記録する.

その後，2007年には，このマニュアルの内容は鉄道構造物全体の維持管理に関する国の解釈基準である「鉄道構造物等維持管理標準[3]」の制定に結びついた．また，これらの剥落事故を契機として，我が国のトンネルの維持管理に関する技術が飛躍的に発展するとともに，建設時における覆工コンクリートの品質向上にも繋がった．

参考文献

1) 山陽新幹線コンクリート構造物検討委員会：山陽新幹線コンクリート構造物検討委員会報告書，2000.7
2) 運輸省：トンネル安全問題検討会報告書，2000.2
3) 国土交通省鉄道局監修／鉄道総合技術研究所編：鉄道構造物等維持管理標準・同解説（構造物編），丸善，2007.1

6.5 笹子トンネルにおける天井板落下事故と附帯設備のメンテナンスの重要性

2012年12月2日(日)に発生した中央自動車道笹子トンネルの天井板落下事故は9名の死者を出す痛ましい事故となったが,それと同時に我が国の社会インフラの耐久性や維持管理の問題に関して,大きな警鐘となった.ここでは,国土交通省の報告書[1]に準拠しながら,その経緯を紹介する.

事故は,当日の午前8時過ぎに発生した.上り線トンネルの大月市側出口から約1,150m付近で,トンネル換気のために設置されていた天井板と隔壁板等が約140mにわたり落下した(図6.5.1).このため,同区間を走行中の車両3台が巻き込まれ,死者9名,負傷者2名の大惨事となった.

国土交通省ではこの事故を受けて,落下の原因の究明と同種事故の再発防止について専門的に検討するための「トンネル天井板の落下事故に関する調査・検討委員会」(以下,委員会と略記)を設置した.

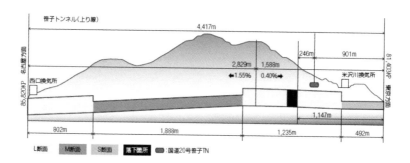

図6.5.1 笹子トンネル縦断図

笹子トンネルは,図6.5.2に示されるように,L,M,Sの3断面からなっており,今回の事故はその内のL断面で生じた.L断面における天井板の構造は図6.5.3に示すとおりである.

天井板と隔壁板は,長さ6mのCT鋼と呼ばれる鋼材に取り付けられ,さらにCT鋼は,図6.5.3に示すように非対称に配置された16本の接着系あごと施工アンカーボルトでトンネル天頂部に取り付けられていた.天井板の両

端はトンネル側壁に設けられた受台で支持されている.

委員会では,天井板の落下原因について様々な角度から検討が行われたが,結局,アンカーボルトの引き抜きが最大の原因であって,それには設計・施工上,あるいは維持管理上の様々な要因が関わりあっていたと推定された.以下,これらについて簡単に紹介する.

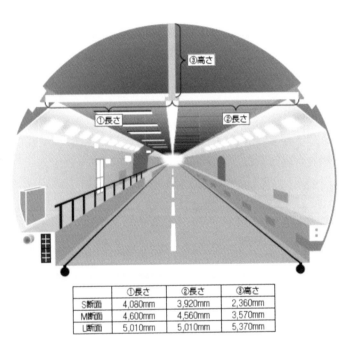

	①長さ	②長さ	③高さ
S断面	4,080mm	3,920mm	2,360mm
M断面	4,600mm	4,560mm	3,570mm
L断面	5,010mm	5,010mm	5,370mm

図6.5.2 S, M, L断面の概要

まず設計上の諸問題であるが,各アンカーボルトが負担する引張力は全て均等との仮定のもとで算定され,天井板自重,隔壁板自重,CT鋼自重の他,天井板上の作業員荷重,ならびに送気・排気時の風荷重が考慮された.しかしながら,送気・排気時の隔壁に対する曲げの影響を考慮すると,アンカーボルトにはかなり大きな引張力が作用すること,また16本の接着系あと施工アンカーボルトの配置の非対称性のため,1本当たりの引張力が増加する

場合があることが事故後の検討により推定された．つまり，設計引張力を上回る大きさの引張力がアンカーボルトに作用する可能性が示されたのである．

　続いて，施工面の問題である．施工時には，天頂部に試験用に施工されたアンカーボルト 156 本と実アンカーボルト 54 本の引抜き試験が実施され，アンカーボルトの降伏強度が 3,900kgf であったのに対して，210 本のいずれもが 4000kgf 以上の引抜き耐力となり合格との記録が確認された．

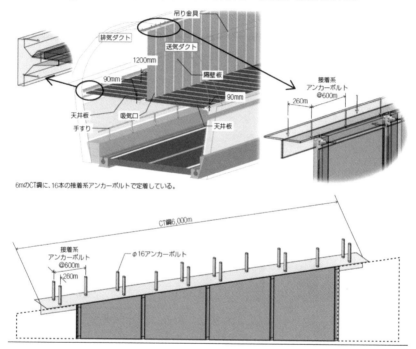

図 6.5.3　天井板の構造

　しかしながら，事故後，委員会でアンカーボルトの引張試験を行った結果は，表 6.5.1 に示すようになり，アンカーボルトの降伏強度相当の 40kN の引張抵抗力に達しないものが全体の約 60％に達したほか，設計引張力である 12.2kN に満たないものも 9％に及ぶ結果となった．

このような結果となったのは，アンカーボルトの削孔深さとアンカーボルトの埋込み長さに差があったためである．つまり，予想外に低い抵抗力で引き抜けたアンカーボルトでは削孔深さが相対的に深くなっており，このため樹脂がアンカーボルトの埋込み長さ全長に行き渡らなかったのである．施工時の試験ではこのような問題は発見できなかったが，この結果は，引張力を直接負担するアンカーボルトでは，抜取り検査ではなく，全数検査が必要であることを示唆している．

なお，樹脂の経年劣化やコンクリートのひび割れや経年劣化，あるいはアンカーボルトの疲労の影響なども検討されたが，それらの影響は無視しうる程度であった．

表 6.5.1 引抜き抵抗力の試験結果

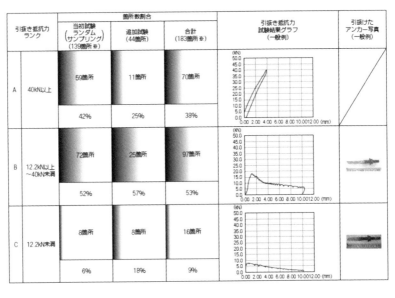

維持管理面の問題は，笹子トンネルの維持管理を担当する中日本高速道路株式会社の維持管理の実態と深く関係する．中日本高速道路では 2000 年に当時頻発した鉄道や道路構造物での事故を受けて，笹子トンネルの臨時点検を行っている．しかしそれ以降は，2 回にわたり，笹子トンネルの点検計画

を途中で変更している．このため，結果的にL断面の天頂部接着系アンカーボルトの近接目視あるいは打音調査は，事故発生までの12年間全く実施されていなかった．このように長期的に近接目視による維持管理を実施していなかったことが，事故発生に際しての大きな要因であることは疑いない．なお，打音調査については，委員会による調査では，その有効性が十分に確認できない結果となったのであるが，近接目視を行っていれば，ボルトの抜落ちや緩みは発見できた可能性があり，近接目視による点検の重要性が改めて確認される結果となった．

なお，長大トンネル内の排気設備は，笹子トンネルのような天井板方式から，現在はジェットファン方式に変更されている．そして，この事故を契機として，我が国のトンネル内の天井板は，現在ではほとんどが撤去されている．

参考文献

1) トンネル天井板の落下事故に関する調査・検討委員会：トンネル天井板の落下事故に関する調査・検討委員会報告書，2013.6

6.6 鋼橋の落橋事故から学ぶ維持管理の重要性

(1) 鋼橋の事故事例

　鋼橋は，1779年に建設された世界最初の鋳鉄橋であるアイアンブリッジから始まり，トラス形式のフォース鉄道橋，アイバーチェーンを用いたメナイ海峡吊橋などを経て，より長く，より丈夫な橋梁を建設するため，材料開発や新形式橋梁の提案，設計・製作・架設技術などの様々な技術開発がなされ，現在に至っている．我が国においても，明石海峡大橋や多々羅大橋といった世界最大級の長大橋梁を建設し，その技術は世界トップレベルにある．このような鋼橋の発展の陰には，落橋を含め，様々な事故をいくつも経験し，これらの事故を教訓に，溶接技術，空力不安定現象，座屈現象といった未知現象に関する新たな知見を得ながら，技術開発を促してきたことが大きく貢献している．

　しかしながら，近年，これまでの長大化の過程で経験してきた事故とは異なる，建設から数10年経過した後に落橋したり，落橋には至らないまでも機能劣化に至ったりといった事例がいくつか見られるようになってきている．例えば，1967年のシルバー橋（米国）の落橋，1983年のマイアナス橋（米国）の落橋，そして，2007年のI-35W橋（米国）の落橋，さらには，落橋には至らなかったが，2000年のホーン橋（米国）の主桁腹板のき裂，2007年の名阪国道山添橋の主桁腹板のき裂，同じく2007年の木曽川大橋の斜材破断などがある．これらの事故は，いずれも，腐食や疲労といった経年とともに進行する劣化現象が大きく関係しており，維持管理の重要性を物語っている．

(a) シルバー橋の落橋事故[1]-[3]

　シルバー橋は，ウェストバージニア州とオハイオ州をつなぐ1928年に架設された440mの吊橋であり，ポイントプレザント橋とも呼ばれる．シルバー橋の呼称はアルミニウム塗装に由来しており，単純支持されたトラス形式の補剛桁を鋼製のアイバーチェーンから構成される吊りケーブルによって吊っているのが特徴である．

　架設後，約40年経過した1967年の午後，オハイオ側の側径間が崩落し，

その後，中央径間とウェストバージニア側の側径間が崩落した．当初は，空力学的不安定性の問題などが疑われたが，破断したアイバーチェーンが発見され，その疲労破断が崩落の原因と特定された．疲労破断の原因としては，維持管理が適切になされず，アイバーチェーンをつなぐピン周りの腐食によりアイバーチェーン間の回転機能が失われ，設計で考慮されていない応力（二次応力）が作用し，疲労き裂が進展したとされている．また，崩壊に至ったのは，冗長性の確保が十分でなかったことなど，設計上の配慮の問題も指摘されている．この落橋事故以降，設計の見直し，製作における品質確保や腐食などによる変状の早期発見など橋梁点検や維持管理の重要性が議論され，これらについて多くの注意がなされるようになった．

図 6.6.1 シルバー橋 [4],[5]

(b) I-35W 橋の落橋事故 [6]-[8]

I-35W 橋は，ミネソタ州ミネアポリス市にある全長 579m の 14 径間からなる鋼製橋梁で，中央の渡河部分が 3 径間連続鋼上路トラス橋(主径間 140m，側径間 81m)，前後の取付け橋（側径間部）が 5 径間および 6 径間の鈑桁橋である．1967 年に完成し，供用が開始されている．本橋は，供用開始後，40 年を経過した 2007 年に中央径間部の上弦材格点部の破壊を起点に崩落した．崩落した橋梁上には 111 台の車両が走行しており，事故による死者は 13 名，負傷者は 145 名と報告されている．本橋は 1977 年に床版の増厚，1998 年に車道防護柵の構造変更，凍結防止装置の設置，そして，2007 年に床版上面のコンクリート舗装の打ち替えといった 3 回の大規模改修が行われており，崩落はちょうど 3 回目の大規模改修の最中であった．3 回の大規

模改修による死荷重の増加は約 25%と報告されている．本橋の崩落原因については国家安全運輸委員会にて調査が行われ，崩落の起点となった格点部のガセットプレートの板厚不足が主な原因とされ，これまでの改修工事による死荷重増加と崩落当日の工事用荷重の過積載も重なり，崩落に至ったと結論づけられている．本橋は大規模改修の他に，疲労き裂対策の実施や，腐食や疲労き裂の存在を考慮した耐荷力解析などが実施されており，当面の点検の強化と補強の検討が進められていた中での崩落であり，崩落を未然に防ぐことがなぜできなかったか，そしてこれを防ぐにはどうしたらいいのかといった今後の維持管理のあり方について課題を突きつけたものであった．

図 6.6.2　崩落した I-35W 橋[9]

(c) 山添橋の主桁腹板のき裂[10]

　山添橋は，名阪国道に架かる 1971 年に架設された橋長 128m の 3 径間連続非合成鈑桁橋である．名阪国道は，日交通量 6 万台，大型車混入率 45%の重交通路線であるのが特徴である．2006 年 10 月，主桁腹板の横桁貫通部のスカラップ部を起点とする約 1m のき裂が発見された．落橋には至らなかったものの，主桁に発見された重大な損傷であり，落橋に次ぐ重大な損傷と位置づけられている．そのため，重交通路線ではあるが，ただちに通行止めの措置がなされ，応急復旧対策がなされた後，23 時間後に解除された．その後，名阪国道の橋梁保全に関する検討委員会が設置され，き裂の発生・進展要因の究明，補修補強対策の検討，維持管理方針の検討がなされている．き裂発生要因は，疲労強度の低い溶接継手構造であったこと，重交通路線で

あったこととされ，進展要因としては，SM材のJIS規格を満足しない鋼材が用いられ，所定のシャルピー吸収エネルギーを満足しなかったこととされている．重交通路線の通行止めの判断を行うための橋梁の健全度診断の重要性，さらには迅速な応急対策を行うための体制整備の重要などが改めて認識されたと言える．

図6.6.3　山添橋の主桁腹板横桁連結部に発見されたき裂

(2) 維持管理の重要性とその今後

鋼橋に代表される鋼構造物では，今後も，経年によって進行する腐食や疲労き裂といった損傷・劣化は避けられず，これらに対する対策を適切な時期に適切に行うことが非常に重要である．そのためには，損傷・劣化を発見し（点検），それを適切に評価（診断）することがまずは重要であり，そのための技術開発，そしてそれを支える基礎研究を怠ってはならない．

シルバー橋の落橋事故以降，橋梁の維持管理の重要性が認識され，点検・調査，維持補修といったメンテナンスサイクルが確立されていた中で，近年においてもI-35W橋などの落橋事故が発生していることに注目しなければならない．我が国においても，先に挙げた山添橋のき裂損傷以外にも，主桁の桁端部の腐食や横桁のき裂など落橋に至らないまでも，それにつながる可能性のある損傷が今後も発見される可能性がある．このことは，長期にわたる点検の確実な実施とその精度の確保，そしてこれに基づいた適切な診断，補修・補強対策における要求性能を満足するための品質確保といった一連の

維持管理行為を確実に行うだけではなく，不備，不具合があった場合においても落橋などの重大な事故に至らないよう，冗長性をもった維持管理システムの体系とすることが求められている．特に，多くの事故は点検不可視部位を起因としており，点検不可視とならないような構造形式の採用や点検・調査技術の開発・導入が急がれる．さらには，適切な診断を行える人材の育成なども一朝一夕にはなしえないものであり，将来を見据え，継続的に行っていかなければならない．

参考文献

1) Bjorn Akesson: Understanding Bridge Collapses, pp.139-148, Taylor & Francis, 2008
2) 土木学会鋼構造委員会：鋼構造物のリダンダンシーに関する検討小委員会報告書, pp.3-5, 2014
3) D. Dicker: Point Pleasant Bridge Collapse Mechanism Analyzed, Civil Engineering, ASCE, Vol.41, No.7, pp.61-66, 1972
4) Image ID 149083, Federal Highway Administration, <http://en.structurae.de/structures/silver-bridge>（2015/5/17 アクセス>
5) Image ID 149084, Federal Highway Administration, <http://en.structurae.de/structures/silver-bridge>（2015/5/17 アクセス>
6) 羽田野英明，村上茂之，六郷恵哲，依田照彦：ミネアポリス I-35W 橋崩落事故に関する NSTB の報告書の概要，橋梁と基礎，Vol.44, No.7, pp.37-42, 2010.7
7) 笠野英行，依田照彦：米国ミネアポリス I-35W 橋の崩壊メカニズムと格点部の損傷評価，土木学会論文集 A, Vol.66, No.2, pp.312-323, 2010
8) Jim Wildey: Bridge Description and Collapse, Highway Accident Report Collapse of I-35W Highway Bridge, Minneapolis, Minnesota, August 1, 2007
9) <http://contextsensitivesolutions.org/content/case_studies/i_35w_st_anthony_bridge_collap/resources/Collapsed%20Bridge.jpg>（2015/5/17 アクセス）
10) 上窪清治，向井博也：名阪国道鋼鈑桁橋における疲労損傷に対する維持管理，国土交通省近畿地方整備局研究発表会論文集，防災・保全部門，No.20, 2011

6.7 計画・マネジメント技術によるイノベーション

(1) BMS (ブリッジマネジメントシステム)[1]
(a) 青森県による橋梁維持管理の取組み

青森県では，従来の「傷んでから直すまたは作り替える」という対症療法的な維持管理から，「傷む前に直してできる限り長く使う」という予防保全的なものとすると共に，「いつ，どのような対策が必要か」を的確に判断することで，橋梁の長寿命化を図り，将来にわたる維持更新コストの削減を図っている．

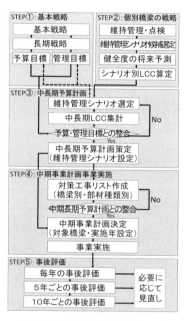

図6.7.1　マネジメントフロー[1]

(b) 橋梁維持管理のマネジメントフロー

青森県の BMS は大きく5つのステップで構成される（図 6.7.1）．「①基本戦略」で基本方針を定め，それに基づく長期戦略，目標を設定し，「②個別橋梁の戦略」では，維持管理や点検の結果から評価される橋梁健全度や環

境条件,道路ネットワークの重要性から現状を把握し,維持管理シナリオを選定しLCCを算定する.「③中長期予算計画」において橋梁毎の最適シナリオから全橋梁でのLCCを集計し,中長期予算との整合,シナリオ再選定を図り中期予算計画を決定,「④中期事業計画・事業実施」では,対策予定の橋梁の中から優先順位を付け,中期予算との整合を図りながら具体的な対策を実施する.さらに「⑤事後評価」においてBMSの進行管理や必要な見直しを行っている.

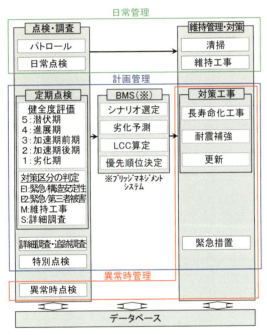

図6.7.2 維持管理体系の枠組[2)]

(c) BMSを用いた維持管理体系の枠組み

青森県では「点検・調査」で得た膨大なデータを直接またはBMSを介し「維持管理・対策」に反映させている.「維持管理体系」の枠組みは,5年に1回行う定期点検結果から計画的な維持管理計画を策定する「計画管理」の他,これをサポートする位置づけとして劣化要因を早期に取り除くことで

効果的に橋梁の長寿命化を図る「日常管理」，災害等の異常事態時の対応として「異常時管理」を実施している（図6.7.2）．

(2) アセットマネジメント[3]
(a) 東京都におけるアセットマネジメントの取組み

東京都が管理する社会インフラの多くは，1964年の東京オリンピックを契機として高度経済成長期に集中的に整備したことから，国や他の地方公共団体と比べ高齢化が顕著である．このような状況で従来の対症療法型管理を続けた場合，10数年後には高齢化施設の更新ピークを迎え，膨大な更新費用が必要となる．少子高齢化社会の到来によって，財政状況も厳しくなることから，他に先駆けてアセットマネジメントによる予防保全型維持管理を導入し，平成21年4月に「橋梁の管理に関する中長期計画」が策定，公表された．

(b) 東京都が導入したアセットマネジメントとは

導入したアセットマネジメントの特徴は，従来のLCC型でなく，金融・経営的，革新的なNPM（New Public Management）型を導入したことである．また，対象施設の寿命予測と対策時期判断には，昭和62年から5年に一度の頻度で継続的に行ってきた定期点検データを基に独自の理論式を導き採用している．対象施設の投資判断は，NPV（正味現在価値）によって行い，仮想収益として社会的便益（時間短縮，走行快適性など5便益）を金銭換算して算出し，30年間の投資の最適化と費用の平準化を図っている．これらの劣化予測及び投資判断計算は，データベースシステムも兼用している独自のマネジメントシステムを構築し，当該システムで算定している．

(c) アセットマネジメントによる効果

アセットマネジメントによる予防保全型管理を導入した効果は，第一に課題であった更新ピークの平準化と費用の縮減があげられ，30年間の橋梁の総事業費，約1兆6千億円が68.7%減の約5千億円となる（図6.7.3）．費用以外の効果として，環境負荷の軽減があり，1年間でCO_2排出量が東京ドーム15杯分の3.7万t削減できるとしている．このように，アセットマネジメント導入の効果は大きく，現在メンテナンスの主流となりつつある長寿

命化計画策定,実施の先駆的な役割も果たしている.

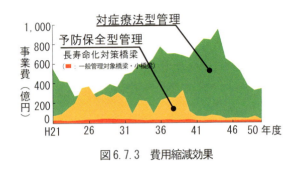

図6.7.3 費用縮減効果

(3) ISO55001
(a) 仙台市におけるISO55001の取組み[4]

仙台市では,高度経済成長期以降に敷設した下水道管きょやポンプ場・処理場等の施設の老朽化が進み,事業のリスクは増大する一方,予算や職員等の経営資源が減少している.そのため,仙台市の下水道事業では効率的かつ効果的な維持管理や施設整備の実施を目的とし,平成25年度からアセットマネジメントシステムの本格運用を開始した.また,これらの取組みを持続可能なものとすべくISO55001に適合するようマネジメントシステムの改善を進め平成26年3月11日に日本で初めてISO55001の認証を取得した.

表6.7.1 ISO55001と仙台市の取組み事例

	ISO55001	仙台市下水道事業の取り組み事例
4章	組織内の状況把握と戦略的なアセットマネジメント計画の策定	・海外事業者とのベンチマーキング実施 ・アセットマネジメント導入戦略の策定
5章	リーダーシップとアセットマネジメント方針,責任と権限など	・仙台市下水道事業のアセットマネジメント方針の策定
6章	リスクマネジメントとそれに基づく目標・計画策定	・リスク評価の基準の設定と評価の実施 ・リスク評価結果の予算策定への反映 ・目標／指標管理の実施
7章	アセットマネジメントを支援する仕組みや方法	・仙台下水道CPDプログラムの導入 ・アセットマネジメントに関連する業務の各種ガイドラインの整備 ・既存システムの改善と新規導入によるデータ整備
8章	プロセスの明確化とその運用	・一部業務のプロセスをフロー図として標準化 ・プロセス実行を支援する業務フローシステムの導入
9章	業績や状態のモニタリング,内部監査	・目標／指標管理の実施 ・アセットマネジメント内部監査共同研究の実施
10章	継続的改善	・苦情や故障の評価と改善 ・問題解決のためのアセットマネジメントシステムの変更

(b) ISO55001と仙台市のアセットマネジメント

仙台市では海外の先進事例を参考に，平成20年度から独自にアセットマネジメントシステムを整備してきたが，ISO55001発行に伴い，内部監査など新たな取組みを加えることで規格への適合を図った．

表6.7.1に示すISO55001と仙台市の取組み事例の比較を見てわかるように，ISO55001に適合したマネジメントシステムの構築は，内部監査や継続的改善などのチェック‐アクションの仕組みの充実に加え，組織のあり方，責任の分担・所在の明確化等により，アセットマネジメントに必要なPDCAサイクルを洗練し，期待される機能を継続的に発揮できるよう高度化することと言える．

(c) ISO55001認証取得による効果

ISO55001に適合することによる効果は，要求事項に沿ったマネジメントシステムの体系化と，それに伴う組織活動の管理体制の強化によって，確実に情報が収集・分析され，その結果を基により精密な計画を立案し，実施することによって生み出される（図6.7.4）．また，監査や認証審査といったチェック機能もシステムの継続的な改善をサポートする．

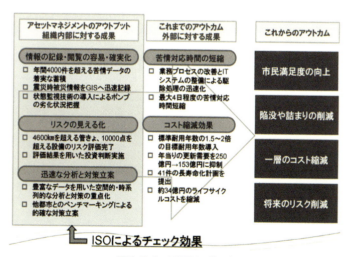

図6.7.4　ISO55001導入成果

これらの取組みが継続されることで，暗黙知の消失を防ぐことができるとともに，データの蓄積や妥当性の高いリスク評価，ならびに効率的かつ効果的な経営判断が可能となり，コストパフォーマンスやサービス品質の向上が期待できる．

参考文献
1) 川村宏行：青森県橋梁アセットマネジメントの取り組み，建設マネジメント技術，No.360, pp.56-60, 2008.5
2) 青森県県土整備部道路課：青森県橋梁アセットマネジメント基本計画，2004.11
http://www.pref.aomori.lg.jp/soshiki/kendo/doro/files/kihonkeikaku.pdf
3) 髙木千太郎：東京都が導入する新たな道路資産管理，道路，No.764, pp.12-15, 2004.10
4) 水谷哲也：仙台市下水道事業のアセットマネジメントについて，第6回公共調達シンポジウム，2014.6

6.8 機械化・自動化技術によるイノベーション

近年,インフラのメンテナンス作業において建設ロボットが注目されている.メンテナンスの作業にロボットを導入することの利点としては,安全面,もしくは狭隘等の理由により人が構造物に近づくことができない場合でもロボットであれば作業を行うことができること,あるいは,作業員を苦渋作業から解放するとともに,作業の精度と効率を向上させ得ること等が挙げられる.

維持管理における作業は大きく分けて,劣化状況の調査と劣化箇所の補修・補強(以下,補強も含めて補修と称する)に分けることができる.本節では,それぞれの作業において実際の現場で採用されている技術を交えながら,最近の技術動向を紹介する.

(1) 劣化状況の調査における導入事例

構造物の劣化状況の調査には様々な手法があるが,一般的には目視調査と物理的な調査(非破壊試験)に分けることができる.それぞれの調査方法については既に他章・他節で紹介されているため,ここではそれらの技術とロボット技術を組み合わせた事例を紹介する.

(a) 目視による劣化状況の調査技術

図 6.8.1 は,下水管の劣化を調べるカメラロボットである.また,図 6.8.2 は,水道管内の調査ロボットである.これらの装置を使うと管路を閉塞することなく管内の任意位置の画像を入手することができ,調査の効率や検知精度を向上させるとともに,人が入ることのできない場所の調査を行うことも可能となる[1].

また,橋梁などの高所の調査では,小型無人飛行装置 (UAV) の導入が試行されている.高所で人が近づきにくいところの画像を撮影することができ,インフラ点検の効率化への寄与が期待されているが,風が強い場所での安定性など解決すべき課題も有している.

図 6.8.1 下水管調査用ミラーカメラ調査機　　図 6.8.2 水道管内の調査ロボット

(b) 物理的な調査(非破壊試験)による劣化状況の調査技術

　非破壊試験のうち,ロボットに応用し易い技術は打音法である.図 6.8.3 に示すようなビルなどの構造物の外壁調査で用いられるロボットもこの原理を利用している場合が多い[2].

図 6.8.3 タイル外壁調査ロボット　　図 6.8.4 球形ガスホルダー外面の点検ロボット

　外壁調査ロボットは,従来,ウインチから送り出されるワイヤーで吊るされ,ウインチの横移動とワイヤーの送り出しで壁体に沿って移動する機械が多かったが,最近では吸盤を利用して鉛直壁を自走して調査を行う機械も開発されている.図 6.8.4 は,ガスタンクが数多くある時代に外壁の健全性を調査するために使用されたロボットである[1].これらの作業は人力でも実施可能ではあるが,危険を伴うこととコストや時間を要するため,ロボット等を使い機械的に調査を行う方が効果的と言える.特に,非常に広範な構造物の健全性をスポット試験の繰り返しで延々と調べていくような調査は,人力

よりも機械で行う方が効率も精度も向上させ得る場合が多い.

(2) 劣化箇所の補修技術

補修におけるロボットの利用は, あまり進んでいない. 補修箇所の位置や規模, 補修内容が現場毎に異なり一様ではないため, 規格化が難しいこと, ならびに補修作業は一般に小規模であるためロボットを導入するだけの経済的なメリットが得られ難いこと

図6.8.5 アスファルト舗装用ロボット

等の理由によると思われる. 今後, 補修工事の事例が増え, 工事内容の体系化と規格化が図られると, ロボットの導入による作業の効率化も進むことが期待される. ここでは, その事例として, ロボット技術を利用したアスファルト舗装の打換え工事を紹介する.

図6.8.5は, アスファルト舗装施工用ロボットである. この機械は, 設計で決められた表層面が造られるようにアスファルト材料の敷き均し高さと傾斜を自動で調整するレベリング機能とともに, 敷き均し部分のスクリードを牽引するトラクタ本体が入力された舗装表面の設計線形データに沿って走行軌跡を描くように自動で操向操作を行う機能を有しており, 設計通りのアスファルト舗装を自動で敷設することができる[1].

(3) おわりに

日本では建設従事者が減少する一方で, インフラのメンテナンス作業は増加の一途をたどることを考えると, ロボット等の技術を活用した作業の省力化と効率化は不可欠な施策といえる. ロボットの導入を推進するためには, これまで人が行っていた作業を完全にロボットで代替えするのではなく, 人が行う方が優位な作業とロボットが得意とする作業を区別し, ロボットの効率的な導入を前提としたメンテナンス作業のあり方を議論することが望まれる. また, センシングやモニタリング技術, 補修・補強技術を開発する土

木分野の研究者・技術者と自動化技術を担うロボット分野の研究者や技術者との連携が不可欠で，両者のますますの交流と協力体制の構築が強く望まれる．

参考文献
1) 建山和由：これからの社会インフラの維持管理・点検技術を担うメンテナンスロボットの役割，ロボット，No.218, pp.4-9, 2014
2) 遠藤健：タイル診断ロボットの開発と適用事例，ロボット，No.193, pp.26-30, 2010

6.9 ICTによるイノベーション

(1) インフラメンテナンスへのICTの活用

　国土交通省は平成26年7月から，道路橋やトンネルなどに対して5年に1度の点検を義務づけた．点検の対象となる2m以上の橋梁は約70万橋，トンネルは約1万本に上る．このうち国土交通省の直轄管理道路や高速道路会社が管理する橋梁・トンネルを除けば，橋梁の94%，トンネルの70%は地方公共団体が管理している．しかし，構造物を診断する技術者の人的資源が不足している自治体も多く，点検の効率化・平準化を図るためにもICTの活用が不可欠となっている．ここでは，インフラメンテナンスへのICT活用の事例を紹介する．

(2) AR技術の活用

　AR（augmented reality：拡張現実）とは，コンピュータでデジタル処理された仮想世界と現実世界を融合させる技術の一つである．VR（virtual reality：仮想現実）がコンピュータで作り上げた仮想世界に人間の感覚が入り込むことを実現するのに対し，ARは現実世界にCG（コンピュータグラフィクス）やデジタル情報を合成することで，人間の感覚（認識力）を拡張するものである．

　ARの利用において仮想世界と現実世界とをリンクさせるためには，現実世界と仮想世界との位置合わせが重要となる．位置合わせの方法として，ARマーカと呼ばれる特定のマークを用いる方法があるが，インフラを対象とする場合はその設置が広範囲かつ多数に及び現実的ではない．マーカを必要としない方法として，カメラ，GPS，地磁気センサ，ジャイロなどのセンサ情報を利用するものがある．スマートフォンやタブレットなどの携帯端末の多くは，これらのセンサを標準で搭載しており，ARの表示装置として利用することができる．

　AR技術により，地下埋設物の3次元モデルを携帯端末のカメラ画像に合成して表示することで，地上から実際には見ることができない地下埋設物を可視化できる[1]．また，コンクリート壁面の点検において，過去の点検デー

タを現在のカメラ画像に重畳して表示することにより，ひび割れの進展具合を確認することも可能である[2]．

(3) 点群データの活用

点群（3次元座標の集まり）はこれまでも航空レーザ測量など特殊な用途で使用されてきたが，近年の3次元スキャナの普及により，現実の物体を点群としてコンピュータ上で扱うことが容易となった．現実の形状を正しく認識することはメンテナンスを行う上で前提条件となるが，建設時期が古く図面が残されていない場合や図面はあっても形状が変化している場合には，現況を点群データとしてデジタル化することにより，コンピュータ上で形状認識が可能となる．

Mobile Mapping System（MMS）は，自動車にレーザスキャナやデジタルビデオなどを搭載し，走行しながら道路やその周辺の3次元データ（点群）や映像を取得するシステムである．点群データで表現した現況から，メンテナンス業務の施工計画シミュレーションや対象構造物の3次元モデル作成を支援することができる[3]．また，点群データから道路舗装のわだち掘れ量や平坦性を算出して，損傷度の高い箇所を抽出し，メンテナンス計画を立案することも可能である．

取得した点群データをそのまま利用するだけでなく，CADデータとして3次元の形状モデルを生成させることで，その応用範囲が広がる．コンクリートや地盤などの自由形状を点群データから自動的にモデル化するには技術的課題も多いが，今後の研究の進展が期待される．

(4) 携帯端末の利用と住民参加

スマートフォン等の携帯端末の普及に伴い，住民参加によるインフラに関する情報の収集システムに関する取組みも進んでいる．例えば総務省では，地域情報化の推進事業の1つとして取り組む「情報通信技術を活用した新たな社会基盤の維持管理（防災対応）事業」[4]の中で，「みまもりサポートシステム」を構築している．地域住民は，生活の中で気付いた社会インフラの異状を，GPS機能付きのスマートフォンなどを使用して，対象の画像・位

置情報とともに通報する．これは，個々の人間が独立したセンサとしての役割を果たすものであり，自治体は定期点検とは別に，適時，インフラの異状を発見することができる．

また長崎県では，長崎大学が中心となって道路インフラのメンテナンスに係わる人材「道守」を養成している[5]．一般市民は，社会インフラの異状に気付ける程度の基本的な教育を受けることで「道守補助員」となり，「みまもりサポートシステム」を利用できる．

ICTだけに頼るのではなく，一般市民を巻き込んだこうした活動が広く浸透し，参加者が増え，継続的に行われることが重要である．そのためにも，一般市民に対して「社会インフラは自分たちのものである」という意識を定着させることは，土木学会の使命の1つともいえる．

参考文献

1) Roberts, G.W, Evans, A. Dodson, A.H., Denby, B., Cooper, S., and Holland, R.: The Use of Augmented Reality, GPS and INS for Subsurface Data Visualisation, Proceedings of FIG XXII International Congress, TS5.13, Washington, 2002
2) 川田卓嗣，渡辺完弥，川浦健央: AR技術を用いた社会インフラ施設維持管理の効率化，三菱電機技報，Vol.89, No.2, pp.105-108, 2015.2
3) 首都高技術：道路・構造物維持管理業務支援システム「InfraDoctor」，<http://www.shutoko-eng.jp/updir/shutoko20141120174228_1.pdf>, 2015.5.12 アクセス
4) 東京都道路整備保全公社：情報通信技術を活用した新たな社会基盤の維持管理 (防災対応) 事業，< http://www.infra-ict.jp/ >, 2015.5.12 アクセス
5) 長崎大学インフラ長寿命化センター：道守養成ユニット，<https://michimori.net/lesson.html>, 2015.5.12 アクセス

6.10 大規模計算・ビッグデータ処理によるイノベーション

　社会インフラのメンテナンスに対して応用力学分野が貢献できる 1 つの可能性として，図 6.10.1 に示すように，応用力学が得意とするモデリング技術を大規模計算や ICT と組み合わせて，より高度なインフラの維持管理手法を提案・実現することが挙げられる．また，大量のセンシング・計算データを有機的に融合した，社会インフラの維持管理・更新技術の次世代のシナリオも提示できる．以下では，大規模計算と可視化技術，センシング技術とデータネットワーク，データ指向型科学について具体的な事例を示す．

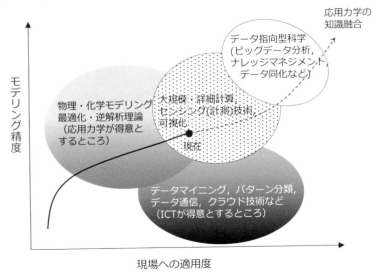

図 6.10.1　応用力学の社会インフラの維持管理技術への貢献

(1) 大規模計算と可視化技術

　構造物やその周辺環境も含めて，社会インフラの詳細なモデル化と数値シミュレーションが可能となっている．その内容は，応力解析，衝撃解析，流体解析，振動・波動解析，熱解析等があり，これらを連成したマルチフィジックス解析が主流となっている．社会インフラの構成要素は多岐に渡り，その大きさや供用時間のスケールも様々であることから，マルチスケール解析

も必須の技術である．土木分野で用いられる計算手法は，有限要素法，有限差分法，境界要素法，粒子法等が代表的であり，これらの手法を駆使して，社会インフラの破壊・非破壊シミュレーションの高度化に資する大規模数値解析が行われている．この大規模解析を実施するためには，スーパーコンピュータ等を利用したHPC（High Performance Computing）技術の導入が不可欠である．学際大規模情報基盤共同利用・共同研究拠点（JHPCN）においても，土木学会応用力学委員会の有志メンバーによる研究テーマが毎年採択されており，コンクリート部材の破壊現象の解明から，プロアクティブな非破壊試験手法の構築までを視野に入れた学際的な技術開発が実施されている[1]．

現在では，大型計算機の恩恵が一般技術者でも享受できる環境が整備され，構造物，都市，地下空間，海洋等を現実的なサイズでモデル化できるようになっている．例えば，京コンピュータ上では100億要素以上のきわめて詳細な有限要素モデル[2]が自動作成でき，大学のスパコンにおいても，3000万以上の粒子モデル[3]や1300万以上の境界要素モデル[4]を用いたシミュレーションが可能である．これらによって地震や風水害などを仮想的に再現でき，耐久性，耐荷性，耐震性の高いインフラの開発・設計に陽な形で貢献できる．これらの計算コードには，マルチコアやメニーコア環境で動作するような記述を導入するのが一般的であり，MPI（Message Passing Interface）を用いて計算領域を複数の小領域に分けて計算したり，OpenMPによるCPU（Central Processing Unit）の並列実行が行われている．また，近年では，CUDAやOpenACC等を用いたGPU（Graphics Processing Unit）による超並列計算の導入も盛んに行われている．

大規模なシミュレーションが可能となった現在，その計算結果を理解するためには，結果の可視化が重要である．しかし，上記に示した数値計算法は時間発展を伴い，節点や要素毎に計算値が保存されるため，問題が大規模になるほど，大容量かつ多数のファイルが生成される．このため，従来は，データを間引いたり，圧縮するなどして，可視化する別の計算機にデータを移動して可視化ソフトを使うことが多かった．最近では，スパコンで計算した結果を直接可視化できたり，クラウド上で大規模可視化を行うことができた

りするようになっている[5]．また，数値シミュレーションで得られた結果を擬似的に体験するVR（Virtual Reality）技術や，解析結果を現実的に可視化するCG（Computer Graphics）も提案されており，合意形成や住民参加などのコミュニケーション目的だけでなく，防災・減災，新規インフラの設計にも活用されている[6]．

(2) センシング技術とセンサネットワーク

ユビキタス技術を社会インフラに導入する動きも見られるが，社会インフラの数は膨大であり，常時設置型のセンサを用いて管理するのはもう少し先の未来になりそうである．これまで，構造ヘルスモニタリングの研究が盛んに進められているが，その多くは長大橋等の主要構造物が多く，新設時から継続的にモニタリングしたデータから健全性を評価する事例が多い．しかし，既設インフラの経年化対策こそが喫緊の課題であり，中小のインフラを含めた包括的なメンテナンス戦略においては，保有性能を効率的に評価することが課題となる．そこで，近年ではMEMS（Micro Electro Mechanical Systems）と無線センサネットワークの技術を採り入れて，多点で高密度にデータを計測するための研究が進められている[7]．これらは安価でポータブルな装置構成が特徴である．各センサで得られた情報を集約し，その即時把握のために橋梁の3次元動態をリアルタイムに可視化する研究がある[8]．さらに，GPS（Global Positioning System）センサを無線ネットワークに組み合わせることで，広域に分布する構造物の健全度を一度に把握する研究も行われている[9]．これらの発展型としては，センサで得た情報をもとにセンサモジュール自身が「損傷を判断する」機能を付加することであり，これはスマートセンサと呼ばれている．一方で，日常の点検業務の軽減を目指して，車両に設置したセンサやカメラによって検知した値を利用して，車に乗ったままで橋梁の支承部[10]やアスファルトのひび割れ評価[11]が可能となる事例も報告されている．このように，低コストで高効率・高精度なセンシング技術が開発されつつあり，そこから得られた大容量のデータをいかにうまく解析して健全度評価に繋げるかがキーである．次に示すデータ指向科学はそれを実現する1つの手段である．

(3) データ指向型科学

社会インフラの維持管理への投資を財務管理の視点で捉えたアセットマネジメントが注目されており，応用力学でもLCC（Life Cycle Cost）を意識したインフラの劣化予測の研究が盛んに行われてきた[12]．現状では，インフラの点検で得られたデータをどのようにインフラのアセットマネジメントや維持管理に反映するかが重要な事案である．さて，科学技術研究において，理論研究と実験観測研究に加えて，20世紀後半には第3の分野として計算機シミュレーションが確立された．21世紀に入り，多種多様なセンシングデータが得られるようになった昨今，第4の分野としてData Intensive Science[13]（データ指向型科学）が提言されている．社会インフラの健全度を推定することは，センサ等で得られる情報を元にインフラの状態量を推定する数理問題であり，これは逆問題と呼ばれる．逆問題を解く手法は応用力学の分野では数多く提案されているが，近年，シミュレーションとセンシングデータを有機的に融合したデータ同化（Assimilation）が盛んに研究されるようになった．データ同化は統計的推定論の応用と見なすことができる．一昔前のデータ同化は線形カルマンフィルタ等が代表的であったが，計算機性能が飛躍的に向上した現在，時々刻々，観測値を導入して適切なものに収束していくアンサンブルカルマンフィルタや粒子フィルタが実用的なものとなっている．これらを用いて，社会インフラの損傷度曲線の算定を行った研究[14]や，地盤の最終変形を予測することで構造物の維持管理に寄与する研究[15]が行われている．データ指向型科学において，多種多様なセンシングデータの集合を管理・解析・活用することをビッグデータ処理と呼ぶが，今後はこの大量のデータと大規模解析による「ビッグデータ同化」が，インフラの維持管理の高度化のための手段となるであろう．

参考文献

1) 中畑和之：構造物の劣化のモデル化とメインテナンス技術の向上に資する大規模数値解析，jh130013-NA08，学際大規模情報基盤共同利用・共同研究拠点平成25年度共同研究最終報告書，2014

2) T. Ichimura, K. Fujita, S. Tanaka, M. Hori, M. Lalith, Y. Shizawa, and H. Kobayashi: Physics-based urban earthquake simulation enhanced by 10.7 BlnDOFx 30 K time-step unstructured FE non-linear seismic wave simulation, Proceedings of SC14, pp.15-26, 2014

3) 浅井光輝, 合田哲郎, 小國健二, 磯部大吾郎, 樫山和男, 一色正晴：安定化 ISPH 法を用いた津波避難ビルに作用する流体力評価, 土木学会論文集 A2（応用力学）特集号, Vol.70, No.2, pp.I_649-I_658, 2015

4) 斎藤隆泰, 瀬川尚揮, 石田貴之, 廣瀬壮一：並列化された演算子積分時間領域高速多重極境界要素法による大規模多重散乱解析, 計算数理工学論文集, Vol.11, pp.95-100, 2011

5) 情報通信研究機構：NICT サイエンスクラウド, http://sc-web.nict.go.jp/SCindex.html

6) 樫山和男：防災・減災分野における計算機シミュレーション, 学術の動向, Vol.19, No.10, pp.21-25, 2014

7) 斎藤拓馬, 渡邉和樹, 佐伯昌之：精密小型加振機と無線センサネットワークを結合した構造センシング手法の精度検証, 土木学会論文集 A2（応用力学）, Vol.68, No.2, pp.I_761-I_769, 2012

8) 川原正人, 中畑和之, 大賀水田生：多点同時計測による橋梁床板の動的挙動の3次元可視化と歩道橋における実験的検証, 構造工学論文集, Vol.59A, pp.1170-1178, 2013

9) I. Nakamura, M. Saeki, K. Oguni, B. Buttarazzi, M. Basili, and S. D. Glaser: Energy-saving wireless sensor node for relative positioning of densely deployed GPS network, Journal of Infrastructure Systems, ASCE, Vol.20, No.2, doi: 10.1061/(ASCE)IS.1943-555X.0000185, 2014

10) 藤野陽三, 西川貴文, 長山智則：日常点検車を用いた道路高速モニタリングシステムの開発と実装化, 高速道路と自動車, Vol.53, No.5, pp.23-30, 2010

11) 全邦釘, 橋本和明, 片岡望, 蔵本直弥, 大賀水田生：ナイーブベイズ法によるアスファルト舗装撮影画像からのひび割れ自動検出手法, 土木学会論文集 E1（舗装工学）, Vol.70, No.3, pp.I_1-I_8, 2014

12) 須藤敦史, 佐藤京, 西弘明：性能規定に基づく寒冷地トンネル覆工の劣化予測の

ためのマルコフ遷移確率行列の同定, 土木学会論文集 F1, Vol.68, No.3, pp.I_91-I98, 2012
13) T. Hey, S. Tansley, and K. Tolle: The Forth Paradigm -Data-Intensive Scientific Discovery-, Microsoft Research, Washington, 2009
14) I. Yoshida and M. Akiyama: Particle filter for model updating and reliability estimation of existing structures, Smart Structures & Systems, Vol.11, No.1, pp.103-122, 2013
15) 村上章，西村伸一，藤澤和謙，中村和幸，樋口知之：粒子フィルタによる地盤解析のデータ同化，応用力学論文集，Vol.12，pp.99-108，2009

索引

AR （augmented reality：拡張現実） 187, 461, 463
ASR（アルカリシリカ反応）..247, 248, 274, 429
BMS （Bridge Management System） 265, 451, 452
CG （コンピュータグラフィクス） 461, 466
Forensic Engineering 51
FWD （Falling Weight Deflectmeter）................... 159, 168, 169
GPS （Global Positioning System） 461, 462, 463, 466, 468
HPC （High Performance Computing） 465
ICT......................58, 182, 187, 426, 461, 463, 464
IRI..166
ISO 18, 19, 22, 23
ISO55001................................. 18, 19, 20, 454, 455
MCI （Maintenance Control Index） 166
MMS （Mobile Mapping System） 462
NPM （New Public Management） 17, 453
PPP/PFI.................................... 8, 82, 83, 107, 108
S-N 線図 201
The State of the Nation 104, 105, 108
VR （virtual reality：仮想現実） 461, 466
Weigh-In-Motion..218

【あ行】

アイバーチェーン 446, 447
アカウンタビリティ.......2, 8, 62, 84, 101, 102, 149
明石海峡大橋...31, 32, 446
アセット 15, 16, 18, 19, 20, 49, 151, 152, 310, 453, 467
アセットマネジメント 1, 14, 15, 16, 17, 19, 20, 21, 22, 23, 52, 67, 89, 97, 108, 150, 151, 152, 310, 387, 394, 395, 453, 455, 456, 467
アセットマネジメントシステム...........18, 19, 233, 454, 455
あと施工アンカーボルト 441, 442
新たな公 82
アルカリ骨材反応.. 42
アンカー工.............................. 67, 295, 328, 367
安全率..40, 45, 137, 225
石岡ダム.. 31, 32
維持管理区分 277
維持管理計画 66, 76, 113, 118, 134, 135, 148, 149, 152, 154, 226, 232, 251, 252, 277, 278, 321, 348, 390, 418, 419, 452
維持管理限界 125, 126, 277, 278
維持管理シナリオ 452
異種金属接触腐食...200
委託契約 86, 91, 107
移動限界水深 354
委任 82, 86, 390
インフラレポートカード 104
浮き 129, 253, 254, 255, 258, 259, 273, 287, 307, 332, 334
請負契約 86, 88, 108
運転管理 385, 391
運用管理 9, 25
永代橋 27, 41

塩害............ 15, 42, 65, 75, 111, 133, 145, 176, 194,
　　　　　　211, 239, 245, 246, 257, 259, 261, 268,
　　　　　　　271, 272, 273, 301, 417, 429
塩化物イオン.... 145, 243, 245, 246, 257, 261, 262,
　　　　　　　263, 268, 274, 275, 437, 438
沿岸漂砂.................... 350, 356, 357, 358, 359, 375
応力拡大係数.. 225
小樽築港工事.. 41
落込み勾配点... 283, 286
温度ひび割れ.. 243

【か行】

外郭施設..415, 416
海岸管理者... 376
海岸災害... 375
海岸侵食..375, 376
海岸法..375, 376
海岸保全区域... 375
会計制度... 70, 71, 72
海浜断面... 349, 350, 355
海浜流...352, 357
火害..250, 251
化学的侵食.. 239, 250
拡散係数... 261, 262
拡張現実.. 187, 461
火災.................................206, 207, 208, 209, 234,
　　　　　　　　　301, 304, 313, 314, 424
可視化................................. 461, 464, 465, 466, 468
瑕疵担保責任... 87
河川管理施設.............. 55, 63, 65, 342, 347, 365,
　　　　　　　　　371, 372, 373, 374

河川巡視... 347, 373
仮想現実... 461
河道............................... 99, 109, 322, 323, 341, 342,
　　　　　　　343, 344, 345, 347, 371, 374
河道特性... 342, 343
火力発電.. 392, 393, 395
完成責任... 87
乾燥収縮ひび割れ.. 243
岩盤崩壊.. 332, 333, 337
岸壁... 54, 154, 415, 417
陥没................................. 51, 53, 135, 166, 204, 244,
　　　　　　　284, 285, 286, 313, 403, 427
管路................................. 51, 53, 99, 107, 389, 390,
　　　　　　　393, 401, 402, 403, 404, 457
管路施設................... 66, 81, 107, 389, 390, 391
機械化.................................. 183, 299, 426, 437, 457
岸沖漂砂... 355
技術提案・交渉方式.. 94
基準・マニュアル類.......................... 65, 66, 67
軌道変位............................. 43, 175, 178, 179, 180,
　　　　　　　　　181, 182, 183, 184
機能的の劣化........................... 1, 27, 36, 37, 40, 141
急傾斜地法... 367
急傾斜地崩壊防止施設...................... 100, 367
共同受注方式.. 90, 91
供用期間費用... 49
許容応力度設計法.. 191
切土.... 282, 285, 287, 296, 327, 338, 339, 405, 410
切り盛り境界部.. 283
き裂............ 38, 201, 202, 203, 204, 215, 216, 217,

225, 226, 229, 230, 235, 446, 448, 449
緊急事態管理 21, 22
近接施工 188, 301, 404
近接目視 93, 98, 211, 213, 215, 232,
306, 308, 407, 408, 445
空港内の施設の維持管理指針 66, 422
空港法 64, 420, 422
空洞 166, 236, 253, 284, 286, 299,
301, 303, 307, 316, 317, 320
くしの歯作戦 22
計画的維持管理 390
係留施設 415, 416, 417
下水道人口普及率 389
ケレン 41, 42
限界状態設計法 191, 429
減価償却 70, 71, 73, 74, 75
原子力発電 392, 393, 395
健全性 25, 74, 98, 149, 152, 160, 161, 162,
211, 291, 298, 301, 307, 308, 309,
311, 315, 318, 395, 458, 466
健全度指標 381
現有水準 26, 44, 46, 47
広域連携 78, 79, 107
高架橋 173, 207, 208, 411, 437, 438
公共施設等運営権制度（コンセッション方式） 82
航空法 66, 422
高経年化 116, 394
構造的劣化 1, 27, 36, 38, 39
荒廃するアメリカ 43
港湾管理者 64, 415, 416

港湾施設 99, 148, 416, 417, 418, 419
港湾の施設の維持管理計画策定ガイドライン ....
66, 419
港湾の施設の点検診断ガイドライン 66, 419
港湾法 64, 66, 418
コールドジョイント 241, 242, 301, 303,
304, 305, 318, 439
国土交通省インフラ長寿命化計画（行動計画）367
コンクリートクライシス 42, 437
コンクリートの剥落 241, 244, 245, 437
コンパクトシティ 10
【さ行】
財源 62, 69, 70, 101
最小床版厚 427
材料的劣化 38
再劣化 120, 134, 232, 267, 271, 272, 273, 279
柵工 367
笹子トンネル天井板落下 43
砂防堰堤 367, 369
砂防関係施設 367, 368, 369, 370
砂防関係施設点検要領（案） 66, 370
砂防設備 99, 367
砂防法 64, 367
山岳工法 297, 298, 299, 320
山陽新幹線コンクリート剥落 43
資格 18, 59, 77, 98, 99, 370
資金調達 50, 70
事後保全 48, 49, 58, 69, 145, 152, 386
地すべり 53, 64, 286, 287, 301, 303, 322, 324,
326, 327, 328, 329, 330, 338, 367

地すべり等防止法	64, 367
地すべり防止施設	100, 367
自然公物	1, 3, 4, 5, 6, 9, 109, 156, 322, 323, 332, 333, 335, 342, 347, 349, 361, 371
自然災害	4, 6, 28, 30, 31, 44, 56, 112, 152, 322, 393, 423
失敗学	51, 52
自動化	67, 143, 426, 457, 460
斜面崩壊	324, 327
集水井	330, 367
集水地形	283, 287, 288, 296, 324
受熱温度	209, 234, 250, 251
準委任	86, 87, 88
詳細設計付工事発注方式	94
詳細点検	42, 65, 123, 368, 423
使用性	28, 31, 44, 130, 131, 132, 135, 142, 246, 248, 250, 274, 275, 276, 311, 313, 314, 380, 430
状態把握	175, 347, 363, 373, 374
冗長性	40, 447, 450
省力化軌道	172, 173, 174
初期不良	39
処理場施設	389, 390, 391
シルバー橋	43, 446, 447, 449
人工公物	1, 3, 4, 5, 6, 109, 154, 322
深浅測量	359
深層崩壊	324, 326, 338
診断・評価	47, 48, 109, 180, 377
震度法	205
水域施設	415
水力発電	392, 393, 395

水路トンネル	380
スカハリー川橋	43
スクリーニング	49, 128, 134, 143
ストック	21, 37, 39, 49, 50, 52, 54, 69, 70, 71, 73, 89, 150, 159, 162, 184, 379, 382
ストックマネジメント	20, 21, 380, 382, 419
スラブ軌道	173
政策評価	17
性能規定型契約	91
性能照査型設計法	191
性能評価	111, 126, 128, 131, 132, 136, 137, 138, 141, 158, 171, 221
生物的劣化	38
セグメント	343, 344
施工者からの技術協力	93
設計・施工一括発注方式	94
設計変更	88, 89, 108
接着系アンカーボルト	445
線形累積被害則	224
センサネットワーク	293, 466, 468
洗浄	196, 330
善良な管理者としての注意義務	87
総価契約単価合意方式	89
総価契約方式	89
総合点検	66, 363, 364, 365
総合評価	89, 92
送電設備	393, 394

【た行】

耐荷力	27, 35, 44, 46, 47, 130, 131, 195, 209, 218, 220, 221, 222, 228, 237,

	243, 245, 247, 275, 448
耐震設計	153, 204, 205, 426, 430
耐震補強の効果	431, 432
タイタンパ	183
耐用年数	52, 58, 60, 65, 69, 73, 74, 75, 175, 177, 365, 379, 386
打音	128, 211, 212, 252, 255, 256, 306, 307, 308, 423, 439, 445, 458
高場山トンネル	38, 39, 53
立会	404
脱塩工法	268, 272, 274
谷渡り盛土	283, 286, 287
ダム再生	365, 366
ため池	11, 41, 379
多目的ダム	362
たわみ制限	189
単価・数量精算契約方式	89
断面修復工法	268, 271, 272, 273, 438
地形測量	359
地形変化	349, 350, 351, 352, 355, 356, 357, 358, 360
中性化	239, 240, 246, 247, 257, 261, 264, 275, 299, 301, 304, 437, 438
中性化速度係数	264
長寿命化計画	68, 70, 164, 369, 370, 378, 454
貯水施設	384, 385
通信ケーブル	298, 401, 402
通信土木設備	401, 402, 403
津波	12, 26, 112, 207, 376, 393, 432, 468
底質	349, 351, 352, 353, 354, 355, 356, 357, 358, 359
汀線	263, 350, 351, 352, 355, 356, 357, 358, 359, 360
堤防	3, 4, 5, 6, 11, 26, 27, 28, 46, 54, 65, 83, 99, 156, 282, 341, 344, 345, 346, 347, 348, 371, 372, 374, 375, 376, 377, 378
データ同化	138, 467, 469
データベース	13, 48, 68, 69, 100, 111, 113, 124, 134, 135, 136, 146, 148, 382, 403, 453
電気防食	198, 219, 241, 271, 272, 273, 274
点群データ	462
天井板	63, 69, 155, 297, 298, 426, 441, 442, 443, 445
転用	27
転落型落石	333, 334, 336
電力施設	4, 6, 54, 361, 392, 394
凍害	111, 133, 177, 239, 249, 257, 285, 301, 304, 305, 429
道床バラスト	172, 177, 186
轟泉水道	7
とう道	401, 402, 403, 404
洞道	393
道路橋示方書	193, 194, 428, 429
道路構造令	427, 428
土砂生産抑制	367
土砂流送制御	367
土石流	322, 330, 331, 332, 339, 367
突堤	357, 358, 375, 378
塗膜厚	196
豊浜トンネル	38, 43, 426, 434, 435, 436

【な行】

雪崩防止施設 367
二次応力 192, 202, 203, 447
ニューパブリックマネジメント 17
ネットワークレベル 163, 164, 166, 167, 170
農業水利 379, 380, 382, 383
農業水利施設 ... 6, 41, 361, 379, 380, 381, 382, 383
法面保護工 367

【は行】

配電設備 393, 394
配力鉄筋 427
剥落型落石 333, 334
発電所 392, 393, 394, 395
発電設備 4, 392, 394
パブリックリレーション 103
波浪 349, 351, 352, 355, 376
ビッグデータ 182, 426, 464, 467
必要水準 44, 46, 50
飛沫帯 198, 263
表層崩壊 284, 324
表面処理工法 268, 271, 272, 273
廣井勇 41
疲労強度等級 201
疲労き裂 26, 120, 190, 194, 200, 201, 203, 204,
213, 215, 216, 217, 218, 222, 225,
226, 229, 230, 447, 448, 449
疲労寿命 224, 429
ファシリティマネジメント 20, 21, 23
フィードバック 31, 46, 48, 50, 51, 100, 109,
112, 118, 119, 120, 139, 141, 143, 279, 296, 320

不確実性 36, 40, 41, 44, 45, 46, 48, 50, 137, 232
深掘れ 342, 343
腐食発生限界塩化物イオン濃度 263, 264
付属物 200
付着塩分 195, 196
物理的劣化 38, 175
不適合 37, 44
フレッシュコンクリート 236
プロジェクトレベル .. 163, 164, 166, 167, 169, 170
プロポーザル方式 92
文化財 12, 27
分析・評価 347, 348, 374
ふん泥 178
平準化 16, 59, 88, 112, 148, 149, 150,
186, 390, 419, 453, 461
平たん性 159, 166, 169
変電設備 393
包括的民間委託方式 81
防護工 337, 367
防食ﾞ 52, 53, 67, 193, 195, 196, 198, 212, 214,
218, 219, 220, 226, 227, 228, 233,
235, 271, 272, 274, 281, 330
防水層 227, 427, 429
法制度 2, 8, 46, 62, 63, 365
防波堤 238, 350, 351, 358, 359, 415
法律 ....
17, 62, 63, 64, 65, 98, 330, 395, 408, 411, 480
保守用車 184, 185, 187
保全管理 380, 382, 385, 386, 391
北海道旅客鉄道函館線貨物列車脱線事故 43

ポンプ場施設 389, 391

【ま行】

マイアナス橋 43, 446

マクラギ 172, 173, 174, 176, 185, 186, 410

マクロセル腐食 198, 199, 269, 272, 273

マネジメントシステム規格 18, 19

豆板 242, 253, 305

摩耗 38, 73, 174, 175, 176

マルチプルタイタンパ 183

満濃池 7

マンホール 390, 402, 403, 424

ミシシッピ川橋 37, 43

港単位の予防保全計画 419

メンテナンスサイクル 2, 68, 76, 77, 109, 150,
155, 159, 164, 167, 170, 171, 187, 298,
310, 319, 320, 321, 408, 418, 449

盛土 5, 282, 284, 285, 286, 287, 296, 301, 303,
328, 329, 331, 339, 341, 405, 410, 420

【や行】

誘導工 367

猶予 46, 49

床固工 367

溶接継手 193, 201, 235, 448

擁壁工 367

抑止工 328, 367

抑制工 328, 329

予防工 337, 367

予防保全 48, 49, 58, 59, 64, 69, 79, 145, 154,
187, 212, 213, 260, 277, 296, 311,
380, 386, 409, 419, 438, 451, 453

余裕 35, 37, 40, 44, 45, 181, 276

余裕度 44, 45, 48, 133

【ら行】

ライフサイクル 1, 2, 9, 21, 44, 45, 48, 50, 95,
99, 112, 124, 126, 137, 144, 145,
146, 151, 269, 377, 380, 390, 403

ライフサイクル費用 48

ライフサイクルマネジメント 9, 67, 145

落石 135, 322, 325, 332, 333, 334,
335, 336, 337, 338, 339, 340

離岸堤 358, 375, 377, 378

リスクマネジメント 21, 22, 23, 41, 67, 156, 399

リプレース 394

流通設備 392, 393

輪荷重 163, 192, 427, 429

臨時点検 307, 363, 364, 368, 444

累積疲労損傷比 216, 218, 224

レインフロー法 222, 223

レール 43, 53, 154, 172, 173, 174,
175, 176, 177, 185, 405, 410

劣化予測 16, 58, 111, 113, 115, 118, 123, 128,
134, 135, 136, 137, 138, 141, 152, 218,
220, 221, 251, 254, 258, 261, 277, 320,
380, 382, 395, 453, 467, 468

レベル1地震動 430

レベル2地震動 430

レンガ・石積み構造 39

老朽化 2, 21, 40, 57, 58, 59, 60, 61, 69, 79, 89,
101, 106, 297, 298, 320, 330, 342, 371, 376,
377, 379, 380, 386, 402, 406, 408, 416, 424, 454

漏水 195, 220, 227, 254, 285, 299, 301, 307,
309, 312, 313, 315, 316, 318, 386

ロボット 60, 67, 457, 458, 459, 460

路面性状 65, 165, 166, 167, 168, 423

【わ行】

ワーカビリティ 236

わだち掘れ 165, 166, 169, 462

1995年兵庫県南部地震　　32, 37, 430, 431, 437

2011年東北地方太平洋沖地震　　　22, 431

社会インフラ維持管理・更新の重点課題検討特別委員会　名簿

委員長	橋本 鋼太郎	公益社団法人土木学会元会長　（株）NIPPO 顧問
副委員長	鈴木 基行	東北大学大学院工学研究科土木工学専攻教授
委員	阿部 雅人	(株)BMC
委員	家田 仁	東京大学大学院工学系研究科・政策研究大学院大学教授
委員	石川 雄章	東京大学大学院情報学環　特任教授
委員	石橋 忠良	ジェイアール東日本コンサルタンツ(株)　取締役会長技術本部長
委員	岩波 光保	東京工業大学大学院理工学研究科土木工学専攻教授
委員	内田 裕市	岐阜大学総合情報メディアセンター（工学研究科社会基盤工学専攻教授）
委員	小川 文章	国土交通省国土技術政策総合研究所下水道研究部下水道研究室室長（～平成27年3月まで）
委員	小澤 一雅	東京大学大学院工学系研究科社会基盤学専攻教授
委員	椛木 洋子	(株)エイト日本技術開発　国土インフラ事業部　技師長（橋梁担当）
委員	菊川 滋	(株)IHI　顧問
委員	久保 周太郎	清水建設(株)第一土木営業本部本部長
委員	佐藤 寿延	国土交通省総合政策局事業総括調整官
委員	勢田 昌功	国土交通省総合政策局事業総括調整官（～平成26年9月まで）
委員	鳥居 謙一	国土技術政策総合研究所河川研究部部長
委員	二羽 淳一郎	東京工業大学大学院理工学研究科土木工学専攻教授
委員	野崎 秀則	(株)オリエンタルコンサルタンツ　代表取締役社長
委員	福士 謙介	東京大学国際高等研究所サステイナビリティ学連携研究機構教授
委員	松坂 敏博	東日本高速道路(株)管理事業本部管理事業計画課長
委員	松村 卓郎	(一財)電力中央研究所地球工学研究所　構造工学領域リーダー
委員	三村 衛	京都大学大学院工学研究科都市社会工学専攻教授
委員	安田 進	東京電機大学理工学部理工学科建築・都市環境学系教授（～平成26年6月まで）
委員	山口 栄輝	九州工業大学大学院工学研究院建設社会工学研究系教授
委員	横田 敏宏	国土交通省国土技術政策総合研究所下水道研究部下水道研究室室長
オブザーバー	鈴木 徹	国土交通省大臣官房公共事業調査室室長
幹事長	波津久 毅彦	首都高速道路(株)　神奈川建設局建設管理課課長
幹事	井原 務	(株)NIPPO 総合技術部技術研究所研究次長
幹事	白鳥 明	首都高速道路(株)技術部技術推進担当課長
幹事	土橋 浩	首都高速道路(株)保全・交通部長
事務局	塚田 幸広	公益社団法人　土木学会専務理事
事務局	大西 博文	公益社団法人　土木学会専務理事（～平成27年6月まで）
事務局	竹田 廣	公益社団法人土木学会事務局長
事務局	山田 郁夫	公益社団法人土木学会事務局長（～平成27年3月まで）
事務局	柳川 博之	公益社団法人土木学会事務局総務課課長
事務局	石郷岡 猛	公益社団法人土木学会事務局総務課課長（～平成27年3月まで）

「社会インフラメンテナンス学」テキストブック編集小委員会　名簿

委員長	菊川 滋	(株)IHI 顧問
委員	阿部 雅人	(株)BMC
委員	石川 雄章	東京大学大学院情報学環 特任教授
委員	石橋 忠良	ジェイアール東日本コンサルタンツ(株) 取締役会長技術本部長
委員	岩波 光保	東京工業大学大学院理工学研究科土木工学専攻教授
委員	小澤 一雅	東京大学大学院工学系研究科社会基盤学専攻教授
委員	貝戸 清之	大阪大学大学院工学研究科地球総合工学専攻 准教授
委員	佐藤 寿延	国土交通省総合政策局事業総括調整官
委員	勢田 昌功	国土交通省総合政策局事業統括調整官（～平成26年9月まで）
委員	二羽 淳一郎	東京工業大学大学院理工学研究科土木工学専攻教授
委員	野崎 秀則	(株)オリエンタルコンサルタンツ 代表取締役社長
オブザーバー	橋本 鋼太郎	公益社団法人 土木学会元会長 (株)NIPPO 顧問
幹事長	波津久 毅彦	首都高速道路(株)神奈川建設局建設管理課課長
幹事	土橋 浩	首都高速道路(株) 保全・交通部長
幹事	井原 務	(株)NIPPO 総合技術部技術研究所研究次長
幹事	白鳥 明	首都高速道路(株) 技術部技術推進課担当課長
事務局	塚田 幸広	公益社団法人 土木学会専務理事
事務局	大西 博文	公益社団法人 土木学会専務理事（～平成27年6月まで）
事務局	竹田 廣	公益社団法人土木学会事務局長
事務局	山田 郁夫	公益社団法人土木学会事務局長（～平成27年3月まで）
事務局	柳川 博之	公益社団法人土木学会事務局総務課長
事務局	石郷岡 猛	公益社団法人土木学会事務局総務課課長（～平成27年3月まで）

～～編集後記～～

　土木学会では，平成25年7月に「社会インフラの維持管理・更新の重点課題に対する取組み戦略」を公表し，「知の体系化」の具体的な取組みとして，テキストブックの編纂に着手することとした．

　「社会インフラ維持管理・更新の重点課題検討特別委員会」のもと，3つの部会を設け，「総論編」「工学編」の議論を重ね，平成26年6月からは編集小委員会を立ち上げて精力的に作業を進めてきた．その間，委員各位には熱心な議論を積み重ねてもらい，多くの執筆者の方々にはきわめてタイトなスケジュールの中で原稿を作成していただいた．加えて，原案の段階でインフラメンテナンスに関連する各方面の技術者の方々に2回にわたる意見照会を行った．ご協力頂いた皆さんに深く感謝したい．

　本書は，社会インフラのメンテナンスに関する知の体系化を目指して取りまとめたものである．用語の定義からはじめて，マネジメントの考え方を軸にして全体の体系化を図ったことに大きな意義があると考えている．ただ，知の体系化としての本書籍の編纂はあくまでスタートであり，今後の現場における経験や知識の積み重ねとそれらを踏まえた更なるメンテナンス技術の発展，そして技術者の継続的な育成が重要である．今後，社会インフラの部門ごとのメンテナンスを解説した「部門別編」を，別途，概要製本版＋電子版として出版を予定している．

　「社会インフラ メンテナンス学」が様々な場面において活用され，メンテナンスの世界に光があてられれば幸甚である． 　　　　　　　　　　　　　　　　（菊川　滋）

　本書の編集に携わらせていただき，インフラの各分野の専門家の知識に触れて大変勉強になりました．一番勉強になったのは，「用語の定義」について考えたこと．一つ一つの言葉にいろいろな意味が込められており，編集小委員会で議論しながら自分なりに悩みました．言葉には歴史が詰まっていて，正しく理解しようとするたびに自分の未熟さを感じるばかりでしたが，それぞれの時代の先人たちの使命感や創意工夫を随所で感じ，"社会インフラのメンテナンス"の大切さや奥深さにあらためて気づかされました．

　メンテナンスは永遠のテーマです．これからも様々な立場の人たちの創意工夫を取り込み，魅力的な仕事，学問として発展して欲しいと願っています． 　　（石川　雄章）

鉄道は戦前に造られた構造物も多く，昭和40年の頃からメンテナンスが重要と意識され，体制が作られてきました．100年近く経過した構造物でも健全なものも多く，設計，施工，材料などが適切であれば十分な耐久性を持っています．何らかの問題のある構造物も定期的な点検が行われ，早期に対処することで構造物の長寿命化は十分可能です．また，点検により問題が発見されたときに，その原因を知り同種の構造物に注意を喚起することも大切です．また，新設構造物に対して，同じ欠陥を生じさせないような対策がすみやかにとられることも期待します．本書が，社会インフラのメンテナンスや，設計，施工にかかわる人に役立つだけでなく，社会の多くの人にメンテナンスの重要性を認識し理解してもらうことに役立つことを期待しています．

(石橋　忠良)

社会インフラのメンテナンスは今後も永続的に取り組まなければいけない．しかし，我が国の社会情勢は今後急速に変化していくことが予測されている．そのような中でも，この安全で豊かな社会を守っていくためには，社会インフラのメンテナンスを持続可能なものとする必要がある．社会インフラのメンテナンスを負担や義務だと思い込まずに，むしろメンテナンスに取り組むことに付加価値を見出して，メンテナンスを権利にできないだろうか．このためには，技術的な取組みだけでは不十分であり，法律や予算などの制度や社会の仕組み，さらには国民の意識をメンテナンス時代にふさわしいものに変えていかなければならない．ハードルは高いが，絶対に越えなければいけない．

(岩波　光保)

コンサルタントは，社会インフラのメンテナンスにおいて，点検・診断・設計・施工管理などに従事しています．そこで重要なことはメンテナンスの担い手の育成と確保と考えます．今回のテキストブック編纂は，この担い手の育成と確保において意義あるものと考えます．育成の面では，メンテナンス全体が体系的に学べ，実務にも生かせる内容になっています．確保の面では，メンテナンスにおいて高度で総合的な技術が必要であり，継続的な担い手の確保や技術の伝承が必要であることが示されています．今回のテキストブックがより広く活用されることにより，メンテナンスに関する重要性の理解が深まり，担い手の育成と確保が大きく前進することを願っています．

(野崎　秀則)

定価（本体 2,400 円＋税）

社会インフラ メンテナンス学
Ⅰ．総論編　Ⅱ．工学編

平成 27 年 12 月 1 日　第 1 版・第 1 刷発行
令和 1 年 12 月 25 日　第 1 版・第 2 刷発行
令和 5 年 10 月 27 日　第 1 版・第 3 刷発行

編集者……公益社団法人　土木学会
　　　　　社会インフラ維持管理・更新の重点課題特別委員会
　　　　　「社会インフラメンテナンス学」テキストブック編集小委員会
　　　　　委員長　菊川　滋
発行者……公益社団法人　土木学会　専務理事　三輪　準二
発行所……公益社団法人　土木学会
　　　　　〒160-0004　東京都新宿区四谷一丁目無番地
　　　　　TEL　03-3355-3444　FAX　03-5379-2769
　　　　　https://www.jsce.or.jp/
発売所……丸善出版株式会社
　　　　　〒101-0051　東京都千代田区神田神保町 2-17
　　　　　TEL　03-3512-3256　FAX　03-3512-3270

©JSCE2015／「社会インフラメンテナンス学」テキストブック編集小委員会
ISBN978-4-8106-0858-8
印刷・製本・用紙：シンソー印刷（株）
装釘：(有) アド・クリエーターズ・ホット　谷口　卓也

・本書の内容を複写または転載する場合には、必ず土木学会の許可を得てください。
・本書の内容に関するご質問は、E-mail（pub@jsce.or.jp）にてご連絡ください。